Learning Guide and Exercises for
Principles of Electric Circuits

电路原理
学习指导与习题集
（第2版）

朱桂萍　刘秀成　徐福媛　编著
Zhu Guiping　Liu Xiucheng　Xu Fuyuan

清华大学出版社
北京

内 容 简 介

本书是电路原理课程的教学参考书，涵盖了电路原理课程的主要内容。全书共分 17 章，包括电路元件与电路定律、电路的等效变换、线性电阻电路的一般分析方法、电路定理及应用、非线性电路、二端口网络、一阶电路、二阶电路、状态变量法、拉普拉斯变换、正弦稳态电路分析、有互感的电路、电路中的谐振、三相电路、周期性激励下电路的稳态响应、网络图论基础和均匀传输线。附录为 OrCAD/PSpice 电路仿真分析简介。每章均结合重点作了内容小结，给出了相应的例题及详细的解答，并指出了应注意的问题。章后附有大量习题，内容丰富。书末附有参考答案。

本书可供电类专业教师在电路原理课程教学中使用，对学习电路原理课程的学生会有很大帮助，也可作为电类专业研究生考试复习用书。

本书封面贴有清华大学出版社防伪标签，无标签者不得销售。
版权所有，侵权必究。举报：010-62782989，beiqinquan@tup.tsinghua.edu.cn。

图书在版编目（CIP）数据

电路原理学习指导与习题集 / 朱桂萍，刘秀成，徐福媛编著. —2 版. —北京：清华大学出版社，2012.5（2023.7 重印）

ISBN 978-7-302-27998-3

Ⅰ. ①电… Ⅱ. ①朱… ②刘… ③徐… Ⅲ. ①电路理论-高等学校-教学参考资料 Ⅳ. ①TM13

中国版本图书馆 CIP 数据核字（2012）第 019515 号

责任编辑：王一玲　王丽娜
封面设计：傅瑞学
责任校对：焦丽丽
责任印制：宋　林

出版发行：清华大学出版社
　　　网　　址：http://www.tup.com.cn, http://www.wqbook.com
　　　地　　址：北京清华大学学研大厦 A 座　　邮　编：100084
　　　社 总 机：010-83470000　　邮　购：010-62786544
　　　投稿与读者服务：010-62776969，c-service@tup.tsinghua.edu.cn
　　　质 量 反 馈：010-62772015，zhiliang@tup.tsinghua.edu.cn
印 装 者：三河市龙大印装有限公司
经　　销：全国新华书店
开　　本：185mm×230mm　　印　张：25.25　　字　数：616 千字
版　　次：2005 年 8 月第 1 版　2012 年 5 月第 2 版　印　次：2023 年 7 月第 14 次印刷
定　　价：65.00 元

产品编号：040654-03

前　言

　　本书是电路原理课程的教学参考书，可供电类专业师生选用及有关技术人员参考，也可作为电类专业研究生考试复习用书。本书包括了电路原理课程的主要内容，读者可根据不同的教学计划和要求进行选择。

　　本书的基本内容分为 17 章，包括电路元件与电路定律、电路的等效变换、线性电阻电路的一般分析方法、电路定理及应用、非线性电路、二端口网络、一阶电路、二阶电路、状态变量法、拉普拉斯变换、正弦稳态电路分析、有互感的电路、电路中的谐振、三相电路、周期性激励下电路的稳态响应、网络图论基础和均匀传输线。附录为 OrCAD/PSpice 电路仿真分析简介。各章及附录中均附有习题，书末附有习题的参考答案。

　　本书章节基本按照清华大学信息学院电路原理课程（64 学时）的教学顺序安排，内容兼顾清华大学电机工程与应用电子技术系的教学大纲要求（96 学时）。每章结合教学内容给出内容要点，配合例题分析，便于学生自学和复习。各章最后均给出了大量习题。章节标题或习题上加"*"标记表示是 64 学时课程不要求的内容。习题类型既有基本概念练习，也有难度较大的综合性练习。读者可根据需要选用。附录中结合仿真例题简单介绍了用 OrCAD/PSpice 9.2 进行电路仿真分析的方法。目的是通过仿真练习加深学生对电路问题的理解，拓宽分析手段，初步掌握 OrCAD/PSpice 的使用，并为以后解决实际问题打下一定的基础。

　　本书第 1、2、3、4、11 章及附录由刘秀成编写；第 12、13、14、15 章及附录中的习题由朱桂萍编写；第 5、6、7、8、9、10 章由朱桂萍在徐福媛编写的第 1 版基础上加以修订，第 16、17 章由刘秀成在徐福媛编写的第 1 版基础上加以修订。由朱桂萍和刘秀成对全书进行了统编，徐福媛教授审阅了全部书稿。

　　本书各章后面所附习题大部分取自清华大学校内讲义《电路原理习题集》，包含了作者的同事们长期从事教学工作所积累的内容。在本书编写过程中作者得到了陆文娟教授的悉心指导与帮助，在此一并表示衷心感谢。

　　由于作者水平所限，书中难免有疏漏和不妥之处，恳请读者不吝指正。

编著者

2011 年 7 月

目 录

第1章 电路元件与电路定律 ··· 1
一、电路的基本概念和基本电路元件 ·· 1
二、基尔霍夫定律 ··· 8
习题 ·· 13

第2章 简单电阻电路的分析方法 ·· 21
一、二端网络的等效电阻 ··· 21
二、电源的等效变换 ··· 26
三、电阻的 Y-Δ 变换 ··· 32
习题 ·· 34

第3章 线性电阻电路的一般分析方法 ·· 42
一、支路电流法 ··· 42
二、回路电流法 ··· 43
三、节点电压法 ··· 47
四、支路法、回路法与节点法的比较 ·· 55
五、含运算放大器的电阻电路分析 ·· 56
习题 ·· 59

第4章 电路的若干定理 ··· 68
一、叠加定理 ··· 68
二、替代定理 ··· 72
三、戴维南定理和诺顿定理 ·· 73
四、特勒根定理 ··· 79
五、互易定理 ··· 80
六、电路定理的综合应用 ··· 82
习题 ·· 86

第5章 非线性电路简介 ··· 99
一、非线性元件 ··· 99

二、非线性电阻电路分析 ··· 102
　　习题 ··· 110

第 6 章　二端口网络 ··· 114
　　一、二端口网络参数和方程 ··· 114
　　二、二端口网络的等效电路 ··· 116
　　三、二端口网络的联接 ·· 117
　　四、含二端口网络的电路分析 ·· 118
　　习题 ··· 120

第 7 章　一阶电路 ·· 124
　　一、电路初始值的确定 ·· 124
　　二、一阶电路的零输入响应、零状态响应和全响应 ························· 126
　　三、三要素法 ··· 133
　　四、一阶电路的冲激响应 ·· 140
　　五、卷积积分 ··· 145
　　习题 ··· 148

第 8 章　二阶电路 ·· 160
　　一、二阶电路的零输入响应 ··· 160
　　二、二阶电路的零状态响应和全响应 ··· 163
　　三、二阶电路的冲激响应 ·· 167
　　习题 ··· 169

第 9 章　状态变量法 ··· 173
　　一、状态方程的建立 ··· 173
　　二、状态方程的求解* ··· 180
　　习题 ··· 182

第 10 章*　拉普拉斯变换 ··· 188
　　一、拉普拉斯变换的定义与性质 ··· 188
　　二、拉普拉斯反变换 ··· 190
　　三、复频域电路定律和复频域模型 ··· 193
　　四、拉普拉斯变换法分析电路 ·· 194
　　五、网络函数 ··· 201

习题 ·· 206

第 11 章　正弦电流电路的稳态分析 ·· 216
一、正弦量的相量表示 ·· 216
二、正弦稳态电路的相量模型 ·· 217
三、正弦稳态电路的相量分析 ·· 223
四、功率分析 ·· 228
五、负载功率因数的提高 ·· 235
习题 ··· 238

第 12 章　有互感的电路 ··· 253
一、同名端 ··· 253
二、互感电压的确定 ··· 254
三、互感电路的分析 ··· 256
四、理想变压器 ·· 262
习题 ··· 265

第 13 章　电路中的谐振 ··· 271
一、谐振频率的确定 ··· 271
二、处于谐振状态下的电路的分析 ·· 273
习题 ··· 278

第 14 章　三相电路 ··· 282
一、对称三相电路中各相量之间的关系 ··· 282
二、对称三相电路的分析 ·· 284
三、三相电路功率的计算与有功功率的测量方法 ··· 286
四、不对称三相电路的分析 ·· 290
习题 ··· 291

第 15 章　周期性激励下电路的稳态响应 ·· 297
一、周期性信号的谐波分析 ·· 297
二、周期性时间函数的有效值和平均功率 ··· 299
三、周期性激励下电路的稳态响应 ·· 300
习题 ··· 306

第 16 章* 网络图论基础 313

    一、图的一些基本概念 313

    二、图的矩阵表示 314

    三、基尔霍夫定律的矩阵形式 315

    四、节点方程的矩阵形式 317

    习题 320

第 17 章* 分布参数电路 325

    一、均匀传输线的正弦稳态解 325

    二、均匀传输线正弦稳态解的双曲函数表达式 328

    三、不同工作状态下的无损传输线 329

    四、无损传输线在激励为恒定电压时的波过程 333

    习题 340

附录 OrCAD/PSpice 电路仿真简介 343

    A.1 OrCAD/PSpice 9.0 电路仿真的一般步骤 343

    A.2 图形显示和分析模块 Probe 简介 351

    A.3 其他电路仿真实例 356

    仿真习题 367

习题参考答案 371

第1章 电路元件与电路定律

本章重点

1. 电压、电流和功率等物理量的意义；电压和电流的参考方向。
2. 基本电路元件。
3. 基尔霍夫电流定律（KCL）和基尔霍夫电压定律（KVL）。

学习指导

电路原理所讨论的电路是将实际电路元件进行模型化处理后的电路模型。电路模型由为数不多的理想电路元件构成，通常用电压、电流关系描述电路元件，称为元件特性。描述元件之间连接关系的是基尔霍夫电压定律和电流定律。元件特性和基尔霍夫两个定律构成了电路分析的基础。电路分析就是在电路结构、元件特性已知的条件下，分析电路中的物理现象、电路的状态和性能，定量计算电路中响应与激励之间的关系等。

一、电路的基本概念和基本电路元件

1. 实际电路

实际电路是电流可在其中流通的由导体连接的电器件的组合。组成实际电路的器件种类繁多。

2. 电路模型

电路模型与实际电路有区别，它由为数不多的理想电路元件组成，可以反映实际电路的电磁性质。理想电路元件包括电阻、电感、电容、电压源、电流源、受控源、耦合电感和理想变压器等。

电路理论中的电路一般是指电路模型。

3. 基本物理量

电压、电流是电路分析的基本物理量。对于储能元件电感和电容，有时也用磁链和电荷来描述。功率和能量也是电路中的重要物理量。

为了用数学表达式来描述电路元件特性、电路方程，首先要先指定电压、电流的参考方向。对一个二端元件或支路，电压、电流的参考方向有两种选择，即关联参考方向和非关联参考方向，如图 1-1 所示。

（a）u, i 为关联参考方向　　　　　（b）u, i 为非关联参考方向

图 1-1　二端元件及其参考方向

4．基本的无源元件

最基本的理想电路元件是线性非时变二端电阻、电感和电容。其电路元件符号及电压、电流参考方向如图 1-2 所示。

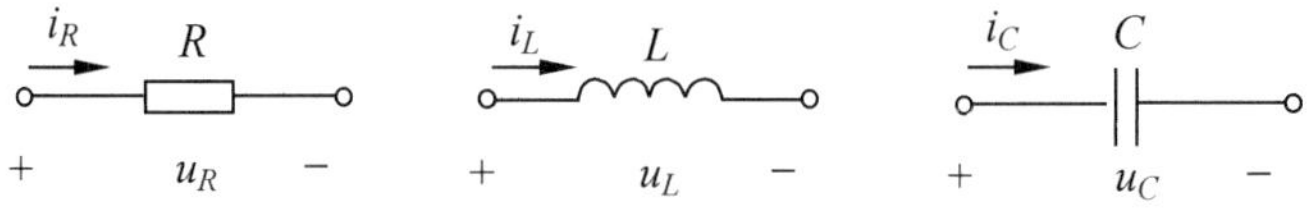

（a）电阻元件　　　（b）电感元件　　　（c）电容元件

图 1-2　三种基本元件的电路符号

图 1-2 中，各元件的电压、电流为关联参考方向。在此参考方向下，电压与电流关系（时域）、功率和能量表示如下。

（1）电阻元件

电压、电流特性为
$$u_R = R i_R \quad 或 \quad i_R = G u_R$$

吸收的功率为
$$p_R = u_R i_R = R i_R^2 = G u_R^2$$

从 $-\infty$ 到 t 时刻消耗的能量为
$$W_R = \int_{-\infty}^{t} u_R i_R \, \mathrm{d}t$$

（2）电感元件

电压、电流特性为
$$u_L = L \frac{\mathrm{d} i_L}{\mathrm{d} t} \quad 或 \quad i_L = \frac{1}{L} \int_{-\infty}^{t} u_L \, \mathrm{d}t = i_L(0) + \frac{1}{L} \int_{0}^{t} u_L \, \mathrm{d}t$$

吸收的功率为
$$p_L = u_L i_L$$

储存的磁场能量为
$$W_L = \int_{-\infty}^{t} u_L i_L \, \mathrm{d}t = \frac{1}{2} L i_L^2$$

(3) 电容元件

电压、电流特性为

$$i_C = C\frac{du_C}{dt} \quad \text{或} \quad u_C = \frac{1}{C}\int_{-\infty}^{t} i_C dt = u_C(0) + \frac{1}{C}\int_{0}^{t} i_C dt$$

吸收的功率为

$$p_C = u_C i_C$$

储存的电场能量为

$$W_C = \int_{-\infty}^{t} u_C i_C dt = \frac{1}{2}Cu_C^2$$

5. 独立电源元件

独立电源有理想电压源和理想电流源，它们是电路中的激励，其电路符号如图 1-3 所示。

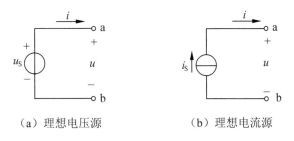

(a) 理想电压源　　　　(b) 理想电流源

图 1-3　两种独立源的电路符号

理想电压源的电压、电流特性：u_S 为给定函数，i 由外电路决定。对于直流电压源，u_S 为恒定值。

理想电流源的电压、电流特性：i_S 为给定函数，u 由外电路决定。对于直流电流源，i_S 为恒定值。

6. 基本的受控源元件

基本的受控源元件按控制量和受控制量的不同，可分为四种，即电压控制的电压源（VCVS）、电流控制的电压源（CCVS）、电压控制的电流源（VCCS）和电流控制的电流源（CCCS）。它们的电路符号分别如图 1-4（a）、（b）、（c）和（d）所示。

它们的电压、电流关系为

$$\text{VCVS：} \begin{cases} i_1 = 0 \\ u_2 = \mu u_1 \end{cases}, \quad u_1, \ i_2 \text{ 由外电路决定。}$$

$$\text{CCVS：} \begin{cases} u_1 = 0 \\ u_2 = r i_1 \end{cases}, \quad i_1, \ i_2 \text{ 由外电路决定。}$$

$$\text{VCCS:} \begin{cases} i_1 = 0 \\ i_2 = gu_1 \end{cases}, \quad u_1, \ u_2 \text{ 由外电路决定。}$$

$$\text{CCCS:} \begin{cases} u_1 = 0 \\ i_2 = \beta i_1 \end{cases}, \quad i_1, \ u_2 \text{ 由外电路决定。}$$

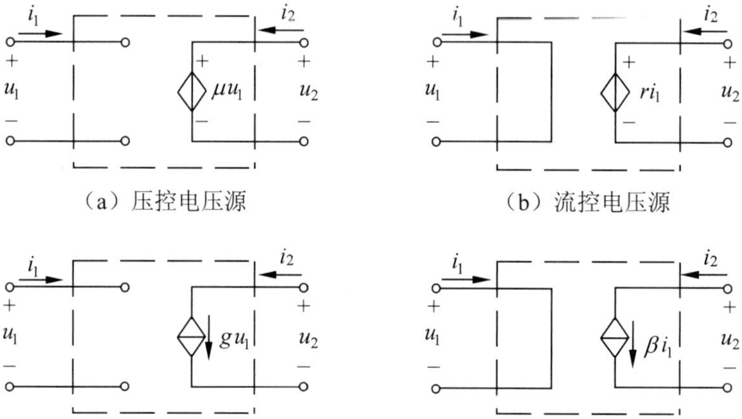

（a）压控电压源　　　　　　　　　（b）流控电压源

（c）压控电流源　　　　　　　　　（d）流控电流源

图 1-4　四种受控源的电路符号

后续章节还会引入其他理想电路元件。

例 1-1　电路如图 1-5（a）所示。其中电压源 $u_S(t)$ 如图 1-5（b）所示。已知电感 $L=20\text{mH}$，且 $i_L(0)=0$。试求：（1）电感中的电流 $i_L(t)$，并画出其波形；（2）$t=1\text{s}$ 时电感中的储能。

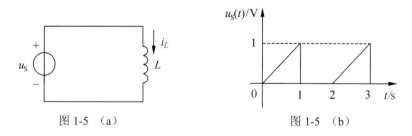

图 1-5 （a）　　　　　　　　　　图 1-5 （b）

解　（1）电压源 $u_S(t)$ 表达式为

$$u_S(t) = \begin{cases} 0\text{ V}, & t < 0 \\ t\text{ V}, & 0 < t < 1\text{s} \\ 0\text{ V}, & 1\text{s} < t < 2\text{s} \\ t-2\text{ V}, & 2\text{s} < t < 3\text{s} \\ 0\text{ V}, & t > 3\text{s} \end{cases}$$

根据图 1-5（a）及元件特性，有

$$i_L = \frac{1}{L}\int_{-\infty}^{t}u_S \mathrm{d}t = i_L(0) + \frac{1}{L}\int_{0}^{t}u_S \mathrm{d}t = 50\int_{0}^{t}u_S \mathrm{d}t$$

计算得

$$i_L(t) = \begin{cases} 0 \text{ A}, & t \leqslant 0 \\ 25t^2 \text{ A}, & 0 < t \leqslant 1\text{s} \\ 25 \text{ A}, & 1\text{s} < t \leqslant 2\text{s} \\ 25 + 25(t-2)^2 \text{ A}, & 2\text{s} < t \leqslant 3\text{s} \\ 50 \text{ A}, & t > 3\text{s} \end{cases}$$

电感电流的波形如图 1-5（c）所示。

（2）$t=1$s 时电感中的储能为

$$W_L = \frac{1}{2}Li_L^2(t) = \frac{1}{2} \times 0.02 \times 25^2 = 6.25 \text{ (J)}$$

思考：若电感串联一电阻 R，其他条件不变，电感电流的变化会有何不同？

例 1-2 图 1-6(a)所示电路中，已知电阻 $R=2\Omega$，电容 $C=0.5$F，电压源电压的波形如图 1-6（b）所示。试分别画出电流 i，i_C 和 i_R 的波形。

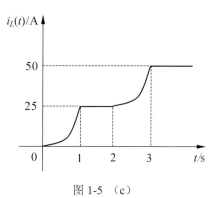

图 1-5 （c）

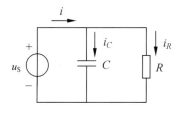

图 1-6 （a）

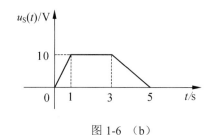

图 1-6 （b）

解 电压源 $u_S(t)$ 表达式为

$$u_S(t) = \begin{cases} 0 \text{ V}, & t \leqslant 0 \\ 10t \text{ V}, & 0 < t \leqslant 1\text{s} \\ 10 \text{ V}, & 1\text{s} < t \leqslant 3\text{s} \\ -5(t-5) \text{ V}, & 3\text{s} < t \leqslant 5\text{s} \\ 0 \text{ V}, & t > 5\text{s} \end{cases}$$

根据电阻的元件特性有

$$i_R = \frac{u_S}{R} = \frac{u_S}{2} = \begin{cases} 0 \text{ A}, & t \leq 0 \\ 5t \text{ A}, & 0 < t \leq 1\text{s} \\ 5 \text{ A}, & 1\text{s} < t \leq 3\text{s} \\ -2.5(t-5) \text{ A}, & 3\text{s} < t \leq 5\text{s} \\ 0 \text{ A}, & t > 5\text{s} \end{cases}$$

根据电容的元件特性有

$$i_C = C\frac{du_S}{dt} = 0.5\frac{du_S}{dt} = \begin{cases} 0 \text{ A}, & t < 0 \\ 5 \text{ A}, & 0 < t < 1\text{s} \\ 0 \text{ A}, & 1\text{s} < t < 3\text{s} \\ -2.5 \text{ A}, & 3\text{s} < t < 5\text{s} \\ 0 \text{ A}, & t > 5\text{s} \end{cases}$$

总电流为

$$i = i_R + i_C = \begin{cases} 0 \text{ A}, & t < 0 \\ 5t + 5 \text{ A}, & 0 < t < 1\text{s} \\ 5 \text{ A}, & 1\text{s} < t < 3\text{s} \\ -2.5t + 10 \text{ A}, & 3\text{s} < t < 5\text{s} \\ 0 \text{ A}, & t > 5\text{s} \end{cases}$$

i，i_C 和 i_R 的波形如图 1-6（c）所示。

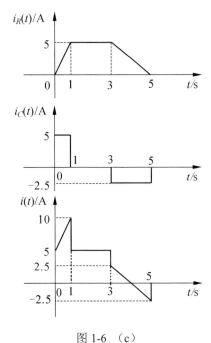

图 1-6 （c）

7. 金属氧化物半导体场效应晶体管（MOSFET）的电路模型

图 1-7（a）为 N 沟道增强型 MOSFET 的电路符号；图 1-7（b）是 MOSFET 静态特性测试电路；图 1-7（c）是某一 MOSFET 的电气特性。

由于 MOSFET 结构上的特点，没有流经栅极的电流，即栅极始终开路。

（1）当 u_{GS} 小于某一阈值 U_T（其典型值为 1V 左右）即 $u_{GS} < U_T$ 时，D-S 之间开路，MOSFET 工作在截止区；

（2）$u_{GS} > U_T$ 时，D-S 之间导通，i_{DS} 与 u_{DS} 的关系曲线如图 1-7（c）所示。由于栅极电流始终为零，因此 D-S 可以看成是一个端口，此时 D-S 之间的特性可以粗略地分为两个区域，即图 1-7（c）中的斜线区域和水平线区域。由图 1-7（c）可以看出，在某个 u_{GS} 下，斜线部分可以近似看成是过原点的一条线段，因此 D-S 之间可等效为一个电阻，故称其为电阻区；而水平线部分可看成是一条平行于电压轴的线段，因此 D-S 之间相当于一个电流源，故称其为恒流区。工作在电阻区的 MOSFET 可等效为图 1-8（a）所示的 SR 电路模型，图中电阻就是 D-S 间的导通电阻；工作在恒流区的 MOSFET 可等效为图 1-8（b）所示的 SCS 电路模型，图中

$$i_{DS} = \frac{K(u_{GS} - U_T)^2}{2}$$

显然是一个非线性受控源。

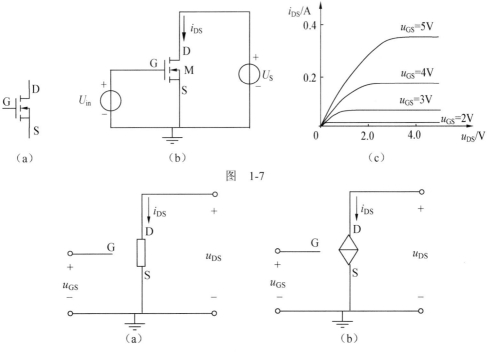

图 1-7

图 1-8

二、基尔霍夫定律

基尔霍夫两个定律是描述集总参数电路拓扑关系的基本定律。

基尔霍夫电流定律（KCL）：在任何集总参数电路中，在任一时刻，流出（或流入）任一节点（或闭合面）的各支路电流的代数和为零，即

$$\sum i = 0$$

可取流出节点的电流为正，流入节点的电流为负；或反之。

基尔霍夫电压定律（KVL）：在任何集总参数电路中，在任一时刻，沿任一闭合路径，各支路电压的代数和为零，即

$$\sum u = 0$$

可取与闭合路径绕行方向一致的电压为正，与闭合路径绕行方向相反的电压为负；或反之。

例 1-3 试写出图 1-9 所示复合支路电压 u 与电流 i 之间的关系。

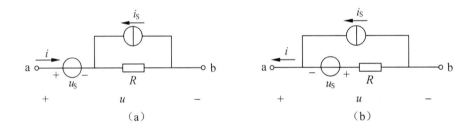

图 1-9

解 复合支路的电压、电流关系可根据元件特性及 KCL、KVL 写出。

对图 1-9（a）有

$$u = u_S + R(i + i_S)$$

对图 1-9（b）有

$$u = -u_S + R(-i + i_S)$$

例 1-4 电路如图 1-10（a）所示。求电流 I_1，I_2，I_3 和电压 U_1，U_2。

解 选择三个回路的参考方向如图 1-10（b）所示。

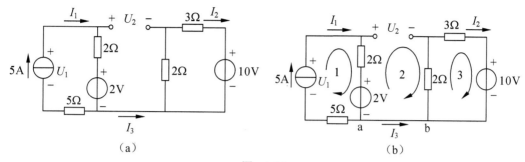

图 1-10

电流 I_1 可由理想电流源特性得到，即
$$I_1 = 5 \text{ (A)}$$
电流 I_2 可由列写回路 3 的 KVL 方程得
$$(2+3)I_2 + 10 = 0$$
解得
$$I_2 = -2 \text{ (A)}$$
电流 I_3 可作一穿过 I_3 所在支路的闭合面。因该闭合面只有这一个支路穿过，根据 KCL 有
$$I_3 = 0$$
电压 U_1 可对回路 1 应用 KVL 得
$$U_1 = 2I_1 + 2 + 5I_1 = 7I_1 + 2 = 7 \times 5 + 2 = 37 \text{ (V)}$$
电压 U_2 可对回路 2 应用 KVL 得
$$U_2 = 2I_1 + 2 + 2I_2 = 2 \times 5 + 2 + 2 \times (-2) = 8 \text{ (V)}$$

讨论：电流 I_3 也可对节点 a 或 b 应用 KCL 得到。电压 U_2 也可通过其他的回路得到。但一般不选含电流源支路的回路，除非电流源两端的电压已经求出。

例 1-5 电路如图 1-11（a）所示。求：(1) 电流 I_1，I_2 和电压 U；(2) 各支路吸收或发出的功率；(3) 验证电路的功率平衡关系。

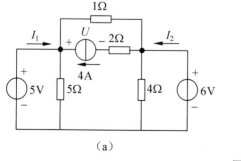
（a）

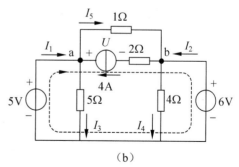
（b）

图 1-11

解 此题可根据 KCL、KVL 及元件特性，用简单的递推方法而得到所求结果。各电阻支路的电流参考方向标于图 1-11（b）中。

（1）因为电压源中的电流由外电路决定，所以为求 I_1 和 I_2，可先求 I_3，I_4 和 I_5。

5Ω 支路电压为电压源电压 5V，由欧姆定律有

$$I_3 = \frac{5}{5} = 1 \text{ (A)}$$

同理有

$$I_4 = \frac{6}{4} = 1.5 \text{ (A)}, \quad I_5 = \frac{5-6}{1} = -1 \text{ (A)}$$

对节点 a 应用 KCL，得

$$-I_1 + I_3 + I_5 - 4 = 0$$

所以

$$I_1 = -4 + I_3 + I_5 = -4 + 1 + (-1) = -4 \text{ (A)}$$

对节点 b 应用 KCL，得

$$-I_2 + I_4 - I_5 + 4 = 0$$

所以

$$I_2 = 4 + I_4 - I_5 = 4 + 1.5 - (-1) = 6.5 \text{ (A)}$$

电流源两端的电压同样由外电路决定。可选如图 1-11（b）中虚线所示回路，得

$$U = 5 - 6 + 2 \times 4 = 7 \text{ (V)}$$

当然，求电压 U 可有多条路径可供选择。

（2）各元件吸收或发出的功率。

5V 电压源发出的功率

$$P_{U1} = 5 \times (-4) = -20 \text{ (W)}$$

6V 电压源发出的功率

$$P_{U2} = 6 \times 6.5 = 39 \text{ (W)}$$

4A 电流源发出的功率

$$P_I = 7 \times 4 = 28 \text{ (W)}$$

5Ω 电阻消耗的功率

$$P_{R1} = 5I_3^2 = 5 \times 1^2 = 5 \text{ (W)}$$

4Ω 电阻消耗的功率

$$P_{R2} = 4I_4^2 = 4 \times 1.5^2 = 9 \text{ (W)}$$

1Ω 电阻消耗的功率

$$P_{R3} = 1 \times I_5^2 = 1 \times (-1)^2 = 1 \text{ (W)}$$

2Ω 电阻消耗的功率

$$P_{R4} = 2 \times 4^2 = 32 \text{ (W)}$$

（3）电压源、电流源发出的功率为
$$P_{U1} + P_{U2} + P_I = -20 + 39 + 28 = 47 \text{ (W)}$$
电阻消耗的功率为
$$P_{R1} + P_{R2} + P_{R3} + P_{R4} = 5 + 9 + 1 + 32 = 47 \text{ (W)}$$
可见，电源发出功率的代数和等于电阻消耗功率的代数和。

例 1-6 已知图 1-12（a）所示电路中，电压 $U=3$V。求电阻 R_1 的值。

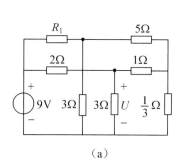 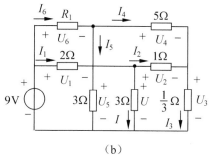

图 1-12

解 根据欧姆定律，要求 R_1 的值，需要知道 R_1 两端的电压和其中流过的电流。经分析，可对图示电路反复应用欧姆定律及 KCL、KVL，从而得到所需结果。求解过程如下。

根据求解需要，各电压、电流参考方向如图 1-12（b）所示。

由已知条件及欧姆定律得
$$I = \frac{U}{3} = \frac{3}{3} = 1 \text{ (A)}$$

由 KVL 得
$$U_1 = 9 - U = 9 - 3 = 6 \text{ (V)}$$

由欧姆定律得
$$I_1 = \frac{U_1}{2} = \frac{9-3}{2} = 3 \text{ (A)}$$

由 KCL 得
$$I_2 = I_1 - I = 3 - 1 = 2 \text{ (A)}$$

以下的过程反复应用欧姆定律及 KCL、KVL，递推得到。
$$U_2 = 1 \times I_2 = 1 \times 2 = 2 \text{ (V)}$$
$$U_3 = -U_2 + U = -2 + 3 = 1 \text{ (V)}$$
$$I_3 = \frac{U_3}{1/3} = \frac{1}{1/3} = 3 \text{ (A)}$$
$$I_4 = -I_2 + I_3 = -2 + 3 = 1 \text{ (A)}$$
$$U_4 = 5I_4 = 5 \times 1 = 5 \text{ (V)}$$

$$U_5 = U_3 + U_4 = 1 + 5 = 6 \text{ (V)}$$

$$I_5 = \frac{U_5}{3} = \frac{6}{3} = 2 \text{ (A)}$$

$$I_6 = I_4 + I_5 = 1 + 2 = 3 \text{ (A)}$$

$$U_6 = 9 - U_5 = 9 - 6 = 3 \text{ (V)}$$

所以

$$R_1 = \frac{U_6}{I_6} = \frac{3}{3} = 1 \text{ (Ω)}$$

例 1-7 电路如图 1-13（a）所示，已知 $U=2\text{V}$。试求电流 I 及电阻 R。

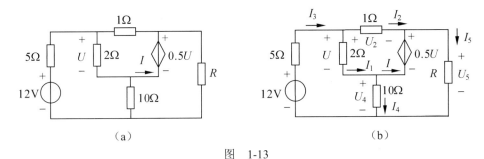

图 1-13

解 此题求电阻 R 的值与例 1-6 类似，需求得其两端电压及流过其中的电流。电流 I 是流过电压控制的电压源，它与独立电压源中的电流类似，由外电路决定，即当与受控源相连节点的其他支路电流都求出后，方可求出该电流。

本题仍然可根据各元件特性及 KCL、KVL，用简单的递推方法得到所求结果。

各电压、电流的参考方向如图 1-13(b)所示。

$$I_1 = \frac{U}{2} = \frac{2}{2} = 1 \text{ (A)} \quad \text{(欧姆定律)}$$

$$U_2 = U - 0.5U = 0.5 \times 2 = 1 \text{ (V)} \quad \text{(KVL)}$$

$$I_2 = \frac{U_2}{1} = \frac{1}{1} = 1 \text{ (A)} \quad \text{(欧姆定律)}$$

$$I_3 = I_1 + I_2 = 1 + 1 = 2 \text{ (A)} \quad \text{(KCL)}$$

$$U_4 = -U - 5I_3 + 12 = -2 - 5 \times 2 + 12 = 0 \text{ (V)} \quad \text{(KVL)}$$

$$I_4 = \frac{U_4}{10} = \frac{0}{10} = 0 \text{ (A)} \quad \text{(欧姆定律)}$$

$$I_5 = I_3 - I_4 = 2 - 0 = 2 \text{ (A)} \quad \text{(KCL)}$$

$$U_5 = 0.5U + U_4 = 0.5 \times 2 = 1 \text{ (V)} \quad \text{(KVL)}$$

所以

$$I = I_1 - I_4 = 1 - 0 = 1 \text{ (A)}$$

$$R = \frac{U_5}{I_5} = \frac{1}{2} = 0.5 \ (\Omega)$$

习题

1-1 题图 1-1（a）、(b)、(c)、(d) 电路中，已知 a 点、b 点的电位分别为 φ_a=10V，φ_b=5V。如果电动势 E、电压 U 的参考方向如图所设，问 E 和 U 各为多少？

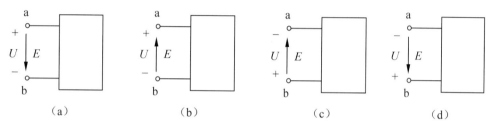

题图 1-1

1-2 分别求题图 1-2（a）、(b)、(c) 所示电路中的电压 U 和电流 I。

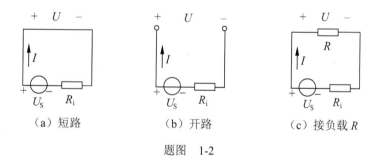

题图 1-2

1-3 设电容两端所加电压波形如题图 1-3 所示。已知电容 C=50μF，电压和电流取关联参考方向。试求电容中流过的电流 $i(t)$ 的波形。

1-4 设电感两端电压波形如题图 1-4 所示。已知电感 L=0.1H，且无初始储能。试求电感中流过的电流 $i(t)$。

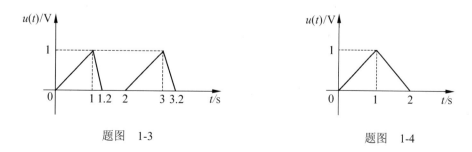

题图 1-3　　　　　　　　　题图 1-4

1-5 题图 1-5(a)所示电路中,已知电阻 $R=1\Omega$,电感 $L=1H$,电容 $C=1F$,电压源电压的波形如题图 1-5(b)所示,并已知 $i_L(0)=0$。

(1)试画出流过电阻、电感和电容元件中的电流;(2)求 $t=3s$ 时电容与电感中的储能。

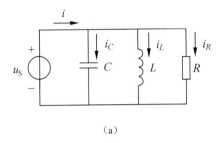
(a)

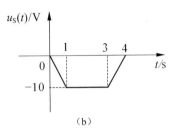
(b)

题图 1-5

1-6 已知题图 1-6(a)所示电路中电容电压 $u(t)$ 的波形如题图 1-6(b)所示。试画出电源电压 $u_S(t)$ 的波形。

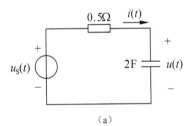
(a)

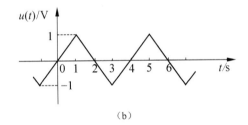
(b)

题图 1-6

1-7 电路如题图 1-7(a)所示。其中电容电压的初始值为 $u_2(0)=-0.5V$,电流源 $i_S(t)$ 的波形如题图 1-7(b)所示。试画出电压 $u_2(t)$ 和 $u_1(t)$ 的波形。

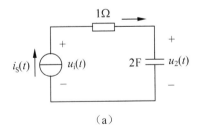
(a)

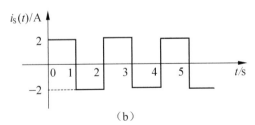
(b)

题图 1-7

1-8 已知题图 1-8(a)所示电路中电感电流 $i(t)$ 的波形如题图 1-8(b)所示。试画出电流源 $i_S(t)$ 的波形。

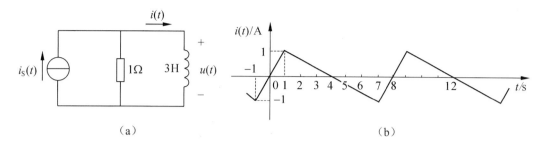

题图 1-8

1-9 分别求题图 1-9（a）所示电路中的电压 U_{ab}，图（b）电路中的电阻 R，图（c）所示电路中的电压 U_S 和图（d）所示电路中的电流 I。

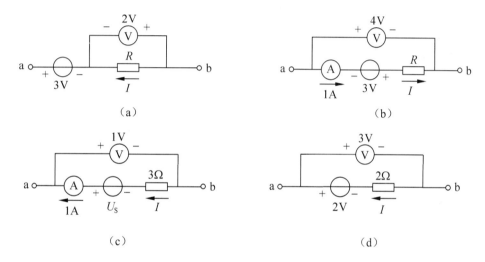

题图 1-9

1-10 求题图 1-10 所示电路中的电压 U_{ab}。

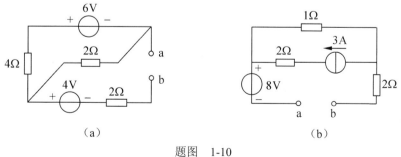

题图 1-10

1-11 求题图 1-11 所示电路中的电压 U_{AB}，U_{BC}，U_{CA} 和 U_{BD}。

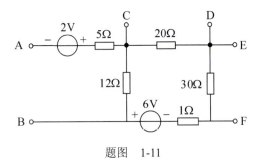

题图 1-11

1-12 题图 1-12 所示电路中,已知支路电压 $U_1=10V$,$U_2=5V$,$U_4=-3V$,$U_6=2V$,$U_7=-3V$,$U_{12}=8V$。试确定其他可能求得的电压。

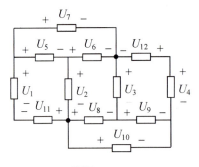

题图 1-12

1-13 在题图 1-12 所示电路中,若各支路电流与对应支路电压的参考方向一致,并已知支路电流 $I_1=1A$,$I_3=1A$,$I_4=5A$,$I_7=-5A$,$I_{10}=-3A$。试确定其他可能求得的电流。

1-14 求题图 1-14 所示各电路中所标出的电压、电流。

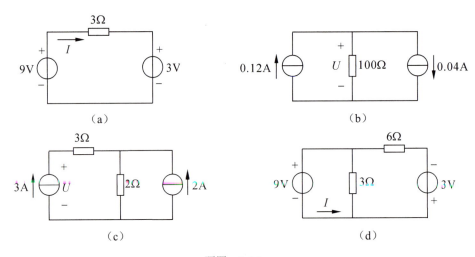

题图 1-14

1-15 求题图 1-15 所示电路中所标出的各电压和电流。

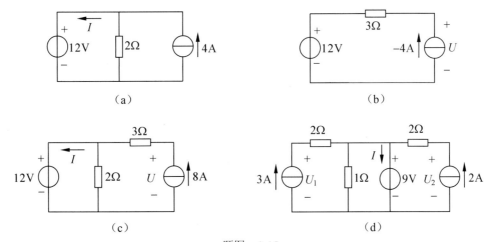

题图 1-15

1-16 求题图 1-16 所示电路中的电压 U_1 和电流 I_1，I_2。设：（1）U_S=2V；（2）U_S=4V；（3）U_S=6V。

1-17 已知题图 1-17 所示电路中电流 I_5=4A。求电流 I_1，I_2，I_3，I_4 和电压源电压 U_S。

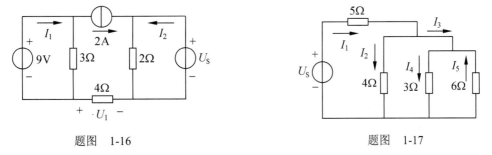

1-18 电路如题图 1-18 所示。求图中的电流 I_1，I_2 和 I_3。

1-19 电路如题图 1-19 所示。求图中的电压 U_1，U_2 和 U_3。

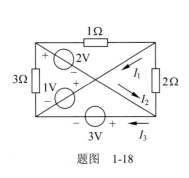

题图 1-18

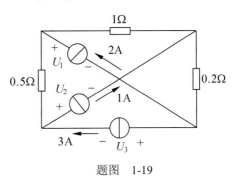

题图 1-19

1-20 求题图 1-20（a）、（b）所示电路中所标出的各电压和电流。

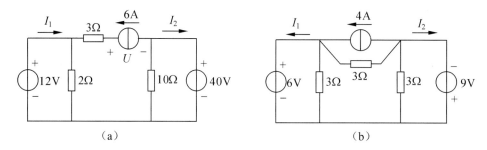

题图　1-20

1-21 已知题图 1-21 所示电路中，电压 U=6V。求由电源端看进去的电阻 R_{eq} 和电阻 R_1 的值。

1-22 求题图 1-22 所示电路中各电源发出的功率。

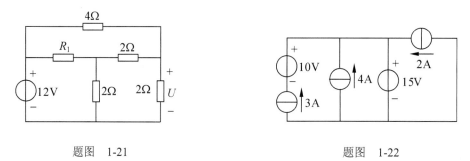

题图　1-21　　　　　　　　　　　　题图　1-22

1-23 求题图 1-23 所示电路中负载吸收的功率。

1-24 两台直流电机并行的原理电路如题图 1-24 所示。其电动势和内阻分别为 E_1=232V，E_2=202V，R_{n1}=0.04Ω，R_{n2}=0.06Ω。求：（1）电路中的电流 I；（2）端电压 U_{ab}；（3）哪一台相当于发电机？哪一台相当于电动机？它们发出和吸收的功率各为多少？

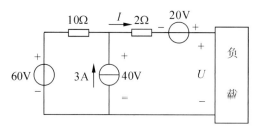 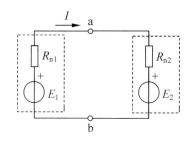

题图　1-23　　　　　　　　　　　　题图　1-24

1-25 已知题图 1-25 所示电路中，U_S=3V，I_S=1A，R_1=3Ω，R_2=1Ω，R_3=2Ω。求电压源 U_S 和电流源 I_S 的输出功率 P_U 和 P_I。

1-26 电路如题图 1-26 所示。试用输入电压 U_1 表示输出电压 U_2。

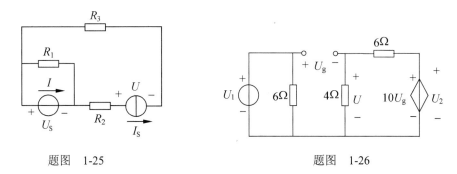

题图 1-25　　　　　　　　题图 1-26

1-27 求题图 1-27 所示电路中从电压源两端看进去的等效电阻 R_{eq}。

1-28 求题图 1-28 所示电路中的电流 I_S：（1）若 I=4A；（2）U=9V。

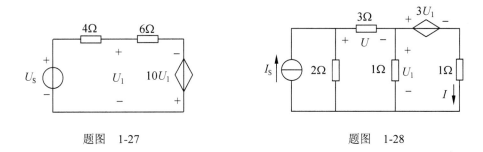

题图 1-27　　　　　　　　题图 1-28

1-29 已知题图 1-29 所示电路中流过 40Ω 电阻中的电流为 2A。求电流源电流的值 I_S。

1-30 求题图 1-30 所示电路中独立电源提供的功率。

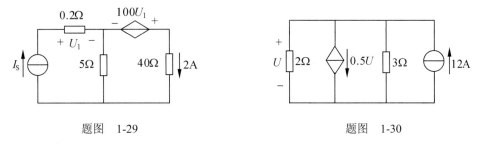

题图 1-29　　　　　　　　题图 1-30

1-31 题图 1-31 为一充电电路。（1）求电流 I；（2）计算供给负载的功率；（3）如果电池电压增加到 12.6V，电流 I 应是多少？

1-32 求题图 1-32 所示电路中每个元件所吸收的功率。

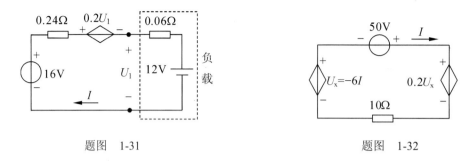

题图 1-31 题图 1-32

1-33 已知题图 1-33 所示电路中，$R_1=40\Omega$，$R_e=27\Omega$，$R_b=150\Omega$，$R_L=1500\Omega$，$\alpha=0.98$。求电压增益 u_2/u_1 和功率增益 p_2/p_1。其中 p_1 是 u_1 输出的功率，p_2 是 R_L 吸收的功率。

1-34 求题图 1-34 所示电路中各元件的功率，并校验功率守恒。

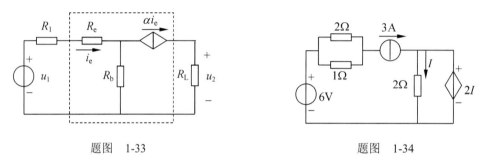

题图 1-33 题图 1-34

第2章 简单电阻电路的分析方法

本章重点

1. 电阻的串联、并联和混联；二端网络的等效电阻及计算方法。
2. 理想电压源和理想电流源的串并联；非理想电压源和电流源之间的等效变换。
3. 电阻的星形连接（Y 接）与三角形连接（Δ接）及其等效变换（Y-Δ变换）。

学习指导

本章的核心内容是"等效"的概念和方法。利用等效变换的方法简化电路分析。

本章的等效变换主要针对电阻电路，但等效的分析方法可推广至正弦稳态电路的频域分析（相量法）及暂态问题的复频域分析。

以下所选例题的解法是与教学进度相适应的。若读者已学完了全部课程，则有些例题也可用后面所学的方法进行求解。

一、二端网络的等效电阻

任何一个复杂的网络，向外引出两个端钮，则称为二端（一端口）网络。网络内部没有独立源的二端网络，称为无源二端网络。

一个线性无源二端电阻网络可以用端口的入端电阻来对外等效，如图 2-1 所示。

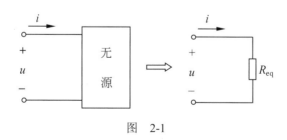

图 2-1

图中

$$R_{eq} \stackrel{\text{def}}{=} \frac{u}{i}$$

R_{eq} 称为一端口网络的等效电阻，$u = R_{eq} i$ 为一端口网络的外特性方程。

1. 电阻的串联、并联和混联二端网络

对于由串联、并联和混联电阻构成的二端（一端口）网络，求等效电阻当然可以从定义出发，但一般是利用已得到的等效电阻与内部各电阻关系直接求。

由 n 个电阻串联构成的二端网络如图 2-2 所示。

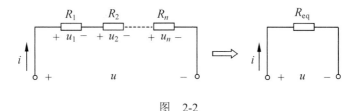

图 2-2

等效电阻为

$$R_{eq} = R_1 + R_2 + \cdots + R_n = \sum_{k=1}^{n} R_k$$

分压公式为

$$u_k = \frac{R_k}{R_{eq}} u \quad k = 1, 2, \cdots, n$$

由 n 个电阻并联构成的二端网络如图 2-3 所示。

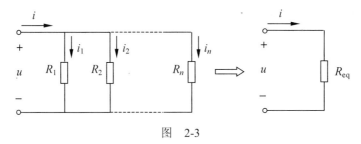

图 2-3

等效电阻为

$$\frac{1}{R_{eq}} = \frac{1}{R_1} + \frac{1}{R_2} + \cdots + \frac{1}{R_n} = \sum_{k=1}^{n} \frac{1}{R_k}$$

或写成等效电导形式

$$G_{eq} = \frac{1}{R_{eq}} = \sum_{k=1}^{n} \frac{1}{R_k} = \sum_{k=1}^{n} G_k$$

分流公式为

$$i_k = \frac{G_k}{G_{eq}} i \quad k = 1, 2, \cdots, n$$

例 2-1 电阻网络如图 2-4（a），（b）所示。（1）求端口 ab 的入端等效电阻 R_{ab}；（2）若端口为 cb，试求等效电阻 R_{cb}。

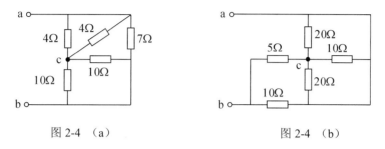

图 2-4 （a）　　　　　图 2-4 （b）

解（1）以 ab 为端口，即将端钮 a，b 与外电路连接。

为更清楚地表明各电阻的连接关系，可将图 2-4（a），（b）电路分别改画为图 2-4（c），（d）所示形式。

由图 2-4（c）、图 2-4（d）可以看出，两个二端网络均是简单的串并联问题。

对图 2-4（c），有
$$R_{ab} = [(4/\!/4) + (10/\!/10)]/\!/7 = 3.5(\Omega)$$

对图 2-4（d），有
$$R_{ab} = [(20/\!/10/\!/20) + 5]/\!/10 = 5(\Omega)$$

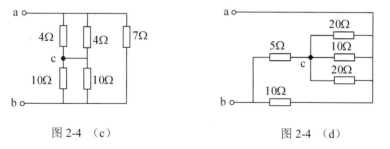

图 2-4 （c）　　　　　图 2-4 （d）

（2）以 cb 为端口，即将端钮 c，b 与外电路连接。将图 2-4（a），（b）电路分别改画为图 2-4（e），（f）所示形式。

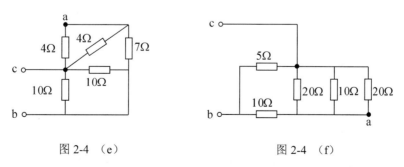

图 2-4 （e）　　　　　图 2-4 （f）

对图 2-4（e），有

$$R_{cb} = 10 // 10 // (4 // 4 + 7) = \frac{45}{14} = 3.21(\Omega)$$

对图 2-4（f），有

$$R_{cb} = 5 // (20 // 10 // 20 + 10) = \frac{75}{20} = 3.75(\Omega)$$

说明：对于一般二端电阻网络求等效电阻的问题，可先对局部进行简化，即先将局部串联或并联的电阻合并，再看简化的网络连接情况以便做进一步的简化，最后得到对端部的总等效电阻。

例 2-2 电路如图 2-5（a）所示。求入端等效电阻 R_{ab}。

解 观察图 2-5（a）可见，各电阻没有简单的串并联关系，无法直接用简单的串并联方法得到等效电阻。但从图 2-5（b）可看出，图中虚线框中部分是一个平衡电桥。根据平衡电桥的性质，c，d 两点等电位。在端口 ab 施加任意激励时，均有 $u_{cd}=0$ 和 $i=0$。因此，cd 支路便有两种处理方法。

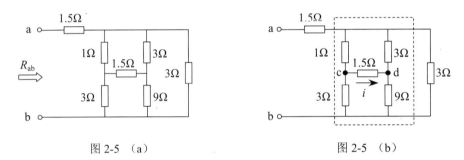

图 2-5 （a）　　　　　图 2-5 （b）

方法 1：利用 $u_{cd}=0$，将 cd 支路看作短路，得到如图 2-5（c）等效电路。

图 2-5（c）中各电阻便是简单的串并联关系。由此得等效电阻为

$$R_{ab} = 1.5 + (1 // 3 + 3 // 9) // 3 = 3(\Omega)$$

方法 2：利用 $i=0$，将 cd 支路看作开路，得到如图 2-5（d）所示等效电路。

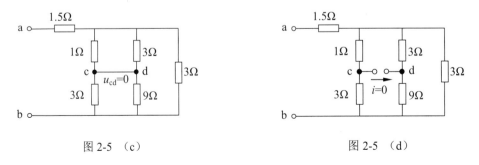

图 2-5 （c）　　　　　图 2-5 （d）

图 2-5（d）中各电阻也是简单的串并联关系。由此得等效电阻为

$$R_{ab} = 1.5 + [(1+3)//(3+9)]//3 = 3(\Omega)$$

显然，两种方法得到的结果相等。

说明：利用电桥平衡条件及电路对称条件可以使较复杂的电路问题变为简单的串并联问题。此题也可以用 Y-Δ 变换将电路简化为串并联问题。

例 2-3 如图 2-6（a）所示电路中，已知 $U_S = 10\text{V}$，$R_1 = 1\Omega$，$R_2 = R_L = 2\Omega$。求电流 I。

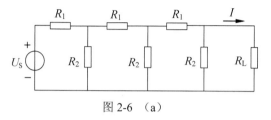

图 2-6（a）

解 限于前面所学内容，利用电阻的串并联关系，将电路化简。简化过程如图 2-6（b）所示。

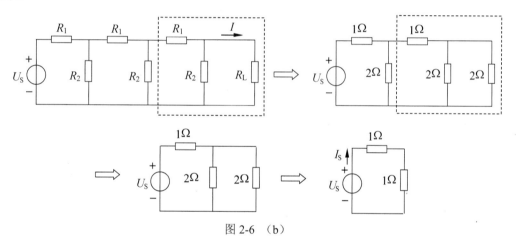

图 2-6（b）

利用图 2-6（b），先求出电压源中的总电流，再逐步利用分流公式求出原电路中的电流 I。即

$$I = \frac{1}{2} \times \frac{1}{2} \times \frac{1}{2} \times I_S = \frac{1}{8} \times \frac{10}{2} = 0.625 \text{ (A)}$$

或利用分压公式

$$I = \frac{1}{2} \times \frac{1}{2} \times \frac{1}{2} \times \frac{U_S}{2} = \frac{1}{8} \times \frac{10}{2} = 0.625 \text{ (A)}$$

2．含受控源的二端网络的等效电阻

含受控源的无独立源二端网络对外可等效为一个等效电阻。该等效电阻必须根据定义

来求，即设法找出端口处的电压、电流关系。可用加压求流法或加流求压法得到。

例 2-4 如图 2-7（a）所示电路为含线性受控源的二端网络。试分别求 $g=0.2S$ 和 $g=0.6S$ 时的等效电阻 R_{ab}。

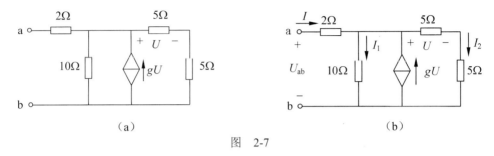

图 2-7

解 标出图 2-7（a）所示电路的各电压、电流，如图 2-7（b）所示。
由图 2-7（b）可得

$$I_1 = \frac{2U}{10} = 0.2U \ , \quad I_2 = \frac{U}{5} = 0.2U$$

$$I = I_1 + I_2 - gU = (0.4 - g)U$$

$$U_{ab} = 2U + 2I = (2.8 - 2g)U$$

将电流 I 与电压 U 的关系式代入 U_{ab}，得

$$U_{ab} = \frac{2.8 - 2g}{0.4 - g} I$$

根据入端电阻的定义，有

$$R_{ab} = \frac{U_{ab}}{I} = \frac{2.8 - 2g}{0.4 - g}$$

当 $g=0.2S$ 时

$$R_{ab} = \frac{2.8 - 2 \times 0.2}{0.4 - 0.2} = 12 \ (\Omega)$$

当 $g=0.6S$ 时

$$R_{ab} = \frac{2.8 - 2 \times 0.6}{0.4 - 0.6} = -8 \ (\Omega)$$

说明：含受控源的二端网络的对外等效电阻可出现负值，此时网络可向外输出能量。

二、电源的等效变换

1. 理想电压源串联

理想电压源的串联等效如图 2-8 所示。n 个电压源串联的总等效电压源电压是各串联

电压源电压的代数和，即

$$u_S = u_{S1} + u_{S2} + \cdots + u_{Sn} = \sum_{k=1}^{n} u_{Sk}$$

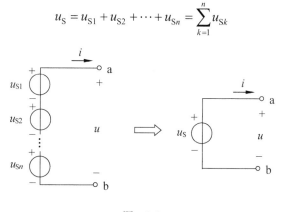

图 2-8

注意：理想电压源只有在各电压源电压数值相等、极性相同时才能并联，并联后仍然等效为一个电压源，但此时并联的各个电压源中流过的电流无法确定。

2．理想电流源并联

理想电流源的并联等效如图 2-9 所示。n 个电流源并联的总等效电流源电流是各并联电流源电流的代数和，即

$$i_S = i_{S1} + i_{S2} + \cdots + i_{Sn} = \sum_{k=1}^{n} i_{Sk}$$

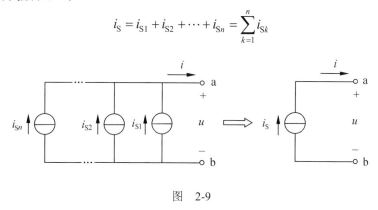

图 2-9

注意：理想电流源只有在各电流源电流数值相等、方向相同时才能串联，串联后仍然等效为一个电流源，但此时串联的各个电流源两端的电压无法确定。

3．非理想电压源和电流源之间的等效变换

非理想电压源和电流源之间对外可进行等效变换，电路如图 2-10 所示。转换关系为

$$\begin{cases} u_S = R_i I_S \\ I_S = \dfrac{u_S}{R_i} \end{cases}$$

其中内阻在变换前后其值不变，在电压源中它与理想电压源串联，而在电流源中则与理想电流源并联。

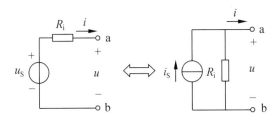

图 2-10

注意：（1）等效只对电源的端口以外的外电路有效，对内部一般不等效；（2）两种等效电路中理想电压源电压和电流源电流的方向。

例 2-5 用电源等效变换法求例 2-3 中图 2-6（a）所示电路中的电流 I。

解 等效变换时，一般应将所求支路保留在外部。

利用电源等效变换简化该电路的过程如图 2-11 所示。

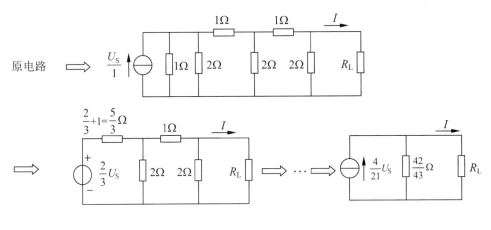

图 2-11

由图 2-11 最后得到的等效电路可得

$$I = \dfrac{\dfrac{42}{43}}{\dfrac{42}{43}+2} \times \dfrac{4}{21} U_S = \dfrac{1}{16} U_S = \dfrac{1}{16} \times 10 = 0.625 \text{ (A)}$$

说明：在学过电路定理后，此题用齐性定理求解更简便。

例 2-6 电路如图 2-12（a）所示。求：（1）电流 I；（2）电压源 U_{S1} 和 U_{S2} 各自发出的功率。

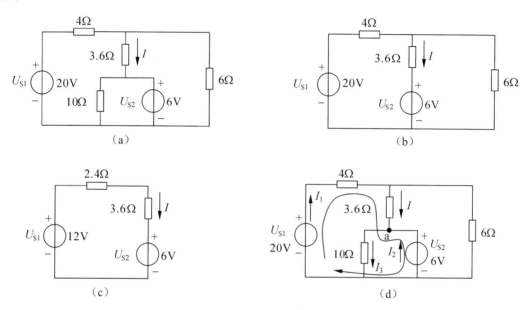

图 2-12

解 （1）求电流 I 时，从等效观点看，与 U_{S2} 并联的 10Ω 电阻不起作用，电路可简化为图 2-12（b）。利用电源等效变换将图 2-12（b）所示电路变换为图 2-12（c）所示电路。

由图 2-12（c）所示电路得

$$I = \frac{12-6}{2.4+3.6} = 1 \text{ (A)}$$

（2）当求 U_{S1} 的功率时，图 2-12（a）和图 2-12（b）所示电路均适用。但求 U_{S2} 的功率时，图 2-12（b）所示的等效电路不适用。因等效是对 U_{S2} 的外部电路而言，对 U_{S2} 的内部等效不成立，必须回到等效前的原电路图 2-12（a）。

设各电流的参考方向如图 2-12（d）所示，对标出的回路应用 KVL，得

$$4I_1 + 3.6I = 20 - 6$$

解得

$$I_1 = \frac{1}{4}(20 - 6 - 3.6I) = 2.6 \text{ (A)}$$

对节点 a 应用 KCL，得

$$I_2 = I_3 - I = \frac{6}{10} - 1 = -0.4 \text{ (A)}$$

则电压源 U_{S1} 发出的功率为

$$P_1 = U_{S1}I_1 = 20 \times 2.6 = 52 \text{ (W)}$$

电压源 U_{S2} 发出的功率为

$$P_2 = U_{S2}I_2 = 6 \times (-0.4) = -2.4 \text{ (W)}$$

说明：本例中的理想电压源 U_{S2} 的两端并联了一个电阻，对外等效结果是这个电阻不起作用。这个结论具有一般性。即理想电压源两端并联一个元件或一个网络，对电压源外部仍等效为一个理想电压源，即并联的这个元件或网络对外电路的求解没有影响，如图 2-13 所示。但对电源本身并不等效，即对内不等效，因为并联的这个元件或网络改变了流过电压源的电流。对于与理想电流源串联的二端元件或网络，对外电路的求解也没有影响，该二端元件或网络改变的只是理想电流源两端的电压。

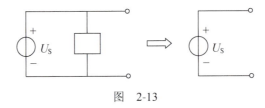

图 2-13

例 2-7 电路如图 2-14（a）所示。（1）若 R_1 改变，则电压源 U_S、电流源 I_S 发出的功率将如何变化？（2）若 $U_S = 10\text{V}$，$I_S = 1\text{A}$，$R_2 = R_3 = 2\Omega$。分别求 $R_1 = 5\Omega$ 和 $R_1 = 10\Omega$ 时，电压源和电流源各自发出的功率。

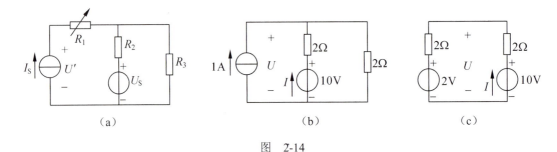

图 2-14

解 （1）题中 R_1 与理想电流源 I_S 串联在一个支路，从外部看，其输出的电流仍是 I_S，即对外电路而言，电阻 R_1 无影响。所以，当 R_1 改变时，U_S 输出的功率不变。但 R_1 改变时，I_S 发出的功率显然会随之改变。且随 R_1 的增大，I_S 发出的功率将增大（代数值）。

（2）为求 U_S 发出的功率，可将图 2-14（a）等效为图 2-14（b）所示电路。再利用电源等效变换可将图 2-14（b）所示电路变换为图 2-14（c）所示电路。

由图 2-14（c）所示电路可得

$$I = \frac{10-2}{2+2} = 2 \text{ (A)}, \quad U = 10 - 2 \times 2 = 6 \text{ (V)}$$

电压源发出的功率与 R_1 无关，因此电压源 U_S 发出的功率为

$$P_U = U_S I = 10 \times 2 = 20 \text{ (W)}$$

电流源发出的功率与 R_1 有关，图 2-14（b）和图 2-14（c）中的电压 U 不是原图 2-14（a）所示电路中电流源两端的电压 U'。图 2-14（a）所示电路中电流源两端的电压为

$$U' = U + R_1 I_S = 6 + 5 \times 1 = 11 \text{ (V)} \qquad (R_1 = 5\Omega)$$
$$U' = U + R_1 I_S = 6 + 10 \times 1 = 16 \text{ (V)} \qquad (R_1 = 10\Omega)$$

电流源发出的功率为

$$P_I = U' I_S = 11 \times 1 = 11 \text{ (W)} \qquad (R_1 = 5\Omega)$$
$$P_I = U' I_S = 16 \times 1 = 16 \text{ (W)} \qquad (R_1 = 10\Omega)$$

例 2-8 电路如图 2-15（a）所示。求电流 I。

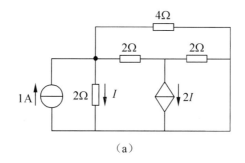

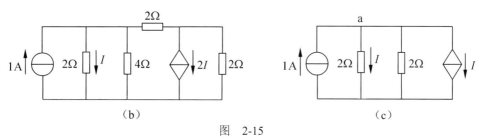

图 2-15

解 图 2-15（a）所示电路可改画为如图 2-15（b）所示。然后对受控源作等效变换，将图 2-15（b）所示电路简化为如图 2-15（c）所示。

对图 2-15（c）所示电路中的节点 a 应用 KCL 得

$$-1 + I + \frac{2I}{2} + I = 0$$

解得 $I = \dfrac{1}{3} = 0.333 \text{(A)}$。

注意：（1）受控源可以像独立源一样进行等效变换，从而简化电路；（2）对受控源作等效变换时，如果变换只对受控量进行，则变换后仍是受控源，同时，不能将控制量所在

支路变换掉；(3) 当控制量与受控制量包含在一个二端网络内部时，可将此二端网络等效为一个电阻。

三、电阻的 Y-Δ 变换

电阻的星形连接（Y 接）与三角形连接（Δ 接）对外是三端网络，如图 2-16 所示。其等效变换是对三个端子进行。

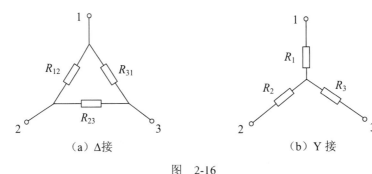

图 2-16

由 Y 接 → Δ 接的变换式为

$$R_{12} = R_1 + R_2 + \frac{R_1 R_2}{R_3}$$

$$R_{23} = R_2 + R_3 + \frac{R_2 R_3}{R_1}$$

$$R_{31} = R_3 + R_1 + \frac{R_3 R_1}{R_2}$$

或

$$G_{12} = \frac{G_1 G_2}{G_1 + G_2 + G_3}$$

$$G_{23} = \frac{G_2 G_3}{G_1 + G_2 + G_3}$$

$$G_{31} = \frac{G_3 G_1}{G_1 + G_2 + G_3}$$

由 Δ 接 → Y 接的变换式为

$$R_1 = \frac{R_{12} R_{31}}{R_{12} + R_{23} + R_{31}}$$

$$R_2 = \frac{R_{23} R_{12}}{R_{12} + R_{23} + R_{31}}$$

$$R_3 = \frac{R_{31} R_{23}}{R_{12} + R_{23} + R_{31}}$$

或

$$G_1 = G_{12} + G_{31} + \frac{G_{12} G_{31}}{G_{23}}$$

$$G_2 = G_{23} + G_{12} + \frac{G_{23} G_{12}}{G_{31}}$$

$$G_3 = G_{31} + G_{23} + \frac{G_{31} G_{23}}{G_{12}}$$

当 $R_1 = R_2 = R_3 = R_Y$，$R_{12} = R_{23} = R_{31} = R_\Delta$ 时，则变换关系可简化为

$$R_\Delta = 3 R_Y$$

Y-Δ 变换可以将复杂的电阻网络简化为简单的串并联问题。

例 2-9 求图 2-17（a）所示二端网络的入端等效电阻 R_{ab}。

解 观察图 2-17（a）所示网络无法对任何一部分通过简单串并联方法进行简化。可尝试用 Y-Δ 变换法。为看起来方便，可将图 2-17（a）改画为图 2-17（b）。

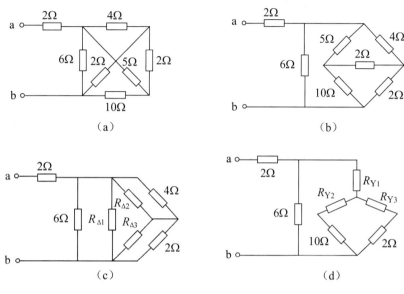

图 2-17

方法 1：将其中的一组 Y 接电阻变为 Δ 接，如图 2-17（c）所示。变换后电路变成了简单的串并联结构。其中

$$R_{\Delta 1} = 5 + 10 + \frac{5 \times 10}{2} = 40 \ (\Omega)$$

$$R_{\Delta 2} = 5 + 2 + \frac{5 \times 2}{10} = 8 \ (\Omega)$$

$$R_{\Delta 3} = 10 + 2 + \frac{10 \times 2}{5} = 16 \ (\Omega)$$

由图 2-17（c）及上述变换结果，可得

$$R_{ab} = 2 + 6 // 40 // (8 // 4 + 2 // 16) = 4.40 \ (\Omega)$$

方法 2：也可将其中的一组 Δ 接电阻变为 Y 接。如图 2-17（d）所示。变换后电路同样变成了简单的串并联结构。其中

$$R_{Y1} = \frac{5 \times 4}{5 + 4 + 2} = 1.818 \ (\Omega)$$

$$R_{Y2} = \frac{5 \times 2}{5 + 4 + 2} = 0.909 \ (\Omega)$$

$$R_{Y3} = \frac{4 \times 2}{5 + 4 + 2} = 0.727 \ (\Omega)$$

由图 2-17（d）及上述变换结果，可得
$$R_{ab} = 2 + 6 / / [1.818 + (0.909 + 10) / / (0.727 + 2)] = 4.40 \ (\Omega)$$
可见，两种等效方法得到的结果是一致的。

说明：本题还可以对其他部分作 Y-Δ 变换，结果相同。

例 2-10 电路如图 2-18（a）所示。求电压传输比 $\dfrac{u_o}{u_i}$。

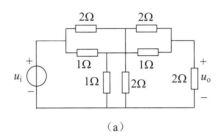

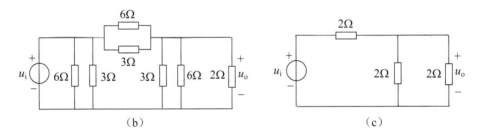

图　2-18

解 图中的双 T 结构含两个 Y 接三端网络。可将其变为 Δ 接，如图 2-18（b）所示。进一步化简可得图 2-18（c）所示电路。其中与输入信号并联的电阻对所求问题无影响，可去掉。

由图 2-18（c）可得
$$u_o = \frac{2 / / 2}{2 / / 2 + 2} u_i = \frac{1}{3} u_i$$

解得 $\dfrac{u_o}{u_i} = \dfrac{1}{3}$。

习题

2-1　求题图 2-1 所示各电路的入端电阻 R_{AB}。

2-2　求题图 2-2 所示各电路的入端电阻 R。

2-3　求题图 2-3 所示各电路的入端电阻 R_{ab}。

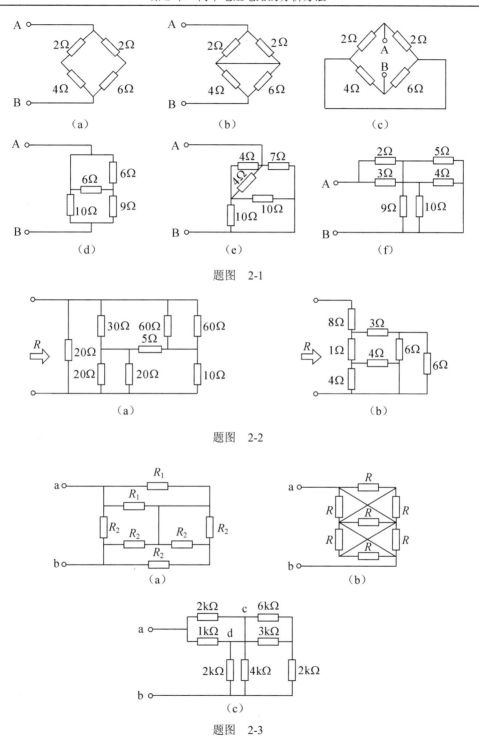

题图 2-1

题图 2-2

题图 2-3

2-4 求题图 2-4 所示各电路的入端电阻 R_{AB}。图中各电阻值均为 1Ω。

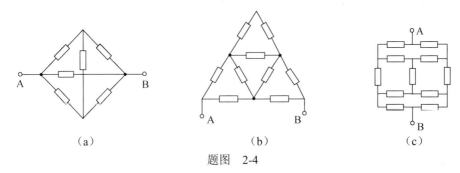

题图 2-4

2-5 在题图 2-5 所示电路中，每个电阻值均为 R。试分别求入端电阻 R_{ab} 和 R_{cd}。

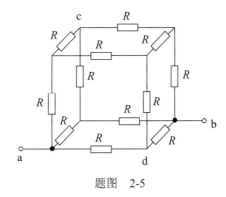

题图 2-5

2-6 试将题图 2-6 中各电路化成最简单形式。

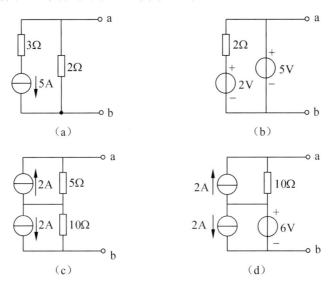

题图 2-6

2-7 试将题图 2-7 中各电路化成最简单形式。

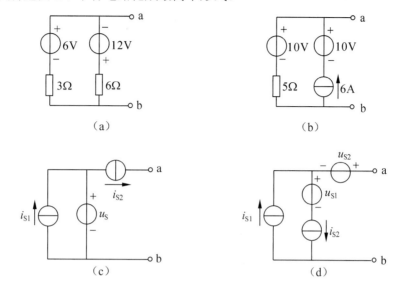

题图 2-7

2-8 试用电源等效变换方法求题图 2-8 所示电路中的电流 i。

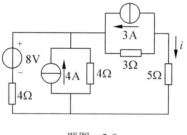

题图 2-8

2-9 试求题图 2-9 所示电路中的电压 U。

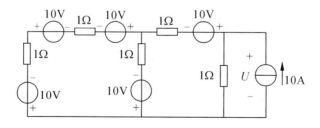

题图 2-9

2-10 试将题图 2-10 所示电路化成最简单形式。

2-11 试求题图 2-11 所示电路中的电流 I。

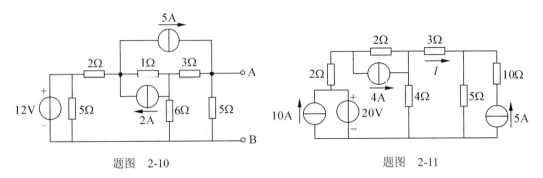

题图 2-10 题图 2-11

2-12 题图 2-12 所示电路中,已知电压源电压 $U_{S1}=U_{S6}=20V$, $U_{S2}=U_{S5}=10V$, $U_{S4}=15V$, 电流源电流 $I_{S3}=10A$, 电阻 $R_1=10\Omega$, $R_2=5\Omega$, $R_3=1\Omega$, $R_4=2\Omega$, $R_5=R_6=4\Omega$。试求电路中各支路的电流。

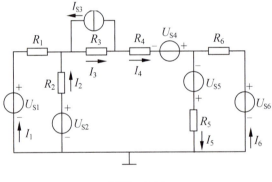

题图 2-12

2-13 求题图 2-13 所示电路中的电压 U_L。设 I_S, R, R_L 为已知。

2-14 题图 2-14 所示电路中 $u_S=3\sin\omega t$ V。试求电压 u_o。

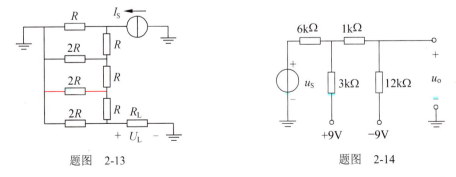

题图 2-13 题图 2-14

2-15 求题图 2-15 所示电路中电压源、电流源发出的功率。

2-16 试求题图 2-16 所示电路中的电压 U_{OC}。

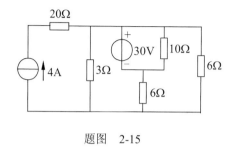

题图　2-15

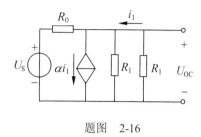

题图　2-16

2-17 试求题图 2-17 所示电路中的电压 U_{ab}。

2-18 试将题图 2-18 所示电路化成最简单形式。

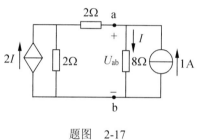

题图　2-17

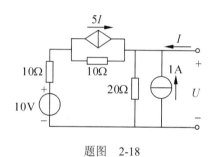

题图　2-18

2-19 题图 2-19 所示电路中，已知 $i_S=1.2A$，$R_1=30\Omega$，$R_2=40\Omega$，$R_3=10\Omega$，$R_4=20\Omega$，$g=0.1S$。试求电压 u 。

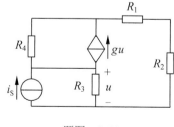

题图　2-19

2-20 用电阻的 Y-Δ 变换方法，求题图 2-20 所示电路的入端电阻 R_{AB}。

2-21 题图 2-21 所示电路中，设输入电压为 U_i。试求电压比 U_o/U_i。

2-22 电路如题图 2-22 所示。试求：（1）电压 U_1，U_2；（2）电流源发出的功率。

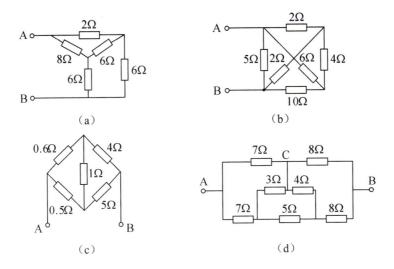

题图 2-20

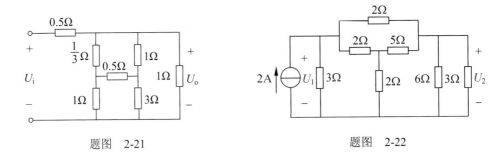

题图 2-21　　　　　　　　　　　题图 2-22

2-23 电路如题图 2-23 所示。已知电路参数 $R_1=R_6=2\Omega$，$R_2=R_5=3\Omega$，$R_3=R_4=R_7=R_9=R_{11}=6\Omega$，$R_8=R_{10}=18\Omega$。试求节点⑤、⑥之间的输入电阻。

2-24 求题图 2-24 所示电路中的电流 i。

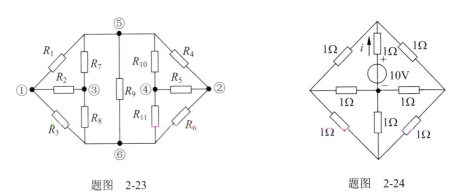

题图 2-23　　　　　　　　　　　题图 2-24

2-25 题图 2-25 所示电路中，已知 $R_1=R_3=R_5=R_7=2\Omega$，$R_2=R_4=R_6=20\Omega$。如果 $I_7=1A$，试求：（1）电阻 R_2、R_4 及 R_4 两端的电压；（2）电阻 R_1、R_3、R_5 及 R_7 中的电流；（3）电源电压 U_S。

利用上述结果，推算 $U_S=100V$ 时，电流 I_7 的值。

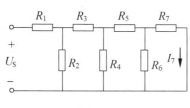

题图 2-25

2-26 题图 2-26 所示电路为一衰减器的原理图。当开关 S 分别拨向 1 至 5 各档时，U_o/U_S 的值分别为 10^0 至 10^{-4}。试求电阻 R_1，R_2 和 R_3 的比值。

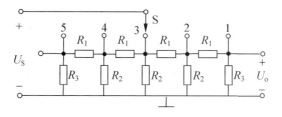

题图 2-26

2-27 题图 2-27 所示电路由许多单元构成，每个单元包含 R_1 和 R_2 两个电阻。设单元数很多，视作无穷大。（1）设 $R_1=2\Omega$，$R_2=1\Omega$。求 A，B 处的入端电阻；（2）以 B 点为参考点，若每个节点电压是前一个节点电压的一半，问此时 R_2/R_1 的值是多少？

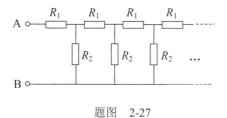

题图 2-27

第 3 章　线性电阻电路的一般分析方法

本章重点

1. 用支路电流法、回路（网孔）电流法和节点电压法列写电路方程。
2. 用一般方法求解分析电阻电路。
3. 含运算放大器的电路的分析。

学习指导

线性电阻电路即由线性电阻元件、线性受控源及独立电源组成的电路。对线性电阻电路，以电压或电流为变量列写的描述电路的方程是线性代数方程。

电路的一般分析方法就是在电路结构和元件参数已知的情况下，对电路结构基本不做变换，应用电路中的元件特性和基尔霍夫两个定律，列写电路的方程组，从而求解电路中各支路电流、电压及功率等。常用的分析方法是支路电流法、回路（网孔）电流法和节点电压法。

本章所讨论的电路虽是针对线性电阻电路，但所用方法可推广至含电感、电容储能元件的电路。后面将进一步讨论。

一、支路电流法

支路电流法是以支路电流为未知独立变量，利用元件特性和 KCL、KVL 列出电路的方程组，来求电路解的方法。

用支路法分析电路的一般步骤如下：

（1）标定各支路电流、电压的参考方向；
（2）选定 $n-1$ 个独立节点，列写其 KCL 方程；
（3）选定 $b-(n-1)$ 个独立回路，列写其 KVL 方程（元件特性代入）；
（4）求解上述方程，得到 b 个支路电流；
（5）其他分析。

例 3-1　用支路电流法求图 3-1（a）所示电路中各支路电流。

解　此电路有 3 个独立节点和 3 个独立回路。选择一组独立节点和独立回路如图 3-1（b）所示。

（1）根据 KCL，对每一独立节点列写电流方程，有

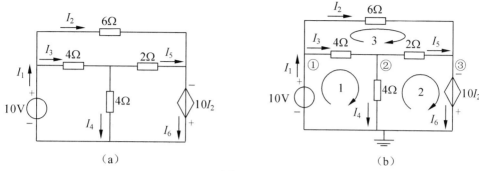

图 3-1

$$\begin{cases} 节点1 & -I_1+I_2+I_3=0 \\ 节点2 & -I_3+I_4+I_5=0 \\ 节点3 & -I_2-I_5+I_6=0 \end{cases} \tag{3-1}$$

（2）根据 KVL，对每一独立回路列写电压方程（代入支路特性关系），有

$$\begin{cases} 回路1 & 4I_3+4I_4=10 \\ 回路2 & -4I_4+2I_5=10I_2 \\ 回路3 & 6I_2-4I_3-2I_5=0 \end{cases} \tag{3-2}$$

（3）整理式（3-1）和式（3-2）的 6 个方程，并联立求解，可得 6 个支路电流。将整理后的结果写成矩阵形式为

$$\begin{bmatrix} -1 & 1 & 1 & 0 & 0 & 0 \\ 0 & 0 & -1 & 1 & 1 & 0 \\ 0 & -1 & 0 & 0 & -1 & 1 \\ 0 & 0 & 4 & 4 & 0 & 0 \\ 0 & -10 & 0 & -4 & 2 & 0 \\ 0 & 6 & -4 & 0 & -2 & 0 \end{bmatrix} \begin{bmatrix} I_1 \\ I_2 \\ I_3 \\ I_4 \\ I_5 \\ I_6 \end{bmatrix} = \begin{bmatrix} 0 \\ 0 \\ 0 \\ 10 \\ 0 \\ 0 \end{bmatrix} \tag{3-3}$$

式（3-3）所示的方程组可用已学过的各种方法求解，如消元法、克莱姆法则等。求解结果为

$$I_1=-3.75\text{A}, \quad I_2=-2.5\text{A}, \quad I_3=-1.25\text{A},$$
$$I_4=3.75\text{A}, \quad I_5=-5\text{A}, \quad I_6=-7.5\text{A}$$

二、回路电流法

回路电流法是以回路电流为未知变量，列写电路方程，从而求解电路的方法。

回路电流是假想的在回路中流动的电流。对于平面电路，通常选网孔作为独立回路，以网孔电流为未知量列写电路方程,此时所对应的方法称作网孔电流法。可见网孔法是回路法应用于平面电路的特例。

对于一个有 n 个节点、b 个支路的电阻电路,有 $m=b-(n-1)$ 个独立回路。设回路电流为 i_{l1},i_{l2},…,i_{lm},回路电流法方程的标准形式为

$$\begin{cases} R_{11}i_{l1}+R_{12}i_{l2}+\cdots+R_{1m}i_{lm}=u_{Sl1} \\ R_{21}i_{l1}+R_{22}i_{l2}+\cdots+R_{2m}i_{lm}=u_{Sl2} \\ \vdots \quad \vdots \quad \cdots \quad \vdots \\ R_{m1}i_{l1}+R_{m2}i_{l2}+\cdots+R_{mm}i_{lm}=u_{Slm} \end{cases}$$

其中,$R_{kk}(k=1, 2, \cdots, m)$ 为回路 k 的自电阻,其值等于回路 k 中各支路电阻值的和;$R_{kj}(k, j=1, 2, \cdots, m, k \neq j)$ 为回路 k 与回路 j 之间的互电阻,其值为

$$\begin{cases} 正,流过互电阻的两回路电流方向相同 \\ 负,流过互电阻的两回路电流方向相反 \\ 零,当两回路之间无公共支路 \end{cases}$$

$u_{Slk}(k=1, 2, \cdots, m)$ 为回路 k 中所有电压源电压的代数和。当回路电流方向与电压源电压方向相同时,冠以负号;否则冠以正号。用回路电流法分析电路的一般步骤:

(1)选定 $m=b-(n-1)$ 个独立回路电流,并确定其绕行方向;
(2)对 m 个独立回路,以回路电流为未知量,列写其 KVL 方程;
(3)求解上述方程,得到 m 个回路电流;
(4)求各支路电流(用回路电流表示);
(5)其他分析,如功率计算等。

例 3-2 电路如图 3-2(a)所示。试列写用回路电流法求解电路所需的方程,并用回路电流表示各支路电流。

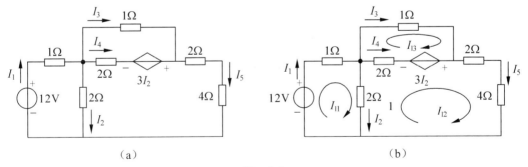

图 3-2

解 含受控源电路列回路电流方程时,可先将受控源与独立源一样对待,然后再将控制量用待求的回路电流表示,最后整理得到所需的回路电流方程。

各回路电流及参考方向如图 3-2(b)所示。

（1）首先将受控源与独立源一样对待，列写回路电流方程，得

$$\begin{cases} (1+2)I_{l1} - 2I_{l2} = 12 \\ -2I_{l1} + (2+2+2+4)I_{l2} - 2I_{l3} = 3I_2 \\ -2I_{l2} + (1+2)I_{l3} = -3I_2 \end{cases} \quad (3\text{-}4)$$

（2）将控制量 I_2 用回路电流表示，有

$$I_2 = I_{l1} - I_{l2} \quad (3\text{-}5)$$

（3）将式（3-5）代入式（3-4），并整理成矩阵形式

$$\begin{bmatrix} 3 & -2 & 0 \\ -5 & 13 & -2 \\ 3 & -5 & 3 \end{bmatrix} \begin{bmatrix} I_{l1} \\ I_{l2} \\ I_{l3} \end{bmatrix} = \begin{bmatrix} 12 \\ 0 \\ 0 \end{bmatrix} \quad (3\text{-}6)$$

可见，式（3-6）中的系数矩阵不对称。当有受控源时，矩阵形式的标准回路方程的系数矩阵一般不再对称。

（4）解式（3-6），可以求得回路电流 I_{l1}，I_{l2} 和 I_{l3}，由此可以导出各支路电流为

$$I_1 = I_{l1}, \quad I_2 = I_{l1} - I_{l2}, \quad I_3 = I_{l3}, \quad I_4 = I_{l2} - I_{l3}, \quad I_5 = I_{l2}$$

例 3-3 电路如图 3-3（a）所示。试用回路电流法求各支路电流，并求两独立源发出的功率。

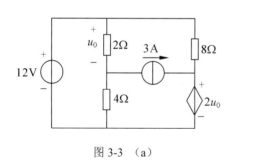

图 3-3（a）

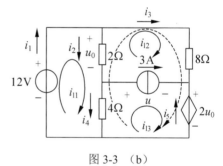

图 3-3（b）

解 该电路含理想电流源支路，在列写回路电流方程时需特殊处理，因为该理想电流源所在支路的电压无法用通过该支路的回路电流表示。以下给出三种常用的方法。

方法 1： 独立回路的选取仍选网孔，各回路电流和支路电流如图 3-3（b）所示，并在理想电流源两端增设电压变量 u。

根据 KVL，列写 3 个网孔的方程

$$\begin{cases} \text{网孔 1} & (2+4)i_{l1} - 2i_{l2} - 4i_{l3} = 12 \\ \text{网孔 2} & -2i_{l1} + (2+8)i_{l2} - u = 0 \\ \text{网孔 3} & -4i_{l1} + 4i_{l3} + 2u_0 + u = 0 \end{cases} \quad (3\text{-}7)$$

式（3-7）有 3 个独立方程，5 个变量，还需两个独立方程。

对独立电流源支路，可补充回路电流与电流源电流的关系
$$i_{l3} - i_{l2} = 3 \quad (3\text{-}8)$$
对受控源，补充控制量 u_0 与回路电流的关系，得
$$u_0 = 2(i_{l1} - i_{l2}) \quad (3\text{-}9)$$
联立求解式（3-7）~式（3-9），可得
$$i_{l1} = 3.5\text{A}, \quad i_{l2} = -0.5\text{A}, \quad i_{l3} = 2.5\text{A}, \quad u = -12\text{V}$$
由此可求得各支路电流为
$$i_1 = i_{l1} = 3.5(\text{A}), \quad i_2 = i_{l1} - i_{l2} = 3.5 - (-0.5) = 4(\text{A}), \quad i_3 = i_{l2} = -0.5(\text{A}),$$
$$i_4 = i_{l1} - i_{l3} = 3.5 - 2.5 = 1(\text{A}), \quad i_5 = -i_{l3} = -2.5(\text{A})$$
电压源发出的功率为
$$P_1 = 12i_1 = 12 \times 3.5 = 42(\text{W})$$
电流源发出的功率为
$$P_2 = (-u) \times 3 = -(-12) \times 3 = 36(\text{W})$$

方法 2：回路的选取仍如图 3-3（b）所示。但在列方程时，不直接列写与电流源支路有关的回路方程，而是列写超网孔方程。超网孔即包含电流源支路的回路，即将以电流源为公共支路的两个网孔在"挖去"电流源支路后构成的那个大网孔（如图 3-3（b）中虚线所示）。这样可以得到如下两个方程

$$\begin{cases} \text{网孔 1：} & (2+4)i_{l1} - 2i_{l2} - 4i_{l3} = 12 \\ \text{超网孔：} & -(2+4)i_{l1} + (2+8)i_{l2} + 4i_{l3} + 2u_0 = 0 \end{cases} \quad (3\text{-}10)$$

式（3-10）有 2 个方程，4 个变量，需补充回路电流与电流源电流的关系方程及受控源控制量 u_0 与回路电流的关系

$$\begin{cases} i_{l3} - i_{l2} = 3 \\ u_0 = 2(i_{l1} - i_{l2}) \end{cases} \quad (3\text{-}11)$$

联立求解式（3-10）、式（3-11），可得各回路电流
$$i_{l1} = 3.5\text{A}, \quad i_{l2} = -0.5\text{A}, \quad i_{l3} = 2.5\text{A}$$

由 KVL，电流源两端电压为
$$u = 2(i_{l2} - i_{l1}) + 8i_{l2} = -12(\text{V})$$

支路电流及功率分析与方法 1 相同。

方法 3：选择回路时，只使一个回路电流通过电流源支路，这样该回路电流就等于所通过的电流源的电流，而相关回路则选择包含该电流源的超网孔，如图 3-3（c）所示。

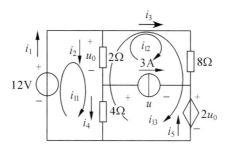

图 3-3 (c)

$$\begin{cases} \text{网孔1:} & (2+4)i_{l1} - 2i_{l2} - (2+4)i_{l3} = 12 \\ \text{网孔2:} & i_{l2} = -3 \\ \text{超网孔:} & -(2+4)i_{l1} + (2+8)i_{l2} + (4+2+8)i_{l3} + 2u_0 = 0 \end{cases} \quad (3\text{-}12)$$

式 (3-12) 有 3 个方程，4 个变量，需补充受控源控制量 u_0 与回路电流的关系

$$u_0 = 2(i_{l1} - i_{l2} - i_{l3}) \quad (3\text{-}13)$$

联立求解式 (3-12)、式 (3-13)，可得各回路电流

$$i_{l1} = 3.5\text{A}, \quad i_{l2} = -3\text{A}, \quad i_{l3} = 2.5\text{A}$$

各支路电流为

$$i_1 = i_{l1} = 3.5(\text{A}), \quad i_2 = i_{l1} - i_{l2} - i_{l3} = 3.5 - (-3) - 2.5 = 4(\text{A}),$$
$$i_3 = i_{l2} + i_{l3} = -3 + 2.5 = -0.5(\text{A}), \quad i_4 = i_{l1} - i_{l3} = 3.5 - 2.5 = 1(\text{A}),$$
$$i_5 = -i_{l3} = -2.5(\text{A})$$

可见，由于与方法 1 和方法 2 所选回路不同，所得回路电流也不同。但所得支路电流是相同的。其他分析与方法 1 和方法 2 类似。

若电路含受控电流源支路时，可以采用与独立电流源支路类似的处理方法。

三、节点电压法

节点电压法是以节点电压为未知变量，列写电路方程，从而求解电路的方法。其中的节点电压是节点指向参考点之间的电压。

对于一个有 n 个节点、b 个支路的电阻电路，有 $n-1$ 个独立节点。设节点电压为 u_{n1}，u_{n2}，$\cdots$，u_{nn-1}，则节点电压方程的标准形式为

$$\begin{cases} G_{11}u_{n1} + G_{12}u_{n2} + \cdots + G_{1n-1}u_{nn-1} = i_{Sn1} \\ G_{21}u_{n1} + G_{22}u_{n2} + \cdots + G_{2n-1}u_{nn-1} = i_{Sn2} \\ \vdots \quad \vdots \quad \cdots \quad \vdots \quad \vdots \\ G_{n-1,1}u_{n1} + G_{n-1,2}u_{n2} + \cdots + G_{n-1,n-1}u_{nn-1} = i_{Snn-1} \end{cases}$$

其中，$G_{kk}(k=1,2,\cdots,n-1)$ 为节点 k 的自电导，其值等于与节点 k 相连的各支路电导值的和；$G_{kj}(k,j=1,2,\cdots,n-1,k\neq j)$ 为节点 k 与节点 j 之间的互电导，其值为节点 k 与节点 j 之间各支路电导之和的负值；当节点 k 与节点 j 之间无公共支路时，其值为零；$i_{Snk}(k=1,2,\cdots,n-1)$ 为与节点 k 相连的所有电流源电流的代数和。当电流流进该节点时，其值取正，否则值取负。

用节点法求解电路的一般步骤：

（1）选定参考节点，标定 $n-1$ 个独立节点电压；
（2）对 $n-1$ 个独立节点，以节点电压为未知量，列写其 KCL 方程；
（3）求解上述方程，得到 $n-1$ 个节点电压；
（4）求各支路电流（用节点电压表示）；
（5）其他分析，如功率计算等。

例 3-4 试用节点法列写求图 3-4（a）所示电路中各支路电流所需的方程式。

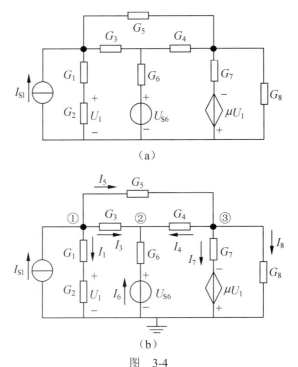

图 3-4

解 各节点及各支路电流如图 3-4（b）所示。设三个独立节点的节点电压分别为 U_{n1}，U_{n2} 和 U_{n3}。

根据 KCL，以节点电压为变量的节点方程为

$$\begin{cases} \left(\dfrac{1}{1/G_1+1/G_2}+G_3+G_5\right)U_{n1}-G_3U_{n2}-G_5U_{n3}=I_{S1}\\ -G_3U_{n1}+(G_3+G_4+G_6)U_{n2}-G_4U_{n3}=G_6U_{S6}\\ -G_5U_{n1}-G_4U_{n2}+(G_4+G_5+G_7+G_8)U_{n3}=-G_7(\mu U_1) \end{cases} \quad (3\text{-}14)$$

式（3-14）的 3 个独立方程中有 4 个未知量，即 U_{n1}，U_{n2}，U_{n3} 和 U_1，还需补充受控源控制量 U_1 与节点电压的关系方程才能求解。该补充方程为

$$U_1=\dfrac{1/G_2}{1/G_1+1/G_2}U_{n1}=\dfrac{G_1}{G_1+G_2}U_{n1} \quad (3\text{-}15)$$

整理式（3-14）、式（3-15），消去控制量 U_1，可将上述节点电压方程写成标准矩阵形式

$$\begin{bmatrix} \dfrac{G_1G_2}{G_1+G_2}+G_3+G_5 & -G_3 & -G_5 \\ -G_3 & G_3+G_4+G_6 & -G_4 \\ -G_5+\dfrac{\mu G_1 G_7}{G_1+G_2} & -G_4 & G_4+G_5+G_7+G_8 \end{bmatrix}\begin{bmatrix}U_{n1}\\ U_{n2}\\ U_{n3}\end{bmatrix}=\begin{bmatrix}I_{S1}\\ G_6U_{S6}\\ 0\end{bmatrix} \quad (3\text{-}16)$$

例 3-5 电路如图 3-5（a）所示。试用节点电压法列写求解电路所需的方程。

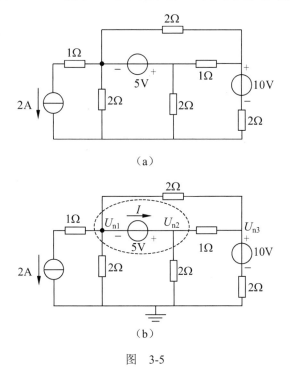

图 3-5

解 此题有两点需注意：①含有一个 2A 理想电流源与 1Ω 电阻串联的支路，从等效的角度看，该支路对外等效为一个理想电流源。因此，该电阻参数不会在节点电压方程中出

现。②该电路中有一个理想电压源支路。在用节点法求解电路时，因理想电压源支路的电流无法用该支路的参数及节点电压直接表示，所以需特殊处理。

设各节点如图3-5（b）所示。以下给出列写其节点电压方程的三种方法。

方法1：设独立电压源支路的电流为I，在方程中除节点电压外，还包括该电流作为未知量。在列方程时可将该电流看作一电流源的电流。

由KCL，得各节点方程为

$$\begin{cases} 节点1 & \left(\dfrac{1}{2}+\dfrac{1}{2}\right)U_{n1} - \dfrac{1}{2}U_{n3} + I = -2 \\ 节点2 & \left(\dfrac{1}{2}+1\right)U_{n2} - U_{n3} - I = 0 \\ 节点3 & -\dfrac{1}{2}U_{n1} - U_{n2} + \left(1+\dfrac{1}{2}+\dfrac{1}{2}\right)U_{n3} = \dfrac{10}{2} \end{cases} \quad (3\text{-}17)$$

式（3-17）中有3个独立方程，4个未知量，即U_{n1}，U_{n2}，U_{n3}和I。需补充节点电压与独立电压源电压的关系方程，即

$$U_{n1} - U_{n2} = -5 \quad (3\text{-}18)$$

联立求解式（3-17）和式（3-18）可得节点电压U_{n1}，U_{n2}和U_{n3}。

整理式（3-17）和式（3-18），并将其写成矩阵形式为

$$\begin{bmatrix} 1 & 0 & -0.5 & 1 \\ 0 & 1.5 & -1 & -1 \\ -0.5 & -1 & 2 & 0 \\ 1 & -1 & 0 & 0 \end{bmatrix} \begin{bmatrix} U_{n1} \\ U_{n2} \\ U_{n3} \\ I \end{bmatrix} = \begin{bmatrix} -2 \\ 0 \\ 5 \\ -5 \end{bmatrix} \quad (3\text{-}19)$$

从式（3-19）可以看出，系数矩阵有很强的规律性。本电路因不含受控源，所以系数矩阵仍是对称的。这种包含独立电压源中电流为未知量的方法也称作改进节点法。

方法2：与回路法处理理想电流源支路可选超网孔类似，节点法处理理想电压源支路时可选超节点，即选择包含电压源支路的闭合面，如图3-5（b）中虚线所示。该方法所列写的方程中不包含方法1中的电流变量I。

节点和超节点的KCL方程为

$$\begin{cases} 超节点 & \left(\dfrac{1}{2}+\dfrac{1}{2}\right)U_{n1} + \left(1+\dfrac{1}{2}\right)U_{n2} - \left(1+\dfrac{1}{2}\right)U_{n3} = -2 \\ 节点3 & -\dfrac{1}{2}U_{n1} - U_{n2} + \left(1+\dfrac{1}{2}+\dfrac{1}{2}\right)U_{n3} = \dfrac{10}{2} \end{cases} \quad (3\text{-}20)$$

独立电压源电压与节点电压的关系方程为

$$U_{n1} - U_{n2} = -5 \quad (3\text{-}21)$$

联立求解式（3-20）和式（3-21），同样可得节点电压 U_{n1}，U_{n2} 和 U_{n3}。

整理式（3-20）和式（3-21），并将其写成矩阵形式为

$$\begin{bmatrix} 1 & 1.5 & -1.5 \\ -0.5 & -1 & 2 \\ 1 & -1 & 0 \end{bmatrix} \begin{bmatrix} U_{n1} \\ U_{n2} \\ U_{n3} \end{bmatrix} = \begin{bmatrix} -2 \\ 5 \\ -5 \end{bmatrix}$$

与方法 1 相比，方法 2 相当于消去了变量 I 和一个方程。

方法 3：选择特殊的参考节点如图 3-5（c）所示。这样节点 1 的电压便为已知。

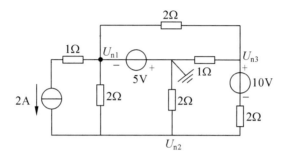

图 3-5 （c）

则节点电压方程为

$$\begin{cases} U_{n1} = -5 \\ -0.5U_{n1} + 1.5U_{n2} - 0.5U_{n3} = -3 \\ -0.5U_{n1} - 0.5U_{n2} + 2U_{n3} = 5 \end{cases}$$

例 3-6 电路如图 3-6（a）所示。
（1）试求图中各支路电流；
（2）求各电源发出的功率及各电阻消耗的功率，并验证功率平衡关系。

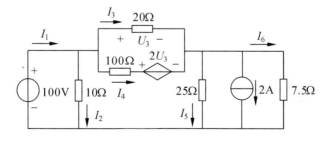

图 3-6 （a）

解 （1）用节点法求解。节点选择如图 3-6（b）所示。

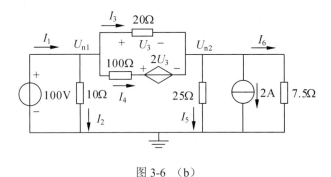

图 3-6 （b）

节点电压方程为

$$\begin{cases} U_{n1} = 100 \\ -\left(\dfrac{1}{20}+\dfrac{1}{100}\right)U_{n1} + \left(\dfrac{1}{20}+\dfrac{1}{100}+\dfrac{1}{25}+\dfrac{1}{7.5}\right)U_{n2} = -2 - \dfrac{2U_3}{100} \end{cases} \quad (3\text{-}22)$$

受控源控制量 U_3 与节点电压关系的补充方程为

$$U_3 = U_{n1} - U_{n2} \quad (3\text{-}23)$$

将式（3-23）代入式（3-22），消去中间变量 U_3，得

$$\begin{cases} U_{n1} = 100 \\ -\dfrac{1}{25}U_{n1} + \dfrac{16}{75}U_{n2} = -2 \end{cases} \quad (3\text{-}24)$$

解式（3-24）方程组，得

$$U_{n1} = 100 \text{ V}, \quad U_{n2} = 9.375 \text{ V}$$

各支路电流为

$$I_2 = \dfrac{U_{n1}}{10} = \dfrac{100}{10} = 10(\text{A})$$

$$I_3 = \dfrac{U_{n1}-U_{n2}}{20} = \dfrac{100-9.375}{20} = 4.531(\text{A})$$

$$I_4 = \dfrac{U_{n1}-U_{n2}-2U_3}{100} = \dfrac{-U_{n1}+U_{n2}}{100} = \dfrac{-100+9.375}{100} = -0.906(\text{A})$$

$$I_5 = \dfrac{U_{n2}}{25} = \dfrac{9.375}{25} = 0.375(\text{A})$$

$$I_6 = \dfrac{U_{n2}}{7.5} = \dfrac{9.375}{7.5} = 1.250(\text{A})$$

$$I_1 = I_2 + I_3 + I_4 = 13.63(\text{A})$$

（2）求电源发出的功率和电阻消耗的功率。

电源发出的功率

电压源　　$P_{S1} = 100 I_1 = 100 \times 13.63 = 1.363$ (kW)

电流源 $P_{S2} = U_{n2} \times (-2) = 9.375 \times (-2) = -18.75$ (W)

各电阻消耗的功率

10Ω $P_{R2} = 10I_2^2 = 10 \times 10^2 = 1$ (kW)

20Ω $P_{R3} = 20I_3^2 = 20 \times 4.531^2 = 410.6$ (W)

100Ω $P_{R4} = 100I_4^2 = 100 \times 0.906^2 = 82.08$ (W)

25Ω $P_{R5} = 25I_5^2 = 25 \times 0.375^2 = 3.516$ (W)

7.5Ω $P_{R6} = 7.5I_6^2 = 7.5 \times 1.25^2 = 11.72$ (W)

受控源吸收的功率

$$P_C = 2U_3 I_4 = 2 \times (100 - 9.375) \times (-0.906) = -164.2 \text{(W)}$$

验证功率守恒关系：

独立电源发出的功率为

$$P_发 = P_{S1} + P_{S2} = 1.344 \text{(kW)}$$

电阻和受控源吸收的功率为

$$P_吸 = P_{R2} + P_{R3} + P_{R4} + P_{R5} + P_{R6} + P_C = 1.344 \text{(kW)}$$

可见 $P_发 = P_吸$。

此题也可以先用等效变换方法将电路简化，将受控源部分简化为一个等效电阻，如图 3-6（c）所示。再进一步通过电源等效变换将图 3-6（c）所示电路简化为图 3-6（d）所示电路。先求图 3-6（d）中的电流 I_6，再用递推方法求出其他支路的电流。

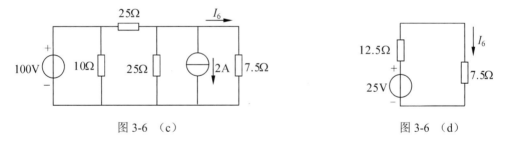

图 3-6 （c）   图 3-6 （d）

由图 3-6（d）可求得

$$I_6 = \frac{25}{12.5 + 7.5} = 1.25 \text{(A)}$$

再回到原电路，推出其他各支路电流。请读者试着完成。

例 3-7 已知图 3-7（a）所示电路中电流 $I = 2.45$ mA，$\beta = 2$。试求电流 I_1 和电阻 R 的值。

解 用节点法求解。选节点如图 3-7（b）所示。

对节点 1，根据 KCL 得

$$\left(\frac{1}{3 \times 10^3} + \frac{1}{2 \times 10^3} + \frac{1}{1 \times 10^3} \right) U_{n1} - \frac{1}{1 \times 10^3} U_{n2} = \frac{10}{3 \times 10^3} + 2I_1 \quad (3-25)$$

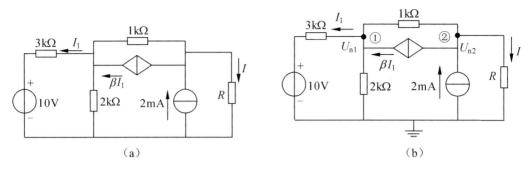

图 3-7

对节点 2，电流 I 为已知，根据 KCL 得

$$-\frac{U_{n1}}{1\times 10^3}+\frac{1}{1\times 10^3}U_{n2}=-2I_1-I+2\times 10^{-3} \tag{3-26}$$

补充方程为

$$I_1=\frac{U_{n1}-10}{3\times 10^3} \tag{3-27}$$

整理式（3-25）、式（3-26）和式（3-27），得

$$\begin{cases}7U_{n1}-6U_{n2}=-20\\-U_{n1}+3U_{n2}=18.65\end{cases} \tag{3-28}$$

解式（3-28）得

$$U_{n1}=3.46(\text{V}),\quad U_{n2}=7.37(\text{V})$$

所以

$$R=\frac{U_{n2}}{I}=\frac{7.37}{2.45\times 10^{-3}}=3.01\,(\text{k}\Omega)$$

$$I_1=\frac{U_{n1}-10}{3\times 10^3}=\frac{3.45-10}{3\times 10^3}=-2.18\,(\text{mA})$$

此题也可以用回路法求解，但方程数较多。

例 3-8 已知一电路的节点电压方程为

$$\begin{cases}1.7U_{n1}-U_{n2}-0.5U_{n3}=-2.5\\-U_{n1}+1.25U_{n2}-0.25U_{n3}=2\\-0.5U_{n1}-0.25U_{n2}+0.95U_{n3}=4.5\end{cases}$$

试作出该电路的电路图。

解 将方程写成矩阵形式为

$$\begin{bmatrix}1.7 & -1 & -0.5\\-1 & 1.25 & -0.25\\-0.5 & -0.25 & 0.95\end{bmatrix}\begin{bmatrix}U_{n1}\\U_{n2}\\U_{n3}\end{bmatrix}=\begin{bmatrix}-2.5\\2\\4.5\end{bmatrix} \tag{3-29}$$

由式（3-29）可见，系数矩阵是对称的，可作出不含受控源的电路。

将方程变换为如下形式：

$$\begin{bmatrix} 0.2+1+0.5 & -1 & -0.5 \\ -1 & 1+0.25 & -0.25 \\ -0.5 & -0.25 & 0.2+0.5+0.25 \end{bmatrix} \begin{bmatrix} U_{n1} \\ U_{n2} \\ U_{n3} \end{bmatrix} = \begin{bmatrix} -2.5 \\ 2 \\ 2.5+2 \end{bmatrix}$$

以第一个方程为例，左端自电导中，0.2S 表示节点 1 与参考点之间的电导支路；1S 是节点 1 和节点 2 之间关联支路的电导；0.5S 表示节点 1 与节点 3 之间的关联支路的电导。右端 2.5A 是节点 1 与节点 3 之间电流源电流，该电流源与 0.5S 电导并联，根据电源等效变换方法，将其用电压源与电导的串联支路表示。其他节点可类似分析。由此可作出一电路图如图 3-8（a）所示。

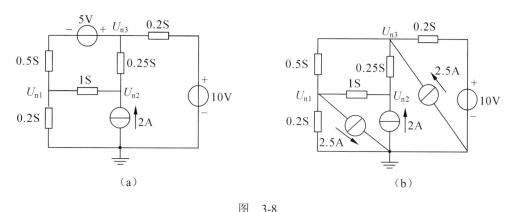

图 3-8

讨论：对一个已知电路，在节点指定及描述方法确定后，电路方程是唯一的。但反之不然。对于给定的电路方程，可作出多个电路与之对应，即答案是不唯一的，如本题还可作出如图 3-8（b）所示的等效电路。

四、支路法、回路法与节点法的比较

对于一个有 n 个节点、b 个支路的电路，则独立节点数为 $n-1$，独立回路数为 $b-(n-1)$。支路法、回路法和节点法的概括如表 3-1 所示。

表 3-1 电路的一般分析方法对比

	待求变量	KCL 方程	KVL 方程	方程总数
支路法	支路电流	$n-1$	$b-(n-1)$	b
回路法	回路电流	0 (KCL 自动满足)	$b-(n-1)$	$b-(n-1)$
节点法	节点电压	$n-1$	0 (KVL 自动满足)	$n-1$

支路法由于方程数量太多，实际应用较少，回路法和节点法应用较广。

在分析具体问题时，是选择回路法还是选择节点法应视情况而定。一般应考虑如下因素：

（1）方程数的多少。当电路中串联支路较多时，回路数较少，因此用回路法方程数会较少；反之，当电路中并联支路较多时，回路数较多，此时选用节点法方程数会较少。

（2）列写电路方程的方便程度，如含运放的电路通常节点法较方便。而当后面研究含互感的电路时，则列写回路方程较容易。

（3）要求解的变量。当关心的是电路的电压时，用节点法较直接；而要求电流时，用回路法更直接。

例 3-9 若要求图 3-9 所示电路中的 U，试选择合适的方法。

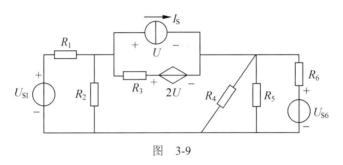

图 3-9

解 图 3-9 所示电路中有两个独立节点，5 个独立回路，并联的支路多。从方程数考虑，此题显然选择节点法较好。与选回路法相比，计算量要小得多。

五、含运算放大器的电阻电路分析

运算放大器是一种有源电子器件，简称运放，它可以完成加、减、乘、除、微分和积分等运算。

运算放大器的电路符号及等效电路如图 3-10 所示。在线性工作区，运放通常具有很高的开环放大倍数 A，可达 10^5 量级以上。输入电阻 R_i 很大，输出电阻 R_o 很小。在工程分析中，经常利用其简化模型，即理想运算放大器模型。此时有两个约束条件，即

$$\begin{cases} i_- = i_+ = 0 & \text{（虚开路）} \\ u_d = u_+ - u_- = 0 \quad 即 \quad u_+ = u_- & \text{（虚短路）} \end{cases}$$

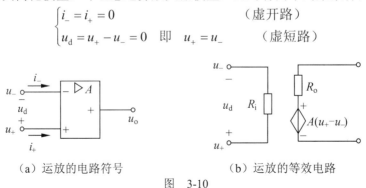

（a）运放的电路符号　　　　（b）运放的等效电路

图 3-10

例 3-10 图 3-11（a）所示电路中含有一理想运算放大器。已知 R_1=1kΩ，R_2=**2kΩ**，R_3=50kΩ，R_4=100kΩ，R_5=2kΩ，u_i=3V。求输出电压 u_o。

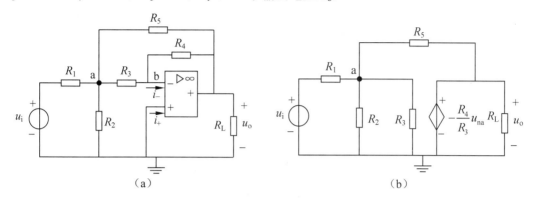

图 3-11

解 对含运算放大器的电路，通常是用节点法分析。

方法 1：直接利用节点法。令节点 a 和 b 的节点电压分别为 u_{na} 和 u_{nb}。根据理想运算放大器的特性，有

$$\begin{cases} i_- = i_+ = 0 & （虚开路） \\ u_{nb} = 0 & （虚短路） \end{cases} \tag{3-30}$$

节点 a 的 KCL 方程为

$$\left(\frac{1}{R_1}+\frac{1}{R_2}+\frac{1}{R_3}+\frac{1}{R_5}\right)u_{na}-\frac{1}{R_3}u_{nb}-\frac{1}{R_5}u_o=\frac{1}{R_1}u_i \tag{3-31}$$

节点 b 的 KCL 方程为

$$-\frac{1}{R_3}u_{na}-\frac{1}{R_4}u_o+i_-=0 \tag{3-32}$$

利用式（3-30）的条件，并将电路参数分别代入式（3-31）和式（3-32），得

$$\begin{cases} 2.02u_{na}-0.5u_o=3 \\ 2u_{na}+u_o=0 \end{cases} \tag{3-33}$$

解式（3-33）得 $u_o=-\dfrac{3}{1.51}=-1.987\,(V)$。

方法 2：利用理想运算放大器的结果，先将图 3-11（a）所示电路中由运算放大器构成的反相比例器部分用受控源等效，如图 3-11（b）所示。

由图 3-11（b）可列写节点电压方程为

$$\begin{cases} \left(\dfrac{1}{R_1}+\dfrac{1}{R_2}+\dfrac{1}{R_3}+\dfrac{1}{R_5}\right)u_{na}-\dfrac{1}{R_5}u_o=\dfrac{1}{R_1}u_i \\ u_o=-\dfrac{R_4}{R_3}u_{na} \end{cases} \tag{3-34}$$

将电路参数代入式（3-34），可得到与式（3-33）相同的方程。同样可求得 $u_o = -1.987\text{V}$。

讨论：列写含运算放大器电路的节点电压方程时，一般不列写运算放大器输出端和参考点的 KCL 方程。因输出端的电流未知，由外接元件参数和负载决定；而参考点支路不全（运算放大器本身的接地端未画出）。

以例 3-10 为例，将图 3-11（a）重画，如图 3-11（c）所示，且取 $R_L = 2\text{k}\Omega$。

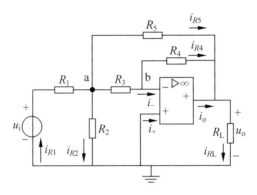

图 3-11 （c）

根据上述求解结果有 $u_{na} = -0.5u_o = -0.5 \times (-1.987) = 0.994$ (V)。则

$$i_{R1} = \frac{u_i - u_{na}}{R_1} = 2.006 \text{ (mA)}$$

$$i_{R2} = \frac{u_{na}}{R_2} = 0.497 \text{ (mA)}$$

$$i_{RL} = \frac{u_o}{R_L} = -0.994 \text{ (mA)}$$

$$i_{R5} = \frac{u_{na} - u_o}{R_5} = 1.491 \text{ (mA)}$$

$$i_{R4} = \frac{-u_o}{R_4} = 0.0199 \text{ (mA)}$$

所以

$$i_{R1} - i_{R2} + i_+ - i_{RL} = 2.503 \text{ (mA)}$$

$$i_o = -i_{R4} - i_{R5} + i_{RL} = -2.505 \text{ (mA)}$$

由此可见，图中画出的与接地端相连的四个支路中电流的代数和 i_{R1}、i_{R2}、i_+、i_{RL} 不为零；而输出端的电流 i_o 需在与输出端相连的各支路电流均确定后才能得到。

例 3-11 含理想运放的电路如图 3-12 所示。试求输出电压 u_o 与输入电压 u_{i1} 和 u_{i2} 的关系。

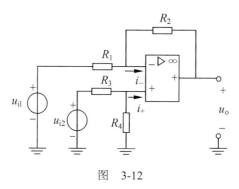

图 3-12

解 令运放同相输入端和反相输入端的节点电压分别为 u_+ 和 u_-。由理想运放的条件有 $u_+ = u_-$（虚短路）及 $i_+ = 0$，$i_- = 0$（虚开路）。

由虚开路、虚短路条件及电阻分压可得

$$u_- = u_+ = \frac{R_4}{R_3 + R_4} u_{i2} \tag{3-35}$$

对运放的反相输入端节点应用 KCL 得

$$\frac{u_{i1} - u_-}{R_1} = \frac{u_- - u_o}{R_2} \tag{3-36}$$

将式（3-35）代入式（3-36），并整理得

$$u_o = -\frac{R_2}{R_1} u_{i1} + \frac{(R_1 + R_2)R_4}{R_1(R_3 + R_4)} u_{i2}$$

当 $R_1 = R_2 = R_3 = R_4 = R$ 时

$$u_o = u_{i2} - u_{i1}$$

实现了减法运算。

习题

3-1 试用支路电流法求题图 3-1 所示电路中各支路电流。

3-2 在题图 3-2 所示电路中，各支路电流参考方向如图中所示。试列写求解各支路电流所需的方程组。

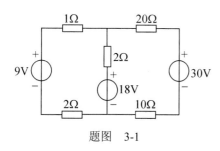

题图 3-1

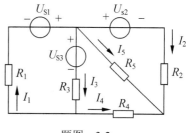

题图 3-2

3-3 试用支路电流法求题图 3-3 所示电路中的各支路电流。

3-4 题图 3-4 电路中，已知电压源电压 U_{S1}=12V，U_{S2}=8V，内阻 R_{S1}=4Ω，R_{S2}=4Ω；电阻 R_1=20Ω，R_2=40Ω，R_3=28Ω，R_4=8Ω，R_5=16Ω。试用回路电流法求各支路电流。

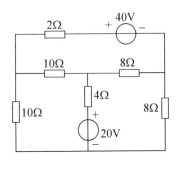

题图 3-3 题图 3-4

3-5 试列写题图 3-5 所示电路的回路电流方程。

3-6 试用回路电流法求题图 3-6 所示电路中电流源两端电压 U_S。

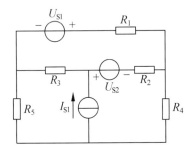
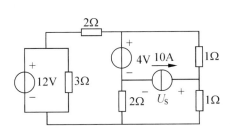

题图 3-5 题图 3-6

3-7 求题图 3-7 所示电路中的各支路电流。

3-8 求题图 3-8 所示电路中的电流 I_1，I_2，I_3 和 I_4。

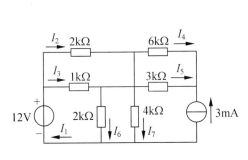
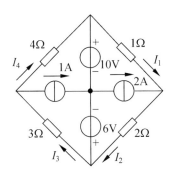

题图 3-7 题图 3-8

3-9 用回路电流法求题图 3-9 所示电路中的电压 U。

3-10 用回路电流法求题图 3-10 所示电路中的电流 I。

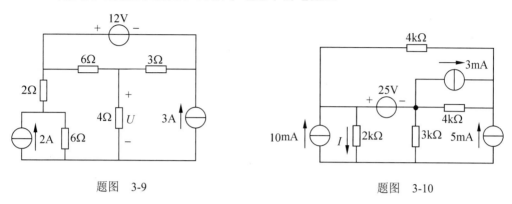

题图 3-9　　　　　　　　　　题图 3-10

3-11 用回路电流法求题图 3-11 所示电路中电流 I_3 和电流源两端电压 U_{S1} 和 U_{S2}。

3-12 列写题图 3-12 所示电路的回路电流方程式。

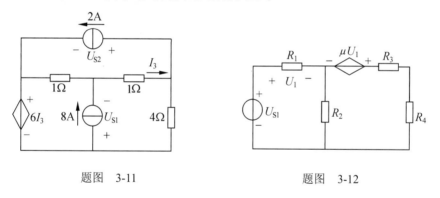

题图 3-11　　　　　　　　　　题图 3-12

3-13 列写题图 3-13 所示电路的回路电流方程。

3-14 试用回路电流法求题图 3-14 所示电路中的电压 U。

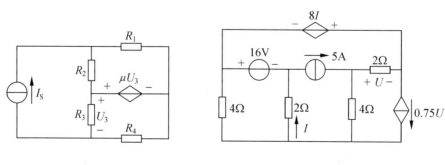

题图 3-13　　　　　　　　　　题图 3-14

3-15 试用回路电流法求题图 3-15 所示电路中 1A 电流源发出的功率。

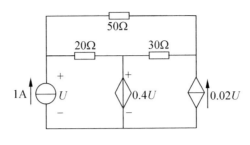

题图 3-15

3-16 题图 3-16 所示电路中，已知 $U_S=40V$，$R_1=10Ω$，$R_2=5Ω$，$R_3=10Ω$，$R_4=5Ω$。试求各支路电流及两个受控源发出的功率。

3-17 列写题图 3-17 所示电路的回路电流方程。

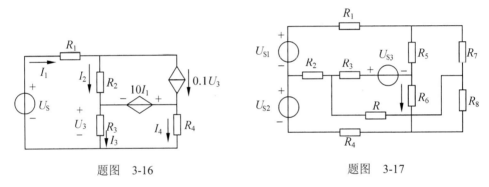

题图 3-16　　　　　　　　题图 3-17

3-18 用回路电流法求题图 3-18 所示电路中各电源输出的功率，并核对电源输出的功率是否与电阻消耗的功率相等。

3-19 用节点电压法求题图 3-19 所示电路各支路电流。

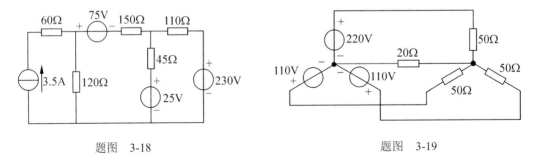

题图 3-18　　　　　　　　题图 3-19

3-20 试用节点法求题图 3-20 所示电路中的电流 I 和电流源两端电压 U。

3-21 试用节点电压法求电流源两端电压 U 和各支路电流。

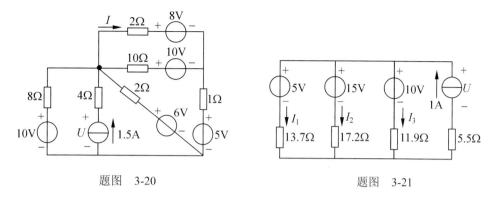

题图 3-20   题图 3-21

3-22 试用节点电压法求题图 3-22 所示电路中的电流 I_1，I_2。

3-23 题图 3-23 所示电路中，已知 $U_S=10V$，$I_S=1A$，$R_1=10\Omega$，$R_2=1\Omega$，$R_3=3\Omega$，$R_4=2\Omega$，$R_5=5\Omega$。试求电阻 R_3 中的电流。

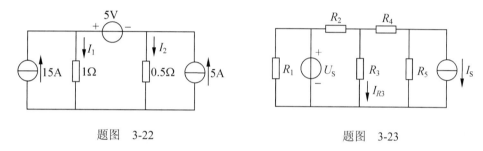

题图 3-22   题图 3-23

3-24 求题图 3-24 所示电路中电压表的读数。

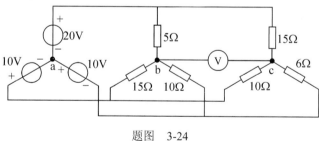

题图 3-24

3-25 题图 3-25 所示电路中，已知 $U_{S1}=50V$，$U_{S2}=5V$，$I_{S1}=1A$，$I_{S2}=2A$。试求各电源发出的功率。

3-26 求题图 3-26 所示电路中的电流 I_1，I_2，I_3 和 I_4。

3-27 求题图 3-27 所示电路中各支路电流。

3-28 题图 3-28 所示电路中 R_x 为可变电阻。若要使流经 35V 电压源中的电流为零，试问 R_x 的值应为多大？

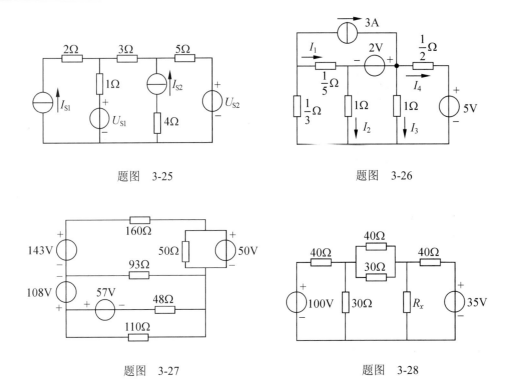

题图 3-25   题图 3-26

题图 3-27   题图 3-28

3-29 已知题图 3-29 所示电路中，$R_1=R_3=2\Omega$，$R_2=R_4=1\Omega$，$U_{S1}=3V$，$I_{S2}=1A$。分别用回路电流法、节点电压法求解各支路电流。

3-30 列写题图 3-30 所示电路的节点电压方程式，并求出电流 I。

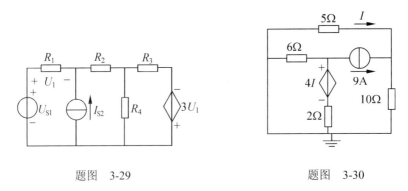

题图 3-29   题图 3-30

3-31 试用节点电压法求题图 3-31 所示电路中的各支路电流。

3-32 试列写题图 3-32 所示电路的节点电压方程式。

3-33 试列写题图 3-33 所示电路的节点电压方程式。

3-34 列写题图 3-34 所示电路的回路电流方程和节点电压方程式。

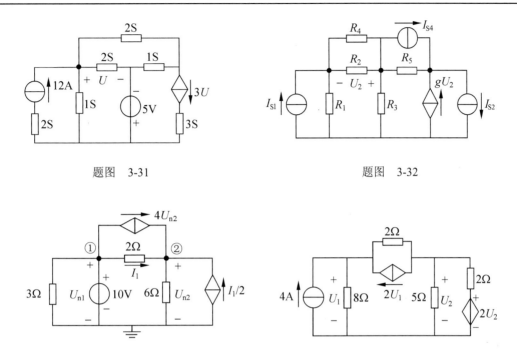

题图 3-31　　　　　　　　　题图 3-32

题图 3-33　　　　　　　　　题图 3-34

3-35　求题图 3-35 所示电路中各节点的电压 U_1，U_2，U_3 和 U_4。

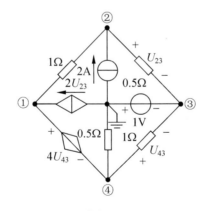

题图　3-35

3-36　（1）已知某电路的回路方程式为

$$\begin{cases}(R_1+R_2)I_1-R_2I_2=U_S\\-R_2I_1+(R_2+R_3+R_4)I_2-R_4I_3=0\\-R_4I_2+(R_4+R_5)I_3=0\end{cases}$$

试绘出该电路图。

（2）已知一组节点电压方程为

$$\begin{cases} 5U_1 - 4U_2 = -3 \\ -4U_1 + 17U_2 - 8U_4 = 3 + I_6 \\ 17U_3 - 10U_4 = 3 - I_6 \\ -8U_2 - 10U_3 + 27U_4 = -12 \\ U_2 - U_3 = 6 \end{cases}$$

试绘出相应的电路图。

3-37 求题图 3-37 所示运算放大器电路的输出电压 U_o。

3-38 题图 3-38 所示电路中，电压 $U_S=2V$。求：（1）每个电阻吸收的功率；（2）电源输出的功率是多少？（3）为什么电源输出的功率与电阻吸收的功率不等？运算放大器吸收的功率是多少？

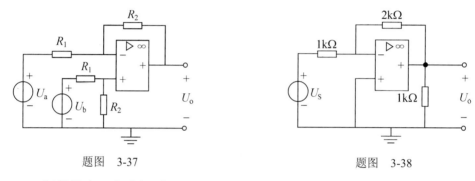

题图 3-37　　　　　　　题图 3-38

3-39 运算放大器电路如题图 3-39 所示。（1）求电压增益 U_o/U_S；（2）求由电压源 U_S 两端看进去的等效电阻；（3）当 $R_3=\infty$ 时，重求（1）和（2）。

3-40 已知题图 3-40 所示电路中，电压源 $u_S(t)=\sin4t$ V，电阻 $R_2=2R_1=1\text{k}\Omega$。求电流 $i(t)$。

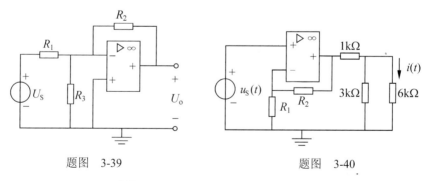

题图 3-39　　　　　　　题图 3-40

3-41 电路如题图 3-41 所示。试证明

$$\frac{U_2}{U_1} = \frac{G_3(G_1+G_2)/(G_2G_4)}{(G_3+G_5)/G_4 - G_1/G_2}$$

3-42 试求题图 3-42 所示电路中的电压比 U_2/U_1。

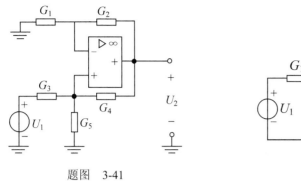
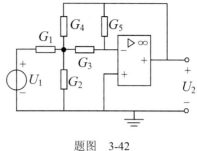

题图 3-41   题图 3-42

3-43 求题图 3-43 所示运算放大器电路的输入电阻 R_{in}。

3-44 试证明题图 3-44 所示电路中，无论 cd 端口接何种负载，总有 $i_2 = \dfrac{R_1}{R_2} i_1$。

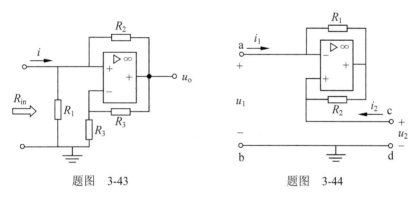

题图 3-43   题图 3-44

3-45 对题图 3-45 所示的运算放大器电路：（1）求电压增益 U_o/U_S；（2）求从电压源 U_S 看进去的入端电阻 R_{in}。

3-46 题图 3-46 所示电路中，已知 $R_1 = R_2 = R_3 = R_4 = R_o = R_L$。求在输入电压 u_i 作用下的负载电流 i_L。

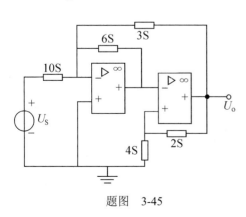
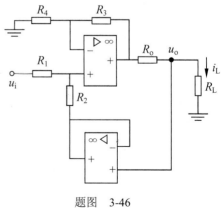

题图 3-45   题图 3-46

第 4 章　电路的若干定理

本章重点

1. 叠加定理。
2. 戴维南定理和诺顿定理。
3. 替代定理、特勒根定理和互易定理。

学习指导

电路定理是利用电路基本规律得出的一些重要结论。根据这些定理可以更深入地了解电路的特性。与电路的一般分析方法相比，有时利用定理可以简化电路分析。

一、叠加定理

叠加定理：在线性电路中，任一支路电流（或电压）都是电路中各个独立电源单独作用时，在该支路产生的电流（或电压）的代数和。

叠加定理描述的是线性电路的重要性质，它包括齐次性和可加性。

叠加定理的一个直接推论是齐性定理。

应用叠加定理应注意的问题如下。

（1）叠加定理只适用于线性电路。

（2）一个电源作用时，其余电源均置零，即不作用的电压源处短路，不作用的电流源处开路。

（3）功率不能叠加。

（4）叠加时要注意各电压、电流分量的方向。

（5）对含受控源的线性电路，叠加只对独立源进行，受控源应始终保留，且控制量应是每次叠加时电路的相应的电压或电流分量。

例 4-1　电路如图 4-1（a）所示。（1）试用叠加定理求电压 U、电流 I 及电压源、电流源发出的功率；（2）若电压源电压由 12V 变为 24V，其他条件不变，重求（1）。

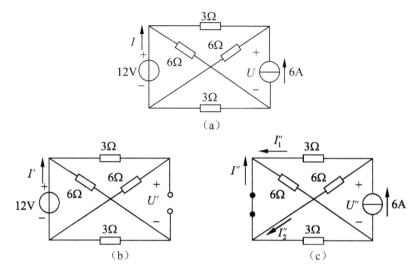

图 4-1

解 电压源、电流源单独作用时的电路分别如图 4-1（b）和图 4-1（c）所示。

（1）当 12V 电压源单独作用时，由图 4-1（b）得

$$I' = \frac{12}{(3+6)//(6+3)} = \frac{12}{4.5} = 2.667 \text{ (A)}$$

$$U' = \frac{6}{6+3} \times 12 - \frac{3}{6+3} \times 12 = 4 \text{ (V)}$$

当 6A 电流源单独作用时，由图 4-1（c）得

$$I_1'' = \frac{6}{6+3} \times 6 = 4 \text{ (A)}$$

$$I_2'' = 6 - I_1'' = 6 - 4 = 2 \text{ (A)}$$

$$I = I_2'' - I_1'' = 2 - 4 = -2 \text{ (A)}$$

$$U'' = [(3//6) + (6//3)] \times 6 = 24 \text{ (V)}$$

所以，当电压源、电流源共同作用时

$$U = U' + U'' = 4 + 24 = 28 \text{ (V)}$$

$$I = I' + I'' = 2.667 - 2 = 0.667 \text{ (A)}$$

电压源发出的功率为

$$P_U = 12 \times 0.667 = 8.00 \text{ (W)}$$

电流源发出的功率为

$$P_I = 28 \times 6 = 168 \text{ (W)}$$

（2）当电压源电压由 12V 变为 24V，根据齐性定理，电压源单独作用时产生的电压、

电流响应与电压源电压成正比，所以

$$I' = 2.667 \times \frac{24}{12} = 5.333 \text{ (A)}$$

$$U' = 4 \times \frac{24}{12} = 8 \text{ (V)}$$

6A 电流源单独作用时产生的电压、电流分量不变，即

$$I'' = -2 \text{ (A)}, \quad U'' = 24 \text{ (V)}$$

所以，当此时的电压源、电流源共同作用时

$$U = U' + U'' = 8 + 24 = 32 \text{ (V)}$$

$$I = I' + I'' = 5.333 - 2 = 3.333 \text{ (A)}$$

电压源发出的功率为

$$P_U = 24 \times 3.333 = 80.0 \text{ (W)}$$

电流源发出的功率为

$$P_I = 32 \times 6 = 192 \text{ (W)}$$

例 4-2 求图 4-2（a）所示电路中的电压 u 和电流 i。

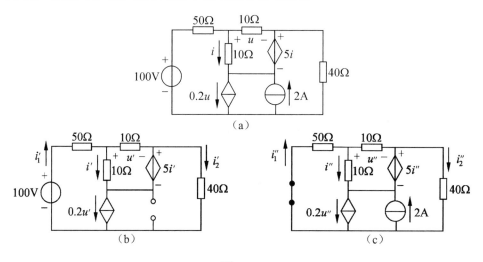

图 4-2

解 独立电压源和独立电流源单独作用时的电路分别如图 4-2（b）和图 4-2（c）所示。对图 4-2（b），直接以待求量为变量列方程有

$$\begin{cases} i_1' = i' + u'/10 = i' + 0.1u' \\ i_2' = i_1' - 0.2u' = i' + u'/10 - 0.2u' = i' - 0.1u' \end{cases} \quad \text{(KCL)} \quad (4\text{-}1)$$

$$u' = 10i' - 5i' = 5i' \quad \text{(KVL)} \quad (4\text{-}2)$$

$$50i_1' + u' + 40i_2' = 100 \quad \text{(KVL)} \quad (4\text{-}3)$$

将式（4-1）和式（4-2）代入式（4-3），得
$$100i' = 100$$
所以
$$i' = \frac{100}{100} = 1 \text{ (A)}, \quad u' = 5i' = 5 \text{ (V)}$$

对图 4-2（c），同样可列写方程

$$\begin{cases} i_1'' = i'' + u''/10 = i'' + 0.1u'' \\ i_2'' = i'' + u''/10 - 0.2u'' + 2 = i'' - 0.1u'' + 2 \end{cases} \text{(KCL)} \quad (4-4)$$

$$u'' = 10i'' - 5i'' = 5i'' \quad \text{(KVL)} \quad (4-5)$$

$$50i_1'' + u'' + 40i_2'' = 0 \quad \text{(KVL)} \quad (4-6)$$

将式（4-4）和式（4-5）代入式（4-6），得
$$100i'' + 80 = 0$$
所以
$$i'' = -\frac{80}{100} = -0.8 \text{ (A)}, \quad u'' = 5i'' = -4 \text{ (V)}$$

根据叠加定理，电压 u 和电流 i 分别为
$$i = i' + i'' = 1 - 0.8 = 0.2 \text{ (A)}$$
$$u = u' + u'' = 5 - 4 = 1 \text{ (V)}$$

对图 4-2（b）和图 4-2（c）也可以用回路法列方程，求出回路电流后，再求电压 u 和电流 i 的分量，最后求出总电压 u 和电流 i。

例 4-3 电路如图 4-3 所示。当 u_S=10V，i_S=2A 时，电流 i=4A；当 u_S=5V，i_S=4A 时，电流 i=6A。求当 u_S=15V，i_S=1A 时的电流 i。

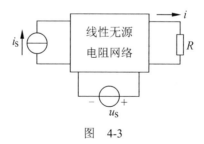

图 4-3

解 根据叠加定理及齐性定理，对图 4-3 所示线性电路有
$$i = gu_S + ki_S$$

由已知条件，当 u_S=10V，i_S=2A 时，有
$$4 = g \times 10 + k \times 2 \quad (4-7)$$

当 u_S=5V，i_S=4A 时，有
$$6 = g \times 5 + k \times 4 \quad (4-8)$$

联立求解式（4-7）和式（4-8），解得系数

$$g = \frac{2}{15}\text{S}, \quad k = \frac{4}{3}$$

当 u_S=15V，i_S=1A 时

$$i = gu_S + ki_S = \frac{2}{15} \times 15 + \frac{4}{3} \times 1 = 3.333 \text{ (A)}$$

二、替代定理

替代定理：对于给定的任意一个电路，若已知其中第 k 条支路电压为 u_k 和电流为 i_k，那么这条支路就可以用一个电压等于 u_k 的独立电压源，或者用一个电流等于 i_k 的独立电流源来替代，替代后电路中全部电压和电流均保持原有值。

应用替代定理应注意的问题：

（1）替代定理既适用于线性电路，也适用于非线性电路。（一"点"等效）

（2）替代后电路必须有唯一解。

例 4-4 图 4-4（a）所示电路中，已知 $i_L(t) = 1 - 2.5e^{-3t}$ A $(t>0)$。试求电压 $u_L(t)$ 及电流 $i_1(t)$ 和 $i_2(t)$。

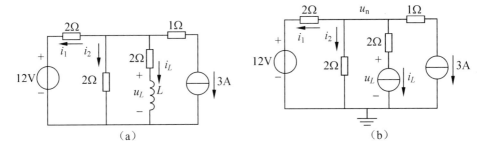

图 4-4

解 电感中的电流已知，根据替代定理，电感支路可以用电流源替代。替代后电路为一电阻电路，如图 4-4（b）所示。

用节点法求解。节点方程为

$$\left(\frac{1}{2} + \frac{1}{2}\right)u_n = \frac{12}{2} - 3 - i_L$$

解得

$$u_n = 3 - i_L = 2 + 2.5e^{-3t} \text{ (V)} \quad (t>0)$$

所以

第 4 章 电路的若干定理

$$i_1 = \frac{u_n - 12}{2} = -5 + 1.25\mathrm{e}^{-3t} \text{ (A)} \qquad t > 0$$

$$i_2 = \frac{u_n}{2} = 1 + 1.25\mathrm{e}^{-3t} \text{ (A)} \qquad t > 0$$

$$u_L = u_n - 2i_L = 7.5\mathrm{e}^{-3t} \text{ (A)} \qquad t > 0$$

讨论：对图 4-4（b）用叠加定理求解也较方便。

三、戴维南定理和诺顿定理

对于一个线性含有独立源的一端口网络，对其外部可以用一个简单的含源支路等效代替。

戴维南定理：任何一个线性含有独立电源、线性电阻和线性受控源的二端（一端口）网络，对外电路来说，可以等效为一个电压源（u_{oc}）和电阻（R_i）的串联组合；此电压源的电压等于该网络的端口开路电压，而电阻等于该一端口中全部独立电源置零后的输入电阻。

戴维南定理的图示说明如图 4-5 所示。

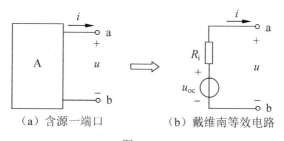

（a）含源一端口　　　（b）戴维南等效电路

图 4-5

诺顿定理：任何一个含独立电源、线性电阻和线性受控源的一端口网络，对外电路来说，可以用一个电流源（i_{sc}）和电导（G_i）的并联组合来等效置换；此电流源的电流等于该一端口网络的短路电流，而电导等于把该一端口内部的全部独立电源置零后的输入电导。

诺顿定理的图示说明如图 4-6 所示。

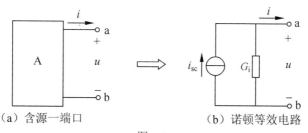

（a）含源一端口　　　（b）诺顿等效电路

图 4-6

应用戴维南定理和诺顿定理应注意的问题如下。

（1）戴维南定理和诺顿定理仅适用于线性网络，但对外电路没有限制。

（2）等效是对外电路而言，对被等效的部分（内部）不等效。

（3）当被等效的一端口内部含有受控源时，其控制支路也必须包含在内部。

（4）等效电阻的求法可将被等效的网络内部独立源均置零，用前面介绍的求等效电阻的各种方法。对不含受控源的网络，可用电阻的串并联、Y-Δ变换等方法得到等效电阻。也可以不将被等效的网络内部独立置零，而用开路电压、短路电流法得到。

例 4-5 求图 4-7（a）所示电路的戴维南电路和诺顿等效电路。

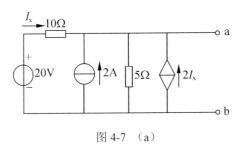

图 4-7 （a）

解 （1）求戴维南等效电路。

方法 1：分别求开路电压 U_{oc} 和等效电阻 R_i。

先求开路电压 U_{oc}，可用节点法。设 b 所在节点为参考节点，则 U_{oc} 即为节点 a 的节点电压。电路如图 4-7（b）所示。

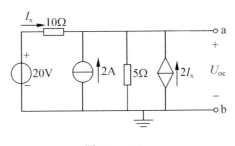

图 4-7 （b）

节点电压方程为

$$\left(\frac{1}{10}+\frac{1}{5}\right)U_{oc} = 2 + \frac{20}{10} + 2I_x \tag{4-9}$$

补充方程为

$$I_x = \frac{20-U_{oc}}{10} \tag{4-10}$$

将式（4-10）代入式（4-9），求得 $U_{oc}=16\text{V}$。

说明：对图 4-7（b）求解也可用其他方法，如叠加法等。

再求等效电阻 R_i。因电路含受控源，所以用加压求流或加流求压法。该题因并联支路较多，用加压求流较简便，即便于将端口电流用端口电压表示，电路如图 4-7（c）所示，且有

$$I = -I_x - I_1 - 2I_x = -3I_x - I_1$$

$$I_1 = -\frac{U}{5},\quad I_x = -\frac{U}{10}$$

$$I = -3\times\left(-\frac{U}{10}\right) - \left(-\frac{U}{5}\right) = \frac{1}{2}U$$

所以，等效电阻为

$$R_i = \frac{U}{I} = 2(\Omega)$$

最后作出等效电路，如图 4-7（d）所示。

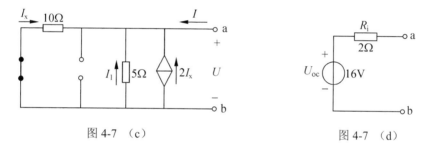

图 4-7（c）　　　　　图 4-7（d）

方法 2：直接求出端口处的电压、电流关系，便可以得到等效电路。如图 4-7（e）所示。

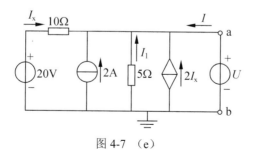

图 4-7（e）

对图 4-7（e）求解的目的是用电路参数表示端口电压 U 和端口电流 I 的关系。可用学过的各种方法求解该电路。

对节点 a，由 KCL 可得

$$I = -I_x - I_1 - 2I_x - 2 \tag{4-11}$$

又有
$$I_x = \frac{20-U}{10}, \quad I_1 = \frac{U}{5} \tag{4-12}$$
将式（4-12）代入式（4-11），整理得 U 和 I 的关系式为
$$U = 16 + 2I \tag{4-13}$$
由式（4-13）同样可作出图 4-7（d）所示的戴维南等效电路。

（2）求诺顿等效电路。

方法 1：分别求短路电流 I_{sc} 和等效电导 G_i。

求短路电流的电路如图 4-7（f）所示。

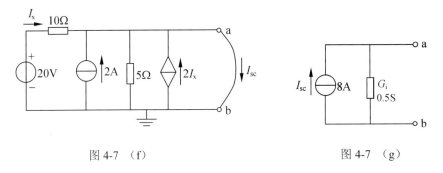

图 4-7（f）　　　　　　　图 4-7（g）

对图 4-7（f）应用 KCL 得
$$I_{sc} = I_x + 2I_x + 2$$
$$I_x = \frac{20}{10} = 2(\text{A})$$

解得 $I_{sc} = 3I_x + 2 = 8(\text{A})$。

等效电导的求法与戴维南等效电路求等效电阻相同，即 $G_i = 1/R_i = 0.5\text{S}$。由此得诺顿等效电路如图 4-7（g）所示。

方法 2：直接求出端口处的电压、电流关系。与求戴维南等效电路时的方法 2 相同，见图 4-7（e）。所求得的结果是
$$U = 16 + 2I$$
将其改写为
$$I = -8 + 0.5U$$
由此同样可作出图 4-7（g）所示的诺顿等效电路。

讨论：当已求得戴维南等效电路后，只要 $R_i \neq 0$，便可以用电源等效变换法得到诺顿等效电路。反之，当已求得诺顿等效电路后，只要 $G_i \neq 0$，便可以用电源等效变换法得到戴维南等效电路。

例 4-6　电路如图 4-8（a）所示。已知 $\beta = 2$。（1）当负载电阻 $R_L = 1\text{k}\Omega$ 时，求负载电

流 I_L 及负载消耗的功率;(2)当负载电阻 R_L 为何值时可获得最大功率,并求出此最大功率。

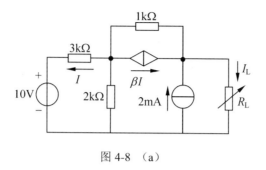

图 4-8 (a)

解 (1)用戴维南定理求解。

将图 4-8(b)所示部分电路作戴维南等效,等效电路如图 4-8(c)所示。

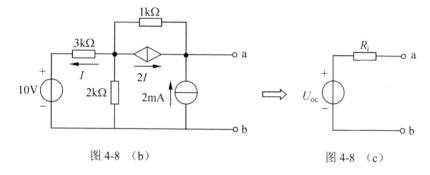

图 4-8 (b)　　　　　　　　　图 4-8 (c)

首先,求图 4-8(b)中端口 ab 处的开路电压 U_{oc}。可用叠加定理求。每个电源单独作用时的电路分别如图 4-8(d)和图 4-8(e)所示。

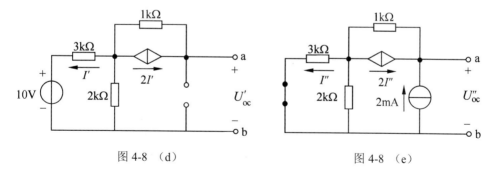

图 4-8 (d)　　　　　　　　　图 4-8 (e)

由图 4-8(d),当 10V 电压源单独作用时

$$I' = -\frac{10}{5 \times 10^3} = -2 \text{ (mA)}, \quad U'_{oc} = 1 \times 10^3 \times 2I' - 2 \times 10^3 I' = 0$$

由图 4-8(e),当 2mA 电流源单独作用时

$$I'' = \frac{2}{5} \times 2 = 0.8 \text{ (mA)}, \quad U''_{oc} = 1 \times 10^3 \times (2m + 2I'') + 3 \times 10^3 \times I'' = 6 \text{ (V)}$$

所以
$$U_{oc} = U''_{oc} + U''_{oc} = 6(\text{V})$$

其次，求等效电阻 R_i。电路如图 4-8（f）所示。用加流求压法。

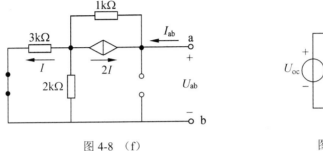

图 4-8 （f）　　　　　图 4-8 （g）

$$I = \frac{2 \times 10^3}{2 \times 10^3 + 3 \times 10^3} I_{ab} = \frac{2}{5} I_{ab}$$

$$U_{ab} = 1 \times 10^3 \times (I_{ab} + 2I) + 3 \times 10^3 \times I$$
$$= 1 \times 10^3 \times \left(I_{ab} + 2 \times \frac{2}{5} I_{ab} \right) + 3 \times 10^3 \times \frac{2}{5} I_{ab}$$
$$= 3 \times 10^3 I_{ab}$$

所以
$$R_i = \frac{U_{ab}}{I_{ab}} = 3 \text{ (k}\Omega\text{)}$$

作出图 4-8（a）所示电路的等效电路，如图 4-8（g）所示。

当负载电阻 $R_L = 1\text{k}\Omega$ 时，由等效电路得负载电流为

$$I_L = \frac{U_{oc}}{R_i + R_L} = \frac{6}{3 \times 10^3 + 1 \times 10^3} = 1.5 \text{ (mA)}$$

负载消耗的功率为

$$P_L = R_L I_L^2 = 1 \times 10^3 \times (1.5 \times 10^{-3})^2 = 2.25 \text{ (mW)}$$

（2）由戴维南等效电路及负载获得最大功率的条件可知，当负载电阻 $R_L = R_i = 3\text{k}\Omega$ 时，负载获得最大功率。此最大功率为

$$P_{\text{Lmax}} = \frac{U_{\text{oc}}^2}{4R_{\text{i}}} = \frac{6^2}{4 \times 3 \times 10^3} = 3 \text{ (mW)}$$

四、特勒根定理

特勒根定理：对于两个具有相同拓扑结构的电路 N 和 $\hat{N}$，即两个电路的节点数和支路数相同。两个电路对应支路具有相同的编号，且各支路的电压、电流均取关联（或非关联）参考方向。设它们的支路电压、电流分别为 u_k 和 i_k、$\hat{u}_k$ 和 $\hat{i}_k$（$k=1, 2, \cdots, b$），则有

$$\sum_{k=1}^{b} u_k \hat{i}_k = 0, \quad \sum_{k=1}^{b} \hat{u}_k i_k = 0$$

上式类似于一个电路的功率守恒方程。

该定理对电路中的元件性质没有任何约束，所以它与 KCL 和 KVL 一样，适用于任何集总参数电路。

例 4-7 图 4-9 中，P 是线性无源电阻网络。已知在图 4-9（a）中 U_S 作用时，R_2 两端的电压为 U_2。若将电压源 U_S 去掉，并在 R_2 两端并联上电流源 I_S（如图 4-9（b））。求图 4-9（b）中的电流 I_R。

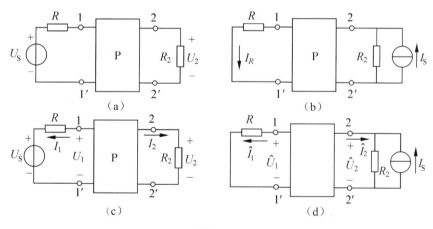

图 4-9

解 图 4-9（a）、(b) 所示两个电路有相同的结构，可用特勒根定理求解。各支路取关联的参考方向如图 4-9（c），（d）所示。

设每个电路共有 b 个支路。则根据特勒根定理，并将各支路特性代入有

$$\sum_{k=1}^{b} U_k \hat{I}_k = U_1 \hat{I}_1 + U_2 \hat{I}_2 + \sum_{k=3}^{b} U_k \hat{I}_k$$

$$= (U_S + RI_1)\hat{I}_1 + (R_2 I_2)\hat{I}_2 + \sum_{k=3}^{b} (R_k I_k)\hat{I}_k = 0 \quad (4\text{-}14)$$

$$\sum_{k=1}^{b} \hat{U}_k I_k = \hat{U}_1 I_1 + \hat{U}_2 I_2 + \sum_{k=3}^{b} \hat{U}_k I_k$$
$$= (R\hat{I}_1)I_1 + [R_2(\hat{I}_2 + I_S)]I_2 + \sum_{k=3}^{b}(R_k \hat{I}_k)I_k = 0 \quad (4\text{-}15)$$

用式（4-14）减去式（4-15），得
$$U_S \hat{I}_1 - R_2 I_2 I_S = 0$$

所以
$$\hat{I}_1 = \frac{R_2 I_2 I_S}{U_S} = \frac{U_2 I_S}{U_S}$$

即
$$I_R = \frac{U_2 I_S}{U_S}$$

注意：应用特勒根定理时各支路变量的参考方向应设为一致，即各支路的电压、电流均取关联参考方向，或均取非关联参考方向。

五、互易定理

互易定理的基本含义是：对任一仅有唯一独立源、且仅由线性电阻构成的网络，独立源所在端口与响应所在端口可以彼此互换位置，互换位置前后激励和响应的关系不变。该定理有两种基本形式，第一种是电压源激励，响应是短路电流；第二种是电流源激励，响应是开路电压。

互易定理的第一种形式：如图 4-10 所示，N 为任一仅由线性电阻构成的网络。设支路 j 中有唯一电压源 u_j，其在支路 k 中产生的电流为 i_{kj}（图 4-10（a））；若支路 k 中有唯一电压源 u_k，其在支路 j 中产生的电流为 i_{jk}（图 4-10（b））。则上述电压、电流有如下关系

$$\frac{i_{kj}}{u_j} = \frac{i_{jk}}{u_k} \quad \text{或} \quad u_k i_{kj} = u_j i_{jk}$$

当 $u_k = u_j$ 时，$i_{kj} = i_{jk}$。

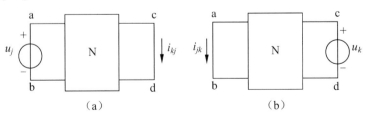

图 4-10

互易定理的第二种形式：如图 4-11 所示，N 为任一仅由线性电阻构成的网络。若网络的一对节点 a、b 间接入一电流源 i_j，它在另一对节点 c、d 间产生的开路电压为 u_{kj}（图 4-11(a)）；若改在节点 c、d 间接入一电流源 i_k，它在节点 a、b 间产生的开路电压为 u_{jk}（图 4-11(b)）。则上述电压、电流有如下关系

$$\frac{u_{kj}}{i_j} = \frac{u_{jk}}{i_k} \quad \text{或} \quad u_{kj}i_k = u_{jk}i_j$$

当 $i_k = j_j$ 时，$u_{kj} = u_{jk}$。

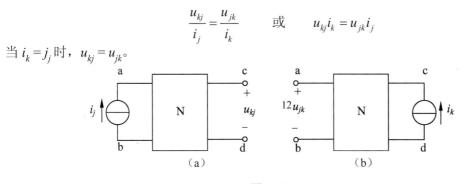

图 4-11

应用互易定理应注意的问题如下。

（1）互易定理是研究线性网络在单一激励下，两个支路间的电压、电流关系。当激励为电压源时，响应为短路电流；当激励为电流源时，响应为开路电压。

（2）应用互易定理时要注意电压、电流的方向。即支路电压和电流均取关联参考方向或均取非关联参考方向。

（3）含有受控源的网络，互易定理一般不成立。

应用互易定理可以简化有些电路的计算，但其主要作用是用于深入研究线性电路的性质。

例 4-8 图 4-12（a）所示电路中，已知 $U_S = 12V$，$R_1 = 2k\Omega$，$R_2 = 6k\Omega$，$R_3 = 3k\Omega$，$R_4 = 6k\Omega$，$R_5 = 1.8k\Omega$。试用互易定理求电流 I。

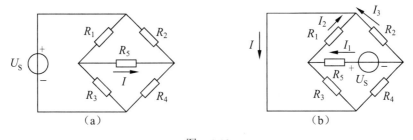

图 4-12

解 该电路满足互易定理的条件，因此有图 4-12（b）所示的电路。对图 4-12（b）所示电路，可用电阻串并联方法得

$$I_1 = \frac{U_S}{R_5 + R_1 // R_3 + R_2 // R_4} = \frac{12}{1.8 \times 10^3 + (2 \times 10^3)//(3 \times 10^3) + (6 \times 10^3)//(6 \times 10^3)} = 2 \text{ (mA)}$$

利用并联电阻分流得

$$I_2 = \frac{R_3}{R_1 + R_3} I_1 = \frac{3 \times 10^3}{2 \times 10^3 + 3 \times 10^3} \times 2 \times 10^{-3} = 1.2 \text{ (mA)}$$

$$I_3 = -\frac{R_4}{R_2 + R_4} I_1 = -\frac{6 \times 10^3}{6 \times 10^3 + 6 \times 10^3} \times 2 \times 10^{-3} = -1 \text{ (mA)}$$

由 KCL 得

$$I = I_2 + I_3 = 1.2 \times 10^{-3} - 1 \times 10^{-3} = 0.2 \text{ (mA)}$$

即原电路图 4-12（a）所示电路中的电流 $I=0.2\text{mA}$。

六、电路定理的综合应用

有时分析一个问题，可能会同时应用多个电路定理。解决这类问题需要将线性电路的各种定理融会贯通。

例 4-9　如图 4-13（a）所示电路中，A 是含源线性电阻网络。当 a、b 两端短路时，$I_R=I_{sc}$；当 a、b 两端开路时，电流 $I_R=I_{oc}$。当 a、b 两端接电阻 R_L 时，其上获得最大功率，求此时电流 I_R。

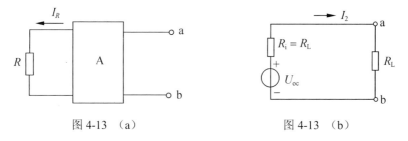

图 4-13 （a）　　　　　　图 4-13 （b）

解　因当 a、b 两端接电阻 R_L 时，电阻 R_L 获得最大功率，所以 a、b 两端以左的网络的戴维南等效电路如图 4-13（b）所示，其中等效电阻 $R_i = R_L$。此时 $I_2 = \dfrac{U_{oc}}{2R_L}$。

当 a、b 两端短路时，由已知条件及戴维南等效电路，并对端口 ab 应用替代定理，可得图 4-13（c）所示电路。

对图 4-13（c）应用叠加定理，可得图 4-13（d）所示的方框中独立源和端口电流源分别作用时的电路。P 是 A 所对应的无源网络，即将 A 中所有独立源置零后得到的网络。

当 a、b 两端接电阻 R_L 时，$I_2 = \dfrac{U_{oc}}{2R_L}$。应用替代定理及叠加定理，过程如图 4-13（e）所示。

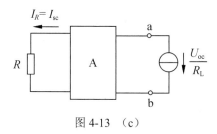

图 4-13 （c）

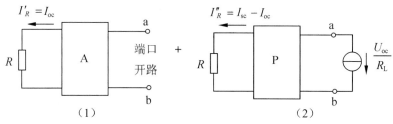

图 4-13 （d）

图 4-13（e）中将端口 a、b 之间替代后的电流源拆分为两个分量，即 $\frac{U_{oc}}{2R_L} = \frac{U_{oc}}{R_L} + \left(-\frac{U_{oc}}{2R_L}\right)$。图 4-13（d）的第二个电路是网络 A 中的独立源与端口电流源 $\frac{U_{oc}}{R_L}$ 共同作用，其结果与图 4-13（c）相同，此时 $I_R = I_{sc}$。所以，图 4-13（e）的第三个电路中 R 支路电流为 $I_R - I_{sc}$。图 4-13（d）中第（2）个电路和图 4-13（e）中第（3）个电路满足齐性定理，即

$$\frac{I_{sc} - I_{oc}}{I_R - I_{sc}} = \frac{\dfrac{U_{oc}}{R_L}}{-\dfrac{U_{oc}}{2R_L}}$$

所以

$$\frac{I_{sc} - I_{oc}}{I_R - I_{sc}} = -2$$

解得 $I_R = \dfrac{I_{sc} + I_{oc}}{2}$。

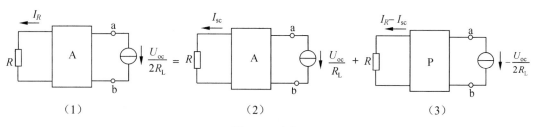

图 4-13 （e）

例 4-10 图 4-14（a）所示电路中，N 为仅由电阻构成的线性网络。当 S 断开时，测得 $I_1 = 3\text{mA}$，$U_2 = 6\text{V}$；当 S 闭合时，测得 $I_1 = 4\text{mA}$，$U_2 = 2\text{V}$。试求：（1）当 R 为何值时可获得最大功率？并求此最大功率；（2）当 R 获得最大功率时，电流 $I_1 = ?$

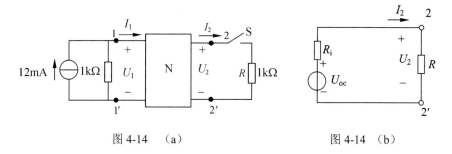

图 4-14 （a）　　　　图 4-14 （b）

解 （1）可对端口 2、2′ 以左部分网络作戴维南等效，等效电路如图 4-14（b）所示。
由 S 断开时的已知条件，可知 $U_{\text{oc}} = 6\text{V}$。
由 S 闭合时的已知条件，可得
$$U_2 = 2 = \frac{1 \times 10^3}{1 \times 10^3 + R_i} U_{\text{oc}}$$
解得 $R_i = 2\text{k}\Omega$。
由负载获得最大功率的条件，可知当 $R = R_i = 2\text{k}\Omega$ 时，电阻 R 可获得最大功率。此最大功率为
$$P_{\max} = \frac{U_{\text{oc}}^2}{4R_i} = \frac{6^2}{4 \times 2 \times 10^3} = 4.5 \text{ (mW)}$$

（2）当 R 获得最大功率，即 $R = 2\text{k}\Omega$ 时，求 I_1 有多种方法。以下给出两种。

方法 1：用特勒根定理。
可利用 S 断开时的电路和 S 闭合且负载 $R = 2\text{k}\Omega$ 时的电路。设网络 N 内部的支路为 3, 4, ⋯, b。

当 S 断开时有
$$U_1 = (0.012 - 0.003) \times 1000 = 9 \text{ (V)}, \quad I_1 = 3 \text{ (mA)}, \quad U_2 = 6 \text{ (V)}, \quad I_2 = 0$$

当 S 闭合，且 $R = 2\text{k}\Omega$ 时有
$$\hat{U}_1 = (0.012 - \hat{I}_1) \times 1000 = 12 - 1000\hat{I}_1, \quad \hat{I}_1 \text{ 待求}, \quad \hat{U}_2 = 3 \text{ (V)}, \quad \hat{I}_2 = 1.5 \text{ (mA)}$$

根据特勒根定理有
$$\sum_{k=1}^{b} U_k \hat{I}_k = U_1(-\hat{I}_1) + U_2 \hat{I}_2 + \sum_{k=3}^{b} U_k \hat{I}_k = 0$$

$$\sum_{k=1}^{b} \hat{U}_k I_k = \hat{U}_1(-I_1) + \hat{U}_2 I_2 + \sum_{k=3}^{b} \hat{U}_k I_k = 0$$

因网络 N 仅由电阻构成,所以 $\sum_{k=3}^{b}\hat{U}_k I_k = \sum_{k=3}^{b} R_k \hat{I}_k I_k = \sum_{k=3}^{b} U_k \hat{I}_k$。因此有

$$U_1(-\hat{I}_1) + U_2 \hat{I}_2 = \hat{U}_1(-I_1) + \hat{U}_2 I_2$$

代入端口条件,得

$$9(-\hat{I}_1) + 6 \times 0.0015 = (12 - 1000\hat{I}_1) \times (-0.003) + 0$$

解得 $\hat{I}_1 = 3.75\text{mA}$。即 $R = 2\text{k}\Omega$ 时,$I_1 = 3.75\text{mA}$。

方法 2:用替代定理、互易定理及戴维南定理。

由 S 断开时的已知条件及替代定理,可得图 4-14(c)所示电路。

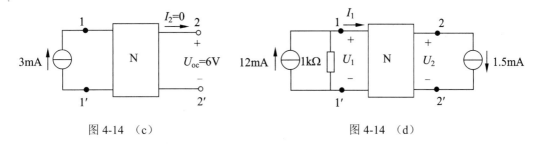

图 4-14 (c)　　　　　　　　图 4-14 (d)

当端口 2、2′接电阻 $R = 2\text{k}\Omega$ 时,由(1)中结果可知,此时 $I_2 = 1.5\text{mA}$。将端口 2、2′替代为一电流源,如图 4-14(d)所示。

当端口 1、1′开路时,由图 4-14(d)得到图 4-14(e)所示电路。

对图 4-14(c)和图 4-14(e)应用互易定理,得

$$U_{1oc} = \frac{6}{3} \times (-1.5) = -3 \text{ (V)}$$

再根据 S 断开时的已知条件,得图 4-14(e)当替代后的电流源置零时从 1、1′端看入的等效电阻为

$$R_{1i} = \frac{U_1}{I_1} = \frac{9}{0.003} = 3 \text{ (k}\Omega\text{)}$$

由此得到图 4-14(d)的等效电路如图 4-14(f)所示。

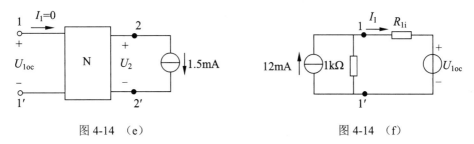

图 4-14 (e)　　　　　　　　图 4-14 (f)

由图 4-14（f）可求得 $I_1 = 3.75\text{mA}$。

习题

4-1 电路如题图 4-1 所示。求：（1）替代 3Ω 电阻的电压源、电流源；（2）以 2Ω 电阻和电压源 U_S 串联代替 3Ω 电阻，若电路响应不变，则 U_S 应为多大？（3）可替代 12V 电压源与 1Ω 电阻串联支路的 U_S 值。

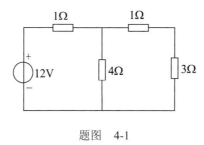

题图 4-1

4-2 题图 4-2 所示电路中，已知某一瞬间流过电感的电流为 I_L。求此时流过电阻 R_2 的电流 I。

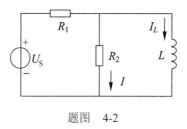

题图 4-2

4-3 用叠加定理求题图 4-3 所示电路的电压 U_o。

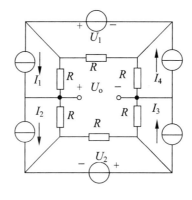

题图 4-3

4-4 试用叠加定理计算题图 4-4 所示电路中 $U_{S1}=1.5$V，$U_{S2}=2$V 时，电压 U_4 的大小。若 U_{S1} 的大小不变，要使 $U_4=0$，则 U_{S2} 应等于多少？

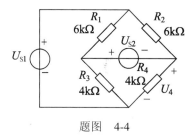

题图　4-4

4-5 题图 4-5 所示电路中，已知电阻 $R_1=R_2=3\Omega$，$R_3=5\Omega$，独立电源 $i_S=6e^{-t}$ A，$u_S=12\sin4t$ V。求电流 i。

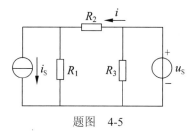

题图　4-5

4-6 设题图 4-6 所示电路中电压源 U_{Sb} 和 U_{Sc}，电流源电流 I_{co} 及电阻 R_1，R_2 和 R_c 均为已知。试求 B 点的电位。

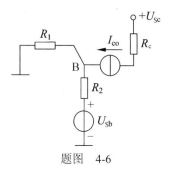

题图　4-6

4-7 试用叠加定理求题图 4-7 所示电路中的电流 I_x。

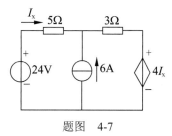

题图　4-7

4-8 用叠加定理求题图 4-8 所示电路中的电压 U 和电流 I。

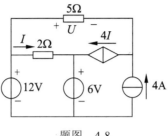

题图 4-8

4-9 题图 4-9 所示电路中，已知 $i_{S1}=i_{S2}=5A$，$i=0$；当 $i_{S1}=8A$，$i_{S2}=6A$ 时，$i=4A$。求当 $i_{S1}=3A$，$i_{S2}=4A$ 时电流 i 的值。

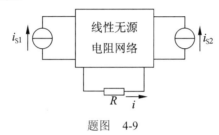

题图 4-9

4-10 题图 4-10 所示电路中，已知电流源 $I_{S1}=2A$，$I_{S2}=3A$。当 3A 的电流源断开时，2A 的电流源输出功率为 28W，这时 $U_2=8V$。当 2A 的电流源断开时，3A 的电流源输出功率为 54W，这时 $U_1=12V$。试求两个电流源同时作用时，每个电流源输出的功率。

题图 4-10

4-11 题图 4-11 所示电路为一非平面电路，电路参数及电源值如图。试求电流 I 的大小。

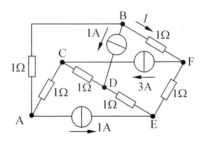

题图 4-11

4-12 题图 4-12 所示电路为一直流电路，电路参数如图所示。试用最简便的方法求出电流 I 的值。

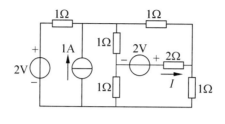

题图 4-12

4-13 题图 4-13 方框内网络是由线性电阻组成的。电阻 $R=3\Omega$，$U_{S1}=9V$。当 U_{S1} 单独作用时，$U_1=3V$，$U_2=1.5V$。又当 U_{S1} 和 U_{S2} 共同作用时，$U_3=1V$。求电压源电压 U_{S2}。

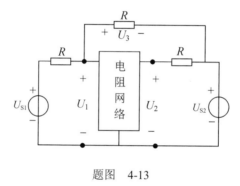

题图 4-13

4-14 题图 4-14 所示电路常用于控制电路中。已知 $U_1=72V$，$U_2=80V$，$R_1=1.5\text{k}\Omega$，$R_2=3\text{k}\Omega$，$R_3=1.4\text{k}\Omega$，$R_4=2.6\text{k}\Omega$，$R=1.5\text{k}\Omega$。试用戴维南定理求出电阻 R 中的电流 I。

4-15 利用电源变换，求题图 4-15 所示电路的戴维南等效电路。

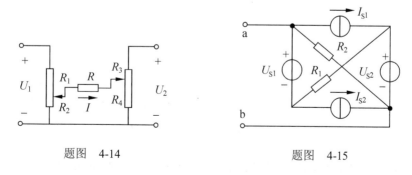

题图 4-14　　　　　　　　　　题图 4-15

4-16 试用戴维南定理求题图 4-16 所示电路中 ab 支路的电流 I_{ab}。

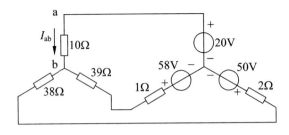

题图 4-16

4-17 求题图 4-17 所示电路中 ab 支路的电流 I_{ab}。

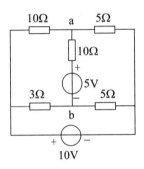

题图 4-17

4-18 试用戴维南定理求题图 4-18 所示电路中 ab 支路的电流 I 和 ab 支路发出的功率。

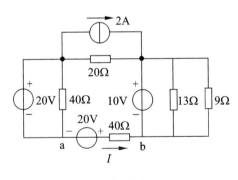

题图 4-18

4-19 某电桥电路如题图 4-19 所示。(1) 当 R_x 由零变到无穷时，I_{ab} 的变化将怎样？定性地画出曲线；(2) 当 R_x =50Ω时，I_{ab} 是多少？(3) ab 支路可能得到的最大功率是多少？此时 R_x 的数值是多大？

4-20 试用戴维南定理求解题图 4-20 所示电路中：(1) 当 R_4=0 时，求 I_4；(2) 当 R_4=10Ω时，求 I_4；(3) 如欲使 I_4 不超过 10mA，R_4 应如何取值？

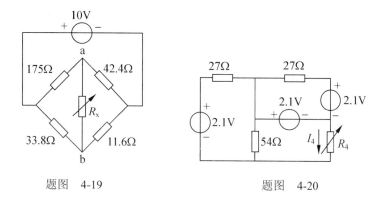

题图 4-19 　　　　　　　题图 4-20

4-21　题图 4-21 所示电路中，用两只内阻不同的伏特表测量电压时，得到不同的读数。伏特表 V_A 的内阻为 $100k\Omega$，测量 U_{ab} 时，读数为 45V；伏特表 V_B 的内阻为 $50k\Omega$，测量同一电压时，读数为 30V。问 a，b 两点间的实际电压是多少？

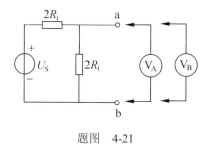

题图 4-21

4-22　题图 4-22 所示电路中，电压 U 为常数，$R_1=9\Omega$，$R_2=6\Omega$，$R_3=2\Omega$，$R_4=3\Omega$，$R_5=15.2\Omega$。试求：（1）R_5 中的电流；（2）要使流经 R_5 的电流为原电流的 4 倍，则 R_5 应变为多少？

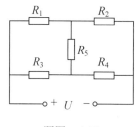

题图 4-22

4-23　电路如题图 4-23 所示。当电压源 $U_S=20V$ 时，测得 $U_{ab}=12V$；当网络 N 被短路时，短路电流 $I_{sc}=10mA$。试求网络 N ab 两端的戴维南等效电路。

4-24　题图 4-24 所示电路中，已知 $U_{S1}=24V$，$U_{S2}=18V$，$R_1=2\Omega$，$R_2=1\Omega$，$R_3=3\Omega$。试计算：（1）$U_{S3}=15V$ 时，R_3 中的电流；（2）R_3 为多大时可获得最大功率，最大功率值是多少？（3）欲使 R_3 中的电流为零，U_{S3} 应为多少？

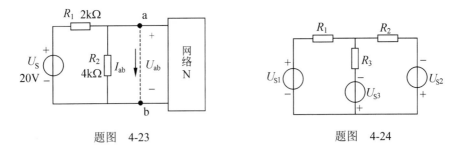

题图 4-23　　　　　　　题图 4-24

4-25　试求出题图 4-25 所示的二端网络的戴维南等效电路和诺顿等效电路。

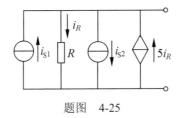

题图 4-25

4-26　求题图 4-26 所示网络中 ab 端钮以左部分电路的等效电路。

4-27　在题图 4-27 所示电路中，已知 $R_1=25\Omega$，$R_2=400\Omega$，$R_3=100\Omega$，$R_S=100\Omega$，$R_L=100\Omega$，$\beta=50$。试求输入电阻 R_{ab} 和电流增益 I_o/I_i 的值。

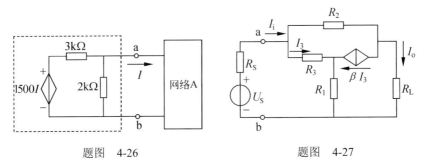

题图 4-26　　　　　　　题图 4-27

4-28　题图 4-28 所示电路中，R 为何值时可获得最大功率？此最大功率是多少？

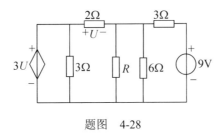

题图 4-28

4-29　求题图 4-29 所示电路中电阻 R_L 吸收的功率。

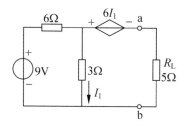

题图 4-29

4-30 分别用节点法、回路法及诺顿定理求题图 4-30 所示电路中电阻 R_4 两端的电压 U_4。

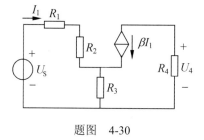

题图 4-30

4-31 用戴维南定理求题图 4-31 所示电路中 5Ω 电阻两端的电压。

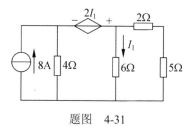

题图 4-31

4-32 用戴维南定理求题图 4-32 所示电路中的电流 I。

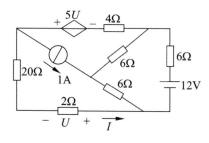

题图 4-32

4-33 题图 4-33 所示电路中,已知 $R_1=5\Omega$,$R_2=2\Omega$,$R_3=6\Omega$,$R_4=8\Omega$,$U_S=5V$,$I_S=1A$。求:(1) ab 端钮以左部分二端网络的戴维南等效电路;(2) 流经 R_4 的电流 I_{ab}。

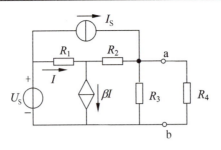

题图 4-33

4-34 题图 4-34 所示电路中，$U_S=8V$，$I_S=1mA$，$\alpha=0.5$，$R_1=R_2=2k\Omega$，$R_3=1k\Omega$，$R_4=R_5=R_6=3k\Omega$。求：（1）电流表读数为零时的电阻 R 值；（2）$R=1k\Omega$ 时电流表的读数；（3）$R=1k\Omega$ 时电流源两端电压。

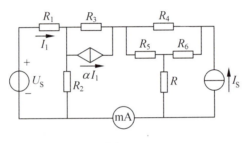

题图 4-34

4-35 题图 4-35 所示的直流电路中，方框内为线性无源电阻网络，ab 支路开路。当 $U_S=18V$，$I_S=2A$ 时，测得 $U_{ab}=0$；当 $U_S=18V$，$I_S=0$ 时，测得 $U_{ab}=-6V$。当 $U_S=30V$，$I_S=4A$ 时，测得 a，b 两端短路电流为 $I_{ab}=1A$。现在 a，b 两端接 $R=2\Omega$ 的电阻，求当 $U_S=30V$，$I_S=4A$ 时，2Ω 电阻中流过的电流 I_{ab}。

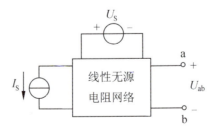

题图 4-35

4-36 题图 4-36 所示电路中所示网络 A 含有独立电压源、电流源及线性电阻。题图 4-36（a）中测得电压 $U_{ab}=10V$；题图 4-36（b）中测得 $U_{a'b'}=4V$。求题图 4-36（c）中的电压 $U_{a''b''}$。

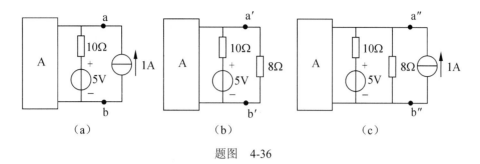

题图 4-36

4-37 题图 4-37 所示电路方框内为线性电阻网络。aa′处接有电压源 U_S，bb′处接有电阻 R。已知 $U_S=8V$，$R=3\Omega$ 时，$I=0.5A$；$U_S=18V$，$R=4\Omega$ 时，$I=1A$。求 $U_S=30V$，$R=5\Omega$ 时电流 I 的数值。

4-38 题图 4-38 所示电路中 A 为线性含源电阻网络，若 cd 右端网络的戴维南等效电阻为 R_{cd}，又当 $R_i=\infty$ 时，电阻 R_L 两端电压为 U_o。求电阻 R_i 为任意实数值时，电阻 R_L 两端电压 U_L。

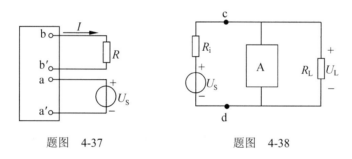

题图 4-37　　　　题图 4-38

4-39 利用互易定理求题图 4-39 所示电路中的电流 I。

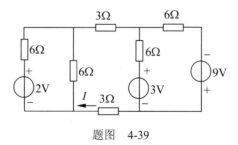

题图 4-39

4-40 利用互易定理求题图 4-40 所示电路中电流表的读数。

4-41 电路如题图 4-41 所示。已知 $U_{11}=\dfrac{1}{3}U_S$，$U_{12}=\dfrac{1}{6}U_S$，$U_{21}=\dfrac{2}{9}U_S$，$U_{22}=\dfrac{4}{9}U_S$。
（1）利用互易定理求电阻 R_1；（2）利用叠加定理计算能使题图 4-41（c）所示电路 R_3 中没有电流通过的 k 值；（3）决定 R_2，R_3 及 R_4 的值。

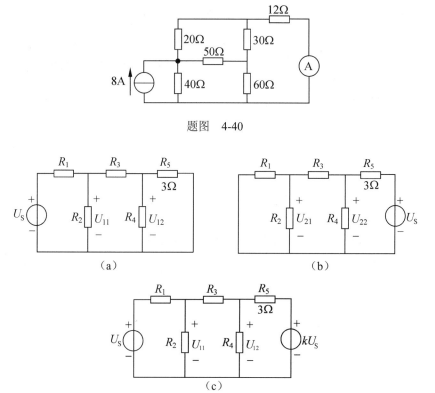

题图 4-40

题图 4-41

4-42 电路如题图 4-42 所示，N 为线性无源电阻网络。引出两对端钮测量，其结果为：当输入为 2A 电流时，输入端电压为 10V，输出端电压为 5V。若将 2A 电流源接在输出端，同时在输入端跨接一个 5Ω 的电阻，求此时 5Ω 电阻中的电流。

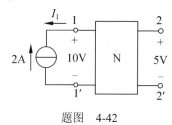

题图 4-42

4-43 题图 4-43 所示电路中，N 为仅由电阻组成的无源线性网络。当 $R_2=2\Omega$，$U_1=6V$ 时，测得 $I_1=2A$，$U_2=2V$；如果 $R_2=4\Omega$，$U_1=8V$ 时，测得 $I_1=2.5A$。求此时的电压 U_2。

4-44 题图 4-44（a）所示电路中，N 为线性无源电阻网络。已知 $U_{S1}=20V$，$I_1=-10A$，$I_2=2A$。在题图 4-44（b）中，N 与题图 4-44（a）中相同，$U_{S2}=10V$，各电压、电流参考方向如题图 4-44（b）所示。求 2Ω 电阻两端电压 U_1' 的值。

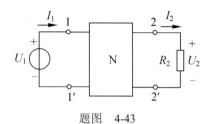

题图 4-43

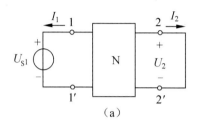
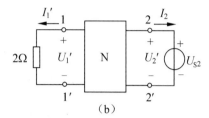

题图 4-44

4-45 题图 4-45 所示电路中，N 为无源线性电阻网络。当 $R_2=2\Omega$，$U_S=6V$ 时，测得 $I_1=2A$，$U_2=2V$。如果当 $R_2=4\Omega$，$U_S=10V$ 时，又测得 $I_1=3A$，求此时的电压 U_2。

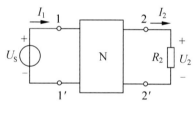

题图 4-45

4-46 题图 4-46 所示电路中，线性无源网络 N 有两个端口。当输入端口接一个 5A 电流源激励而输出端口短路时，输入端口的电压为 10V，输出端口的短路电流为 1A（题图 4-46（a））。当输出端口接一个 5V 的电压源，而输入端口接一个 4Ω电阻时（题图 4-46（b）），此电阻上的电压降应为多少？若将输出端口的 5V 电压源换为 15V 电压源，那么输入端口所接 4Ω电阻上的电压降又应为多少？

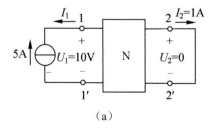
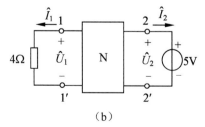

题图 4-46

4-47 题图 4-47 所示电阻网络 N，已知 ab 端开路电压 U_o=8V，ab 端钮左端的戴维南等效电阻 R_i=3Ω，电压源 U_S=10V。若 ab 两端接上 R_L=2Ω电阻时，电压源 U_S 供出电流 I_1。问当把 R_L=2Ω电阻移走后，电流 I_1 的变化是多少？

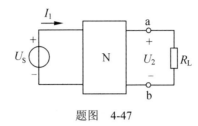

题图 4-47

4-48 画出题图 4-48 所示 RC 电路的对偶电路。

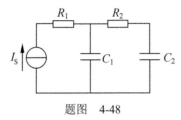

题图 4-48

第 5 章　非线性电路简介

本章重点

1. 非线性元件。
2. 非线性电阻电路的分析方法。

学习指导

用非线性方程描述的电路称为非线性电路。非线性电路的分析基础依然是基尔霍夫电压定律和基尔霍夫电流定律。由于非线性元件的电压、电流关系是非线性的，因此线性电路中广泛使用的叠加定理等不能用于非线性电路，这也是分析非线性电路的困难所在。

一、非线性元件

1．非线性电阻

非线性电阻的电路符号如图 5-1 所示。非线性电阻的电压、电流关系是非线性函数关系，即 $u=f(i)$ 或 $i=h(u)$。用静态电阻和动态电阻描述非线性电阻的特性。若设非线性电阻的特性曲线（伏安特性）如图 5-2 所示，则工作在伏安特性曲线 P 点的静态电阻定义为原点至 P 点直线的斜率，即 $R_\mathrm{s} \stackrel{\mathrm{def}}{=} \dfrac{U}{I}$，静态电导 $G_\mathrm{s}=\dfrac{1}{R_\mathrm{s}}$；动态电阻定义为 P 点处切线的斜率，即 $R_\mathrm{d} \stackrel{\mathrm{def}}{=} \dfrac{\mathrm{d}u}{\mathrm{d}i}$，动态电导 $G_\mathrm{d}=\dfrac{1}{R_\mathrm{d}}$。

图 5-1

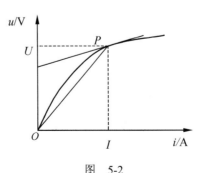

图 5-2

2. 非线性电容

非线性电容的电路符号如图 5-3 所示。非线性电容极板上电荷与极板间电压之间具有非线性函数关系，即 $q = f(u)$ 或 $u = h(q)$。与非线性电阻类似，用静态电容和动态电容描述非线性电容的特性。工作在非线性电容特性曲线（库伏特性）P 点的静态电容定义为原点至 P 点直线的斜率，即 $C \stackrel{\text{def}}{=} \dfrac{Q}{U}$；动态电容定义为 P 点处切线的斜率，即 $C_d \stackrel{\text{def}}{=} \dfrac{dq}{du}$。

3. 非线性电感

非线性电感的电路符号如图 5-4 所示。其磁链与电流之间具有非线性函数关系，即 $\psi = f(i)$ 或 $i = h(\psi)$。用静态电感和动态电感描述非线性电感的特性。工作在非线性电感特性曲线（韦安特性）P 点的静态电感定义为原点至 P 点直线的斜率，即 $L \stackrel{\text{def}}{=} \dfrac{\psi}{I}$，动态电感定义为 P 点处切线的斜率，即 $L_d \stackrel{\text{def}}{=} \dfrac{d\psi}{di}$。

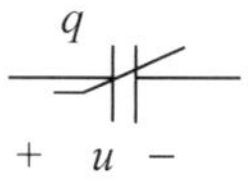

图 5-3

图 5-4

4. MOSFET 的等效电路模型

MOSFET 是目前在数字电路和模拟电路中都大规模应用的一种典型的电子器件，也是一种非线性器件。MOSFET 有很多种，图 5-5 所示是常用的 N 沟道增强型 MOSFET 的电路符号。

MOSFET 有 3 种工作状态：截止区、电阻区和饱和区。在一个实际电路中，MOSFET 的工作状态是由与之相连接的外部电路的结构及元件参数决定的。

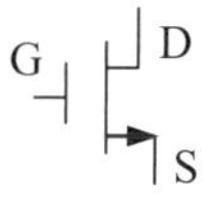

图 5-5 N 沟道增强型 MOSFET 的电路符号

当 $u_{GS} > U_T$ 时，MOSFET 截止；

当 $u_{GS} > U_T$ 且 $u_{DS} < u_{GS} - U_T$ 时，MOSFET 导通，D-S 间表现为电阻，电路模型如图 5-6 (a) 所示，此模型称为 MOSFET 的开关-电阻模型；

当 $u_{GS} > U_T$ 且 $u_{DS} > u_{GS} - U_T$ 时，MOSFET 导通，D-S 间表现为非线性受控源，电路模型如图 5-6 (b) 所示，此模型称为 MOSFET 的开关-电流源模型。

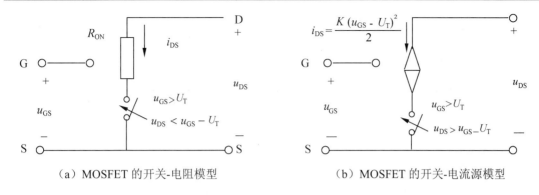

（a）MOSFET 的开关-电阻模型　　　　（b）MOSFET 的开关-电流源模型

图 5-6　MOSFET 的两个等效模型

例 5-1　已知非线性电阻的电压、电流关系为 $u = i + 2i^3$，求：（1）$i = 1\text{A}$ 处的静态电阻和动态电阻；（2）$i = \sin\omega t \text{A}$ 时电阻两端电压。

解　（1）$i = 1\text{A}$ 时，$u = i + 2i^3 = 3\text{V}$。

静态电阻为

$$R_S = \frac{U}{I} = 3\Omega$$

动态电阻为

$$r_d = \frac{du}{di}\Big|_{i=1} = 1 + 6i^2 = 7\Omega$$

（2）$u = i + 2i^3 = \sin\omega t + 2\sin^3\omega t = \sin\omega t + \frac{2 \times (3\sin\omega t - \sin 3\omega t)}{4}$

　　　$= 2.5\sin\omega t - 0.5\sin 3\omega t$

注意：（1）与线性电阻不同，非线性电阻的静态电阻、动态电阻和非线性电阻的工作电压、电流有关，不同电压、电流对应的静态电阻、动态电阻值不同。（2）信号通过非线性电阻会产生不同于输入频率的信号，如本题既有和输入电压同频信号又有三倍频率的电压信号。

例 5-2　已知图 5-7（a）所示电路中非线性电容电压 u 的波形如图 5-7（b）所示，非线性电容的库伏特性近似如图 5-7（c）所示，试画出电容电流 $i(t)$ 的波形。

解　先由图 5-7（b）和（c）画出 q 随 t 变化的曲线如图 5-7（d）所示，再由 $i = \dfrac{dq}{dt}$ 可得电容电流 $i(t)$ 的波形如图 5-7（e）所示。

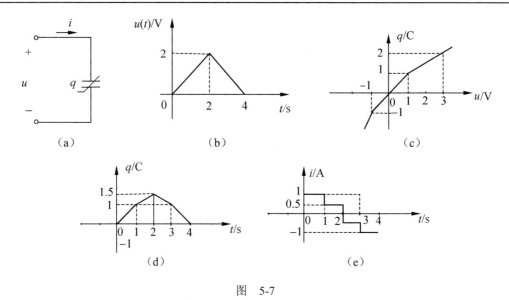

图 5-7

二、非线性电阻电路分析

含有非线性电阻的电阻电路为非线性电阻电路，其常用的分析方法有数值法、图解法、分段线性化方法和小信号分析法。

1. 数值法

对较复杂的非线性电阻电路，可先列写电路的代数方程，然后利用牛顿-拉夫逊法等方法迭代求解。现在已有 PSpice 等软件可用来求解这样的电路，从而直接给出电路的数值解。

例 5-3 图 5-8（a）所示电路中，非线性电阻的伏安特性为 $i_a = 2u_a^3$，$i_b = u_b^3 + 10u_b$。用数值法求 u_a，u_b，i_a，i_b。

解 用 PSpice 仿真求解。有关 PSpice 软件使用方法详细参看附录。

该电路是非线性直流电阻电路。可用 PSpice 中直流工作点分析得到所需的结果。图 5-8（a）是仿真电路图。图 5-8 所示电路中的两个压控非线性电阻用两个具有多项式形式的非线性压控电流源实现。这样做的结果导致与节点 N2 相连的支路均是电流源，这在 PSpice 仿真时是不允许的。因此，在节点 N2 和参考点之间增加一个大电阻支路，其电阻值视具体情况而定，此处取 1MΩ。为直接在输出结果中得到某一支路的电流，可在该支路加入一电压源元件，其值取为零。图 5-8（b）中加入了 Vdum1 和 Vdum2 两个这样的电压源，以便在输出结果中得到两个非线性电阻支路的电流。

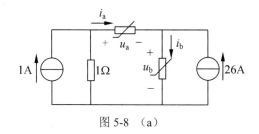

图 5-8 （a）

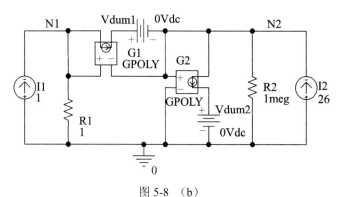

图 5-8 （b）

通过直流工作点分析，可在输出文件中得到各节点电压和各电压源中的电流等结果。以下是从输出文件中得到的所需结果。

节点 N1、N2 的电压

NODE　　VOLTAGE　　NODE　　VOLTAGE
(N1)　　1.3378　　 (N2)　　1.8905

电压源中的电流

VOLTAGE SOURCE CURRENTS
NAME　　　　　CURRENT
V_Vdum2　　　2.566E+01
V_Vdum1　　　-3.378E-01

由仿真结果可得到本题所求的结果，即 $u_a = 1.3378 - 1.8905 = -0.5527(V)$，$u_b = 1.8905V$，$i_a = -0.3378A$，$i_b = 25.66A$。

2. 图解法

如果电路简单，含有非线性电阻数目很少，可以采用图解法。当电路只有一个非线性电阻时，可将非线性电阻除外的线性部分用戴维南定理简化，如图 5-9 所示。然后在同一图中分别画出线性部分和非线性部分的特性曲线，它们的交点就是所求工作点。

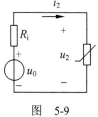

图 5-9

例 5-4　如图 5-10（a）所示电路中，非线性电阻的伏安特性如图 5-10（b）所示。试求各支路电流。

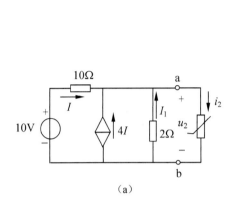
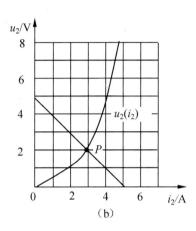

图 5-10

解 先求图 5-10（a）所示电路中 ab 左侧电路的戴维南等效电路。由非线性电阻断开后的电路有

$$10I + (I + 4I) \times 2 = 10$$

解得 I=0.5A。开路电压为

$$U_0 = (I + 4I) \times 2 = 5(\text{V})$$

ab 短路时电流 I_{ab} 为

$$I_{ab} = \frac{10}{10} + 4 \times \frac{10}{10} = 5(\text{A})$$

戴维南等效电阻 R_i 为

$$R_i = \frac{U_0}{I_{ab}} = \frac{5}{5} = 1(\Omega)$$

由此得简化电路如图 5-9 所示，图中线性部分的直线方程为 $u_2 = 5 - i_2$。将此直线画在图 5-10（b）中，与非线性电阻特性曲线的交点 P 即为工作点，它的坐标（u_2=2V, i_2=3A）就是非线性电阻两端电压 u_2 和流过它的电流 i_2。

其他支路电流可利用替代定理求之。将非线性电阻用 2V 电压源替代，替代后电路如图 5-10（c）所示。

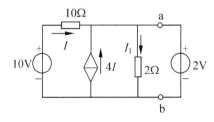

图 5-10 （c）

由图 5-10（c）得 $I = \dfrac{10-2}{10} = 0.8\text{A}$，$I_1 = \dfrac{2}{2} = 1\text{A}$。

3. 分段线性化法

将非线性元件特性用若干段直线逼近，每一段直线都可以用线性电路进行建模。建模的同时一定要明确每一个线性电路模型的适用条件，一般是非线性元件端口电压、电流的取值范围。接下来，非线性电路的求解过程就分成在若干区间内的线性电路求解。对每一个线性电路的求解结果务必要验证它是否满足相应的条件，如果满足，则该线性电路的解就是原非线性电路的解；否则，解无效。

例 5-5 电路如图 5-11（a）所示，已知 $U_S=6\text{V}$，$R_i=2\Omega$；D 是一个隧道二极管，其伏安特性如图 5-11（b）所示。求直流电压 U_S 激励下的 u 和 i。

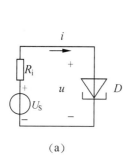
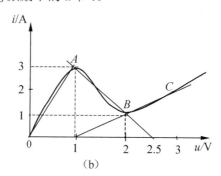

图 5-11

解 图 5-11（b）所示隧道二极管的非线性特性曲线（粗线所示）用折线 0A、AB、BC 近似（细线所示）。三段折线的直线方程分别为

第 1 段（0A 段）：$0 \leqslant u < 1\text{V}$，$u = \dfrac{1}{3}i$；

第 2 段（AB 段）：$1\text{V} \leqslant u < 2\text{V}$，$u = 2.5 - \dfrac{1}{2}i$；

第 3 段（BC 段）：$u \geqslant 2\text{V}$，$u = i + 1$。

上述直线方程可用线性电阻 R_j 和电压源 u_j 串联的复合支路表示，如图 5-11（c）所示，j 为分段序号。每一段对应参数分别为

第 1 段：$R_1 = \dfrac{1}{3}\Omega$，$u_1 = 0$；

第 2 段：$R_2 = -\dfrac{1}{2}\Omega$，$u_2 = 25\text{V}$；

第 3 段：$R_3 = 1\Omega$，$u_2 = 1\text{V}$。

由此得到分段线性化电路如图 5-11（d）所示，j 为分段序号。由图 5-11（d）所示电路有

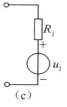
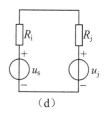

图 5-11

$$i = \frac{u_S - u_j}{R_i + R_j}$$

$$u = R_j i + u_j$$

上式中，代入不同线性段参数，得到不同线性段的电压 u 和电流 i 如下表所示。

段号 j	i	u	i 范围	u 范围
1	$\frac{18}{7}$A	$\frac{6}{7}$V	$i<3$A	$0<u<1$V
2	$\frac{7}{3}$A	$\frac{4}{3}$V	1A$<i<3$A	1V$<u<2$V
3	$\frac{5}{3}$A	$\frac{8}{3}$V	$i>1$A	$u>2$V

最后，必须检查每段所解得的电压 u 和电流 i 是否位于所在折线段的电压、电流要求的范围内，若在，则解有效；否则解无效，舍掉。检查后，上述三组解均在折线的电压、电流范围内，故此电路有三组解。

讨论： 若 $u_S=8$V, $R_i=2\Omega$ 时此电路只有一个解。此题用图解法求解将更方便。

例 5-6 电路如图 5-12（a）所示。图中 $U_{S1}=1.5$V，$U_{S2}=10$V，$R=10$kΩ，MOSFET 的导通阈值电压 $U_T=1$V，导通电阻 $R_{on}=1$kΩ，$K=0.5$mA/V^2。求 u_{DS}。

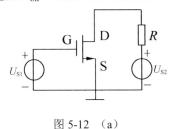

图 5-12 （a）

解 根据已知条件，$u_{GS}=U_{S1}>U_T$，因此 MOSFET 处于导通状态。

假设 MOSFET 导通后工作在可变电阻区，即满足条件 $u_{GS}>u_{DS}+U_T$，则图 5-12（a）的等效电路如图 5-12（b）所示。

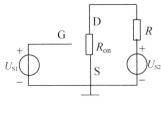

图 5-12 （b）

由图 5-12（b）得

$$u_{DS} = U_{S2} \times \frac{R_{on}}{R+R_{on}} = 0.91\text{V}$$

不满足条件 $u_{GS} > u_{DS} + U_T$，因此假设不成立，MOSFET 不工作在可变电阻区。

再假设 MOSFET 导通后工作在横流区，呈现非线性受控电流源性质，即满足条件 $u_{GS} > U_T$ 且 $u_{GS} < u_{DS} + U_T$，则图 5-12（a）的等效电路如图 5-12（c）所示。

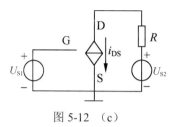

图 5-12 （c）

由图 5-12（c）得

$$u_{DS} = U_{S2} - i_{DS}R = 10 - \frac{K \times (u_{GS} - U_T)^2}{2} \times 10^4$$

$$= 10 - \frac{0.5 \times (1.5-1)^2}{2} \times 10 = 9.375\text{V}$$

显然满足条件 $u_{GS} < u_{DS} + U_T$，假设成立，即 MOSFET 工作在恒流区。

由例 5-5 和例 5-6 的求解过程可以发现，用分段线性化方法求解非线性电路时，基本步骤是假设——求解——检验，即将非线性元件分段线性化后，先假设电路工作于某一个线性区，然后求解相应的线性电路，最后要对求解结果进行检验，看其是否满足工作在该线性区的条件，一般是端口电压电流的取值范围。若满足，则该线性电路的解就是原非线性电路的解；否则该线性电路的解无效。进入下一个线性段内，重复上述过程，直至对所有的线性段求解完毕。

4. 小信号分析法

小信号分析法是非线性电路在直流工作点的线性化处理方法。设输入信号由直流激励和小信号一起组成，即 $u_S = U_S + \Delta u_S (|\Delta u_S| \ll U_S)$ 则响应为

$$\begin{cases} u = U_0 + \Delta u \\ i = I_0 + \Delta i \end{cases}$$

其中，U_0、I_0 为直流工作点处的电压、电流，Δu、Δi 为小信号 Δu_S 激励时产生的响应，它由小信号等效电路求得。小信号等效电路与原非线性电路具有相同的拓扑结构，但其中的非线性元件用相同类型的线性元件替代，线性元件的值等于该非线性元件在工作点处的动态参数（如 R_d、G_d）。

例 5-7 图 5-13（a）所示电路中，已知 $u_S = 30 + 0.2\sin\omega t\text{V}$，$R = 20\Omega$，非线性电阻 r_1、r_2 的伏安特性分别为：$i_1 = 0.01u + 0.03u^2 (u \geq 0)$；$i_2 = 0.04u + 0.002u^2 (u \geq 0)$。求非线性电阻的电压 u 和电流 i_1 及 i_2。

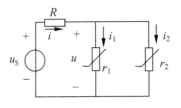

图 5-13 （a）

解 激励源 u_S 可以看成直流激励和小信号组成，故用小信号分析法求解。先求 30V 直流电压作用时的电压 U、电流 I_1 和 I_2（电路的静态工作点），令 $u_S = 30\text{V}$。由 KCL 有

$$i_1 + i_2 = \frac{30 - u}{20}$$

将非线性电阻的伏安特性代入上式得

$$0.01u + 0.003u^2 + 0.04u + 0.002u^2 = \frac{30 - u}{20}$$

整理得

$$0.005u^2 + 0.1u - 1.5 = 0$$

解得 $U = 10\text{V}$。

利用非线性电阻 r_1、r_2 的伏安特性得 $I_1 = 0.4\text{A}$，$I_2 = 0.6\text{A}$。

下面求小信号 $u_S = 0.2\sin\omega t\text{V}$ 激励时产生的响应，工作点处的动态电导分别为

$$G_{1d} = \frac{di_1'}{du}\bigg|_{u'=10\text{V}} = 0.01 + 0.006 \times 10 = 0.07(\text{S})$$

$$G_{2d} = \frac{di_2'}{du}\bigg|_{u'=10\text{V}} = 0.04 + 0.004 \times 10 = 0.08(\text{S})$$

小信号等效电路模型如图 5-13（b）所示。由图 5-13（b）电路可得并联支路总电导 $G = 0.05 + 0.07 + 0.08 = 0.2\text{S}$。

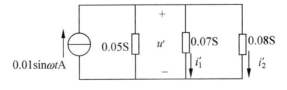

图 5-13 （b）

则小信号电压 u'、电流 i_1'、i_2' 分别为

$$u' = \frac{0.01\sin\omega t}{0.2} = 0.05\sin\omega t \text{ (V)}$$

$$i'_1 = G_{1d} \times u' = 0.05\sin\omega t \times 0.07 = 0.0035\sin\omega t \text{ (A)}$$

$$i'_2 = G_{2d} \times u' = 0.05\sin\omega t \times 0.08 = 0.004\sin\omega t \text{ (A)}$$

所以原电路中非线性电阻的电压、电流分别为

$$i_1 = 0.4 + 0.0035\sin\omega t \text{ (A)}$$

$$i_2 = 0.6 + 0.004\sin\omega t \text{ (A)}$$

$$u = 10 + 0.05\sin\omega t \text{ (V)}$$

例 5-8 仍以例 5-6 中图 5-12（a）所示电路为例，电路中除电源 U_{S1} 外其他元件参数均不变，电源 $u_{S1} = 1.5 + 0.1\sin\omega t$ V。求 u_{DS}。

解 由例 5-6 的求解结果可知，MOSFET 工作在非线性受控源状态。电源 u_{S1} 由直流电源和小信号组成，因此可用小信号法求解。

先求 $U_{S1} = 1.5$V 时的直流工作点 U_{DS}。根据例 5-6 的求解结果有 $U_{DS} = 9.375$V。

再求小信号 $\Delta u_{S1} = 0.1\sin\omega t$ V 作用产生的 Δu_{DS}。在工作点处，将非线性受控源线性化，有

$$\Delta i_{DS} = \left.\frac{di_{DS}}{du_{GS}}\right|_{u_{GS}=U_{GS}=1.5V} \Delta u_{GS} = K(u_{GS} - U_T)\big|_{u_{GS}=1.5V} \Delta u_{GS}$$

$$= 0.5 \times (1.5 - 1)\Delta u_{GS} = 0.25\Delta u_{GS} \text{ (mA)}$$

又 $\Delta u_{GS} = \Delta u_{S1}$，因此 $\Delta i_{DS} = 0.25\Delta u_{S1}$ mA。由此得出原电路的小信号等效电路如图 5-14 所示。

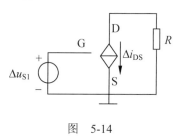

图 5-14

由图 5-14 得

$$\Delta u_{DS} = -\Delta i_{DS} R = -0.25R\Delta u_{S1} = -2.5\Delta u_{S1}$$

$$= -0.25\sin\omega t \text{ (V)}$$

如果将小信号 Δu_{S1} 看做输入，Δu_{DS} 看做输出，则小信号 Δu_{S1} 被反向放大了 2.5 倍。

因此，图 5-12（a）所示非线性电路的输出

$$u_{DS} = U_{DS} + \Delta u_{DS} = 9.375 - 0.25\sin\omega t \text{ (V)}$$

习题

5-1 已知非线性电阻的电压、电流关系为 $u=2i+i^3$（式中 u 的单位为 V，i 的单位为 A），求 $i=1$A 和 $i=2$A 处的静态电阻和动态电阻。

5-2 一非线性电感的磁链 ψ 与电流 i 的关系为 $i=a\psi+b\psi^3$，其中 $a=1$A/Wb，$b=0.1$A/Wb^3。试求它的静态电感 $L_S(\psi)$ 和动态电感 $L_d(\psi)$。

5-3 一非线性电容的电荷与电压的关系可表示为 $q=Au+Bu^3$。在此电容两端加有电压 $u=U_m\sin\omega t$。求电容中的电流 $i(t)$，并把它表示为其中所含谐波之和的形式。

若给定 $A=10^{-6}$C/V，$B=10^{-6}$C/V^3，$U_m=3$V，$\omega=314$rad/s，算出电流 $i(t)$。

5-4 一非线性电感的磁链 ψ 与电流 i 的关系表示为 $i=a\psi+b\psi^3$，a, b 为已知常数。设此电感两端有电压 $u=U_m\sin\omega t$。求其中的电流 $i(t)$。说明此电流中含有哪些频率的谐波，并求出各谐波的幅值。假设磁链中不含有恒定分量。

若给定 $a=1$A/Wb，$b=0.5$A/Wb^3，$U_m=300$V，$\omega=314$rad/s，求出电流 $i(t)$。

5-5 一非线性电阻电路的伏安特性如下表：

U/V	2.1	3.5	4.6	5.4	6.0	6.6	7.0	7.4	8.0	8.9
I/A	1	2	3	4	5	6	7	8	9	10

（a）将它接至电动势为 10V，内电阻为 1Ω 的电源上。求此非线性电阻的电压、电流和功率。

（b）将它接至电流为 10A，内电导为 1.25S 的电源上。求此非线性电阻的电压、电流和功率。

5-6 题图 5-6（a）中非线性电阻的伏安特性如图 5-6（b）中所示。分别在下列两种情况下求出电压 u：（1）$i_S=1$A；（2）$i_S=10$A。

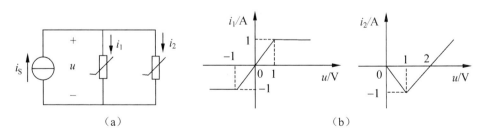

题图 5-6

5-7 题图 5-7（a）中的各非线性电阻的特性如题图 5-7（b）所示。已知 $U_S=10$V，$R_0=1$Ω。

用作图法求各个非线性电阻中的电流、功率和电源输出的功率。

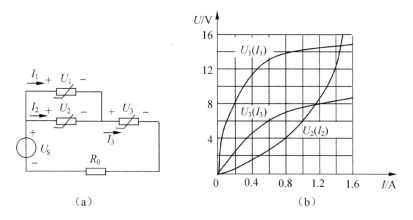

题图 5-7

5-8 题图 5-8（a）所示电路中的各非线性电阻的特性如题图 5-8（b）所示。已知 $U_{S1}=80V$，$U_{S2}=50V$，$R=40\Omega$。求各支路电流及电阻所消耗的功率。

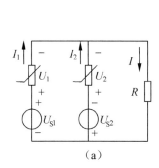
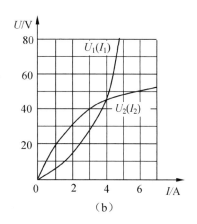

题图 5-8

5-9 题图 5-9（a）所示电路中 $R_1=10\Omega$，$R_2=20\Omega$，稳压二极管的伏安特性如题图 5-9（b）所示。求输出电压 U_2 与输入电压 U_1 的关系曲线。

5-10 题图 5-10（a）所示的电路中，电阻 $R_2=100\Omega$，电源电压 $U_{S1}=30V$，$U_{S2}=40V$。非线性电阻的伏安特性如题图 5-10（b）所示。求各非线性电阻的电压、电流。

5-11 求题图 5-11 所示电路中理想二极管 D 所在的支路电流 i。

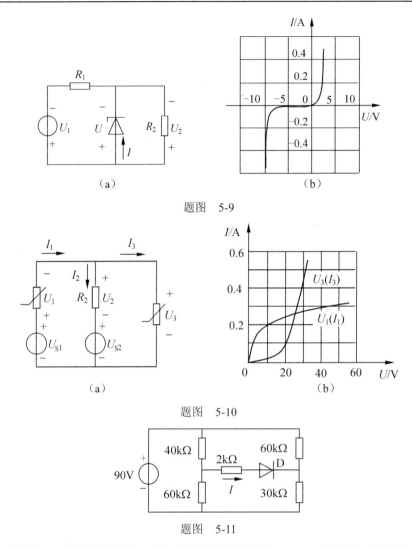

题图 5-9

题图 5-10

题图 5-11

5-12 题图 5-12 所示电路中,已知直流电流源电流 $I_S=2A$;直流电压源电压 $U_S=6V$;电阻 $R_1=1\Omega$,$R_2=6\Omega$;非线性电阻的伏安特性为 $U_3=I_3^3$。求电压 U_{R1}。

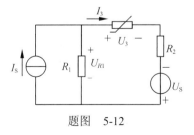

题图 5-12

5-13 题图 5-13 所示电路中,已知 $R_4=2\Omega$,$R_5=4\Omega$;非线性电阻的伏安特性分别为

$u_1 = 5i_1^{1/3}$，$u_2 = 7i_2^3$，$u_3 = 3i_3^5$。写出求支路电流所需的方程式。

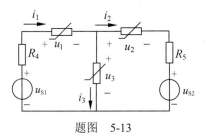

题图 5-13

5-14 题图 5-14 所示电路中，电压源电压 u_{S1}、电流源电流 i_{S2}、各电导的值 G_1、G_2、G_3 均为已知，两个非线性电阻的伏安特性分别为 $i_4 = 2u_4^{1/3}$，$i_5 = 6u_5^{1/3}$。列写此电路的节点电压方程。

5-15 题图 5-15 所示电路中，非线性电阻的伏安特性为 $u = i + \dfrac{2}{3}i^3$，电压源电压 $U_S = 10\text{V}$，$R = 1\Omega$。当 $u_S(t) = 0$ 时，电路中的电流约为 2A。用小信号分析法求当 $u_S(t) = 0.1\sin 10^3 t\,\text{V}$ 时电路中的电流。

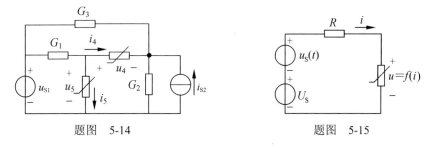

题图 5-14　　　　　　　　题图 5-15

5-16 题图 5-16 所示电路中，两个非线性电阻的伏安特性分别为

$$i_1 = g_1(u) = \begin{cases} u^2 & u \geq 0 \\ 0 & u < 0 \end{cases}$$

$$i_2 = g_2(u) = \begin{cases} u + 0.5u^2 & u \geq 0 \\ 0 & u < 0 \end{cases}$$

给定电流源电流 $I_S = 8\text{A}$；$i_S(t) = 0.2\cos 10^3 t\,\text{A}$（可视为输入小信号）。求电路中的 u，i_1，i_2 的值。

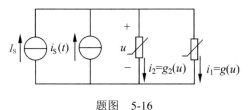

题图 5-16

第 6 章　二端口网络

本章重点

1. 二端口网络的参数和方程。
2. 二端口网络的等效电路。
3. 二端口网络的联接。
4. 含二端口网络的电路分析。

学习指导

含有两个端口的网络称为二端口网络。每个端口均需满足端口条件，即流入该端口一个端钮的电流等于流出该端口另一个端钮的电流。二端口网络可以看成是一端口网络（前述二端网络）的推广。本章只讨论线性无独立源的二端口电阻网络，所用二端口参数、分析方法和所得结论容易推广到后面涉及的正弦稳态下的相量模型和暂态下复频域的运算模型的情况。

一、二端口网络参数和方程

描述二端口网络两个端口间电压、电流关系的方程称为二端口网络方程，方程的系数称为二端口参数。设 u_1、i_1、u_2、i_1 分别为两个端口的电压、电流，参考方向如图 6-1 所示。则常用二端口网络的方程和参数如表 6-1 所示。

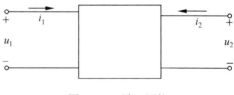

图 6-1　二端口网络

表 6-1　二端口网络参数

名　称	G 参数	R 参数	T(传输)参数	H(混合)参数
参数方程	$\begin{cases} i_1 = G_{11}u_1 + G_{12}u_2 \\ i_2 = G_{21}u_1 + G_{22}u_2 \end{cases}$	$\begin{cases} u_1 = R_{11}i_1 + R_{12}i_2 \\ u_2 = R_{21}i_1 + R_{22}i_2 \end{cases}$	$\begin{cases} u_1 = Au_2 - Bi_2 \\ i_1 = Cu_2 - Di_2 \end{cases}$	$\begin{cases} u_1 = H_{11}i_1 + H_{12}u_2 \\ i_2 = H_{21}i_1 + H_{22}u_2 \end{cases}$
参数矩阵	$G = \begin{bmatrix} G_{11} & G_{12} \\ G_{21} & G_{22} \end{bmatrix}$	$R = \begin{bmatrix} R_{11} & R_{12} \\ R_{21} & R_{22} \end{bmatrix}$	$T = \begin{bmatrix} A & B \\ C & D \end{bmatrix}$	$H = \begin{bmatrix} H_{11} & H_{12} \\ H_{21} & H_{22} \end{bmatrix}$
互易条件	$G_{12}=G_{21}$	$R_{12}=R_{21}$	$AD-BC=1$	$H_{12}=-H_{21}$
对称条件	$G_{12}=G_{21}$ $G_{11}=G_{22}$	$R_{12}=R_{21}$ $R_{11}=R_{22}$	$AD-BC=1$ $A=D$	$H_{12}=-H_{21}$ $H_{11}H_{22}-H_{12}H_{21}=1$

例 6-1 求图 6-2 所示电路的 R 参数。

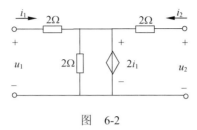

图　6-2

解法 1 根据二端口参数定义求解。

$$R_{11} = \left.\frac{u_1}{i_1}\right|_{i_2=0} = \frac{2i_1 + 2i_1}{i_1} = 4(\Omega), \qquad R_{12} = \left.\frac{u_1}{i_2}\right|_{i_1=0} = \frac{0}{i_2} = 0$$

$$R_{21} = \left.\frac{u_2}{i_1}\right|_{i_2=0} = \frac{2i_1}{i_1} = 2(\Omega), \qquad R_{22} = \left.\frac{u_2}{i_2}\right|_{i_1=0} = \frac{2i_2}{i_2} = 2(\Omega)$$

因此，图 6-2 所示电路的 R 参数为

$$\boldsymbol{R} = \begin{bmatrix} 4 & 0 \\ 2 & 2 \end{bmatrix}(\Omega)$$

由于受控源的存在，使得 $R_{12} \neq R_{21}$，因此这是一个非互易二端口。

解法 2 可以直接写出端口的电压电流关系表达式，然后从中提取出二端口参数矩阵。

对图 6-2 所示电路有

$$\begin{cases} u_1 = 2i_1 + 2i_1 = 4i_1 \\ u_2 = 2i_1 + 2i_2 \end{cases}$$

因此，其 R 参数矩阵为

$$\boldsymbol{R} = \begin{bmatrix} 4 & 0 \\ 2 & 2 \end{bmatrix}(\Omega)$$

例 6-2 图 6-3 所示电路中，方框 N 为一由线性电阻组成的对称二端口网络。若在 11′ 端口接 12V 的直流电源，测得 22′ 端口开路时，电压 U_2=6V，22′ 端口短路时，电流 I_2=−4A 求网络 N 的传输参数 $\boldsymbol{T}$。

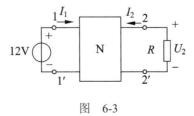

图　6-3

解 二端口网络的传输参数方程为

$$\begin{cases} U_1 = AU_2 - BI_2 \\ I_1 = CU_2 - DI_2 \end{cases}$$

由对称性有 $A=D$；$AD-BC=1$。

将已知条件 $I_2 = 0$，$U_2 = 6\text{V}$，代入传输参数方程得

$$A = \frac{U_1}{U_2} = \frac{12}{6} = 2 = D$$

将已知条件 $U_2 = 0$ 及 $I_2 = -4\text{ A}$ 代入传输参数方程得

$$B = \frac{U_1}{-I_2} = \frac{12}{4} = 3(\Omega)$$

则

$$C = \frac{AD-1}{B} = \frac{2^2-1}{3} = 1(\text{S})$$

对称二端口 N 的传输参数矩阵为

$$\boldsymbol{T} = \begin{bmatrix} 2 & 3\Omega \\ 1\text{S} & 2 \end{bmatrix}$$

二、二端口网络的等效电路

二端口网络可用一个简单的二端口等效，其等效条件是两个二端口网络的方程和参数相同，满足此条件的电路不是唯一的。互易二端口网络的最简单等效电路为 T 形等效电路或 π 形等效电路，如图 6-4 所示。非互易二端口网络的等效电路中将含有受控源。

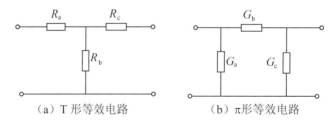

（a）T 形等效电路　　　　（b）π 形等效电路

图 6-4　二端口网络的等效电路

例 6-3 已知某二端口网络的 $\boldsymbol{G}$ 参数为（1）$\boldsymbol{G} = \begin{bmatrix} 2 & -1 \\ -1 & 3 \end{bmatrix}\text{S}$；（2）$\boldsymbol{G} = \begin{bmatrix} 2 & -1 \\ -2 & 3 \end{bmatrix}\text{S}$。求此二端口网络的等效电路。

解（1）因 $\boldsymbol{G}$ 参数中 $G_{12}=G_{21}$，故此二端口网络为互易二端口网络，等效电路如图 6-4 所示。由于已知 $\boldsymbol{G}$ 参数求 π 形等效电路较方便，故设所求等效电路为π形等效电路如

图 6-4 所示,图 6-4 所示 π 形等效电路的 **G** 参数为

$$G = \begin{bmatrix} G_a + G_b & -G_b \\ -G_b & G_c + G_b \end{bmatrix}$$

和已知 **G** 参数比较系数得

$$\begin{cases} G_b = -G_{12} = 1(S) \\ G_a = G_{11} + G_{12} = 1(S) \\ G_c = G_{22} + G_{12} = 2(S) \end{cases}$$

（2）因 **G** 参数中 $G_{12} \neq G_{21}$,故此二端口网络为非互易二端口网络,等效电路中将含有受控源。求此等效电路可先由 **G** 参数写出其 **G** 参数方程。即

$$\begin{cases} I_1 = 2U_1 \underline{-U_2} \\ I_2 = \underline{-2U_1} + 3U_2 \end{cases}$$

将上式中下划线表示的两项看成压控电流源,则原二端口网络的等效电路如图 6-5（a）所示。

若将上式表示的 **G** 参数方程改写为

$$\begin{cases} I_1 = 2U_1 - U_2 \\ I_2 = -U_1 + 3U_2 \underline{-U_1} \end{cases}$$

并将式中下划线表示的项看成压控电流源,可得只含一个压控电流源的等效电路,如图 6-5（b）所示。

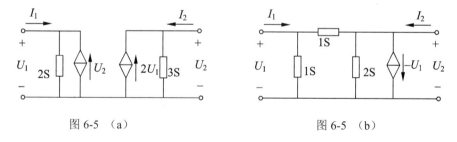

图 6-5 （a）　　　　　　　　图 6-5 （b）

讨论:若已知二端口网络其他参数,也可用上述方法求出其等效电路。

三、二端口网络的联接

两个二端口网络（实线表示）可按一定方式联接,组成复合二端口网络（虚线表示）。若联接后每个二端口网络的端口条件仍满足,则它们参数矩阵之间的关系如表 6-2 所示。

需要指出的是,两个二端口网络在串联或并联时端口条件可能会被破坏,但是对于输入端口与输出端口具有公共端的两个二端口网络按图 6-6 所示方式串联、并联时（公共端连接在一起）,端口条件不会被破坏。

表 6-2 二端口网络的联接

联接方式	电路	参数矩阵关系
级联	T_1 — T — T_2	$T = T_1 T_2$
串联	R, R_1, R_2	$R = R_1 + R_2$
并联	G_1, G_2, G	$G = G_1 + G_2$

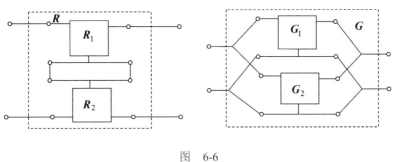

图 6-6

四、含二端口网络的电路分析

二端口网络的分析包括稳态电路分析和动态电路分析，常用分析方法有如下两种：（1）利用二端口网络的参数方程及两个端口的约束条件（端口特性）列方程求解；（2）利用二端口网络的等效电路（包括戴维南等效）求解。

例 6-4 图 6-7（a）所示电路中，已知二端口网络 N 的混合参数 $H = \begin{bmatrix} \dfrac{16}{5}\Omega & \dfrac{2}{5} \\ -\dfrac{2}{5} & \dfrac{1}{5}S \end{bmatrix}$。求负载电阻 R_f 为何值时，R_f 获得最大功率？并求此最大功率。

解法 1 由已知条件知 $H_{12} = -H_{21}$，其所描述的网络为互易二端口网络。设此二端口网络的 T 形等效电路如图 6-7（b）所示。

求得该 T 形等效电路的混合参数为

$$H_{11} = \dfrac{U_1}{I_1}\Big|_{U_2=0} = R_1 + \dfrac{R_2 R_3}{R_2 + R_3}, \quad H_{21} = \dfrac{I_2}{I_1}\Big|_{U_2=0} = -\dfrac{R_3}{R_2 + R_3}$$

$$H_{22} = \dfrac{I_2}{U_2}\Big|_{I_1=0} = \dfrac{1}{R_2 + R_3}, \quad H_{12} = -H_{21} = \dfrac{R_3}{R_2 + R_3}$$

与已知的 H 参数比较系数，得 $R_1 = 2\Omega$，$R_2 = 3\Omega$，$R_3 = 2\Omega$。

图 6-7（a）所示电路中负载 R_f 左侧电路是有源二端网络，可用戴维南定理等效，其等效电路如图 6-7（c）所示。

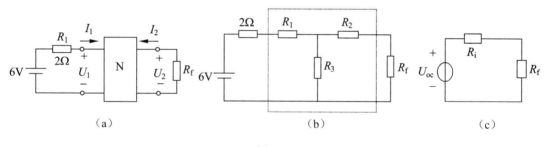

图 6-7

图 6-7（c）所示电路中

$$U_{oc} = \dfrac{6 \times R_3}{2 + R_1 + R_3} = 2(V), \quad R_i = R_2 + \dfrac{R_3(R_1 + 2)}{R_3 + R_1 + 2} = 4.33(\Omega)$$

由图 6-7（c）可知，当 $R_f = R_i = 4.33\Omega$ 时，R_f 获得最大功率，此最大功率为

$$P_m = \dfrac{U_{oc}^2}{4R_i} = \dfrac{2^2}{4 \times 4.33} = 0.231(W)$$

解法 2 此题也可直接利用 H 参数方程求图 6-7（a）所示电路中 R_f 左侧的戴维南等效电路。其开路电压为 $I_2 = 0$ 时的电压 U_2，戴维南等效电阻为独立源置零时，端口 2 的入端电阻。

由混合参数方程

$$\begin{cases} U_1 = \dfrac{16}{5}I_1 + \dfrac{2}{5}U_2 \\ I_2 = -\dfrac{2}{5}I_1 + \dfrac{1}{5}U_2 \end{cases}$$

和端口特性

$$\begin{cases} U_1 = 6 - 2I_1 \\ I_2 = 0 \\ U_{oc} = U_2 \end{cases}$$

得开路电压 $U_{oc} = 2(\text{V})$。

由混合参数方程

$$\begin{cases} U_1 = \dfrac{16}{5}I_1 + \dfrac{2}{5}U_2 \\ I_2 = -\dfrac{2}{5}I_1 + \dfrac{1}{5}U_2 \end{cases}$$

和端口特性

$$\begin{cases} U_1 = -2I_1 \\ R_i = \dfrac{U_2}{I_2} \end{cases}$$

得

$$R_i = 4.33\ (\Omega)$$

所以当 $R_f = R_i = 4.33\Omega$ 时 R_f 获得最大功率，此最大功率为

$$P_m = \frac{U_{oc}^2}{4R_i} = \frac{2^2}{4 \times 4.33} = 0.231(\text{W})$$

讨论：若已知二端口网络其他参数也可用此方法求图 6-6 所示电路中 R_f 左侧的戴维南等效电路。

习题

6-1 求题图 6-1 所示各网络的 **G**、**R** 参数。

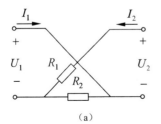 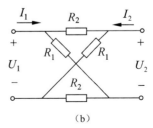

(a)   (b)

题图 6-1

6-2 求题图 6-2 所示网络的 G 参数。

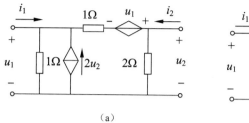
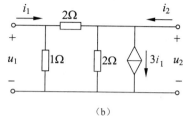

题图 6-2

6-3 求题图 6-3 所示网络的 T 参数。各电阻值为 $R_1=10\Omega$，$R_2=20\Omega$，$R_3=20\Omega$。

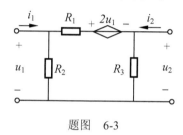

题图 6-3

6-4 求题图 6-4 所示电路的 H 参数。

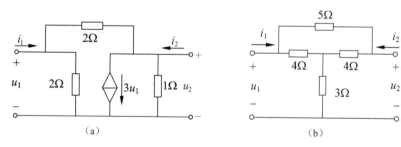

题图 6-4

6-5 题图 6-5 所示二端口网络中，$R_1=10\Omega$，$R_2=5\Omega$。求：
（1）此二端口网络的 R 参数；
（2）在输入端接上电源 $U_S=100\text{V}$，求输出端开路时的 i_1 和 u_2。

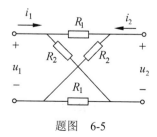

题图 6-5

6-6 题图 6-6（a）是一个二端口网络，已知 $R_1=10\Omega$，$R_2=40\Omega$。求：

（1）此二端口网络的 **T** 参数；

（2）在此二端口网络的两端接上电源和负载，如题图 6-6（b）所示。已知 $R_3=20\Omega$，此时电流 $I_2=2A$。根据 **T** 参数计算 U_{S1} 及 I_1。

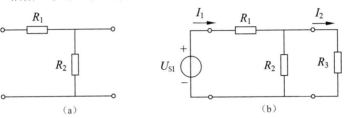

题图 6-6

6-7 已知一二端口网络是有纯电阻组成的 T 形电路，如题图 6-7（a）所示。求：

（1）此二端口的 **T** 参数；

（2）若在 1-1′端口接一直流电压源，在 2-2′端口接一负载电阻 R，其阻值为 1Ω，吸收的功率为 1W。求 U_2、I_2 的值（见题图 6-7 (b)），并用 **T** 参数表示二端口网络的基本方程式，求出 U_{S1}、I_1。

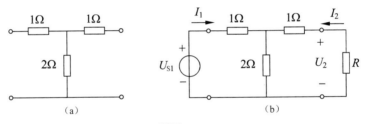

题图 6-7

6-8 已知一线性二端口网络 N 的 **R** 参数为 $\begin{bmatrix} 25 & 10 \\ 200 & 50 \end{bmatrix}\Omega$。端口所接参数如题图 6-8 所示。试求：（1）电压比 u_2/u_1；（2）电流比 i_2/i_1。

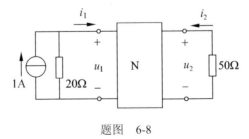

题图 6-8

6-9 已知二端口网络的 **R** 参数为：(1) $\mathbf{R}_a = \begin{bmatrix} 4 & 2 \\ 2 & 3 \end{bmatrix}\Omega$；(2) $\mathbf{R}_b = \begin{bmatrix} 2 & 4 \\ 1 & 3 \end{bmatrix}\Omega$。分别求其

等效电路。

6-10 题图 6-10 所示电路中，已知二端口网络 N 的 $\boldsymbol{T}$ 参数为 $\boldsymbol{T} = \begin{bmatrix} 2 & 8\Omega \\ 0.5\mathrm{S} & 2.5 \end{bmatrix}$。

（1）求此二端口的等效电路；
（2）当 R_2 为何值时，R_2 可获得最大功率，并求此最大功率。

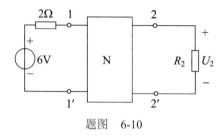

题图 6-10

6-11 试设计一用于直流信号下最简单的二端口网络，如题图 6-11 所示。要求 $R=600\Omega$ 时，（1）电源端的输入电阻 R_i 也是 600Ω；（2）$U_\mathrm{o}=0.1U_\mathrm{i}$；（3）对调电源端与负载端，网络性能不变。

6-12 将题图 6-12 所示二端口网络绘成由两个二端口网络联接而成的复合二端口网络，据此求出原二端口网络的 $\boldsymbol{R}$ 参数。

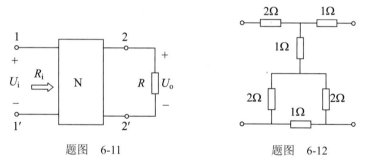

题图 6-11　　　　　题图 6-12

6-13 已知一链式电路如题图 6-13 所示，其中 $R_1=1\Omega$，$R_2=100\Omega$。求当空载时（$i_2=0$）输入电压 u_1 和输出电压 u_2 之比。

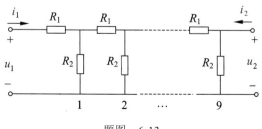

题图 6-13

第7章 一阶电路

本章重点

1. 动态电路初始值的确定。
2. 一阶电路的零输入响应、零状态响应和全响应。
3. 三要素法求解一阶电路。
4. 阶跃响应和冲激响应。
5. 卷积积分。

学习指导

一阶电路是由一个独立储能元件组成的电路，描述电路的方程是一阶常微分方程。本章讨论采用经典法求解电路的过渡过程，经典法求解主要包括三步：（1）确定电路的初始值；（2）列写描述电路的微分方程；（3）求解微分方程。

一、电路初始值的确定

电路初始值是指电路中所求变量（电压、电流）或其导数在换路后瞬间 $t=0^+$ 时的值。求初始值的一般方法为：

（1）由换路前电路（一般为稳态电路）求得电容电压 $u_C(0^-)$ 和电感电流 $i_L(0^-)$。

（2）由换路定则 $u_C(0^+) = u_C(0^-)$， $i_L(0^+) = i_L(0^-)$，确定 $u_C(0^+)$ 和 $i_L(0^+)$。

（3）由 $t=0^+$ 时的等效电路求其他量的初始值。

0^+ 时刻等效电路的画法：在换路后的电路中，电容用电压等于 $u_C(0^+)$ 的电压源替代，电感用电流等于 $i_L(0^+)$ 的电流源替代，方向同原设定的电容电压和电感电流的方向。电压源、电流源分别取 $t=0^+$ 时的值。这样处理后的电路就是原电路在 0^+ 时刻的等效电路。

例 7-1 电路如图 7-1（a）所示。求开关 S 闭合后图中所示各支路电流的初始值。

解 由于换路前电路为稳态，所以在直流电源作用下，电容相当于开路，电感相当于短路。由此可求得 $u_C(0^-)=10\text{V}$， $i_L(0^-)=1\text{A}$。

由换路定则得 $u_C(0^+)= u_C(0^-)=10\text{V}$， $i_L(0^+)= i_L(0^-)=1\text{A}$。

在 $t=0^+$ 瞬间，电容相当于一个 10V 的电压源，电感相当于一个 1A 的电流源，直流电流源和直流电压源在 $t=0^+$ 时的值不变，由此得 $t=0^+$ 时刻的等效电路如图 7-1（b）所示。

对 0^+ 时刻的等效电路（图 7-1（b））应用 KCL 和 KVL 得

第 7 章 一阶电路　　　　　　　　　　　　　　　　　125

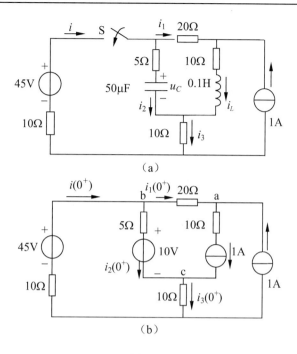

图　7-1

$$\begin{cases} i_1(0^+)=0 \\ i(0^+)= i_2(0^+) \\ i_3(0^+)= i_2(0^+)+ 1 \\ i_2(0^+)\times 5 + 10 + 10\times i_3(0^+) = 45 -10i(0^+) \end{cases}$$

联立求解上式，得 $i_3(0^+)$=2A，$i_2(0^+)$=1A，$i(0^+)$=1A。

例 7-2　图 7-2（a）所示电路中，已知 $C_1=C_2=20\mu F$，$R=500\Omega$，$u_{C1}(0^-)=0$，$u_{S1}=500\sin(200t+30°)V$，$u_{S2}=100\sin 100t V$，$t=0$ 时闭合开关 S。求 $u_{C2}(0^+)$ 和 $i(0^+)$。

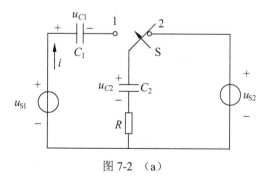

图 7-2 （a）

解　由于正弦激励下稳态电路中电容有容抗，不能视作开路。因此求 $u_{C2}(0^-)$ 时需用相

量法，相量模型如图 7-2（b）所示。由相量法得

$$\dot{U}_{C2} = \frac{-j500}{500-j500}100 = 70.7\angle -45° \text{ (V)}$$

$$u_{C2} = 70.7\sin(100t - 45°)\text{(V)}$$

$$u_{C2}(0^-) = 70.7\sin(100t - 45°)\big|_{t=0} = -50\text{(V)} = u_{C2}(0^+)$$

$t=0^+$ 时，由于 $u_{C1}(0^+)=u_{C1}(0^-)=0$，故 C_1 用短路线替代，$u_{C2}(0^+)=-50$V，可用一个 50V 的电压源替代，而电压源 u_{S1} 在 $t=0^+$ 时的值为

$$u_{S1}(0^+) = 500\sin(200t + 30°)\big|_{t=0} = 250\text{(V)}$$

故电压源用一个 250V 的直流电压源替代，由此得 0^+ 时刻的等效电路如图 7-2（c）所示。

由图 7-2（c）得

$$i(0^+) = \frac{250-(-50)}{500} = 0.6\text{(A)}$$

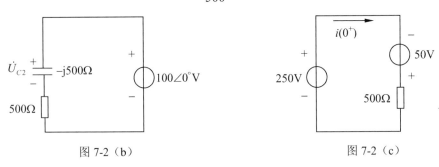

图 7-2（b）   图 7-2（c）

注意：换路定则仅在电容电流和电感电压为有限值时成立，在某些理想情况下流过电容的电流和电感两端电压可以是冲激函数，此时电容电压和电感电流的初始值将会发生跃变。此类问题将在后面讨论。

二、一阶电路的零输入响应、零状态响应和全响应

1. 一阶电路的零输入响应

零输入响应是指电路无外加激励，仅由储能元件的初始值引起的响应。一阶电路的零输入响应是满足初始条件的齐次常微分方程的解。若 $y(t)$ 表示电路中的电压或电流，则零输入响应的一般形式为

$$y(t) = y(0^+)e^{pt} = y(0^+)e^{-\frac{t}{\tau}}$$

其中，p 为齐次常微分方程的特征根，τ 为电路的时间常数，两者关系为 $\tau = -\dfrac{1}{p}$。

时间常数 τ 反映了过渡过程的快慢，工程上认为经过 $3\tau \sim 5\tau$ 时间后过渡过程结束。

时间常数 τ 只和电路的结构和参数有关，当电路为含电容的电路时，$\tau = R_iC$；电路为含电感的电路时，$\tau = \dfrac{L}{R_i}$。R_i 是独立源置零后从储能元件两端看入的等效电阻。

例 7-3 电路如图 7-3（a）所示，换路前处于稳定状态。$t=0$ 时打开开关 S，求换路后电感电流 $i_L(t)$ 和电阻上电压 $u_R(t)$ 的零输入响应。

解 由换路前的稳态电路，得

$$i_L(0^-) = \frac{50}{2+6} = 6.25 (\text{A})$$

$$u_C(0^-) = 50 \times \frac{6}{2+6} = 37.5 (\text{V})$$

换路后开关断开，电路分为左、右两个部分。左边是一个含 R-L 的一阶电路，描述换路后电路的方程为

$$0.5 \frac{\mathrm{d}i_L}{\mathrm{d}t} + 60 i_L = 0$$

是一阶齐次常微分方程，其解答形式为

$$i_L(t) = A \mathrm{e}^{pt}$$

式中，特征根 p 由特征方程 $0.5p+60=0$ 求得，$p = -120$，常数 A 由初始值确定。即

$$i_L(0^+) = A \mathrm{e}^{pt} \Big|_{t=0^+}$$

将 $i_L(0^+)=6.25$ 代入上式得 $A = 6.25$。则 i_L 的零输入响应为

$$i_L(t) = 6.25 \mathrm{e}^{-120t} (\text{A}) \quad t \geq 0$$

$i_L(t)$ 的零输入响应也可以直接从零输入响应公式 $i_L(t) = i_L(0^+) \mathrm{e}^{-\frac{t}{\tau_1}}$ 求得，其中，时间常数 $\tau_1 = \dfrac{L}{R} = \dfrac{1}{120} (\text{s})$。

右边是一个一阶 RC 电路，其零输入响应为

$$u_C(t) = u_C(0^+) \mathrm{e}^{-\frac{t}{\tau_2}}$$

其中，时间常数 $\tau_2 = RC = 9 \times 10^{-3} \text{s}$。则

$$u_C(t) = 37.5 \mathrm{e}^{-\frac{1000}{9}t} (\text{V}) \quad t \geq 0$$

电阻上电压 $u_R(t)$ 的零输入响应由右边电路求取，即

$$u_R(t) = -i_C(t)R = -RC \frac{\mathrm{d}u_C(t)}{\mathrm{d}t} = 25 \mathrm{e}^{-\frac{1000}{9}t} (\text{V}) \quad t \geq 0$$

另解 电阻上电压 $u_R(t)$ 的零输入响应可直接利用零输入响应公式 $u_R = u_R(0^+) \mathrm{e}^{-\frac{t}{\tau}}$ 求得。$u_R(0^+)$ 由 0^+ 时刻的等效电路（图 7-3（b））确定。

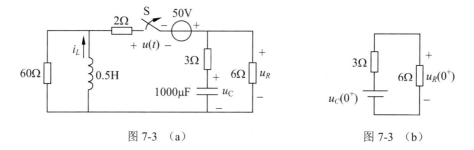

图 7-3 (a)　　　　　　　　图 7-3 (b)

由图 7-3（a）得

$$u_R(0^+) = \frac{u_C(0^+)}{3+6} \times 6 = \frac{2}{3} \times 37.5 = 25 \text{ (V)}$$

则

$$u_R(t) = 25\mathrm{e}^{-\frac{1000}{9}t} \text{ (V)} \quad (t \geq 0)$$

2. 一阶电路的零状态响应

零状态响应是指在零初始条件下，由外加激励在电路中引起的响应。描述一阶电路零状态响应的数学模型是一阶非齐次常微分方程，设 $y(t)$ 表示电路中的电压或电流，则微分方程的一般形式为

$$\frac{\mathrm{d}y(t)}{\mathrm{d}t} + ky(t) = f_S(t)$$

其解答形式为

$$y(t) = y(\infty) + A\mathrm{e}^{-\frac{t}{\tau}}$$

其中，$y(\infty)$ 是微分方程的特解，电路中称为响应的强制分量；$A\mathrm{e}^{-\frac{t}{\tau}}$ 是齐次常微分方程的通解，电路中称为自由分量，A 为由初始值确定的常数。当激励为直流或正弦时间函数时强制分量也称为稳态分量，相应的自由分量称为暂态分量。

例 7-4　求图 7-4（a）所示电路中 u_C 和 i_1 的零状态响应。

解　图 7-4（a）中 $\varepsilon(t)$ 为单位阶跃函数，其定义为

$$\varepsilon(t) = \begin{cases} 0 & t < 0 \\ 1 & t \geq 0 \end{cases}$$

由此定义可知，$2\varepsilon(t)$V 作用于电路就相当于 2V 直流电压源在 $t=0$ 时接入电路，即电路在 $t=0$ 时发生换路。

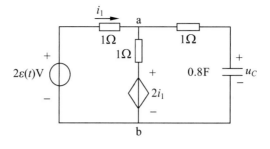

图 7-4 （a）

先列写换路后电路的微分方程。由 KCL、KVL 和元件特性得

$$\begin{cases} \dfrac{2-u_{ab}}{1} + \dfrac{2i_1 - u_{ab}}{1} = 0.8\dfrac{du_C}{dt} \\ 0.8\dfrac{du_C}{dt} + u_C = u_{ab} \end{cases}$$

整理得

$$4\dfrac{du_C}{dt} + 4u_C = 6$$

特征方程为

$$4p + 4 = 0$$

特征根为 $p = -1$。

u_C 的稳态解为此微分方程的特解。在直流电压源作用下，稳态时电容相当于开路。由 KVL 有

$$i_1(\infty) \times 1 + i_1(\infty) \times 1 + 2i_1(\infty) = 2$$

解得 $i_1(\infty) = 0.5\text{A}$。于是有

$$u_C(\infty) = u_{ab}(\infty) = i_1(\infty) \times 1 + 2i_1(\infty) = 1.5(\text{V})$$

则 u_C 的解答形式为

$$u_C(t) = 1.5 + A\text{e}^{-t}$$

零状态时 $u_C(0^+) = 0$，由此得 $A = -1.5$。则

$$u_C(t) = u_C(\infty)(1 - \text{e}^{-t}) = 1.5 - 1.5\text{e}^{-t}(\text{V}) \quad t \geq 0$$

由换路后电路中 i_1 和 u_C 及电压源间的关系有

$$i_1 = \dfrac{2 - 0.8\dfrac{du_C}{dt} + u_C}{1} = 0.5 + 0.3\text{e}^{-t}(\text{A}) \quad t \geq 0$$

思考：上式中 $i_1(0^+) = 0.8\text{A}$ 不是零，是否和零状态矛盾？

另解 由于一阶电路只含一个独立的储能元件,所以可用戴维南定理对储能元件以外的电路进行等效使其成为简单电路,如图 7-4(b)所示。

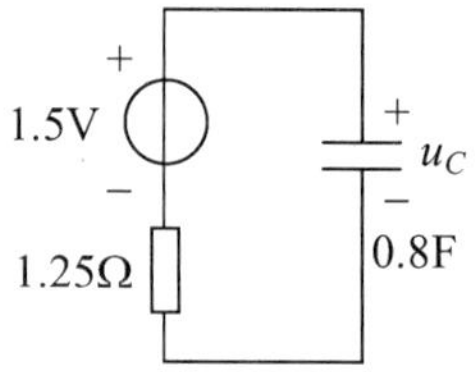

描述此电路的微分方程为

$$\frac{du_C}{dt} + u_C = 1.5$$

解此微分方程得

$$u_C(t) = 1.5 - 1.5e^{-t} (\text{V}) \quad t \geq 0$$

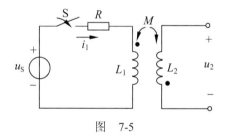

图 7-4 (b)

求 i_1 的零状态响应需利用等效前的原电路(图 7-4(a)),如上面所述。

讨论: 电路分析中,将电路对应于单位阶跃输入的零状态响应称为单位阶跃响应。所以此电路中 u_C 的单位阶跃响应为

$$u_C(t) = \frac{1}{2}(1.5 - 1.5e^{-t}) \varepsilon(t)(\text{V})$$

例 7-5* 图 7-5 所示电路中,已知 $R=100\Omega$,$L_1=0.1\text{H}$,$M=0.2\text{H}$。$t=0$ 时闭合开关 S。

(1)当 $u_S = 100\sin(1000t - 30°)\text{V}$ 时,求 i_1 及 u_2 的零状态响应。

(2)当 $u_S = 100\sin(1000t + \alpha)\text{V}$ 时,α 为何值时电路无过渡过程而直接进入稳态?

图 7-5

解 (1)换路后电路的微分方程为

$$100i_1 + 0.1\frac{di_1}{dt} = u_S$$

特征方程为

$$0.1p + 100 = 0$$

特征根为 $p = -1000$。

由于激励为正弦电源,求稳态分量时需用相量法,即

$$\dot{I}_1 = \frac{100\angle -30°}{100 + j100} = 0.707\angle -75° (\text{A})$$

瞬时值形式为

---

* 本例题可在学完正弦电路的相量解法以及有互感的电路求解方法后再做。

$$i_1(\infty) = 0.707\sin(1000t - 75°)(\text{A})$$

则 i_1 的解答形式为

$$i_1(t) = 0.707\sin(1000t - 75°) + A\text{e}^{-1000t} \quad t \geq 0$$

由初始值确定常数

$$i_1(0^+) = [0.707\sin(1000t - 75°) + A\text{e}^{-1000t}]\big|_{t=0}$$

将 $i_1(0^+) = 0$ 代入得 $A = 0.683$。则

$$i_1(t) = 0.707\sin(1000t - 75°) + 0.683\text{e}^{-1000t}(\text{A}) \quad t \geq 0$$

$$u_2(t) = -M\frac{\text{d}i_1}{\text{d}t} = -141.4\sin(1000t + 15°) + 136.6\text{e}^{-1000t}(\text{V}) \quad t \geq 0$$

（2）由上面分析可知，当 $u_S = 100\sin(1000t + \alpha)(\text{V})$ 时，$i_1(t)$ 为

$$i_1(t) = 0.707\sin(1000t + \alpha - 45°) + A\text{e}^{-1000t} \quad t \geq 0$$

欲使电路无过渡过程，暂态分量应为零，所以上式中 $A = 0$。即

$$A = i_1(0^+) - 0.707\sin(1000t + \alpha - 45°)\big|_{t=0} = 0$$

则 $\alpha = 45° + k \times 180°$ $(k = 0,1,2,\cdots)$。

3．一阶电路的全响应

全响应为非零初始状态的电路受到外加激励时所引起的响应，描述其电路特性的方程是非齐次常微分方程。全响应有两种分解方法：

（1）全响应=强制分量+自由分量，这种分解方法是经典法求解非齐次常微分方程的直接结果。

（2）全响应=零输入响应+零状态响应，这种分解方法是线性电路应用叠加定理的必然结果。

这表明，可以利用全响应的两种分解方法求取电路的全响应。

例 7-6 图 7-6（a）所示电路中，$t=0$ 时开关 S 由 1 合向 2。（1）当 u_S=10V 时，求 $i_L(t)$，并定性画出其变化曲线。（2）当 u_S=30V 时，再求 $i_L(t)$。

解（1）求 u_S=10V 时的 $i_L(t)$。

先由强制分量加自由分量求电路的全响应。

由换路前电路有

$$i_L(0^-) = \frac{20}{10} = 2(\text{mA})$$

由换路定则得

$$i_L(0^+) = i_L(0^-) = 2(\text{mA})$$

换路后，将电感左侧电路进行戴维南等效，其等效电路如图 7-6（b）所示。由此电路有

$$L\frac{\text{d}i_L}{\text{d}t} + R_i i_L = -5$$

特征方程的特征根为 $p=-\dfrac{R_i}{L}$。

时间常数为

$$\tau=-\dfrac{1}{p}=\dfrac{L}{R_i}=\dfrac{1}{10000}(\text{s})$$

i_L 的自由分量为

$$i_{L\text{free}}(t)=A\text{e}^{-10000t}(\text{mA})$$

稳态时电感相当于短路，其等效电路如图 7-6(c)所示，则 i_L 的稳态分量为

$$i_L(\infty)=\dfrac{-5}{5}=-1(\text{mA})$$

全响应的解答形式为

$$i_L(t)=-1+A\text{e}^{-10000t}(\text{mA})$$

由初始值确定常数得

$$A=i_L(0^+)-(-1)=3$$

则

$$i_L(t)=-1+3\text{e}^{-10000t}(\text{mA}) \quad t\geqslant 0$$

$i_L(t)$ 的变化曲线如图 7-6（d）所示。

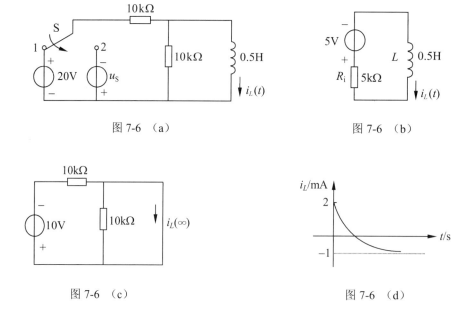

图 7-6 （a）

图 7-6 （b）

图 7-6 （c）

图 7-6 （d）

另解 利用零输入响应和零状态响应叠加求全响应。

零输入响应为
$$i'_L = i_L(0^+)e^{-\frac{t}{\tau}} = 2e^{-10000t} \text{ (mA)}$$
零状态响应为
$$i''_L = i_L(\infty)(1-e^{-\frac{t}{\tau}}) = -(1-e^{-10000t})\text{(mA)}$$
全响应为
$$i_L = i'_L + i''_L = 2e^{-10000t} + (-1+e^{-10000t}) = -1+3e^{-10000t} \text{ (mA)} \quad t \geq 0$$

显然，两种分解方法求解结果是相同的。这表明全响应的两种分解方法仅仅是分法不同，其本质是一样的。

（2）求 u_S=30V 时的 $i_L(t)$。

由于电路的初始值没有改变，所以零输入响应仍为
$$i'_L = i_L(0^+)e^{-\frac{t}{\tau}} = 2e^{-10000t}\text{(mA)}$$

零状态响应与激励有线性关系，激励电压增加 3 倍，则 i_L 的零状态响应也将增加 3 倍，即
$$i''_L = -3(1-e^{-10000t})\text{(mA)}$$

全响应=零输入响应+零状态响应，即
$$i_L = i'_L + i''_L = 2e^{-10000t} + 3(-1+e^{-10000t}) = -3+5e^{-10000t} \text{ (mA)} \quad (t \geq 0)$$

需强调的是，零输入响应与初始值有线性关系，零状态响应与激励有线性关系，但全响应与激励和初始值间均无线性关系。

三、三要素法

三要素法是从求解一阶电路经典法中提炼出来的一种简便方法。求解一阶电路的三要素公式为
$$y(t) = y(\infty) + [y(0^+) - y(\infty)]\Big|_{t=0^+} e^{-\frac{t}{\tau}}$$

其中，$y(\infty)$ 为电路的稳态解，$y(0^+)$ 为电路初始值，τ 为时间常数。

当知道三个要素 $y(0^+)$、$y(\infty)$ 和 τ 后，响应也就确定了，避免了列写微分方程和求解微分方程的过程。三要素法可方便地求解恒定直流激励、正弦激励、周期性激励等存在稳态响应的激励作用时一阶电路的过渡过程。

例 7-7 图 7-7（a）所示电路中，储能元件无初始储能，电源 $u_S(t)$ 的波形如图 7-7（b）所示。求图 7-7（a）中的 $u_R(t)$，并定性画出其变化曲线。

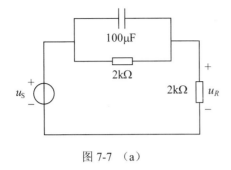

图 7-7 (a)

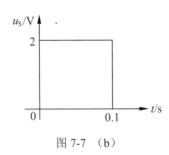

图 7-7 (b)

解 u_S 波形为方脉冲，可以看成二次换路。$t=0$ 时第一次换路，电路接入 2V 电压源；$t=0.1$s 时第二次换路，电压源置零。

当 $0<t<0.1$s 时响应为零状态响应。

三要素为

$$\begin{cases} u_R(0^+) = 2(\text{V}) \\ u_R(\infty) = 1(\text{V}) \\ \tau = 0.1(\text{s}) \end{cases}$$

应用三要素公式有

$$u_R(t) = 1 + e^{-10t} (\text{V}) \quad 0 < t < 0.1$$

由于第二次换路时电阻上电压换路瞬间将发生跳变，即 $u_R(0.1^+) \neq u_R(0.1^-)$，为求出 $u_R(0.1^+)$ 需知道 $u_C(0.1^+)$ (因为电容电压换路瞬间不变)。

由三要素法求得

$$u_C(t) = 1 - e^{-10t} (\text{V}) \quad 0 \leq t \leq 0.1$$

则

$$u_C(0.1^+) = u_C(0.1^-) = 1 - e^{-10 \times 0.1} = 0.632(\text{V})$$

$t=0.1^+$ 时刻的等效电路如图 7-7 (c) 所示。

由图 7-7 (c) 得 $u_R(0.1^+) = -0.632$V。

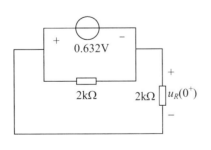

图 7-7 (c)

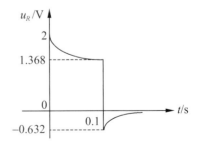

图 7-7 (d)

$t>0.1$s 时为零输入响应，三要素为

$$\begin{cases} u_R(0.1^+) = -0.632 \text{(V)} \\ u_R(\infty) = 0 \\ \tau = 0.1 \text{(s)} \end{cases}$$

则
$$u_R(t) = -0.632 \mathrm{e}^{-10(t-0.1)} \text{(V)} \quad t > 0.1$$

$u_R(t)$ 的变化曲线如图 7-7（d）所示。

注意：求解两次换路问题时，确定第二次换路时的初始值容易出错，特别是求除 u_C 和 i_L 以外其他物理量的初始值，因为这些物理量在换路瞬间其值可以发生跃变。

另解　此题还可以利用单位阶跃函数及其延迟把输入 u_S 表示为 $u_S = [2\varepsilon(t) - 2\varepsilon(t-0.1)]\text{V}$。根据叠加定理，其响应可看成二个零状态响应之和。

由上面的求解过程可得 $u_S = 2\varepsilon(t)\text{V}$ 时零状态响应为
$$u_R'(t) = (1 + \mathrm{e}^{-10t})\varepsilon(t) \text{ (V)}$$

当 $u_S = -2\varepsilon(t-0.1)\text{V}$ 时，根据线性非时变系统的性质，电路的零状态响应为
$$u_R''(t) = -(1 + \mathrm{e}^{-10(t-0.1)})\varepsilon(t-0.1) \text{(V)}$$

因此
$$u_R(t) = u_R'(t) + u_R''(t) = (1 + \mathrm{e}^{-10t})\varepsilon(t) - (1 + \mathrm{e}^{-10(t-0.1)})\varepsilon(t-0.1) \text{(V)}$$

写成分段函数形式为
$$u_R(t) = \begin{cases} 1 + \mathrm{e}^{-10t} \text{ (V)} & 0 < t < 0.1 \text{s} \\ -0.632 \mathrm{e}^{-10(t-0.1)} \text{ (V)} & t > 0.1 \text{s} \end{cases}$$

显然，两种求解方法结果是一样的。第二种方法中，单位阶跃响应和延时单位阶跃响应满足如下关系：若单位阶跃响应为 $y(t)\varepsilon(t)$ 时，则延时 t_1 的单位阶跃响应为 $y(t-t_1)\varepsilon(t-t_1)$。

例 7-8　已知图 7-8（a）中二端口 N 的开路电阻参数 $\boldsymbol{R} = \begin{bmatrix} 3 & 2 \\ 2 & 4 \end{bmatrix} \Omega$，电源 u_S 为一方脉冲，如图 7-8（b）所示。求电感两端电压 u，并画出其变化曲线。（设 $i_L(0^-)=0$）

解：利用戴维南等效，将原电路简化为图 7-8（c）所示电路。

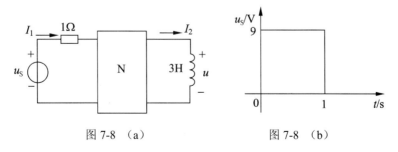

图 7-8（a）　　　　　　图 7-8（b）

图 7-8（a）所示电路的 $\boldsymbol{R}$ 参数方程为

$$\begin{cases} u_S - I_1 = 3I_1 + 2I_2 \\ U_2 = 2I_1 + 4I_2 \end{cases}$$

开路电压为 $I_2=0$ 时的电压 U_2。令上式中 $I_2=0$，得

$$u_{oc} = \frac{u_S}{2} = 4.5\varepsilon(t) - 4.5\varepsilon(t-1)(V)$$

求内阻时，将独立源置零。由参数方程 $\begin{cases} -I_1 = 3I_1 + 2I_2 \\ U_2 = 2I_1 + 4I_2 \end{cases}$ 和 $R_i = \frac{U_2}{I_2}$，可得 $R_i = 3\Omega$。

对图 7-8（c）电路，利用叠加定理分别求电源中每个分量单独作用时的响应。

当 $4.5\varepsilon(t)\text{V}$ 作用时，利用三要素法求解，有

$$\begin{cases} u_L(0^+) = 4.5(V) \\ u_L(\infty) = 0 \\ \tau = 1(s) \end{cases}$$

$$u'_L = 4.5\mathrm{e}^{-t}\varepsilon(t)(V)$$

当 $4.5\varepsilon(t-1)\text{V}$ 作用时，

$$u''_L = 4.5\mathrm{e}^{-(t-1)}\varepsilon(t-1)(V)$$

根据叠加定理有

$$u_L = u'_L + u''_L = 4.5\mathrm{e}^{-t}\varepsilon(t) + 4.5\mathrm{e}^{-(t-1)}\varepsilon(t-1)(V)$$

写成分段函数表示式为

$$u_L = \begin{cases} 4.5\mathrm{e}^{-t}\ (V) & 0 < t < 1s \\ -2.844\mathrm{e}^{-(t-1)}(V) & t > 1s \end{cases}$$

变化曲线如图 7-8（d）所示。

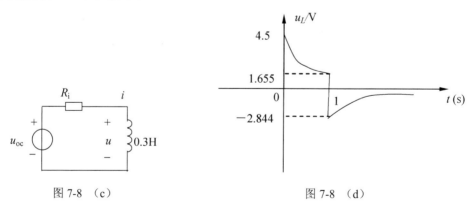

图 7-8 （c）　　　　图 7-8 （d）

例 7-9　图 7-9（a）所示电路中，开关 S 按下列方式周期地断开和闭合，闭合 0.1s 后断开，断开 0.1s 后又闭合。经过多次闭合和断开后电路达到稳态，求稳态时电容器两端电压 $u_C(t)$，并作出它的波形图。

解 此题为多次换路问题，可用三要素法求解。当开关 S 断开时，时间常数为
$$\tau_1 = 10 \times 10^{-6} \times 20 \times 10^3 = 0.2(\text{s})$$
稳态值为 $u_{C1}(\infty) = U_S = 10\text{V}$。

当开关 S 闭合时，时间常数为
$$\tau_2 = 10 \times 10^{-6} \times 10 \times 10^3 = 0.1(\text{s})$$
稳态值为 $u_{C2}(\infty) = U_S \times \dfrac{20}{20+20} = 5(\text{V})$。

当开关 S 打开时，电容充电，电容电压上升；当开关闭合时，电容放电，电容电压下降。经过若干周期后，电容电压会进入一个周期性变化的状态，如图 7-9（b）所示。由于时间常数 τ 与开关动作周期 T（$T=0.2\text{s}$）差不多，因此在半个周期内过渡过程不会结束，电容电压不会到达稳态值，即上述 $u_{C1}(\infty)$ 和 $u_{C2}(\infty)$。设稳态时电容电压最大值和最小值分别为 U_2 和 U_1。

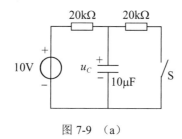

图 7-9（a）

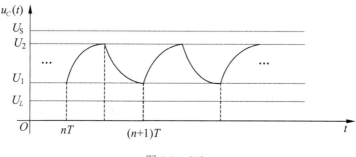

图 7-9（b）

当 $t \in nT \sim (n+1/2)T$ 时，S 闭合，电容电压将由初值 U_1 按指数规律上升，根据三要素公式，有
$$u_C(t) = U_S + (U_1 - U_S)\text{e}^{-5(t-nT)}$$

当 $t \in (n+1/2)T \sim (n+1)T$ 时，S 断开，电容电压将由初值 U_2 按指数规律下降，同样利用三要素公式，有
$$u_C(t) = u_{C2}(\infty) + (U_2 - u_{C2}(\infty))\text{e}^{-10\left(t - nT - \frac{1}{2}T\right)}$$

当 $t_1=(n+1/2)T$ 时，

$$u_C(t_1) = U_S + (U_1 - U_S)e^{-5 \times \frac{1}{2}T} = 10 + (U_1 - 10)e^{-0.5} = U_2$$

当 $t_2=(n+1)T$ 时，

$$u_C(t_2) = 5 + (U_2 - 5)e^{-1} = U_1$$

由上面两式解得 $U_1 = 5.93\text{V}$，$U_2 = 7.54\text{V}$。

例 7-10 电路如图 7-10（a）所示。$u_S = 3\sin 4t\text{V}$，开关 S 闭合前电路处于稳态。求开关 S 闭合后流过开关的电流 $i(t)$。

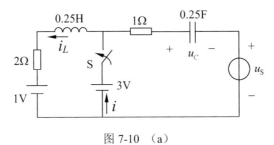

图 7-10 （a）

解 此题电路虽然有两个独立的储能元件，但由于其特殊的电路结构，在开关 S 闭合后，开关左侧和右侧电路互不影响，故可将电路拆分成左右两个电路，用一阶电路的方法求解。

由开关闭合前稳态电路（图 7-10（a））有

直流激励单独作用时

$$i'_L(0^-) = 0, \quad u'_C(0^-) = 1(\text{V})$$

正弦激励单独作用时*，

$$i''_L = \sin 4t(\text{A}), \quad \text{则} \quad i''_L(0^-) = 0$$
$$u''_C = \sin(4t + 90°)(\text{V}), \quad u''_C(0^-) = 1(\text{V})$$

直流激励和正弦激励共同作用时

$$i_L(0^-) = i'_L(0^-) + i''_L(0^-) = 0$$
$$u_C(0^-) = u'_C(0^-) + u''_C(0^-) = 2(\text{V})$$

换路后电路拆分成左右两个电路，如图 7-10（b）和图 7-10（c）所示。分别求图 7-10（b）中 $i_1(t)$ 和图 7-10（c）中 $i_2(t)$，则开关中电流 $i(t)=i_1(t)+ i_2(t)$。

由图 7-10（b）电路有

$$i_1(0^+) = i_L(0^+) = i_L(0^-) = 0$$

---

* 正弦激励下动态电路的稳态解在学完相量法后用相量法求解更方便，此处可以利用比较方程左右两边三角函数幅值和相位的方法求解，具体求解过程略。

$$i_1(\infty) = 1(\text{A})$$

时间常数为

$$\tau_1 = \frac{0.25}{2} = \frac{1}{8}(\text{s})$$

解答为

$$i_1(t) = 1 - e^{-8t}(\text{A})$$

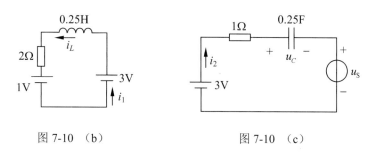

图 7-10 （b）　　　　　　图 7-10 （c）

图 7-10（c）电路为求正弦激励和直流激励共同作用下全响应的电路，由叠加定理将其分解为图 7-10（d）和图 7-10（e）所示电路，则 $i_2 = i_2' + i_2''$。

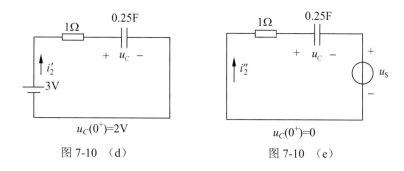

图 7-10 （d）　　　　　　图 7-10 （e）

对电路图 7-10（d）应用三要素法有

$$\begin{cases} i_2'(0^+) = 1(\text{A}) \\ \tau_2 = 1 \times 0.25 = \dfrac{1}{4}(\text{s}) \\ i_2'(\infty) = 0 \end{cases}$$

所以

$$i_2' = e^{-4t}(\text{A})$$

图 7-10（e）所示电路是求正弦激励下 i_2'' 的零状态响应的电路。设 $i_2''(\infty) = A\sin(\omega t + B)$，

代入描述电路的微分方程

$$\begin{cases} i_2'' = C\dfrac{du_C}{dt} \\ Ri_2'' + u_C + u_S = 0 \end{cases}$$

比较方程左右两边三角函数的幅值和相位，可解得

$$i_2''(\infty) = -3\sqrt{2}\sin(4t+45°)(A)$$

由图 7-10（e）得初始值 $i_2''(0^+) = 0$，所以，解答为

$$i_2'' = -3\sqrt{2}\sin(4t+45°) + [0+3\sqrt{2}\sin(45°)]e^{-4t}(A)$$
$$i_2 = i_2' + i_2'' = e^{-4t} - 3\sqrt{2}\sin(4t+45°) + 3e^{-4t}(A)$$

则

$$\begin{aligned}i(t) &= i_1(t) + i_2(t) \\ &= 1 - e^{-8t} - 3\sqrt{2}\sin(4t+45°) + 4e^{-4t}(A) \quad t>0\end{aligned}$$

四、一阶电路的冲激响应

电路在单位冲激激励 $\delta(t)$ 作用下所产生的零状态响应为单位冲激响应。

单位冲激函数 $\delta(t)$ 的定义为

$$\begin{cases} \delta(t) = 0 & t \neq 0 \\ \int_{-\infty}^{\infty}\delta(t)dt = 1 \end{cases}$$

单位冲激函数 $\delta(t)$ 与单位阶跃函数之间的关系为

$$\int_{-\infty}^{t}\delta(\tau)d\tau = \varepsilon(t) \quad \text{或} \quad \delta(t) = \dfrac{d}{dt}\varepsilon(t)$$

时域中分析冲激响应常用以下两种方法：

（1）分成两个时间段求解：t 在 0^- 到 0^+ 时间段，冲激电源作用，使电容或电感瞬间储存能量，电容电压或电感电流初始值发生跃变。$t > 0^+$ 后，冲激电源为零（$\delta(t) = 0\ (t \neq 0)$），但 $u_C(0^+)$ 或 $i_L(0^+)$ 不为零，电路为零输入响应。

（2）利用单位阶跃响应与单位冲激响应的关系求解：线性电路的单位冲激响应 $h(t)$ 和单位阶跃响应 $s(t)$ 之间的关系为

$$h(t) = \dfrac{ds(t)}{dt} \quad \text{或} \quad s(t) = \int_{0^-}^{t}h(\tau)d\tau$$

用此法求单位冲激响应时，单位阶跃响应 $s(t)$ 的表达式应利用 $\varepsilon(t)$ 及其延迟写成涵盖全时间域的形式，目的是要表示出在换路瞬间 $s(t)$ 的跳变，否则求导时就会丢失在换路瞬间 $h(t)$ 中本应存在的冲激项。

例 7-11 电路如图 7-11（a）所示。（1）求 $u_S = 8\delta(t)V$，$u_C(0^-) = 0V$ 时电路的冲激响应

u_C 和 i_C。（2）求 $u_S=8\delta(t)$V，$u_C(0^-)=2$V 时电路响应 u_C 和 i_C。

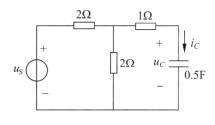

图 7-11 （a）

解（1）

解法 1 分成二个时间段求解

t 在 0^- 到 0^+ 时间段，因 $u_C(0^-)=0$，故 $t=0^-$ 时电容相当于短路，流过电容的电流为

$$i_C = \frac{8\delta(t)}{2+\frac{2}{3}} \times \frac{2}{3} = 2\delta(t)(\text{A})$$

$$u_C(0^+) = u_C(0^-) + \frac{1}{C}\int_{0^-}^{0^+} i_C \mathrm{d}t = \frac{1}{0.5}\int_{0^-}^{0^+} 2\delta(t)\mathrm{d}t = 4(\text{V})$$

在 0^- 到 0^+ 时间段有 $2\delta(t)$A 的冲激电流通过电容，对电容充电，使电容电压瞬间从 0 V 跃变到 4V。

$t \geq 0^+$ 时，$\delta(t)=0$，冲激电压源相当于短路，电路为零输入响应。如图 7-11（b）所示。对图 7-11(b)所示电路应用三要素法有

$$\begin{cases} u_C(0^+) = 4(\text{V}) \\ u_C(\infty) = 0 \\ \tau = 2 \times 0.5 = 1(\text{s}) \end{cases}$$

$$u_C = 4\mathrm{e}^{-t}\varepsilon(t)(\text{V})$$

同理有

$$i_C = -2\mathrm{e}^{-t}\varepsilon(t)(\text{A})$$

因此，u_C 和 i_C 冲激响应的完整表达式为

$$i_C = 2\delta(t) - 2\mathrm{e}^{-t}\varepsilon(t)(\text{A})$$
$$u_C = 4\mathrm{e}^{-t}\varepsilon(t)(\text{V})$$

注意：求冲激响应的时间 t 是从 0^- 而不是 0^+ 开始，如从 $t=0^+$ 开始，则冲激函数值等于 0，也就无冲激响应。

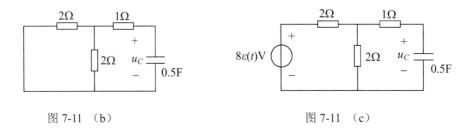

图 7-11 (b)　　　　　　　图 7-11 (c)

解法 2 利用单位阶跃响应与单位冲激响应的关系求冲激响应。

阶跃电压源 $8\varepsilon(t)$V 作用的电路如图 7-11（c）所示。

利用三要素法，有

$$\begin{cases} u_C(0^+)=0 \\ u_C(\infty)=4(\text{V}) \\ \tau=2\times 0.5=1(\text{s}) \end{cases}$$

所以

$$u_C=(4-4\mathrm{e}^{-t})\varepsilon(t)(\text{V})$$

又因为

$$\begin{cases} i_C(0^+)=2(\text{A}) \\ i_C(\infty)=0 \\ \tau=2\times 0.5=1(\text{s}) \end{cases}$$

所以

$$i_C=2\mathrm{e}^{-t}\varepsilon(t)(\text{A})$$

利用 $h(t)=\dfrac{\mathrm{d}s(t)}{\mathrm{d}t}$ 和线性电路的齐性定理，得到电路在冲激激励 $8\delta(t)$ 作用下的响应为

$$u_C=\dfrac{\mathrm{d}}{\mathrm{d}t}[(4-4\mathrm{e}^{-t})\varepsilon(t)]=4\delta(t)+4\mathrm{e}^{-t}\varepsilon(t)-4\mathrm{e}^{-t}\delta(t)=4\mathrm{e}^{-t}\varepsilon(t)(\text{V})$$

$$i_C=\dfrac{\mathrm{d}}{\mathrm{d}t}[2\mathrm{e}^{-t}\varepsilon(t)]=-2\mathrm{e}^{-t}\varepsilon(t)+2\mathrm{e}^{-t}\delta(t)=2\delta(t)-2\mathrm{e}^{-t}\varepsilon(t)(\text{A})$$

上面两式在化简过程中利用了冲激函数的性质 $f(t)\delta(t)=f(0)\delta(t)$。

（2）电路非零状态时，其冲激响应可视为零状态时的冲激响应与初始值引起的零输入响应之和。

$u_C(0^-)=2$V 时，u_C 的零输入响应为 $u'_C=2\mathrm{e}^{-t}$ V$(t>0)$。

$i_C(0^+)$ 值由 (0^+) 电路（如图 7-11（d）所示）求得 $i_C(0^+)=-1$A，则 i_C 的零输入响应为

$$i'_C=-\mathrm{e}^{-t}\varepsilon(t)(\text{A})$$

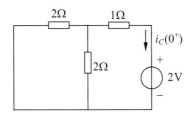

图 7-11 （d）

零状态时的冲激响应如（1）所求。因此
$$u_C = 4e^{-t} + 2e^{-t} = 6e^{-t}(\text{V}) \quad t > 0$$
$$i_C = 2\delta(t) - 2e^{-t}\varepsilon(t) - e^{-t}\varepsilon(t) = 2\delta(t) - 3e^{-t}\varepsilon(t) \text{ (A)}$$

由上面分析可知，电路在冲激电源激励下，电容电压或电感电流的初始值有可能会发生跃变，因此不能盲目使用换路定律。此外，有两类理想化的电路问题也可能导致电容电压或电感电流的初始值发生跃变：（1）换路后电路中存在由纯电容（或纯电容和电压源）构成的回路；（2）换路后电路中存在由纯电感（或纯电感和电流源）构成的割集*。

此类问题的时域求解方法是分成两个时间段来求解（假设在 $t = 0$ 时发生换路）：（1）在 0^- 到 0^+ 时间段内，应用基尔霍夫定律和电荷守恒或磁链守恒原理确定 $u_C(0^+)$ 和 $i_L(0^+)$。（2）$t \geq 0^+$ 后与一般的动态电路求解无异，若是一阶电路可用三要素法求解。

例 7-12 图 7-12 所示电路已达稳态，$t = 0$ 时拉开开关 S。求流过电感的电流 $i(t)$ 和两个电感上的电压。

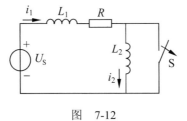

图 7-12

解 换路前电路有
$$i_1(0^-) = \frac{U_S}{R}, \quad i_2(0^-) = 0$$

开关 S 拉开瞬间（当 t 在 $0^- \sim 0^+$ 时），根据基尔霍夫电流定律，显然有 $i_2(0^+) = i_1(0^+)$，因此换路瞬间两个电感电流的初始值将发生跃变。

由 KVL 有
$$Ri_1 + L_1\frac{di_1}{dt} + L_2\frac{di_2}{dt} = U_S$$

---
* "割集"的概念在"网络图论"一章中有讲解（64 学时课程不要求）。

等号两边积分，得

$$\int_{0^-}^{0^+} Ri_1 dt + \int_{0^-}^{0^+} L_1 \frac{di_1}{dt} dt + \int_{0^-}^{0^+} L_2 \frac{di_2}{dt} dt = \int_{0^-}^{0^+} U_S dt$$

$$\int_{0^-}^{0^+} L_1 di_1 + \int_{0^-}^{0^+} L_2 di_2 = 0$$

$$L_1[i_1(0^+) - i_1(0^-)] = L_2[i_2(0^-) - i_2(0^+)]$$

上式表明换路瞬间磁链守恒。

综上可解得

$$i_2(0^+) = i_1(0^+) = \frac{L_1 U_S}{(L_1 + L_2)R}$$

当 $(t \geq 0^+)$ 时，两电感串联可等效为一个电感 $L_{eq}=L_1+L_2$，电路为一阶电路，用三要素法有

$$i(0^+) = \frac{L_1 U_S}{(L_1 + L_2)R}$$

$$i(\infty) = \frac{U_S}{R}$$

$$\tau = \frac{L_1 + L_2}{R}$$

$$i_1 = i_2 = \frac{U_S}{R} + \left(\frac{L_1 U_S}{(L_1+L_2)R} - \frac{U_S}{R}\right) e^{-\frac{t}{\tau}}$$

用阶跃函数描述 i_1 和 i_2 如下

$$i_1 = \frac{U_S}{R}\varepsilon(-t) + \left[\frac{U_S}{R} + \left(\frac{L_1 U_S}{(L_1+L_2)R} - \frac{U_S}{R}\right) e^{-\frac{t}{\tau}}\right]\varepsilon(t)$$

$$i_2 = \left[\frac{U_S}{R} + \left(\frac{L_1 U_S}{(L_1+L_2)R} - \frac{U_S}{R}\right) e^{-\frac{t}{\tau}}\right]\varepsilon(t)$$

电感两端电压为

$$u_{L2} = L_2 \frac{di_2}{dt} = L_2 \frac{d}{dt}\left[\frac{U_S}{R} + \left(\frac{L_1 U_S}{(L_1+L_2)R} - \frac{U_S}{R}\right) e^{-\frac{t}{\tau}}\right]\varepsilon(t)$$

$$= \frac{L_1 L_2 U_S}{R(L_1+L_2)}\delta(t) + \frac{L_2 L_2 U_S}{(L_1+L_2)^2} e^{-\frac{t}{\tau}}\varepsilon(t)$$

$$u_{L1} = L_1 \frac{di_1}{dt} = L_1 \frac{d}{dt}\left\{\frac{U_S}{R}\varepsilon(-t) + \left[\frac{U_S}{R} + \left(\frac{L_1 U_S}{(L_1+L_2)R} - \frac{U_S}{R}\right) e^{-\frac{t}{\tau}}\right]\varepsilon(t)\right\}$$

$$= \frac{-L_1 L_2 U_S}{R(L_1+L_2)}\delta(t) + \frac{L_1 L_2 U_S}{(L_1+L_2)^2} e^{-\frac{t}{\tau}}\varepsilon(t)$$

从上述结果可以看出：在回路中，虽然每个电感电压中均出现了冲激项，但这些冲激电压大小相等方向相反，彼此抵消，使回路电压仍满足 KVL。也正是这些冲激电压的存在迫使电感电流在换路瞬间发生跃变。

五、卷积积分

卷积积分是线性电路时域分析的有效工具。当已知电路的冲激响应时，可用卷积积分求该电路在任意激励下的零状态响应。卷积积分公式为

$$r(t) = e(t) * h(t) = \int_0^t e(t-\tau)h(\tau)d\tau$$

其中，$e(t)$ 为激励源，$h(t)$ 为电路在单位冲激激励 $\delta(t)$ 作用下所产生的零状态响应，即单位冲激响应。

例 7-13 电路如图 7-13（a）所示，已知 $u_C(0^-)=0\text{V}$，激励源 u_S 的波形如图 7-13(b)所示，试用卷积积分求 $u_C(t)$。

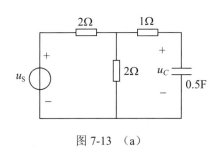

图 7-13 （a）

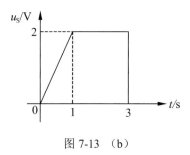

图 7-13 （b）

解 u_S 的分段函数表示式为

$$u_S = \begin{cases} 2t & 0 < t \leqslant 1\text{s} \\ 2 & 1 < t \leqslant 3\text{s} \\ 0 & t > 3\text{s} \end{cases}$$

用卷积积分求电路的零状态响应时，首先需求出 u_S 为单位冲激函数时的冲激响应 $h(t)$。由例 7-11 的求解结果可知，当 $u_S = 8\delta(t)\text{V}$ 时，$u_C(t) = 4\text{e}^{-t}\varepsilon(t)\text{V}$。由线性电路的齐性定理得 $u_S=\delta(t)\text{V}$ 时，$h(t) = u_C(t) = 0.5\text{e}^{-t}\varepsilon(t)\text{V}$。由卷积积分公式，得电路在图 7-13(b)所示激励下的零状态响应为

$$u_C = h(t) * u_S(t) = \int_0^t 0.5\text{e}^{-(t-\tau)}u_S(\tau)d\tau$$

由于 $u_S(t)$ 为分段函数，故采用分段积分，并用图解法帮助确定积分上下限。卷积积分区间的变化如图 7-13（c），（d），（e）所示（图中 $u_S(\tau)$ 和 $h(t-\tau)$ 重叠区间的时间边界就是卷积积分上下限）。

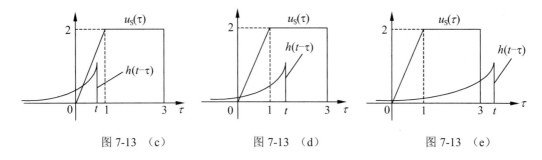

图 7-13 （c）　　　　　图 7-13 （d）　　　　　图 7-13 （e）

当 $t<0$ 时，
$$u_C = 0$$

当 $0<t\leqslant 1$ 时，根据图 7-13(c)可得
$$u_C = \int_0^t 0.5\mathrm{e}^{-(t-\tau)} \times 2\tau \mathrm{d}\tau = t-1+\mathrm{e}^{-t} \text{ (V)}$$

当 $1<t\leqslant 3$ 时，根据图 7-13(d)可得
$$u_C = \int_0^1 0.5\mathrm{e}^{-(t-\tau)} \times 2\tau \mathrm{d}\tau + \int_1^t 0.5\mathrm{e}^{-(t-\tau)} \times 2 \mathrm{d}\tau = 1+\mathrm{e}^{-t}-\mathrm{e}^{(1-t)} \text{ (V)}$$

当 $t>3$ 时，根据图 7-13(e)可得
$$u_C = \int_0^1 0.5\mathrm{e}^{-(t-\tau)} \times 2\tau \mathrm{d}\tau + \int_1^3 0.5\mathrm{e}^{-(t-\tau)} \times 2 \mathrm{d}\tau = \mathrm{e}^{-t}-\mathrm{e}^{(1-t)}+\mathrm{e}^{(3-t)} \text{ (V)}$$

思考：当激励或冲激响应为延时函数时，如何确定积分上下限？

注意：卷积积分只能求出电路的零状态响应，当电路有初始储能时，需先求解由初始储能引起的零输入响应，然后和由卷积积分求得的电路零状态响应相加得到电路的全响应。

例 7-14　图 7-14 所示电路中，N 为一仅由线性电阻组成的电路。当 $u_S(t)=10\varepsilon(t)$ V 作用时，电容电压为 $u_C=3+5\mathrm{e}^{-2t}$ V $(t\geqslant 0)$。求在相同初始状态下，$u_S=5\mathrm{e}^{-t}\varepsilon(t)$ V 作用时，电容电压 u_C 的强制分量和自由分量。

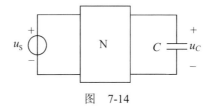

图　7-14

解　由已知条件可知此电路为一阶电路，时间常数 $\tau=0.5$s，$u_C(0^+)=8$V，则 u_C 的零输入响应为
$$u'_C = 8\mathrm{e}^{-2t} \text{ (V)} \quad t\geqslant 0$$

$u_S(t)=10\varepsilon(t)$ V 作用时，u_C 的零状态响应为
$$u''_C = 3+5\mathrm{e}^{-2t}-8\mathrm{e}^{-2t} = 3-3\mathrm{e}^{-2t} \text{ (V)} \quad t\geqslant 0$$

电容电压不会发生跳变，上式改写为

$$u_C'' = \left(3 - 3\mathrm{e}^{-2t}\right)\varepsilon(t)(\mathrm{V})$$

由齐性定理得 $u_S(t)=\varepsilon(t)$ V 作用时，u_C 的零状态响应为

$$u_C'' = (0.3 - 0.3\mathrm{e}^{-2t})\varepsilon(t)(\mathrm{V})$$

由单位阶跃响应和单位冲激响应的关系有

$$h(t) = \frac{\mathrm{d}s(t)}{\mathrm{d}t} = \frac{\mathrm{d}}{\mathrm{d}t}[(0.3 - 0.3\mathrm{e}^{-2t})\varepsilon(t)] = 0.6\mathrm{e}^{-2t}\varepsilon(t)(\mathrm{V})$$

任意激励下的零状态响应由卷积积分求得

$$u_C'' = 5\mathrm{e}^{-t} * 0.6\mathrm{e}^{-2t} = \int_0^t 5\mathrm{e}^{-\tau} \times 0.6\mathrm{e}^{-2(t-\tau)}\mathrm{d}\tau = 3\mathrm{e}^{-t} - 3\mathrm{e}^{-2t}(\mathrm{V}) \quad t \geq 0$$

全响应=零输入响应+零状态响应

$$u_C = u_C' + u_C'' = 8\mathrm{e}^{-2t} + 3\mathrm{e}^{-t} - 3\mathrm{e}^{-2t} = 3\mathrm{e}^{-t} + 5\mathrm{e}^{-2t}(\mathrm{V}) \quad t \geq 0$$

上式中，$3\mathrm{e}^{-t}$ V 与激励有相同变化规律，为强制分量，而 $5\mathrm{e}^{-2t}$ V 为自由分量。

另解　描述该电路的一阶微分方程设为

$$k_1\frac{\mathrm{d}u_C}{\mathrm{d}t} + k_2 u_C = 10 \quad t > 0$$

由已知条件知 $u_C(\infty) = 3\mathrm{V}$ 是微分方程的特解，故有

$$3k_2 = 10$$

即 $k_2 = \dfrac{10}{3}$。

又由已知条件知特征根 $p = -2$，微分方程的特征方程为 $k_1 p + k_2 = 0$（k_2 已求出），由此求得 $k_1 = \dfrac{5}{3}$。

当激励为 $u_S = 5\mathrm{e}^{-t}\varepsilon(t)\mathrm{V}$ 时，电路所应满足的微分方程如下

$$\frac{5}{3}\frac{\mathrm{d}u_C}{\mathrm{d}t} + \frac{10}{3}u_C = 5\mathrm{e}^{-t} \quad t > 0$$

设方程的特解为 $u_C' = k\mathrm{e}^{-t}$，代入上式，有

$$-\frac{5}{3}k\mathrm{e}^{-t} + \frac{10}{3}k\mathrm{e}^{-t} = 5\mathrm{e}^{-t}$$

解得 $k = 3$。则 u_C 的特解（强制分量）为 $3\mathrm{e}^{-t}$ V。

设 u_C 的全响应为

$$u_C = 3\mathrm{e}^{-t} + A\mathrm{e}^{-2t}$$

由初始值确定常数 A

$$u_C(0^+) = 8 = 3 + A \rightarrow A = 5$$

则 u_C 的通解（自由分量）为 $5\mathrm{e}^{-2t}$ V。

因此，u_C 的全解（全响应）为

$$u_C = 3\mathrm{e}^{-t} + 5\mathrm{e}^{-2t}(\mathrm{V}) \quad t \geq 0$$

习题

7-1 试用阶跃函数和延迟阶跃函数表示题图 7-1 所示各波形。

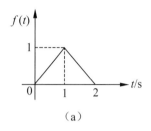
(a)

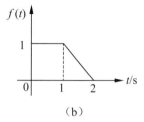
(b)

题图 7-1

7-2 绘出下列各函数的波形。

(a) $e^{-t}\varepsilon(t)$

(b) $e^{-(t-1)}\varepsilon(t-1)$

(c) $(t-1)[\varepsilon(t-1)-\varepsilon(t-2)]$

7-3 求下列各函数表示的值。

(a) $\int_{-\infty}^{\infty} e^{t}\delta(t-2)dt$

(b) $\int_{-\infty}^{\infty} (t+\sin t)\delta\left(t+\frac{\pi}{3}\right)dt$

(c) $\int_{-\infty}^{\infty} \delta(t-t_0)\varepsilon(t-2t_0)dt$

7-4 题图 7-4 所示电路中储能元件均无初始储能。分别求出图（a）中 u_L，图（b）中 i_C 和图（c）中 u_C。

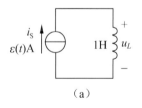
(a)

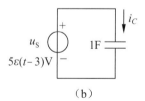
(b)

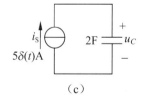
(c)

题图 7-4

7-5 题图 7-5 所示各电路在 $t=0$ 时开关动作。分别画出各电路 0^+ 时刻的等效电路图，并求出图中所标电压、电流在 0^+ 时的值。

7-6 题图 7-6（a）所示电路中受控源为流控电压源，控制系数 r 为 50Ω；题图 7-6（b）

中受控源为流控电流源，控制系数 β 为 4。两电路都在 $t=0$ 时换路。求换路后瞬间图中所标电流和电压的初始值。

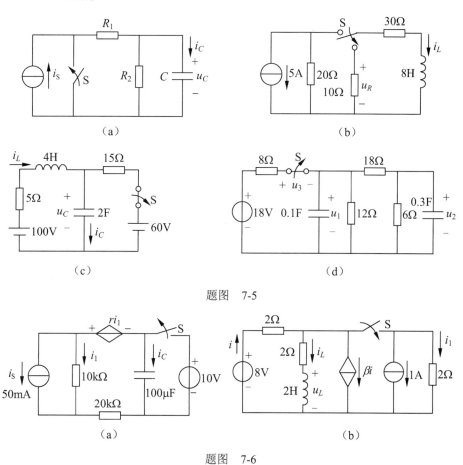

题图 7-5

题图 7-6

7-7 题图 7-7 所示电路中，$u_S=100\sin(2500t+60°)$V，$i_S=5\sin10t$ A，$t=0$ 时换路，换路前电路已达稳态。求换路后瞬间图中所标电压和电流的初始值。

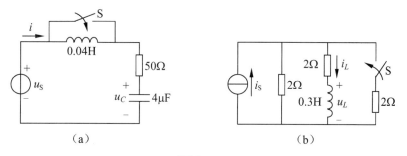

题图 7-7

7-8　题图 7-8 所示电路中，$t=0$ 时发生换路。求换路后瞬间电感电流和电容电压的初始值及其一阶导数的初始值。

7-9　求题图 7-9 所示各电路的时间常数。

7-10　题图 7-10 所示电路换路前已达稳态，$t=0$ 时开关 S 打开。求电容电压 $u_C(t)$，并定性画出其变化曲线。

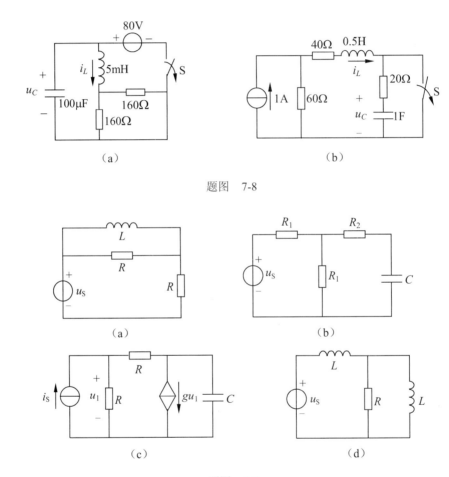

题图　7-8

题图　7-9

7-11　题图 7-11 所示电路换路前已处于稳态，$t=0$ 时开关 S 闭合。求流过电感的电流 $i_L(t)$，并定性画出其变化曲线。

7-12　电路如题图 7-12 所示。$t=0$ 时开关 S 闭合，换路前电路已达稳态。求 u_C 和 i_1 的零输入响应。

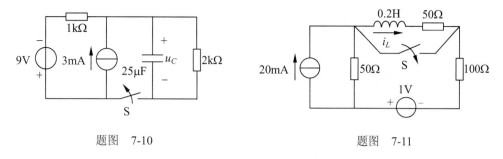

题图 7-10   题图 7-11

7-13 题图 7-13 所示电路中，$t=0$ 时打开开关 S。求 $u_1(t)$ 和 $i_L(t)$，并定性画出其变化曲线。

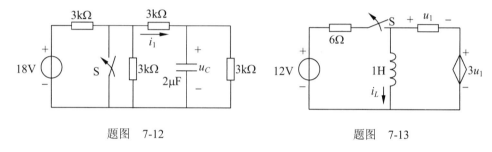

题图 7-12   题图 7-13

7-14 电路如题图 7-14 所示。$t=0$ 时闭合开关 S，换路前电路已达稳态。求 $i(t)$。

7-15 题图 7-15 所示电路换路前已达稳态，$t=0$ 时打开开关 S。问经过多长时间开关两端电压 u 大于 1V？

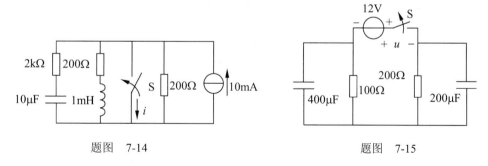

题图 7-14   题图 7-15

7-16 题图 7-16 所示电路中，开关断开 0.2s 时电容电压 u_C 为 8V，试问电容 C 应是多少？

7-17 题图 7-17 所示电路换路前已达稳态。$t=0$ 时闭合开关 S。求 $i_1(t)$ 的零状态响应，并定性画出其变化曲线。

7-18 题图 7-18 所示电路中，已知 $U_S=30V$，$R_1=150\Omega$，$L_1=0.2H$，$M=0.4H$。$t=0$ 时闭合开关 S。求 i_1 及 u_2 的零状态响应。

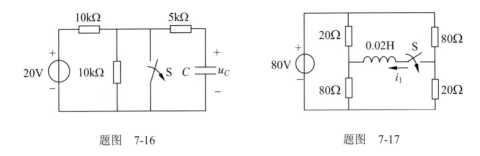

题图 7-16　　　　　　　　题图 7-17

7-19　题图 7-19 所示电路中，已知 $R=250\Omega$，$C=100\mu F$，$u_C(0^-)=0$，$t=0$ 时闭合开关 S。求：(1) 当 $u_S=312\sin(314t+30°)$V 时的 u_C 和 i；

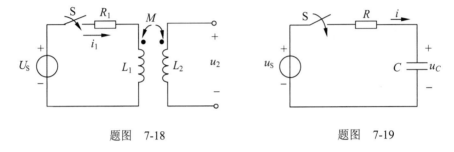

题图 7-18　　　　　　　　题图 7-19

(2) 当 $u_S=312\sin(314t+\alpha)$V 时，问初相位 α 等于多少时电路中无过渡过程？并求此时的 u_C。

7-20　题图 7-20 所示电路中的电容无初始储能。求 $u_C(t)$ 和 $i_1(t)$。

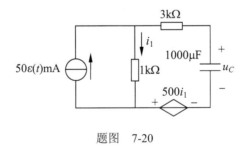

题图 7-20

7-21　已知题图 7-21（a）所示电路中电容电压对单位阶跃电流源的零状态响应为 $u_C(t)=(1-e^{-t})\varepsilon(t)$ V。若电流源 $i_S(t)$ 的波形如图 7-21（b）所示，求电路的零状态响应 $u_C(t)$，并定性画出其波形图。

7-22　求题图 7-22 所示电路中的输出电压 $u_o(t)$。

7-23　题图 7-23 所示电路 $t=0$ 时闭合开关 S。求 i_C 的零状态响应、零输入响应和全响应。

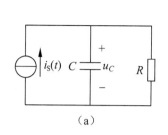
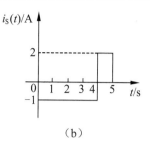

题图 7-21

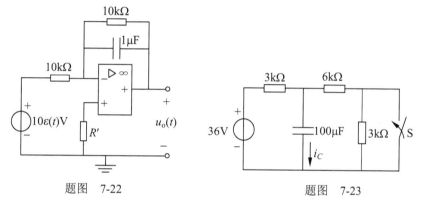

题图 7-22　　　　　　　　题图 7-23

7-24　题图 7-24 所示电路中，已知受控源为流控电压源，$u_C(0^-)=1V$，$t=0$ 时闭合开关 S。求 U_S 分别为 2V 和 10V 时 u_C 的零状态响应、零输入响应和全响应。

7-25　题图 7-25 所示电路换路前已达稳态，$t=0$ 时闭合开关 S。求 $i_1(t)$ 和 $i_2(t)$。

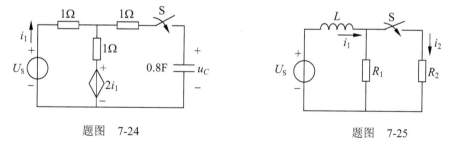

题图 7-24　　　　　　　　题图 7-25

7-26　题图 7-26 所示电路换路前已处于稳态，$t=0$ 时打开开关 S。求 $u(t)$ 和 $i(t)$，并定性画出其波形。

7-27　题图 7-27 所示电路换路前已处于稳态。$t=0$ 时开关 S 由 a 合向 b。求 u_C 和 i，并画出其波形图。

7-28　题图 7-28 所示电路换路前已处于稳态，$t=0$ 时闭合开关 S。求 $i(t)$。

7-29　题图 7-29 所示电路中电容无初始储能。求 $u_1(t)$、$u_2(t)$ 和 $i_3(t)$，并定性画出 $i_3(t)$

的波形。

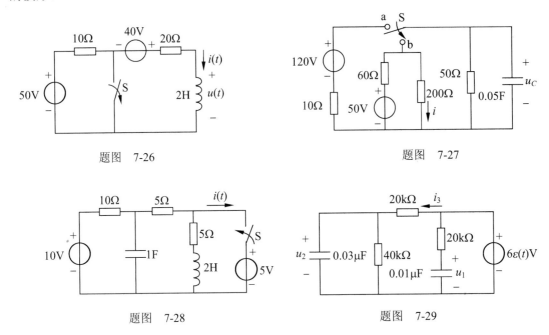

题图 7-26   题图 7-27

题图 7-28   题图 7-29

7-30 题图 7-30 所示电路中,电容 $C_1=4\mu F$,已充电至 $u_1=120V$。电容 C_2 未充电,$R=1k\Omega$,$C_2=2\mu F$。$t=0$ 时开关 S 闭合。求 $u_1(t)$,$u_2(t)$ 和 $i(t)$。

7-31 题图 7-31 所示电路中,已知 $u_S=100\sin(2500t+60°)V$,$R_1=30\Omega$,$R_2=20\Omega$,$L=0.04H$,$C=4\mu F$,$t=0$ 时开关 S 闭合。求开关闭合后电容 C 上的电压 $u_C(t)$。

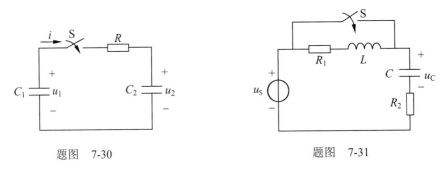

题图 7-30   题图 7-31

7-32 题图 7-32 所示电路中,已知 $i_S=2A$,$u_S=100\sin(1000t+90°)V$,$L=0.1H$,$R_1=R_2=50\Omega$,$t=0$ 时打开开关 S。求 $i_1(t)$ 和 $i_2(t)$。

7-33 电路如题图 7-33 所示。已知正弦交流电源 $u_S(t)=220\sqrt{2}\sin(314t+\psi)V$,当 u_S 为正最大值时合上开关 S。求 $i(t)$。

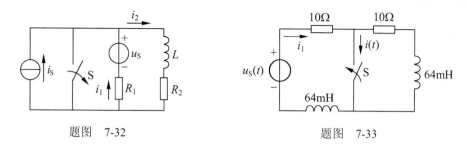

题图 7-32　　　　　　　　　　题图 7-33

7-34　电路如题图 7-34 所示，电感无初始储能，换路前开关 S_1 打开，S_2 闭合。（1）$t=0$ 时开关 S_1 闭合，0.4s 后再打开开关 S_2。求 $t=1.4$s 时电流 i 的值是多少？（2）若 S_1 闭合后，当电流 i 上升到 1A 时再打开 S_2，问电路中是否有过渡过程？

7-35　电路如题图 7-35 所示。换路前电路已达稳态，开关 S_1 和 S_2 打开。$t=0$ 时闭合开关 S_1，$t=1$s 时闭合开关 S_2。求 u_C 和 i_C，并定性画出其变化曲线。

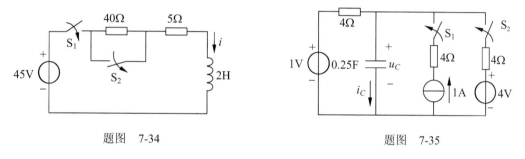

题图 7-34　　　　　　　　　　题图 7-35

7-36　一矩形脉冲电压如图 7-36（b）所示，作用于图 7-36（a）所示电路。已知 $u_C(0)=0$，求 $u_C(t)$，并定性画出其波形。

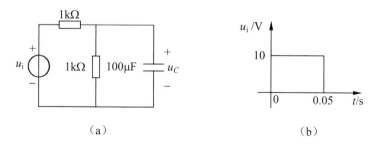

题图 7-36

7-37　题图 7-37（a）所示电路是一个产生锯齿波电压的电路，图 7-37（b）是其简化图。T 为一闸流管，它相当于一个开关 S，当 T 两端电压上升到 300V 时，闸流管导通；当 T 两端电压降到 30V 时，它便断开，不导电。求电容电压 u_C，并定性画出其波形，求出它的变化周期。

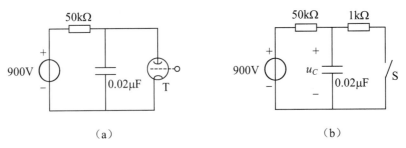

题图 7-37

7-38 有两个线性无独立源无受控源的二端口网络级联,如题图 7-38 所示。已知 N′ 为一对称二端口网络,N″ 的 T 参数为 $T'' = \begin{bmatrix} 1 & 0 \\ 1S & 1 \end{bmatrix}$。N′、N″ 中各储能元件均无初始储能。

(a)在开关 S 闭合时,始端 1-1′端口上的电压激励 $u_S(t) = \varepsilon(t)$V 在终端 4-4′端口上产生的电压响应为 $u_4(t) = \frac{1}{3}(1-e^{-1.5t})$V。在始端产生的电流响应为 $i_1(t) = \frac{1}{3} + \frac{2}{3}e^{-1.5t}$A。

(b)在开关 S 断开时,若要在 2-2′端口上获得开路电压响应为 $u_2(t) = h_2(1-e^{-\beta t})$V,其中 h_2、β 为已知常数,求这时的始端激励 $u_S(t)$。

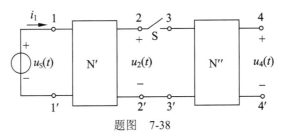

题图 7-38

7-39 电路如题图 7-39(a)所示。激励 $u_S(t)$ 波形为图 7-39(b)所示的脉冲序列。
(1)定性画出 $i(t)$ 的变化曲线;
(2)当电流 $i(t)$ 达稳态后,求出其表达式。

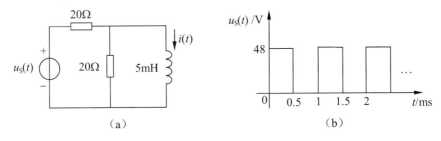

题图 7-39

7-40　电路如题图 7-40（a）所示，激励 $u_S(t)$ 波形为图 7-40（b）所示的脉冲序列。求电路达稳态后的电容电压 $u_C(t)$，并定性画出 $u_C(t)$ 的波形。

7-41　电路如题图 7-41 所示，电感无初始储能，$i_S=2\delta(t)$ A。求 $i_L(t)$ 和 $u_L(t)$。

7-42　题图 7-42 所示电路中，电容已充电至 $u_C = 2$V，$u_S=3\delta(t)$ V。求 $u_C(t)$ 和 $i_C(t)$。

7-43　电路如题图 7-43 所示，电感无初始储能，$i_S=2\delta(t)$A，$u_S=10\varepsilon(t)$ V。求 $i(t)$。

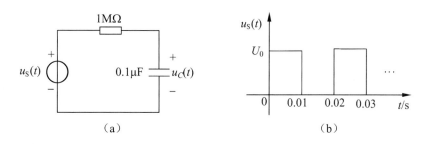

题图　7-40

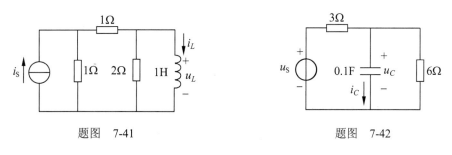

题图　7-41　　　　　　　　　　题图　7-42

7-44　题图 7-44 所示电路中，储能元件无初始储能，$u_S=6\delta(t)$ V。求 $i_L(t)$ 和 $u_C(t)$。

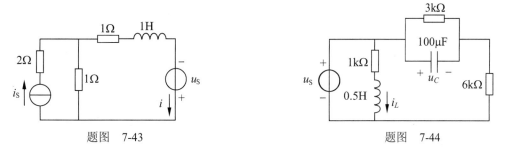

题图　7-43　　　　　　　　　　题图　7-44

7-45　题图 7-45 所示电路中，电容 C_2 原未充电，电路已处于稳态，$t=0$ 时合上开关 S。求电容电压 $u_{C1}(t)$，$u_{C2}(t)$ 和电流 $i(t)$。

7-46　电路如题图 7-46 所示，换路前开关 S 闭合，电路已达稳态，$t=0$ 时打开开关 S。求 $i_1(t)$ 和 $i_2(t)$ 。

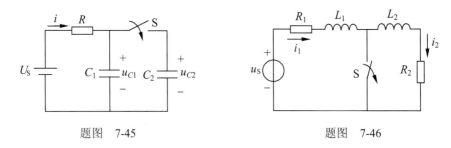

题图 7-45   题图 7-46

7-47 题图 7-47 所示电路换路前开关 S 打开，电路已达稳态。设 $u_{C3}(0^-)=0$，$t=0$ 时闭合开关 S。求 $u_{C3}(t)$ 和 $i_{C1}(t)$。

7-48 电路如题图 7-48 所示。（1）求 $u_S=\delta(t)$V 时的 $i_1(t)$ 和 $i_2(t)$；（2）若 $u_S=t[\varepsilon(t)-\varepsilon(t-2)]$V，用卷积积分求 $i_2(t)$。

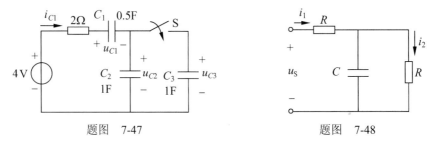

题图 7-47   题图 7-48

7-49 如果一线性电路的冲激响应是

$$h(t)=\begin{cases} 2e^{-t} & 0<t\leqslant 3 \\ 0 & t>3 \end{cases}$$

试求此电路由激励 $e(t)=4[\varepsilon(t)-\varepsilon(t-2)]$ 引起的零状态响应。

7-50 根据题图 7-50（a），（b）所示线性非时变电路的冲激响应 $h(t)$ 和激励 $e(t)$，试确定该电路的零状态响应。

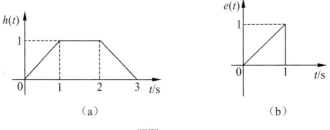

题图 7-50

7-51 题图 7-51（a）所示电路中，电压源波形如图（b）所示，$u_2(0^-)=0$。试用卷积积分求 $u_2(t)$。

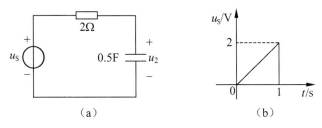

题图 7-51

7-52 题图 7-52 所示 RC 网络中储能元件无初始储能，$u_S(t) = 10\varepsilon(t)$V 的响应为 $u_o(t) = 6(1-e^{-10t})\varepsilon(t)$V。求 $u_S(t) = 5e^{-t}\varepsilon(t)$V 时的响应 $u_o(t)$。

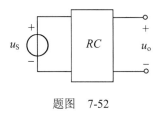

题图 7-52

7-53 题图 7-53（a）所示为一线性电阻与非线性电感串联的电路。其中的电源电压为一定值 U，非线性电感的特性 $\psi(i)$ 可近似如题图 7-53（b）中的曲线所示。求开关 S 闭合后电路中的电流。设 $U/R>I_S$，$i(0)=0$。

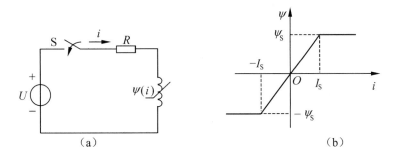

题图 7-53

第8章 二阶电路

本章重点

1. 二阶电路的零输入响应。
2. 二阶电路的零状态响应、全响应。
3. 二阶电路的冲激响应。

学习指导

二阶电路是由二个独立储能元件组成的电路，本章讨论其时域求解方法，基本概念和求解步骤与一阶电路类似，学习时可参看一阶电路的相关内容。

一、二阶电路的零输入响应

描述二阶电路零输入响应的是二阶齐次常微分方程，它的解有三种形式，取决于特征根的不同性质。

（1）特征根 p_1、p_2 为两个不相等的负实根，响应形式为
$$y(t) = A_1 e^{p_1 t} + A_2 e^{p_2 t}$$
这种情况称为过阻尼，响应是非振荡性质。

（2）特征根 p_1、p_2 为两个相等的负实根，响应形式为
$$y(t) = A_1 e^{p_1 t} + A_2 t e^{p_2 t}$$
这种情况称为临界阻尼，响应是非振荡性质。

（3）特征根 p_1、p_2 为一对共轭复根 $p_{1,2} = -\delta \pm j\omega$，响应形式为
$$y(t) = A e^{-\delta t} \sin(\omega t + \theta)$$
这种情况称为欠阻尼，响应是振荡性质。

当 $\delta = 0$ 时，为无阻尼情况，此时响应为不衰减的正弦波。
$$y(t) = A \sin(\omega t + \theta)$$
上述三种情况中二个常数 A_1、A_2 或 A、θ 为待定常数，由初始值确定。

求解二阶电路零输入响应的一般步骤为：（1）选择合适变量列写电路的微分方程；（2）求微分方程的特征根，确定响应类型；（3）根据初始值确定积分常数，一般由待求量

及其一阶导数的初始值来确定。

例 8-1 图 8-1 所示是一含流控电流源的二阶电路，已知 $L = 0.5\text{H}$，$R=2\Omega$，$C=1\text{F}$，$t = 0$ 时打开开关 S。分别在 $\beta = 0.5$、1、3 三种情况下求换路后 i_L 解答的一般形式。

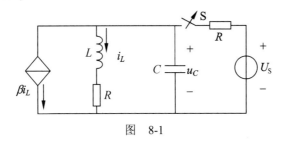

图 8-1

解 欲求 $\beta = 0.5$、1、3 三种情况下 i_L 解答的一般形式，须分别求出三种情况下微分方程的特征根。下面以 i_L 为变量列写换路后电路的微分方程。

由 KVL 有

$$u_C = Ri_L + L\frac{di_L}{dt}$$

由 KCL 有

$$C\frac{du_C}{dt} + i_L + \beta i_L = 0$$

将 u_C 代入上式并整理得

$$LC\frac{d^2 i_L}{dt^2} + RC\frac{di_L}{dt} + (1+\beta)i_L = 0$$

特征方程为

$$p^2 + 4p + (2 + 2\beta) = 0$$

特征根为

$$p_{1,2} = \frac{-4 \pm \sqrt{8 - 8\beta}}{2}$$

将 β 值代入上式，求出特征根，并根据特征根的性质写出解答形式如下：

当 $\beta = 0.5$ 时，$p_1 = -1$，$p_2 = -3$，$i_L = A_1 e^{-t} + A_2 e^{-3t}$。

当 $\beta = 1$ 时，$p_1 = p_2 = -2$，$i_L = A_1 e^{-2t} + A_2 t e^{-2t}$。

当 $\beta = 3$ 时，$p = -2 \pm j2$，$i_L = A e^{-2t}\sin(2t + \theta)$。

例 8-2 图 8-2（a）所示电路中，$u_S = 16\text{V}$，$R_1 = 12\Omega$，$R_2 = 8\Omega$，$L = 1\text{H}$，$C = \dfrac{1}{36}\text{F}$。$t=0$ 时打开开关 S。求 i_L 的零输入响应。

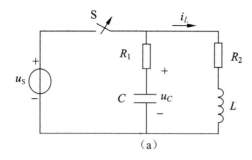 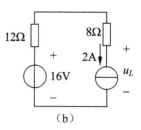

图 8-2

解（1）求 i_L 及其一阶导数的初始值

由开关 S 打开前电路（0^- 电路）得

$$u_C(0^-) = 16 \text{ (V)}, \quad i_L(0^-) = 2\text{(A)}$$

由换路定律得

$$u_C(0^+) = u_C(0^-) = 16\text{(V)}, \quad i_L(0^+) = i_L(0^-) = 2\text{(A)}$$

0^+ 时刻等效电路如图 8-2（b）所示，由此得

$$L\frac{di_L}{dt}\bigg|_{0^+} = u_L(0^+) = -2 \times (12+8) + 16 = -24\text{(V)}$$

（2）换路后的电路为零输入电路，对换路后电路列写其微分方程

$$i_L(R_1 + R_2) + L\frac{di_L}{dt} + \frac{1}{C}\int i_L dt = 0$$

上式两边微分并整理得

$$LC\frac{d^2i_L}{dt^2} + C(R_1 + R_2)\frac{di_L}{dt} + i_L = 0$$

特征方程为

$$p^2 + 20p + 36 = 0$$

特征根为 $p_1 = -2$，$p_2 = -18$。

因此 i_L 的响应形式为

$$i_L = A_1 e^{-2t} + A_2 e^{-18t} \quad t \geq 0$$

i_L 的导数为

$$\frac{di_L}{dt} = -2A_1 e^{-2t} - 18A_2 e^{-18t}$$

（3）由初始值定常数
根据初始条件可得

$$\begin{cases} A_1 + A_2 = 2 \\ -2A_1 - 18A_2 = -24 \end{cases}$$

解得 $A_1 = \dfrac{3}{4}$, $A_2 = \dfrac{5}{4}$。所以

$$i_L = \dfrac{3}{4}\mathrm{e}^{-2t} + \dfrac{5}{4}\mathrm{e}^{-18t}(\mathrm{A}) \qquad t \geqslant 0$$

二、二阶电路的零状态响应和全响应

描述二阶电路零状态响应或全响应的是二阶非齐次常微分方程，它的解 $y(t)$ 由特解（稳态解）$y'(t)$ 和对应的齐次常微分方程的通解 $y''(t)$ 组成，即

$$y(t) = y'(t) + y''(t)$$

显然，二阶电路零状态响应或全响应的性质（过阻尼、临界阻尼或欠阻尼）也只取决于特征根而与激励无关，求解方法与求零输入响应的方法类似，只需多求一个特解而已。

例8-3 图 8-3（a）所示电路中，已知 $u_S = 12\varepsilon(t)\mathrm{V}$，$R_1 = 0.5\Omega$，$R_2 = 1\Omega$，$R_3 = 2\Omega$，$C_1 = C_2 = 1\mathrm{F}$，控制系数 $k=2$。求 u_2 的零状态响应，并定性画出其变化曲线。

解 阶跃函数 $12\varepsilon(t)\mathrm{V}$ 作用于电路，相当于 12V 直流电源在 $t=0$ 时接入电路。由于电路为零状态，则两个储能元件的初始值均为零，即

$$u_{C1}(0^+) = u_{C1}(0^-) = 0, \quad u_{C2}(0^+) = u_{C2}(0^-) = 0$$

0^+ 时刻的等效电路如图 8-3（b）所示，由此求得

$$i_{C2} = C_2 \dfrac{\mathrm{d}u_C}{\mathrm{d}t}\bigg|_{0^+} = 0$$

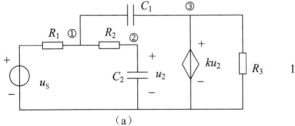
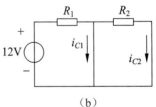

图 8-3

对图 8-3（a）所示电路中的节点①应用 KCL 有

$$\dfrac{u_S - \left(R_2 C_2 \dfrac{\mathrm{d}u_2}{\mathrm{d}t} + u_2\right)}{R_1} = C_2 \dfrac{\mathrm{d}u_2}{\mathrm{d}t} + C_1 \dfrac{\mathrm{d}}{\mathrm{d}t}\left(R_2 C_2 \dfrac{\mathrm{d}u_2}{\mathrm{d}t} + u_2 - ku_2\right)$$

代入元件参数，并整理得

$$\dfrac{\mathrm{d}^2 u_2}{\mathrm{d}t^2} + 2\dfrac{\mathrm{d}u_2}{\mathrm{d}t} + 2u_2 = 24$$

特征方程为
$$p^2 + 2p + 2 = 0$$
特征根为 $p_{1,2} = -1 \pm j1$。

特解为电容电压的稳态值，即 $u_2(\infty) = 12\text{V}$。

u_2 的响应形式为
$$u_2(t) = u_2(\infty) + Ae^{-t}\sin(t+\varphi) \quad t \geq 0$$

u_2 的导数为
$$\frac{du_2}{dt} = -Ae^{-t}\sin(t+\varphi) + Ae^{-t}\cos(t+\varphi)$$

根据初始条件有
$$\begin{cases} 0 = 12 + A\sin\varphi \\ 0 = -A\sin\varphi + A\cos\varphi \end{cases}$$

解得 $A = -16.97$，$\varphi = 45°$。所以
$$u_2(t) = 12 - 16.97e^{-t}\sin(t+45°) \text{ (V)} \quad t \geq 0$$

定性画出 $u_2(t)$ 的变化曲线如图 8-3（c）所示。

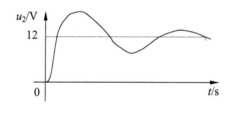

图 8-3 （c）

需要指出的是，二阶电路的全响应同样可用上述方法求解，不同的是储能元件的初始值不再是零。

例 8-4 已知图 8-4（a）所示电路，换路前电路处于稳定状态，在 $t=0$ 时闭合开关 S。求换路后电容电压 $u_C(t)$ 和电感电流 $i_L(t)$。

解（1）确定初始值

由开关闭合前稳态电路有 $i_L(0^-) = 1\text{A}$，$u_C(0^-) = 200\text{V}$。由换路定则得 $i_L(0^+) = 1\text{A}$，$u_C(0^+) = 200\text{V}$。0^+ 时刻等效电路如图 8-4（b）所示。

由图 8-4（b）电路解得
$$i_C(0^+) = 0, \quad u_L(0^+) = 200 - 100 = 100(\text{V})$$

（2）求特解（稳态解）

稳态电路如图 8-4（c）所示，用叠加定理解此电路，有

$$i_L(\infty) = 0.5 + \frac{200}{100+100} = 1.5(\text{A})$$

$$u_C(\infty) = \frac{100}{100+100} \times 200 + \frac{100 \times 100}{100+100} \times 1 = 150(\text{V})$$

（3）求特征根

由于电路过渡过程的性质与激励无关，所以在求特征根时可将独立源置零，简化电路如图 8-4（d）所示。

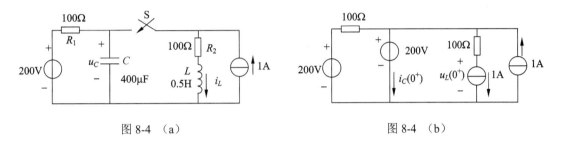

图 8-4 （a）　　　　　　　　　　图 8-4 （b）

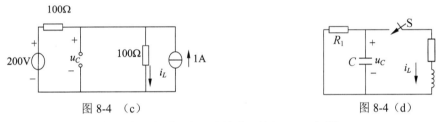

图 8-4 （c）　　　　　　　　　　图 8-4 （d）

图 8-4（d）所示电路开关 S 闭合后，对节点列写 KCL 方程

$$i_L = -\left(\frac{u_C}{R_1} + C\frac{du_C}{dt}\right)$$

对 C、R_2、L 组成的回路列写 KVL 方程

$$u_C = L\frac{di_L}{dt} + i_L R_2$$

将 u_C 代入上式，整理得

$$LC\frac{d^2 i_L}{dt^2} + \left(R_2 C + \frac{L}{R_1}\right)\frac{di_L}{dt} + \left(\frac{R_2}{R_1} + 1\right)i_L = 0$$

代入元件参数，得特征方程为

$$p^2 + 225p + 10^4 = 0$$

特征根 $p_1 = -61$，$p_2 = -164$。则响应形式为

$$u_C(t) = 150 + A_1 e^{-61t} + A_2 e^{-164t} \quad t \geq 0$$

$$i_L(t) = 1.5 + B_1 e^{-61t} + B_2 e^{-164t} \quad t \geq 0$$

（4）由初值定常数
根据初始条件有

$$\begin{cases} 150 + A_1 + A_2 = 200 \\ -61A_1 - 164A_2 = 0 \end{cases}$$

$$\begin{cases} 1.5 + B_1 + B_2 = 1 \\ -61B_1 - 164B_2 = 200 \end{cases}$$

解得

$$\begin{cases} A_1 = 79.6 \\ A_2 = -29.6 \end{cases}, \quad \begin{cases} B_1 = 1.146 \\ B_2 = -1.646 \end{cases}$$

所以

$$u_C(t) = 150 + 79.6\mathrm{e}^{-61t} - 29.6\mathrm{e}^{-164t} \text{(V)} \quad t \geq 0$$

$$i_L(t) = 1.5 + 1.146\mathrm{e}^{-61t} - 1.646\mathrm{e}^{-164t} \text{(A)} \quad t \geq 0$$

例 8-5 图 8-5（a）所示电路在 $t=0$ 时闭合开关 S。试问储能元件初始值 $u_C(0^-)$，$i_L(0^-)$ 为多少时响应 $u_C(t) = \dfrac{1}{3} + 5\mathrm{e}^{-2t} - \dfrac{13}{3}\mathrm{e}^{-3t} \text{V}\,(t \geq 0)$，并求 $u_C(t)$ 的零状态响应和零输入响应。

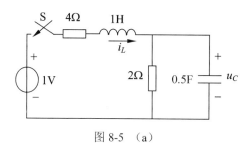

图 8-5 （a）

解 由已知全响应求得电路初始值如下

$$u_C(0^-) = u_C(0^+) = \left(\frac{1}{3} + 5\mathrm{e}^{-2t} - \frac{13}{3}\mathrm{e}^{-3t}\right)\bigg|_{t=0^+} = 1\text{(V)}$$

$$i_C(t) = C\frac{\mathrm{d}u_C}{\mathrm{d}t} = 0.5\frac{\mathrm{d}}{\mathrm{d}t}\left(\frac{1}{3} + 5\mathrm{e}^{-2t} - \frac{13}{3}\mathrm{e}^{-3t}\right) = -5\mathrm{e}^{-2t} + 6.5\mathrm{e}^{-3t}\text{(A)} \quad t \geq 0$$

$$i_C(0^+) = -5\mathrm{e}^{-2t} + 6.5\mathrm{e}^{-3t}\bigg|_{t=0^+} = 1.5\text{(A)}$$

$$i_L(t) = \frac{u_C(t)}{2} + i_C(t) = \frac{1}{6} - 2.5\mathrm{e}^{-t} + \frac{13}{3}\mathrm{e}^{-3t}\text{(A)} \quad t \geq 0$$

$$i_L(0^-) = i_L(0^+) = \left(\frac{1}{6} - 2.5\mathrm{e}^{-t} + \frac{13}{3}\mathrm{e}^{-3t}\right)\bigg|_{t=0} = 2\text{(A)}$$

二阶电路的全响应等于零输入响应和零状态响应之和，零输入响应、零状态响应和全响应有相同的特征根，故可设 u_C 的零输入响应为 $u_{Czi} = k_1\mathrm{e}^{-2t} + k_2\mathrm{e}^{-3t}$，$k_1$、$k_2$ 由电容电压及其一阶导数的初始值确定。

零输入时，确定 $i_{Czi}(0^+)$ 的电路如图 8-5（b）所示，由此得 $i_{Czi}(0^+)=1.5\text{A}$。根据初始条件有

$$k_1+k_2=1$$
$$C\frac{du_C}{dt}\bigg|_{0^+}=0.5(-2k_1-3k_2)=1.5$$

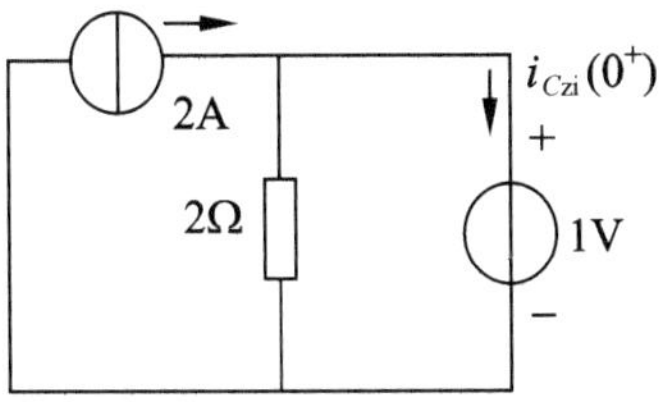

图 8-5（b）

解得 $k_1=6$，$k_2=-5$。故 u_C 的零输入响应为

$$u_{Czi}=6\text{e}^{-2t}-5\text{e}^{-3t}\text{ (V)}\quad t\geq 0$$

u_C 的零状态响应等于全响应减去零输入响应，即

$$u_{Czs}=\frac{1}{3}+5\text{e}^{-2t}-\frac{13}{3}\text{e}^{-3t}-6\text{e}^{-2t}+5\text{e}^{-3t}=\frac{1}{3}-\text{e}^{-2t}+\frac{2}{3}\text{e}^{-3t}\text{ (V)}\quad t\geq 0$$

此题也可以先求零状态响应再求零输入响应，请读者自行求解。

三、二阶电路的冲激响应

二阶电路冲激响应的求解方法和一阶电路类似，时域中常用两种方法：（1）分成两个时间段；（2）利用单位阶跃响应与单位冲激响应的关系求冲激响应。

例 8-6 图 8-6（a）所示电路已知 $u_S=\delta(t)\text{ V}$，$R=1\Omega$，$L=2\text{H}$，$C=0.5\text{F}$，$u_C(0^-)=i_L(0^-)=0$。求 i_L 的冲激响应。

解法 1 分成两个时间段求解

（1）$t\in[0^-,0^+]$

在此时间段内，冲激电压源作用将使储能元件瞬间储存能量，电容电压或电感电流的初始值将发生跃变。

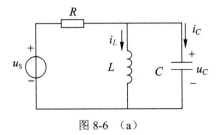

图 8-6（a）

由于 $u_C(0^-)=0$,电容相当于短路,$i_L(0^-)=0$,电感相当于开路,故流过电容的电流为

$$i_C = \frac{u_S}{R} = \delta(t)$$

$$u_C(0^+) = u_C(0^-) + \frac{1}{C}\int_{0^-}^{0^+} i_C \mathrm{d}t = 2(\mathrm{V})$$

由于电感两端电压为有限值,则

$$i_L(0^+) = i_L(0^-) + \frac{1}{L}\int_{0^-}^{0^+} u_L \mathrm{d}t = 0$$

(2) $t > 0^+$

冲激电压源为零,电路是零输入,响应仅由初始值引起,等效电路如图 8-6(b)所示。由 KCL 有

$$i_L + \frac{L\dfrac{\mathrm{d}i_L}{\mathrm{d}t}}{R} + LC\frac{\mathrm{d}^2 i_L}{\mathrm{d}t^2} = 0$$

整理得

$$\frac{\mathrm{d}^2 i_L}{\mathrm{d}t^2} + 2\frac{\mathrm{d}i_L}{\mathrm{d}t} + i_L = 0$$

特征根 $p_1 = p_2 = -1$。

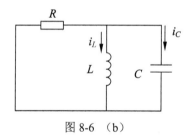

图 8-6 (b)

因此,i_L 的解答形式为

$$i_L(t) = \left(A_1 \mathrm{e}^{-t} + A_2 t\mathrm{e}^{-t}\right)\varepsilon(t)$$

由初始值 $i_L(0^+)=0$ 和 $\dfrac{\mathrm{d}i_L}{\mathrm{d}t}\bigg|_{0^+} = \dfrac{u_C(0^+)}{L} = 1$ 确定常数 A_1、A_2,有

$$\begin{cases} A_1 = 0 \\ -A_1 + A_2 = 1 \end{cases}$$

解得 $A_1=0$,$A_2=1$。所以

$$i_L(t) = t\mathrm{e}^{-t}\varepsilon(t)(\mathrm{A})$$

解法 2 利用单位阶跃响应与单位冲激响应的关系 $h(t) = \dfrac{\mathrm{d}s(t)}{\mathrm{d}t}$ 求冲激响应。

先求 $u_S = \varepsilon(t)\,\mathrm{V}$ 时 i_L 的零状态响应。图 8-6(a)所示电路的微分方程为

$$\frac{d^2 i_L}{dt^2} + 2\frac{di_L}{dt} + i_L = 1$$

解此微分方程得

$$i_L = (1 - e^{-t} - te^{-t})\varepsilon(t) \,(A)$$

所以 i_L 的冲激响应为

$$h(t) = \frac{ds(t)}{dt} = \frac{d}{dt}(1 - e^{-t} - te^{-t})\varepsilon(t) = te^{-t}\varepsilon(t)\,(A)$$

习题

8-1 题图 8-1 所示电路换路前已达稳态，$t=0$ 时打开开关 S。求 $u_C(t)$ 的零输入响应，并定性画出其变化曲线。

8-2 题图 8-2 所示电路换路前已达稳态，$t=0$ 时打开开关 S。求 $u_C(t)$，并定性画出其变化曲线。

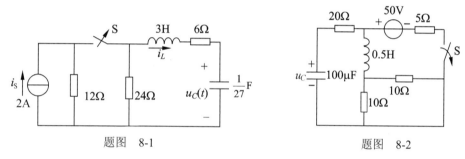

题图 8-1　　　　题图 8-2

8-3 题图 8-3 所示电路中电容无初始储能，电感中有初始电流 $i_L(0)=10A$，且 $L=7H$，$C=0.0238F$。求 R 在下列三种情况下的电容电压 $u_C(t)$：（1）$R=6\Omega$；（2）$R=8.575\Omega$；（3）$R=14.85\Omega$。并分别定性画出三种情况下 $u_C(t)$（$t>0$）的变化曲线。

8-4 题图 8-4 所示电路中，已知 $i_S=1A$，$R=100\Omega$，$L=2.083H$，$C=50\mu F$，换路前电路已达稳态，$t=0$ 时闭合开关 S。求 u_C 和 i_L。

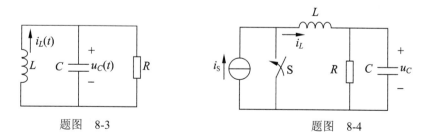

题图 8-3　　　　题图 8-4

8-5 题图 8-5 所示电路中，已知电容初始储能为 $\dfrac{1}{30}$ J，u_C 的零输入响应为 $u_C(t)=$

$100e^{-600t}\cos 400t\ (t>0)$V。求 R、L、C 和 $i(t)$。

8-6 题图 8-6 所示电路中,已知 U_S=6V,R=40Ω,R_1= R_2=10Ω,L=1mH,C=1μF,换路前电路已达稳态,t=0 时闭合开关 S。求 $i_R(t)$,并定性画出其波形。

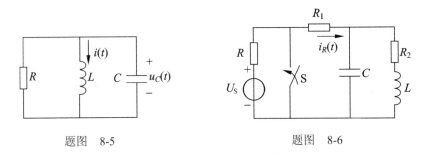

题图 8-5   题图 8-6

8-7 电路如题图 8-7 所示。换路前电路已达稳态,在 t=0 时闭合开关 S。求换路后的 $i(t)$。

8-8 若要使题图 8-8 所示电路分别处于欠阻尼、临界阻尼和过阻尼状态,试确定相应的 α 的取值范围。

8-9 判断题图 8-9 所示电路的过渡过程性质,若振荡则求出衰减系数 δ 及振荡角频率 ω。

8-10 题图 8-10 所示电路换路前电路已达稳态,储能元件无初始储能,$t=0$ 时闭合开关 S。求下列两种情况下的 $i_L(t)$,并定性画出其波形:(1)$L=\dfrac{4}{3}$H;(2)L=0.1H。

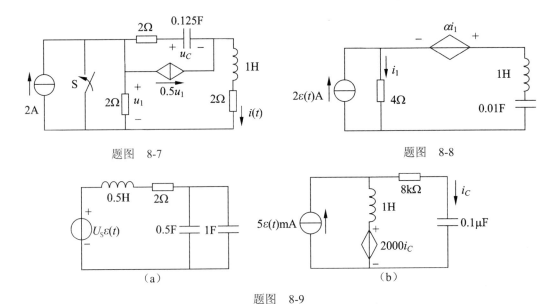

题图 8-7   题图 8-8

题图 8-9

8-11 求题图 8-11 所示电路在下列三种情况下 $i_L(t)$ 的零状态响应：（1）$C=\dfrac{1}{6}$F；
（2）$C=\dfrac{1}{8}$F；（3）$C=\dfrac{1}{16}$F。

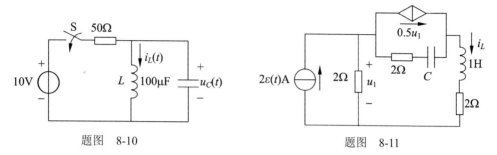

题图 8-10　　　　　　　　　　题图 8-11

8-12　求题图 8-12 所示电路的单位冲激响应 $i_L(t)$。

8-13　题图 8-13 所示电路中，$u_C(0^-)=1$V，$i_L(0^-)=0$A，$i_S(t)=0.25\delta(t)$A。求 $u_C(t)$。

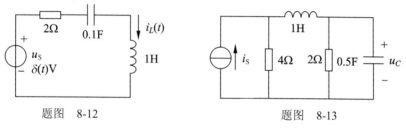

题图 8-12　　　　　　　　　　题图 8-13

8-14　题图 8-14 所示电路中，$i_S=\delta(t)$A；$u_S=\varepsilon(t)$V。求 $u_C(t)$。

8-15　电路如题图 8-15（a）所示，激励源 u_S 的波形如图 8-15（b）所示。试用卷积积分求 $u_C(t)$。

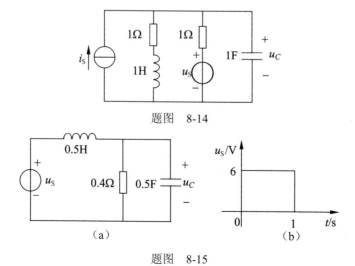

题图 8-15

8-16 题图 8-16 所示电路换路前已达稳态，$t=0$ 时闭合开关 S。求 $u_C(t)$。

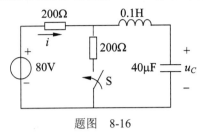

题图 8-16

8-17 题图 8-17 所示电路中，已知 $i_{S1}=5$A，$i_{S2}=4\varepsilon(t)$A，$R=30\Omega$，$L=3$H，$C=\dfrac{1}{27}$F。求 $u_C(t)$。

8-18 题图 8-18 所示电路中，已知 $u_{S1}=1$V，$u_{S2}=2$V，$R_1=2\Omega$，$R_2=R_3=4\Omega$，$L=\dfrac{5}{6}$H，$C=\dfrac{1}{5}$F。换路前电路已达稳态，$t=0$ 时闭合开关 S。求 $u_C(t)$。

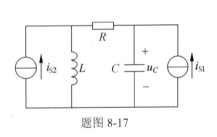

题图 8-17

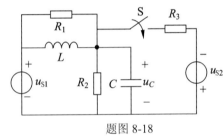

题图 8-18

第 9 章 状态变量法

本章重点

1. 状态方程的建立。
2. 状态方程的求解。

学习指导

状态方程为描述状态变量和输入量之间的关系方程,是联立的一阶微分方程组。其标准形式为

$$\dot{X} = AX + BV$$

式中,X 为状态变量列向量;$\dot{X}$ 为状态变量的一阶导数向量;V 为输入向量;A、B 为实系数矩阵,由电路的结构和参数决定。

一、状态方程的建立

建立状态方程常用如下三种方法:
(1) 直观法
对于不太复杂的电路可以用直观法列写状态方程,其步骤为:
① 选独立的电容电压和电感电流为状态变量;
② 对接有电容的节点列写 KCL 方程,使其包含 du_C/dt 项,对包含电感的回路列写 KVL 方程,使其包含 di_L/dt 项;
③ 消去非状态量;
④ 整理成标准形式。

例 9-1 列写图 9-1 所示电路矩阵形式的状态方程。

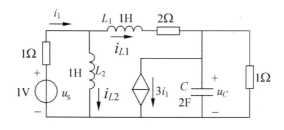

图 9-1

解 选 u_C，i_{L1}，i_{L2} 为状态变量。

对含电容的节点列写 KCL 方程

$$C\frac{\mathrm{d}u_C}{\mathrm{d}t} = i_{L1} - 3i_1 - \frac{u_C}{1}$$

对含电感的回路列写 KVL 方程

$$L_2\frac{\mathrm{d}i_{L2}}{\mathrm{d}t} = u_S - i_1 \times 1$$

$$L_1\frac{\mathrm{d}i_{L1}}{\mathrm{d}t} = u_S - i_1 - 2i_{L1} - u_C$$

消去非状态量 i_1，将 $i_1 = i_{L1} + i_{L2}$ 代入上述方程得

$$C\frac{\mathrm{d}u_C}{\mathrm{d}t} = i_{L1} - 3 \times (i_{L1} + i_{L2}) - u_C = -2i_{L1} - 3i_{L2} - u_C$$

$$L_2\frac{\mathrm{d}i_{L2}}{\mathrm{d}t} = u_S - i_{L1} - i_{L2}$$

$$L_1\frac{\mathrm{d}i_{L1}}{\mathrm{d}t} = u_S - i_{L1} - i_{L2} - u_C - 2i_{L1} = u_S - 3i_{L1} - i_{L2} - u_C$$

进一步整理得

$$\begin{cases} \dfrac{\mathrm{d}u_C}{\mathrm{d}t} = \dfrac{i_C}{C} = -0.5u_C - i_{L1} - 1.5i_{L2} \\ \dfrac{\mathrm{d}i_{L1}}{\mathrm{d}t} = \dfrac{u_{L1}}{L_1} = u_S - u_C - 3i_{L1} - i_{L2} \\ \dfrac{\mathrm{d}i_{L2}}{\mathrm{d}t} = \dfrac{u_{L2}}{L_2} = u_S - i_{L1} - i_{L2} \end{cases}$$

状态方程的标准形式为

$$\begin{bmatrix} \dfrac{\mathrm{d}u_C}{\mathrm{d}t} \\ \dfrac{\mathrm{d}i_{L1}}{\mathrm{d}t} \\ \dfrac{\mathrm{d}i_{L2}}{\mathrm{d}t} \end{bmatrix} = \begin{bmatrix} -0.5 & -1 & -1.5 \\ -1 & -3 & -1 \\ 0 & -1 & -1 \end{bmatrix} \begin{bmatrix} u_C \\ i_{L1} \\ i_{L2} \end{bmatrix} + \begin{bmatrix} 0 \\ 1 \\ 1 \end{bmatrix} u_S$$

注意：一般情况下消除非状态量是直观法列写状态方程的难点。

非线性动态电路状态方程列写方法与线性电路类似，要注意的是含有非线性电容和非线性电感的电路，常常选电荷 q、磁链 ψ 为状态变量。

例 9-2 非线性电路如图 9-2 所示，已知非线性电容 $u_2 = f_2(q)$，非线性电阻 $i_3 = f(u_2)$，非线性电感 $i_1 = f_1(\psi)$，R 为线性电阻。试列写电路的状态方程。

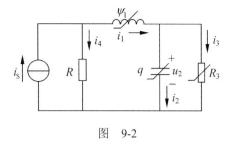

图 9-2

解 选 ψ 和 q 为状态变量，用直观法列写状态方程。

第 1 步，对含电容的节点列写 KCL 方程，对含电感的回路列写 KVL 方程，得

$$\begin{cases} \dfrac{\mathrm{d}q}{\mathrm{d}t} = i_1 - i_3 \\ \dfrac{\mathrm{d}\psi}{\mathrm{d}t} = Ri_4 - u_2 \end{cases}$$

第 2 步，消非状态量。上式中非状态量用状态量和输入量表示为

$$i_4 = i_S - f_1(\psi)$$
$$u_2 = f_2(q)$$

将上式代入第 1 步列写的方程，整理后得状态方程为

$$\begin{cases} \dfrac{\mathrm{d}q}{\mathrm{d}t} = f_1(\psi) - f_3[f_2(q)] \\ \dfrac{\mathrm{d}\psi}{\mathrm{d}t} = Ri_S + f_2(q) - Rf_1(\psi) \end{cases}$$

（2）叠加法

电路中的电容用电压为 u_C 的电压源替代，电感用电流为 i_L 的电流源替代，得到多电源的电阻电路。根据叠加定理，电容电流 i_C、电感电压 u_L（电压、电流取关联方向）等于各电源 u_S, i_S, u_C, i_L 单独作用时所产生相应分量的叠加，即

$$i_C = p_{11}u_C + p_{12}i_L + q_{11}i_S + q_{12}u_S$$
$$u_L = p_{21}u_C + p_{22}i_L + q_{21}i_S + q_{22}u_S$$

上式中各项系数可通过依次令电源中的某一个值为 1，其余电源均为零，得到相应的电阻电路，由此求出电容电流 i_C 和电感电压 u_L，最后整理成标准形式即可。

实际上，对替代后得到的电路叠加法并不是唯一选择，也可以对替代后的电路应用电阻电路的其他分析方法（如节点法、回路法等）求得电容电流 i_C 和电感电压 u_L。

例 9-3 电路如图 9-3（a）所示。试列写以 u_C、i_L 为状态变量的状态方程，并整理成标准形式。

解 方法 1：采用叠加法，将电容等效为电压源、电感等效为电流源；如图 9-3（b）所示。令图 9-3（b）所示电路中，$u_C = 1, i_L = 0, i_S = 0$，电路如图 9-3（c）所示，计算 p_{11}，p_{21}。

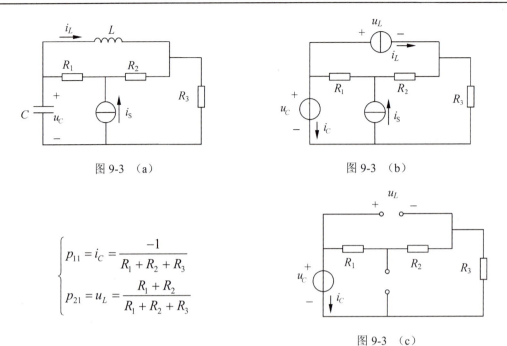

图 9-3 （a） 图 9-3 （b）

$$\begin{cases} p_{11} = i_C = \dfrac{-1}{R_1 + R_2 + R_3} \\ p_{21} = u_L = \dfrac{R_1 + R_2}{R_1 + R_2 + R_3} \end{cases}$$

图 9-3 （c）

令图 9-3（b）所示电路中，$u_C = 0, i_L = 1, i_S = 0$，电路如图 9-3（d）所示，计算 p_{11}，p_{22}。

$$\begin{cases} p_{12} = i_C = -\dfrac{R_1 + R_2}{R_1 + R_2 + R_3} \\ p_{22} = u_L = \dfrac{-R_3(R_1 + R_2)}{R_1 + R_2 + R_3} \end{cases}$$

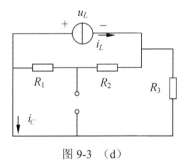

图 9-3 （d）

令图 9-3（b）所示电路中，$u_C = 0, i_L = 0, i_S = 1$，电路如图 9-3（e）所示，计算 q_{11}，q_{21}。

$$\begin{cases} q_{11} = i_C = \dfrac{R_3 + R_2}{R_1 + R_2 + R_3} \\ q_{21} = u_L = \dfrac{-R_1 R_3}{R_1 + R_2 + R_3} \end{cases}$$

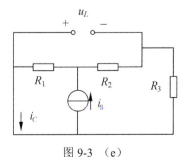

图 9-3 （e）

因此，状态方程为

$$\begin{bmatrix} C\dfrac{du_C}{dt} \\ L\dfrac{di_L}{dt} \end{bmatrix} = \begin{bmatrix} -\dfrac{1}{R_1+R_2+R_3} & -\dfrac{R_1+R_2}{R_1+R_2+R_3} \\ \dfrac{R_1+R_2}{R_1+R_2+R_3} & \dfrac{-R_3(R_1+R_2)}{R_1+R_2+R_3} \end{bmatrix} \begin{bmatrix} u_C \\ i_L \end{bmatrix} + \begin{bmatrix} \dfrac{R_3+R_2}{R_1+R_2+R_3} \\ \dfrac{-R_1R_3}{R_1+R_2+R_3} \end{bmatrix} i_S$$

整理成标准形式，有

$$\begin{bmatrix} \dfrac{du_C}{dt} \\ \dfrac{di_L}{dt} \end{bmatrix} = \begin{bmatrix} -\dfrac{1}{C(R_1+R_2+R_3)} & -\dfrac{R_1+R_2}{C(R_1+R_2+R_3)} \\ \dfrac{R_1+R_2}{L(R_1+R_2+R_3)} & \dfrac{-R_3(R_1+R_2)}{L(R_1+R_2+R_3)} \end{bmatrix} \begin{bmatrix} u_C \\ i_L \end{bmatrix} + \begin{bmatrix} \dfrac{R_3+R_2}{C(R_1+R_2+R_3)} \\ \dfrac{-R_1R_3}{L(R_1+R_2+R_3)} \end{bmatrix} i_S$$

注意：叠加法避免了消除非状态量的麻烦，但此方法需要多次求解电阻电路。

方法 2：将电容用电压源替代、电感用电流源替代（如图 9-3（b）所示电路）。对此电路用回路法求 i_C 和 u_L，设回路电流方向如图 9-3（f）所示。

回路方程为

$$\begin{cases} i_1 = i_L \\ i_2 = i_S \\ (R_1+R_2+R_3)i_C + (R_1+R_2)i_1 - (R_3+R_2)i_2 = -u_C \end{cases}$$

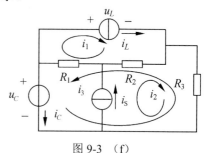

图 9-3 （f）

解得

$$i_C = -\dfrac{1}{R_1+R_2+R_3}u_C - \dfrac{R_1+R_2}{R_1+R_2+R_3}i_L + \dfrac{R_3+R_2}{R_1+R_2+R_3}i_S$$

$$u_L = u_C + R_3(i_C - i_S) = \dfrac{R_1+R_2}{R_1+R_2+R_3}u_C - \dfrac{R_3(R_1+R_2)}{R_1+R_2+R_3}i_L - \dfrac{R_1R_3}{R_1+R_2+R_3}i_S$$

整理得

$$\begin{bmatrix} \dfrac{du_C}{dt} \\ \dfrac{di_L}{dt} \end{bmatrix} = \begin{bmatrix} -\dfrac{1}{C(R_1+R_2+R_3)} & -\dfrac{R_1+R_2}{C(R_1+R_2+R_3)} \\ \dfrac{R_1+R_2}{L(R_1+R_2+R_3)} & \dfrac{-R_3(R_1+R_2)}{L(R_1+R_2+R_3)} \end{bmatrix} \begin{bmatrix} u_C \\ i_L \end{bmatrix} + \begin{bmatrix} \dfrac{R_3+R_2}{C(R_1+R_2+R_3)} \\ \dfrac{-R_1R_3}{L(R_1+R_2+R_3)} \end{bmatrix} i_S$$

（3）拓扑法*

拓扑法是利用网络图论建立系统的列写状态方程的方法，需要较多的推导。此处只是利用拓扑法的基本思想列写电路的状态方程。

对给定电路以每个元件为一支路，画出有向图，在图中选一个常态树（仅有电压源、

---

* 此方法涉及网络图论的一些基本概念和知识，对应本书第 16 章的一些内容。

电容和电阻构成的树)。对每一树支,按基本割集列写 KCL 方程(电压源支路构成的基本割集可不列),对每一连支,按基本回路列写 KVL 方程(电流源支路构成的基本回路可不列)。将含 i_C,u_L 的方程放在一起,用剩余的方程和欧姆定律消去非状态量,最后整理成标准形式。

例 9-4* 列写图 9-4(a)所示电路的状态方程,并整理成标准形式 $\dot{X} = AX + BV$,其中 $X = [u_{C3} \quad i_{L4} \quad i_{L5}]^T$。已知 $R_1 = R_2 = R_3 = 1\Omega$,$L_4 = L_5 = 2H$,$M = 1H$,$C_3 = 1F$。

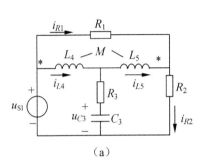 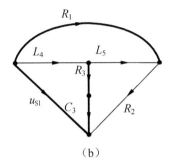

图 9-4

解 选 u_{C3},i_{L4},i_{L5} 为状态变量,互感电压和状态变量的关系为

$$\begin{cases} u_{L4} = L_4 \dfrac{di_{L4}}{dt} - M \dfrac{di_{L5}}{dt} \\ u_{L5} = L_5 \dfrac{di_{L5}}{dt} - M \dfrac{di_{L4}}{dt} \end{cases}$$

显然,互感电压只和状态变量的微分有关,所以在列写含有互感电路的状态方程时可以分两步完成。第一步先不考虑互感,第二步考虑互感。下面用用拓扑法的基本思想列写电路的状态方程。

第一步,先不考虑互感。

图 9-4(a)的有向图如图 9-4(b)所示,图中粗线为常态树。对每一树支,按基本割集列写 KCL 方程为

$$\begin{cases} i_{R3} = i_{L4} - i_{L5} \\ i_{C3} = i_{L4} - i_{L5} \\ i_{R1} = i_{R2} - i_{L5} \end{cases} \tag{9-1}$$

对每一连支,按基本回路列写 KVL 方程为

$$\begin{cases} u_{L4} = u_{S1} - u_{C3} - u_{R3} \\ u_{L5} = u_{R3} - u_{S1} + u_{C3} + u_{R1} \\ u_{R2} = -u_{R1} + u_{S1} \end{cases} \tag{9-2}$$

---

* 本例中涉及互感的知识,可在学完互感后再练习。

将式（9-1）与式（9-2）中 i_C 与 u_L 的关系式写在一起，得式（9-3）

$$\begin{cases} u_{L4} = u_{S1} - u_{C3} - u_{R3} \\ u_{L5} = u_{R3} - u_{S1} + u_{C3} + u_{R1} \\ i_{C3} = i_{L4} - i_{L5} \end{cases} \quad (9\text{-}3)$$

由式（9-1）与式（9-2）中的其余关系式和电阻元件的欧姆定律可消去式（9-3）中的非状态变量 u_{R1}, u_{R3}

$$u_{R3} = R_3 i_{R3} = R_3 (i_{L4} - i_{L5}) = i_{L4} - i_{L5}$$

由 $i_{R1} = i_{R2} - i_{L5}$ 和 $u_{R2} = -u_{R1} + u_{S1}$ 及欧姆定律得

$$u_{R1} = \frac{R_1}{R_1 + R_2}(u_{S1} - R_2 i_{L5}) = \frac{1}{2}(u_{S1} - i_{L5})$$

将 u_{R1}, u_{R3} 及参数代入式（9-3）并整理得

$$\begin{cases} i_{C3} = i_{L4} - i_{L5} \\ u_{L4} = u_{S1} - u_{C3} - i_{L4} + i_{L5} \\ u_{L5} = i_{L4} - \dfrac{1}{2}u_S + u_{C3} - \dfrac{3}{2}i_{L5} \end{cases} \quad (9\text{-}4)$$

第二步，考虑互感。互感电压为

$$\begin{cases} u_{L4} = L_4 \dfrac{di_{L4}}{dt} - M \dfrac{di_{L5}}{dt} = 2\dfrac{di_{L4}}{dt} - \dfrac{di_{L5}}{dt} \\ u_{L5} = L_5 \dfrac{di_{L5}}{dt} - M \dfrac{di_{L4}}{dt} = 2\dfrac{di_{L5}}{dt} - \dfrac{di_{L4}}{dt} \end{cases}$$

将互感电压代入式（9-4）并整理成标准形式得

$$\begin{bmatrix} 2 & -1 & 0 \\ -1 & 2 & 0 \\ 0 & 0 & 1 \end{bmatrix} \begin{bmatrix} \dfrac{di_{L4}}{dt} \\ \dfrac{di_{L5}}{dt} \\ \dfrac{du_{C3}}{dt} \end{bmatrix} = \begin{bmatrix} -1 & 1 & -1 \\ 1 & -1.5 & 1 \\ 1 & -1 & 0 \end{bmatrix} \begin{bmatrix} i_{L4} \\ i_{L5} \\ u_{C3} \end{bmatrix} + \begin{bmatrix} 1 \\ -0.5 \\ 0 \end{bmatrix} u_{S1}$$

$$\begin{bmatrix} \dfrac{di_{L4}}{dt} \\ \dfrac{di_{L5}}{dt} \\ \dfrac{du_{C3}}{dt} \end{bmatrix} = \begin{bmatrix} 2 & -1 & 0 \\ -1 & 2 & 0 \\ 0 & 0 & 1 \end{bmatrix}^{-1} \left\{ \begin{bmatrix} -1 & 1 & -1 \\ 1 & -1.5 & 1 \\ 1 & -1 & 0 \end{bmatrix} \begin{bmatrix} i_{L4} \\ i_{L5} \\ u_{C3} \end{bmatrix} + \begin{bmatrix} 1 \\ -0.5 \\ 0 \end{bmatrix} u_{S1} \right\}$$

化简整理得

$$\begin{bmatrix} \dfrac{di_{L4}}{dt} \\ \dfrac{di_{L5}}{dt} \\ \dfrac{du_{C3}}{dt} \end{bmatrix} = \begin{bmatrix} -\dfrac{1}{3} & \dfrac{1}{6} & -\dfrac{1}{3} \\ \dfrac{1}{3} & -\dfrac{2}{3} & \dfrac{1}{3} \\ 1 & -1 & 0 \end{bmatrix} \begin{bmatrix} i_{L4} \\ i_{L5} \\ u_{C3} \end{bmatrix} + \begin{bmatrix} \dfrac{1}{2} \\ 0 \\ 0 \end{bmatrix} u_{S1}$$

二、状态方程的求解*

状态方程的求解可用拉普拉斯变换法*和矩阵对角线化的方法。

（1）拉普拉斯变换法

设状态方程为 $\dot{X} = AX + BV$，则状态变量对应的象函数为

$$X(s) = (s\mathbf{1} - A)^{-1}[X(0) + BV(s)] \qquad (9\text{-}5)$$

式中 $X(0)$ 为初值列向量，$\mathbf{1}$ 为单位矩阵。

对状态变量对应的象函数进行拉普拉斯反变换，可求得状态变量 $x(t)$。

例 9-5 已知一电路的状态方程为

$$\begin{bmatrix} \dfrac{du_{C1}}{dt} \\ \dfrac{du_{C2}}{dt} \end{bmatrix} = \begin{bmatrix} -7 & -1 \\ 0 & -4 \end{bmatrix} \begin{bmatrix} u_{C1} \\ u_{C2} \end{bmatrix} + \begin{bmatrix} 1 \\ 0 \end{bmatrix} 6$$

该电路的初始值为

$$\begin{bmatrix} u_{C1}(0) \\ u_{C2}(0) \end{bmatrix} = \begin{bmatrix} 1 \\ 2 \end{bmatrix}$$

求 u_{C1} 和 u_{C2}。

解 先求 $(s\mathbf{1}-A)^{-1}$。

$$(s\mathbf{1}-A)^{-1} = \begin{bmatrix} s+7 & 1 \\ 0 & s+4 \end{bmatrix}^{-1} = \begin{bmatrix} \dfrac{1}{s+7} & \dfrac{-1}{(s+4)(s+7)} \\ 0 & \dfrac{1}{s+4} \end{bmatrix}$$

由式（9-5）得状态变量对应的象函数为

$$X(s) = \begin{bmatrix} \dfrac{1}{s+7} & \dfrac{-1}{(s+4)(s+7)} \\ 0 & \dfrac{1}{s+4} \end{bmatrix} \left\{ \begin{bmatrix} 1 \\ 2 \end{bmatrix} + \begin{bmatrix} \dfrac{6}{s} \\ 0 \end{bmatrix} \right\} = \begin{bmatrix} \dfrac{1}{s+7} \cdot \dfrac{s+6}{s} + \dfrac{-2}{(s+4)(s+7)} \\ \dfrac{2}{s+4} \end{bmatrix}$$

---

* 拉普拉斯变换法对应本书第 10 章的内容。

作拉普拉斯反变换，得

$$\begin{bmatrix} u_{C1} \\ u_{C2} \end{bmatrix} = \begin{bmatrix} \dfrac{17}{21}\mathrm{e}^{-7t} - \dfrac{2}{3}\mathrm{e}^{-4t} + \dfrac{6}{7} \\ 2\mathrm{e}^{-4t} \end{bmatrix}$$

（2）矩阵对角线化的方法

若状态方程为 $\dot{\boldsymbol{X}} = \boldsymbol{A}\boldsymbol{X} + \boldsymbol{B}\boldsymbol{V}$，则解答形式为

$$\boldsymbol{X}(t) = \mathrm{e}^{\boldsymbol{A}t}\boldsymbol{X}(0) + \mathrm{e}^{\boldsymbol{A}t}\int_0^t \mathrm{e}^{-\boldsymbol{A}\tau}\boldsymbol{B}\boldsymbol{V}(\tau)\mathrm{d}\tau \tag{9-6}$$

式（9-6）中 $\mathrm{e}^{\boldsymbol{A}t}$ 称作矩阵指数，也称为状态转移矩阵。上式中前一项为零输入响应，后一项为零状态响应。

具体求解过程参看下例。

例 9-6 已知状态方程为

$$\begin{bmatrix} \dot{x}_1 \\ \dot{x}_2 \end{bmatrix} = \begin{bmatrix} -4 & 3 \\ -2 & 1 \end{bmatrix}\begin{bmatrix} x_1 \\ x_2 \end{bmatrix} + \begin{bmatrix} 4 \\ 0 \end{bmatrix}$$

该电路的初始值为

$$\begin{bmatrix} x_1(0) \\ x_2(0) \end{bmatrix} = \begin{bmatrix} 1 \\ 0 \end{bmatrix}$$

求 $x_1(t)$ 和 $x_2(t)$。

解 （1）由矩阵 $\boldsymbol{A}$ 的特征方程 $\det[\boldsymbol{A}-\lambda\boldsymbol{1}]$ 求特征值。

特征方程为

$$\begin{vmatrix} -4-\lambda & 3 \\ -2 & 1-\lambda \end{vmatrix} = \lambda^2 + 3\lambda + 2 = 0$$

解得 $\lambda_1 = -1$，$\lambda_2 = -2$。

（2）对每一个特征值求特征向量

对应特征值 $\lambda_1 = -1$ 的特征向量 $\boldsymbol{p}_1 = \begin{bmatrix} p_{11} \\ p_{12} \end{bmatrix}$，满足式 $[\boldsymbol{A}-\lambda_1\boldsymbol{1}]\boldsymbol{p}_1 = 0$，即

$$\begin{bmatrix} -4+1 & 3 \\ -2 & 1+1 \end{bmatrix}\begin{bmatrix} p_{11} \\ p_{12} \end{bmatrix} = 0$$

取 $p_{11} = 1$，则 $p_{12} = 1$，得 $\boldsymbol{p}_1 = \begin{bmatrix} 1 \\ 1 \end{bmatrix}$。

对应特征值 $\lambda_2 = -2$ 的特征向量 $\boldsymbol{p}_2 = \begin{bmatrix} p_{21} \\ p_{22} \end{bmatrix}$ 满足式 $[\boldsymbol{A}-\lambda_2\boldsymbol{1}]\boldsymbol{p}_2 = 0$，即

$$\begin{bmatrix} -4+2 & 3 \\ -2 & 1+2 \end{bmatrix}\begin{bmatrix} p_{21} \\ p_{22} \end{bmatrix} = 0$$

取 $p_{21} = 3$，则 $p_{22} = 2$，得 $\boldsymbol{p}_2 = \begin{bmatrix} 3 \\ 2 \end{bmatrix}$。

（3）构成 $\boldsymbol{A}$ 的对角化矩阵

$$\boldsymbol{p} = [\boldsymbol{p}_1 \quad \boldsymbol{p}_2] = \begin{bmatrix} 1 & 3 \\ 1 & 2 \end{bmatrix}$$

（4）求 e^{At}

$$e^{At} = \boldsymbol{p} e^{At} \boldsymbol{p}^{-1}$$

式中 $e^{At} = \mathrm{diag}[e^{\lambda_1 t} \, e^{\lambda_2 t} \cdots e^{\lambda_n t}]$。

$$e^{At} = \begin{bmatrix} 1 & 3 \\ 1 & 2 \end{bmatrix} \begin{bmatrix} e^{-t} & 0 \\ 0 & e^{-2t} \end{bmatrix} \begin{bmatrix} -2 & 3 \\ 1 & -1 \end{bmatrix} = \begin{bmatrix} -2e^{-t} + 3e^{-2t} & 3e^{-t} - 3e^{-2t} \\ -2e^{-t} + 2e^{-2t} & 3e^{-t} - 2e^{-2t} \end{bmatrix}$$

（5）求方程的全解

由式（9-6）知方程的零输入响应为

$$\boldsymbol{X}_{\mathrm{zi}}(t) = e^{At} \boldsymbol{X}(0) = \begin{bmatrix} -2e^{-t} + 3e^{-2t} & 3e^{-t} - 3e^{-2t} \\ -2e^{-t} + 2e^{-2t} & 3e^{-t} - 2e^{-2t} \end{bmatrix} \begin{bmatrix} 1 \\ 0 \end{bmatrix} = \begin{bmatrix} -2e^{-t} + 3e^{-2t} \\ -2e^{-t} + 2e^{-2t} \end{bmatrix}$$

方程的零状态响应为

$$\boldsymbol{X}_{\mathrm{zs}}(t) = \int_0^t e^{A(t-\tau)} \boldsymbol{B} \boldsymbol{V}(\tau) \mathrm{d}\tau = \int_0^t \begin{bmatrix} -2e^{-(t-\tau)} + 3e^{-2(t-\tau)} & 3e^{-(t-\tau)} - 3e^{-2(t-\tau)} \\ -2e^{-(t-\tau)} + 2e^{-2(t-\tau)} & 3e^{-(t-\tau)} - 2e^{-2(t-\tau)} \end{bmatrix} \begin{bmatrix} 4 \\ 0 \end{bmatrix} \mathrm{d}\tau$$

$$= \int_0^t \begin{bmatrix} -8e^{-(t-\tau)} + 12e^{-2(t-\tau)} \\ -8e^{-(t-\tau)} + 8e^{-2(t-\tau)} \end{bmatrix} \mathrm{d}\tau = \begin{bmatrix} -2 + 8e^{-t} - 6e^{-2t} \\ -4 + 8e^{-t} - 4e^{-2t} \end{bmatrix}$$

全响应为

$$\boldsymbol{X}(t) = \boldsymbol{X}_{\mathrm{zi}}(t) + \boldsymbol{X}_{\mathrm{zs}}(t) = \begin{bmatrix} -2 + 6e^{-t} - 3e^{-2t} \\ -4 + 6e^{-t} - 2e^{-2t} \end{bmatrix}$$

习题

9-1 列写题图 9-1 所示电路的状态方程和输出方程。

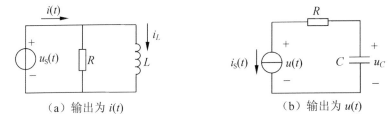

（a）输出为 $i(t)$ （b）输出为 $u(t)$

题图 9-1

9-2 列写题图 9-2 所示电路的状态方程。

（1）选电容电压 u_C 和电感电流 i_L 为状态变量；（2）选电容电荷 q 和电感磁链 ψ 为状态变量。

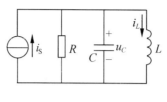

题图 9-2

9-3 列写题图 9-3 所示电路的状态方程。

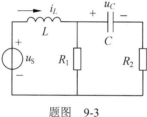

题图 9-3

9-4 列写题图 9-4 所示电路的状态方程。

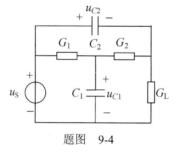

题图 9-4

9-5 列写题图 9-5 所示电路的状态方程和输出方程（输出量为图中的 u_1，u_2 和 u_3）。

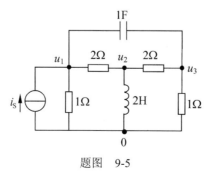

题图 9-5

9-6 列写题图 9-6 所示电路的状态方程。

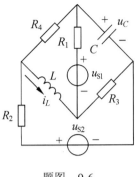

题图 9-6

9-7 列写题图 9-7 所示电路的状态方程。

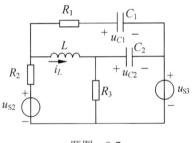

题图 9-7

9-8 题图 9-8 所示电路中，电路参数已知。列写此电路的状态方程，选择状态变量为 $X = \begin{bmatrix} u_{C3} & i_{L4} & i_{L5} \end{bmatrix}^T$。

9-9* 用拓扑法列写题图 9-9 所示电路的状态方程。

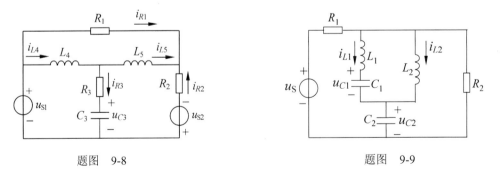

题图 9-8　　　　　　　　　　题图 9-9

9-10 列写题图 9-10 所示电路的状态方程。已知电路中各元件的参数为 $L_1=L_2=1\text{H}$，$C_1=C_2=1\text{F}$，$R=R_0=1\Omega$。

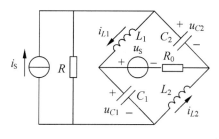

题图 9-10

9-11 已知题图 9-11 所示电路中的互感系数 $M=1\text{H}$，试写出该电路的状态方程。

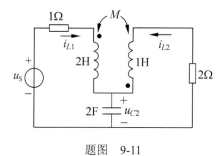

题图 9-11

9-12 列写题图 9-12 所示电路的状态方程。

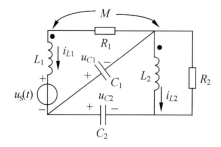

题图 9-12

9-13 列写题图 9-13 所示电路的状态方程。

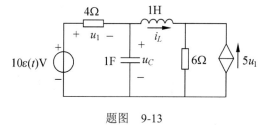

题图 9-13

9-14 列写题图 9-14 所示电路的状态方程。

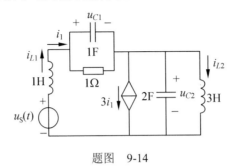

题图 9-14

9-15 题图 9-15 所示电路中，已知非线性元件的特性为 $i_1=f_1(u_1)$，$u_2=f_2(i_2)$，$i_L=f_L(\psi)$，$u_C=f_C(q)$。写出此电路的状态变量方程。

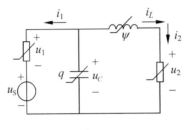

题图 9-15

9-16 题图 9-16 所示非线性电路中，已知 $u_1=f_1(q_1)$，$u_2=f_2(q_2)$，$i_3=f_3(\psi_3)$，$R_4=R_5=1\Omega$。写出此电路的状态变量方程。

9-17 题图 9-17 所示电路中，已知 $R=1\Omega$，$L=\dfrac{1}{4}$H，$C=\dfrac{4}{3}$F，$u_C(0)=0.5\text{V}$，$i_L(0)=0$。选取 u_C 和 i_L 为状态变量列写状态方程，并求出 u_C 和 i_L 的全解。

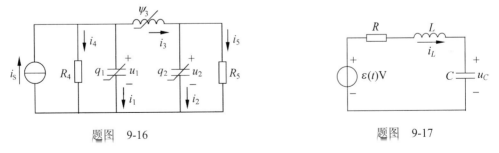

题图 9-16　　　　　　　　题图 9-17

9-18 题图 9-18 所示电路中，已知 $C_1=\dfrac{1}{3}$F，$R_2=R_2=\dfrac{1}{2}\Omega$，$L_4=\dfrac{1}{2}$H。

（a）写出电路的状态方程；

（b）求零输入响应 $\boldsymbol{X}(t)=\mathrm{e}^{At}X(0)$，$\boldsymbol{X}=\begin{bmatrix}u_{C1} & i_{L4}\end{bmatrix}^{\mathrm{T}}$。已知 $u_{C1}(0)=1\mathrm{V}$，$i_{L4}(0)=0$。

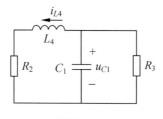

题图 9-18

9-19 题图 9-19 所示电路中，已知 $R_1=0.5\Omega$，$R_2=2.5\Omega$，$C=1\mathrm{F}$，$L=0.5\mathrm{H}$，$u_S(t)=\varepsilon(t)\mathrm{V}$。且 $u_C(0)=0$，$i_L(0)=0$。写出电路的状态方程，并求解状态变量 $u_C(t)$ 和 $i_L(t)$。

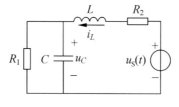

题图 9-19

9-20 求解下列状态方程。

（a）$\dot{\boldsymbol{X}}=\begin{bmatrix}\dot{x}_1\\ \dot{x}_2\end{bmatrix}=\begin{bmatrix}-5 & -2\\ 1 & -2\end{bmatrix}\begin{bmatrix}x_1\\ x_2\end{bmatrix}+\begin{bmatrix}2\\ 0\end{bmatrix}$，$\boldsymbol{X}(0)=\begin{bmatrix}0\\ 0\end{bmatrix}$

（b）$\dot{\boldsymbol{X}}=\begin{bmatrix}\dot{x}_1\\ \dot{x}_2\end{bmatrix}=\begin{bmatrix}-2 & 2\\ 1 & 3\end{bmatrix}\begin{bmatrix}x_1\\ x_2\end{bmatrix}$，$\boldsymbol{X}(0)=\begin{bmatrix}1\\ 0\end{bmatrix}$

第 10 章* 拉普拉斯变换

本章重点

1. 拉普拉斯变换的定义与性质。
2. 拉普拉斯反变换。
3. 复频域电路定律和复频域模型。
4. 拉普拉斯变换法分析电路。
5. 网络函数。

学习指导

拉普拉斯变换是一种数学变换,通过它把时间函数的线性常微分方程变换为复变函数的代数方程,从而使分析得以简化。但其物理概念不如经典法清晰,学习时应注意和前面相关内容比较以加深印象。

一、拉普拉斯变换的定义与性质

定义在[0,∞)区间函数 $f(t)$ 的拉普拉斯变换式的定义为

$$F(s) = \int_{0_-}^{+\infty} f(t) \mathrm{e}^{-st} \mathrm{d}t$$

拉普拉斯反变换的定义为

$$f(t) = \frac{1}{2\pi \mathrm{j}} \int_{\sigma-\mathrm{j}\infty}^{\sigma+\mathrm{j}\infty} F(s) \mathrm{e}^{st} \mathrm{d}s$$

式中 $s = \sigma + \mathrm{j}\omega$ 称为复频率,$F(s)$ 为 $f(t)$ 的象函数,$f(t)$ 为 $F(s)$ 的原函数,$f(t)$ 为 $F(s)$ 是一对拉普拉斯变换对。

拉普拉斯变换有很多性质,电路分析中常用性质有

(1)线性性质

$$\mathscr{L}[af_1(t) + bf_2(t)] = aF_1(s) + bF_2(s)$$

(2)时域微分性质

$$\mathscr{L}\left[\frac{\mathrm{d}f(t)}{\mathrm{d}t}\right] = sF(s) - f(0^-)$$

（3）复频域微分性质

$$\mathscr{L}[-tf(t)] = \frac{dF(s)}{ds}$$

（4）时域积分性质

$$\mathscr{L}\left[\int_{0^-}^{t} f(t)dt\right] = \frac{1}{s}F(s)$$

（5）时域平移性质（延迟性质）

$$\mathscr{L}[f(t-t_0)\varepsilon(t-t_0)] = e^{-st_0}F(s)$$

（6）复频域平移性质

$$\mathscr{L}[e^{-\alpha t}f(t)] = F(s+\alpha)$$

经常利用拉普拉斯变换定义和性质求取函数的拉普拉斯变换（象函数）。

例 10-1 求下列函数 $f(t)$ 的象函数。

（1） $f(t) = te^{-\alpha t}\varepsilon(t)$

（2） $f(t) = \varepsilon(t) + 2t\varepsilon(t) + 5e^{-2t}\delta(t-2)$

解 （1）由拉普拉斯变换定义有

$$F(s) = \int_{0^-}^{\infty} te^{-\alpha t}e^{-st}dt = \frac{-1}{s+\alpha}\int_{0^-}^{\infty} tde^{-(s+\alpha)t} = \frac{-1}{s+\alpha}\left(te^{-(s+\alpha)t}\Big|_{0^-}^{\infty} - \int_{0^-}^{\infty} e^{-(s+\alpha)t}dt\right)$$

$$= \frac{-1}{(s+\alpha)^2}e^{-(s+\alpha)t}\Big|_{0^-}^{\infty} = \frac{1}{(s+\alpha)^2}$$

另外，也可由拉普拉斯变换的复频域微分性质得

$$F(s) = \mathscr{L}[tf(t)] = \frac{-dF(s)}{ds} = -\frac{d}{ds}\frac{1}{(s+\alpha)} = \frac{1}{(s+\alpha)^2}$$

或由拉普拉斯变换的复频域平移性质得

$$F(s) = \mathscr{L}[f(t)e^{-\alpha t}] = F(s+\alpha) = \frac{1}{(s+\alpha)^2}$$

（2）由拉普拉斯变换的线性和延迟性质得

$$F(s) = \mathscr{L}[\varepsilon(t)] + \mathscr{L}[2t\varepsilon(t)] + \mathscr{L}[5e^{-2t}\delta(t-2)] = \frac{1}{s} + \frac{2}{s^2} + 5e^{-4}e^{-2s}$$

例 10-2 求图 10-1（a）和（b）所示函数 $f(t)$ 的象函数。

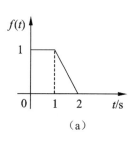
(a)

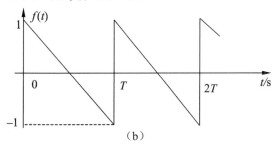
(b)

图 10-1

解 图 10-1（a）所示电路 $f(t)$ 可用阶跃函数和延迟阶跃函数表示为
$$f(t) = \varepsilon(t) - \varepsilon(t-1) + (2-t)[\varepsilon(t-1) - \varepsilon(t-2)]$$
则
$$F(s) = \frac{1}{s} - \frac{e^{-s}}{s^2} + \frac{e^{-2s}}{s^2}$$

可以证明，周期为 T 的周期函数 $f(t)$ $(t \geqslant 0)$ 的象函数为 $F(s) = F_1(s)\dfrac{1}{1-e^{-sT}}$，式中 $F_1(s)$ 为函数 $f(t)$ 中第一个周期的函数 $f_1(t)$ 所对应的象函数。

由图 10-1（b）知 $f(t)$ 中第一个周期的函数 $f_1(t)$ 表达式为
$$f_1(t) = -\frac{2}{T}\left(t - \frac{T}{2}\right)[\varepsilon(t) - \varepsilon(t-T)]$$

其对应的象函数为
$$F_1(s) = \frac{1}{s}(1 + e^{-sT}) - \frac{2}{Ts^2}(1 - e^{-sT})$$

所以，周期函数 $f(t)$ 的象函数为
$$F(s) = F_1(s)\frac{1}{1-e^{-sT}} = \left[\frac{1}{s}(1+e^{-sT}) - \frac{2}{Ts^2}(1-e^{-sT})\right]\frac{1}{1-e^{-sT}} = \frac{1+e^{-sT}}{s(1-e^{-sT})} - \frac{2}{Ts^2}$$

二、拉普拉斯反变换

由复频域的象函数求出与其对应的时间函数 $f(t)$ 的变换，称为拉普拉斯反变换。在电路分析中求拉普拉斯反变换可以根据定义式，但常用方法是将有理分式的象函数进行部分分式展开，再查表得到象函数。

常见的象函数 $F(s)$ 是两个实系数 s 的多项式之比，即 s 的有理式
$$F(s) = \frac{F_1(s)}{F_2(s)} = \frac{a_0 s^m + a_1 s^{m-1} + \cdots + a_m}{b_0 s^n + b_1 s^{n-1} + \cdots + b_n} \quad (n > m)$$

根据 $F_2(s) = 0$ 根的情况，$F(s)$ 可展开为若干简单分式之和，分别求出各简单分式的原函数，则它们的和就是所求 $F(s)$ 的原函数。

（1）$F_2(s)$ 有 n 个不同的实根 s_1，s_2，$\cdots$，s_n。则部分分式为
$$F(s) = \frac{k_1}{s-s_1} + \frac{k_2}{s-s_2} + \cdots + \frac{k_i}{s-s_i} + \cdots + \frac{k_n}{s-s_n}$$

式中 k_i（$i=1$，2，$\cdots$，n）按下式计算
$$k_i = \frac{F_1(s)}{F_2(s)}(s-s_i)\bigg|_{s=s_i} \quad 或 \quad k_i = \frac{F_1(s)}{F_2'(s)}\bigg|_{s=s_i}$$

其中，$F_2'(s)$ 为 $F_2(s)$ 的导函数，则原函数 $f(t)$ 为

$$f(t) = \mathscr{L}^{-1}F(s) = \sum_{i=1}^{n} k_i e^{s_i t} \varepsilon(t)$$

（2）$F_2(s)$含有一对共轭复根 $s_{1,2} = -\alpha \pm j\omega$，其余为单根，则共轭复根部分的展开式为

$$F(s) = \frac{k_1}{s+\alpha-j\omega} + \frac{k_2}{s+\alpha+j\omega} + \cdots$$

式中 k_1、k_2 也是一对共轭复数，由下式求之：

$$k_1 = \frac{F_1(s)}{F_2(s)}(s+\alpha-j\omega)\bigg|_{s=-\alpha+j\omega} = |k|e^{j\theta}$$

$$k_2 = \frac{F_1(s)}{F_2(s)}(s+\alpha+j\omega)\bigg|_{s=-\alpha-j\omega} = |k|e^{-j\theta}$$

则原函数 $f(t)$ 为

$$f(t) = 2|k|e^{-\alpha t}\cos(\omega t + \theta)\varepsilon(t) + \cdots$$

（3）$F_2(s)$含有 n 重根，其余为单根。部分分式为

$$F(s) = \frac{k_{11}}{s-s_1} + \frac{k_{12}}{(s-s_1)^2} + \cdots + \frac{k_{1n-1}}{(s-s_1)^{n-1}} + \frac{k_{1n}}{(s-s_1)^n} + \cdots$$

式中

$$k_{1n} = \left[(s-s_1)^n F(s)\right]\bigg|_{s=s_1}$$

$$k_{1n-1} = \left[\frac{d}{ds}(s-s_1)^n F(s)\right]\bigg|_{s=s_1}$$

$$\vdots$$

$$k_{11} = \left[\frac{1}{(n-1)!}\frac{d^{n-1}}{ds^{n-1}}(s-s_1)^n F(s)\right]\bigg|_{s=s_1}$$

查表可求出对应每一项的原函数，它们的和就是所求原函数。

例 10-3 求下列象函数的原函数。

（1）$F(s) = \dfrac{s}{(s+1)(s^2+2s+5)}$

（2）$F(s) = \dfrac{(4s+2)e^{-2s}}{3+2s}$

（3）$F(s) = \dfrac{s+3}{(s+2)(s+1)^3}$

解 （1）分母 $F_2(s)=0$ 的根有单根 $s=-1$ 和一对共轭复根 $s=-1\pm j2$。

方法 1：设 $F(s)$ 的部分分式展开式为

$$F(s) = \frac{s}{(s+1)(s^2+2s+5)} = \frac{k_1}{s+1} + \frac{k_2}{s-(-1+j2)} + \frac{k_3}{s-(-1-j2)}$$

待定系数为

$$k_1 = \frac{s}{(s^2+2s+5)}\bigg|_{s=-1} = -\frac{1}{4}$$

$$k_2 = \frac{s}{(s+1)[s-(-1-j2)]}\bigg|_{s=-1+j2} = 0.2795\angle -63.4°$$

$$k_3 = 0.2795\angle 63.4°$$

则

$$f(t) = \frac{-1}{4}e^{-t}\varepsilon(t) + 2\times 0.2795 e^{-t}\cos(2t-63.4°)\varepsilon(t)$$

方法2：设 $F(s)$ 的部分分式展开式为

$$F(s) = \frac{s}{(s+1)(s^2+2s+5)} = \frac{k_1}{s+1} + \frac{k_2 s + k_3}{s^2+2s+5}$$

比较系数得 $k_1 = -\frac{1}{4}$，$k_2 = \frac{1}{4}$，$k_3 = \frac{5}{4}$，则

$$F(s) = \frac{-\frac{1}{4}}{s+1} + \frac{\frac{1}{4}s + \frac{5}{4}}{s^2+4s+5} = \frac{1}{4}\left[\frac{-1}{s+1} + \frac{(s+1)+2\times 2}{(s+1)^2+2^2}\right]$$

$$f(t) = \frac{1}{4}(-e^{-t} + e^{-t}\cos 2t + 2e^{-t}\sin 2t)\varepsilon(t) = \left[\frac{-1}{4}e^{-t} + \frac{\sqrt{5}}{4}e^{-t}\cos(2t-63.4°)\right]\varepsilon(t)$$

（2）由于 $F(s)$ 的分子、分母同阶次，需将 $F(s)$ 化成真分式

$$F(s) = \frac{(4s+2)e^{-2s}}{3+2s} = \left(2 - \frac{4}{2s+3}\right)e^{-2s}$$

则

$$f(t) = 2\delta(t-2) - 2e^{-1.5(t-2)}\varepsilon(t-2)$$

（3）分母 $F_2(s)=0$ 的根为单根 $s=-2$ 和三重根 $s=-1$。设 $F(s)$ 的部分分式展开式为

$$F(s) = \frac{s+3}{(s+2)(s+1)^3} = \frac{k_1}{s+2} + \frac{k_{21}}{s+1} + \frac{k_{22}}{(s+1)^2} + \frac{k_{23}}{(s+1)^3}$$

各系数为

$$k_1 = F(s)(s+2)\big|_{s=-2} = -1$$

$$k_{23} = F(s)(s+1)^3\big|_{s=-1} = 2$$

$$k_{22} = \frac{d}{ds}[F(s)(s+1)^3]\big|_{s=-1} = -1$$

$$k_{21} = \frac{1}{2!}\frac{d^2}{ds^2}[F(s)(s+1)^3]\big|_{s=-1} = 1$$

则

$$f(t) = (-e^{-2t} + e^{-t} - te^{-t} + t^2 e^{-t})\varepsilon(t)$$

三、复频域电路定律和复频域模型

（1）复频域基尔霍夫定律

$$\text{KCL:} \quad \sum I(s) = 0$$
$$\text{KVL:} \quad \sum U(s) = 0$$

（2）RLC 元件的复频域模型

表 10-1　RLC 元件的复频域模型

时 域 模 型	复频域模型
$u = Ri$![电阻时域]	$U(s) = RI(s)$![电阻复频域]
$u = L\dfrac{\mathrm{d}i}{\mathrm{d}t}$![电感时域]	$U(s) = sLI(s) - Li(0^-)$![电感复频域]
$i = C\dfrac{\mathrm{d}u}{\mathrm{d}t}$![电容时域]	$U(s) = \dfrac{I(s)}{sC} + \dfrac{u(0^-)}{s}$![电容复频域]

在表 10-1 中，当储能元件初始储能为零时，若将 R、L、C 元件的运算阻抗记为 $Z(s)$，则有

$$U(s) = Z(s)I(s)$$

称为运算形式的欧姆定律。

（3）电路的复频域模型（运算电路模型）

将时域电路中所有物理量（激励和响应）用对应的象函数表示，各元件用相应的复频域模型表示（注意附加电源的值和方向），各元件的连接关系不变，便可得到复频域电路模型。

例 10-4　图 10-2（a）、(b) 所示电路原已达稳态，$t=0$ 时发生换路。分别画出它们的复频域电路模型。

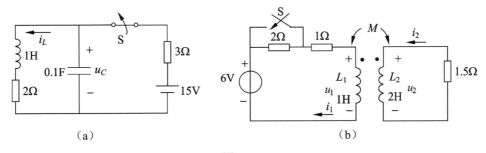

图　10-2

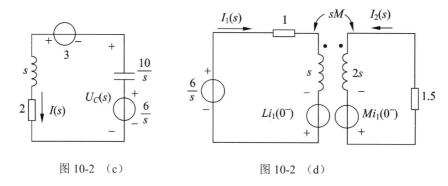

图 10-2 （c） 图 10-2 （d）

解 图 10-2（a）电路，由换路前电路得 $i_L(0^-)=3\text{A}$，$u_C(0^-)=6\text{V}$，将各元件用对应的复频域模型表示，各物理量用对应的象函数表示，得到的复频域电路模型如图 10-2（c）所示。

图 10-2（b）电路，由换路前电路求得 $i_1(0^-)=2\text{ A}$，$i_2(0^-)=0$，互感电压 u_1、u_2 表示为

$$\begin{cases} u_1 = L_1 \dfrac{di_1}{dt} + M \dfrac{di_2}{dt} \\ u_2 = L_2 \dfrac{di_2}{dt} + M \dfrac{di_1}{dt} \end{cases}$$

对应的运算形式为

$$U_1(s) = sL_1 I_1(s) + sMI_2(s) - L_1 i_1(0^-) - Mi_2(0^-)$$
$$U_2(s) = sL_2 I_2(s) + sMI_1(s) - L_2 i_2(0^-) - Mi_1(0^-)$$

复频域电路模型如图 10-2（d）所示。

四、拉普拉斯变换法分析电路

当储能元件初始值考虑为附加电源后，复频域电路定律及元件特性和相量形式电路定律及元件特性完全相似，故相量法中导出的各种分析方法都可移用到拉普拉斯变换法中。

拉普拉斯变换法解题步骤如下：
（1）由换路前电路求出 $u_C(0^-)$ 和 $i_L(0^-)$；
（2）建立复频域电路模型；
（3）对复频域电路模型选用合适的电路分析方法求出响应的象函数；
（4）反变换求得响应的原函数。

例 10-5 图 10-3（a）所示电路已达稳态，$t=0$ 时拉开开关 S，试用拉普拉斯变换法求电容电压 $u_C(t)$ 及 $u_C(t)$ 的零输入响应和零状态响应。

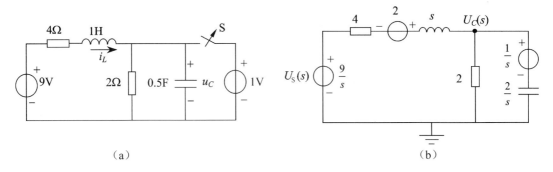

图 10-3

解 第一步,建立复频域电路模型。

由换路前电路有

$$i_L(0^-) = \frac{9-1}{4} = 2 \text{ (A)}, \quad u_C(0^-) = 1 \text{ (V)}$$

则复频域电路模型如图 10-3(b)所示。(注意:电容电压应包括运算阻抗两端电压及附加电源两部分,如图 10-3(b)中 $U_C(s)$ 所示。)

第二步,采用节点电压法求解图 10-3(b)所示的电路。其节点电压方程为

$$\left(\frac{1}{s+4} + \frac{1}{2} + \frac{s}{2}\right)U_C(s) = \frac{U_S(s)}{s+4} + \frac{2}{s+4} + \frac{\dfrac{1}{s}}{\dfrac{2}{s}}$$

整理得

$$\left(\frac{s^2+5s+6}{2(s+4)}\right)U_C(s) = \frac{U_S(s)}{(s+4)} + \frac{s+8}{2(s+4)}$$

$$U_C(s) = \frac{s^2+8s+18}{s(s^2+5s+6)}$$

第三步,由拉普拉斯反变换求 $u_C(t)$。设 $U_C(s)$ 的部分分式展开式为

$$U_C(s) = \frac{s^2+8s+18}{s(s+2)(s+3)} = \frac{k_1}{s} + \frac{k_2}{s+2} + \frac{k_3}{s+3}$$

其中

$$k_1 = sU_C(s)\big|_{s=0} = \frac{s^2+8s+18}{(s+2)(s+3)}\bigg|_{s=0} = 3$$

$$k_2 = (s+2)U_C(s)\big|_{s=-2} = \frac{s^2+8s+18}{s(s+3)}\bigg|_{s=-2} = -3$$

$$k_3 = (s+3)U_C(s)\big|_{s=-3} = \frac{s^2+8s+18}{s(s+2)}\bigg|_{s=-3} = 1$$

则
$$u_C(t) = (3 - 3e^{-2t} + e^{-3t})\varepsilon(t)(\text{V})$$

由本题可知，利用拉普拉斯变换法分析电路时，由于在复频域电路模型中已经考虑了初始条件，所以可以直接得到电路的全响应。

下面求零状态响应和零输入响应，由节点电压方程得

$$U_C(s) = \frac{2U_S(s)}{s^2 + 5s + 6} + \frac{s+8}{s^2 + 5s + 6}$$

上式等号右边第一项为仅由激励引起的零状态响应的象函数，第二项是由附加电源（初始值）引起的零输入响应的象函数。分别对它们作拉普拉斯反变换，得 u_C 的零状态响应为

$$u_C(t) = (3 - 9e^{-2t} + 6e^{-3t})\varepsilon(t)(\text{V})$$

u_C 的零输入响应为

$$u_C(t) = (6e^{-2t} - 5e^{-3t})\varepsilon(t)(\text{V})$$

例 10-6 图 10-4（a）所示电路已达稳态，激励 $u_S = U$（恒定值），$t = 0$ 时拉开开关 S。求流过电感的电流和电感两端电压。

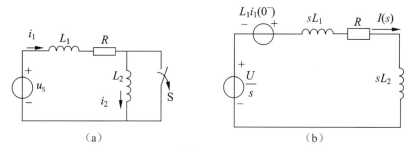

图 10-4

解 换路前电路有

$$i_1(0^-) = \frac{U}{R},\ i_2(0^-) = 0$$

复频域电路模型如图 10-4（b）所示。由此得

$$I(s)(sL_1 + sL_2 + R) = \frac{U}{s} + L_1\frac{U}{R}$$

$$I(s) = \left(\frac{U}{s} + L_1\frac{U}{R}\right) \times \frac{1}{(sL_1 + sL_2) + R} = \frac{(R + sL_1)U}{(L_1 + L_2)Rs\left(s + \dfrac{R}{L_1 + L_2}\right)}$$

$$= \frac{\dfrac{U}{R}}{s} + \frac{-\dfrac{U}{R} + \dfrac{L_1 U}{R(L_1 + L_2)}}{s + \dfrac{R}{L_1 + L_2}}$$

$$U_{L1}(s) = sL_1 \times I(s) - L_1 i_1(0^-) = \frac{-L_1 L_2 U}{(L_1+L_2)R} + \frac{L_1 L_2 U}{(L_1+L_2)^2 \left(s+\dfrac{R}{L_1+L_2}\right)}$$

注意：电感 L_1 的电压在运算电路中应包括运算阻抗两端电压及附加电源两部分。

$$U_{L2}(s) = sL_2 \times I(s) = \frac{L_1 L_2 U}{(L_1+L_2)R} + \frac{L_2 L_2 U}{(L_1+L_2)^2 \left(s+\dfrac{R}{L_1+L_2}\right)}$$

作拉普拉斯反变换，得

$$i = \frac{U}{R} + \left[-\frac{U}{R} + \frac{L_1 U}{R(L_1+L_2)}\right] e^{-\frac{R}{L_1+L_2}t}$$

$$u_{L1} = \frac{-L_1 L_2 U}{R(L_1+L_2)}\delta(t) + \frac{L_1 L_2 U}{(L_1+L_2)^2} e^{-\frac{R}{L_1+L_2}t}\varepsilon(t)$$

$$u_{L2} = \frac{L_1 L_2 U}{R(L_1+L_2)}\delta(t) + \frac{L_2 L_2 U}{(L_1+L_2)^2} e^{-\frac{R}{L_1+L_2}t}\varepsilon(t)$$

此例曾在一阶电路中解过，由于电感电流在换路瞬间发生跳变。时域中求解时需先由 $i_L(0^-)$ 值求出跳变后值 $i_L(0^+)$，而拉普拉斯变换法求解过程中，已将 $t=0$ 时刻可能产生的跳变现象自动包含在结果内，故此类问题用拉普拉斯变换法比经典法方便。

例 10-7　图 10-5（a）所示电路为零初始状态，激励 u_S 为锯齿脉冲电压，如图 10-5（b）所示。求响应 u_R。

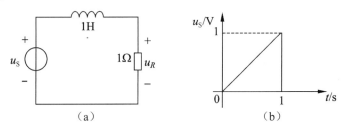

图　10-5

解　方法 1：电源电压的表达式为

$$u_S = t[\varepsilon(t) - \varepsilon(t-1)] = [t\varepsilon(t) - (t-1)\varepsilon(t-1) - \varepsilon(t-1)](V)$$

其象函数为

$$U_S(s) = \frac{1}{s^2} - \frac{e^{-s}}{s^2} - \frac{e^{-s}}{s}$$

复频域电路模型如图 10-5（c）所示。

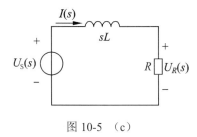

图 10-5 （c）

由图 10-5（c）有

$$U_R(s) = \frac{U_S(s)}{R+sL}R = \frac{1}{(s+1)s^2}(1-\mathrm{e}^{-s}-s\mathrm{e}^{-s}) = \frac{1}{(s+1)s^2} - \frac{\mathrm{e}^{-s}}{(s+1)s^2} - \frac{\mathrm{e}^{-s}}{(s+1)s}$$

$$= \frac{k_1}{s+1} + \frac{k_{22}}{s^2} + \frac{k_{21}}{s} - \frac{\mathrm{e}^{-s}}{(s+1)s^2} - \left(\frac{k_3}{s} + \frac{k_4}{s+1}\right)\mathrm{e}^{-s}$$

上式中，各系数为

$$k_1 = \frac{1}{s^2}\Big|_{s=-1} = 1, \quad k_{21} = \frac{\mathrm{d}}{\mathrm{d}s}[F(s)s^2]\Big|_{s=0} = -1$$

$$k_{22} = \frac{1}{s+1}\Big|_{s=0} = 1, \quad k_3 = \frac{1}{s+1}\Big|_{s=0} = 1$$

$$k_4 = \frac{1}{s}\Big|_{s=-1} = -1$$

故

$$U_R(s) = \frac{1}{s+1} + \frac{1}{s^2} + \frac{-1}{s} - \left(\frac{1}{s+1} + \frac{1}{s^2} + \frac{-1}{s}\right)\mathrm{e}^{-s} - \frac{\mathrm{e}^{-s}}{s} + \frac{\mathrm{e}^{-s}}{s+1}$$

作拉普拉斯反变换，得

$$u_R = \left[(\mathrm{e}^{-t} + t - 1)\varepsilon(t) - (t-1)\varepsilon(t-1)\right](\mathrm{V})$$

方法 2：此题也可用分段拉普拉斯变换法求之，但需注意 $t=0$ 第一次换路时，电感电流无初始值，而当 $t=1\mathrm{s}$ 第二次换路时，电感电流有初始值。

（1） $0 \leqslant t < 1\mathrm{s}$

此时，图 10-5（c）中 $U_S(s) = \dfrac{1}{s^2}$。由运算形式欧姆定律有

$$I(s) = \frac{U_S(s)}{sL+R} = \frac{1}{(s+1)s^2}$$

$$U_R(s) = I(s)R = \frac{1}{(s+1)s^2}$$

作拉普拉斯反变换，得

$$i = (\mathrm{e}^{-t} + t - 1)(\mathrm{A})$$

$$u_R = (\mathrm{e}^{-t} + t - 1)(\mathrm{V})$$

（2）$t \geqslant 1\text{s}$

电感电流初始值为
$$i_L(1) = \mathrm{e}^{-t} + t - 1\big|_{t=1} = \mathrm{e}^{-1}$$

此时复频域电路模型如图 10-5（d）所示。由此得
$$U_R(s) = \frac{\mathrm{e}^{-1}}{s+1}$$

作拉普拉斯反变换，得
$$u_R = \mathrm{e}^{-1}\mathrm{e}^{-(t-1)}\,\text{V}$$

分段函数表示为
$$u_R = \begin{cases} (\mathrm{e}^{-t} + t - 1)\,(\text{V}), & 0 < t < 1\text{s} \\ (\mathrm{e}^{-1}\mathrm{e}^{-(t-1)})\,(\text{V}), & t \geqslant 1\text{s} \end{cases}$$

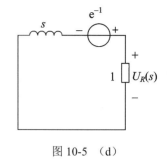

图 10-5 （d）

用阶跃函数和延迟阶跃函数表示的全时间域表达式为
$$\begin{aligned}u_R &= (\mathrm{e}^{-t} + t - 1)[\varepsilon(t) - \varepsilon(t-1)] + \mathrm{e}^{-1}\mathrm{e}^{-(t-1)}\varepsilon(t-1) \\ &= (\mathrm{e}^{-t} + t - 1)\varepsilon(t) - [\mathrm{e}^{-t} + t - 1 - \mathrm{e}^{-1}\mathrm{e}^{-(t-1)}]\varepsilon(t-1) \\ &= \left[(\mathrm{e}^{-t} + t - 1)\varepsilon(t) - (t-1)\varepsilon(t-1)\right]\,(\text{V})\end{aligned}$$

例 10-8 图 10-6（a）所示电路中的方框代表一不含独立电源的线性电路。电路参数均为固定值。在 $t=0$ 时接通电源（S 闭合）。在 22′ 接不同电路元件，22′ 两端有不同的零状态响应。已知：（a）22′ 接电阻 $R=2\Omega$ 时，此响应为 $u'_{22}(t) = \frac{1}{4}(1-\mathrm{e}^{-t})\varepsilon(t)\text{V}$；（b）22′ 接电容 $C=1\text{F}$ 时，此响应为 $u''_{22}(t) = \frac{1}{2}\left(1-\mathrm{e}^{-\frac{t}{4}}\right)\varepsilon(t)\text{V}$。求将此电阻 R 和电容 C 并联接至 22′ 时（图 10-6（b）），此响应（电压）的表达式。

解 设 22′ 向左戴维南等效电路如图 10-6（c）所示。分别接入电阻和电容后可得到下面一组方程。

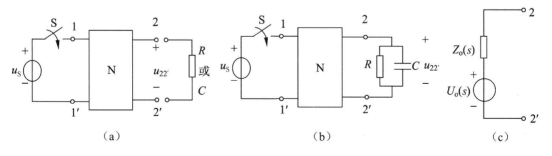

图 10-6

接入 2Ω 电阻时

$$\frac{2}{2+Z_o(s)}U_o(s) = \frac{1}{4}\left(\frac{1}{s} - \frac{1}{s+1}\right)$$

接入 1F 电容时

$$\frac{\frac{1}{s}}{\frac{1}{s}+Z_o(s)}U_o(s) = \frac{1}{2}\left(\frac{1}{s} - \frac{1}{s+\frac{1}{4}}\right)$$

由上两式可求得

$$U_o(s) = \frac{1}{4s\left(s+\frac{1}{2}\right)}$$

$$Z_o(s) = \frac{2}{2s+1}$$

当 22′ 接入并联的电阻和电容时，可得

$$U_{22}(s) = \frac{\frac{2}{s}}{2+\frac{1}{s}} \cdot \frac{2}{2+\frac{1}{s}} U_o(s) = \frac{\frac{2}{2s+1}}{\frac{2}{2s+1}+\frac{2}{2s+1}} \cdot \frac{1}{4s\left(s+\frac{1}{2}\right)}$$

$$= \frac{1}{8s\left(s+\frac{1}{2}\right)} = \frac{1}{8}\left(\frac{2}{s} - \frac{2}{s+\frac{1}{2}}\right)$$

作拉普拉斯反变换，得

$$u_{22}(t) = \frac{1}{4}\left(1 - e^{-\frac{1}{2}t}\right)\varepsilon(t)(\text{V})$$

例 10-9 已知图 10-7（a）中二端口 N 的开路阻抗参数 $\mathbf{Z} = \begin{bmatrix} 3 & 2 \\ 2 & 4 \end{bmatrix}\Omega$，电源 u_S 为一方脉冲，如图 10-7（b）所示。用运算法求电感两端电压 u，并画出其变化曲线。（设 $i_L(0^-)=0$）

解 $\mathbf{Z}$ 参数方程的运算形式为

$$\begin{cases} U_1(s) = 3I_1(s) + 2I_2(s) \\ U_2(s) = 2I_1(s) + 4I_2(s) \end{cases}$$

输入端口约束条件为

$$U_1(s) = U_S(s) - I_1(s)$$

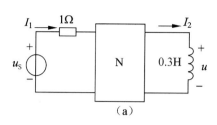 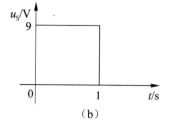

图 10-7

输出端口约束条件为

$$U_2(s) = -sLI_2(s) = -3sI_2(s)$$

其中 $U_S(s) = \dfrac{9}{s} - \dfrac{9}{s}\mathrm{e}^{-s}$。联立求解得

$$U_L(s) = U_2(s) = \dfrac{s}{2(s+1)}\left(\dfrac{9}{s} - \dfrac{9}{s}\mathrm{e}^{-s}\right)$$

反变换得

$$u_L = [4.5\mathrm{e}^{-t}\varepsilon(t) - 4.5\mathrm{e}^{-(t-1)}\varepsilon(t-1)]\,\mathrm{V}$$

变化曲线如图 10-7（c）所示。

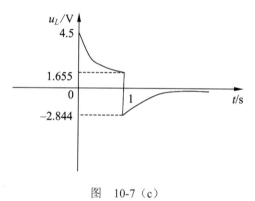

图 10-7（c）

五、网络函数

电路零状态响应的象函数 $R(s)$ 与激励的象函数 $E(s)$ 之比称为网络函数，用符号 $H(s)$ 表示，即

$$H(s) = \dfrac{R(s)}{E(s)}$$

利用网络函数可方便地求取电路在任意激励下的零状态响应。

例 10-10 图 10-8（a）所示电路，若以 u_o 为输出，求网络函数 $H(s) = \dfrac{U_o(s)}{U_i(s)}$，图中的运算放大器是理想的运算放大器。

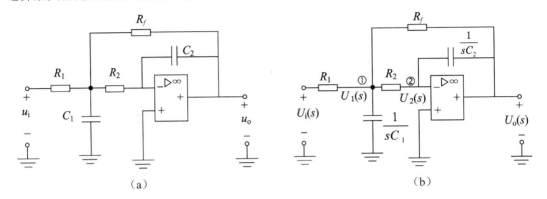

图 10-8

解 图 10-8（a）所示电路的运算电路模型如图 10-8（b）所示，此电路的节点电压方程（运放输出端节点不列）为

$$\begin{cases} \left(\dfrac{1}{R_1} + sC_1 + \dfrac{1}{R_2} + \dfrac{1}{R_f}\right)U_1(s) - \dfrac{1}{R_2}U_2(s) - \dfrac{1}{R_f}U_o(s) = \dfrac{1}{R_1}U_i(s) \\ -\dfrac{1}{R_2}U_1(s) + \left(sC_2 + \dfrac{1}{R_2}\right)U_2(s) - sC_2 U_o(s) = 0 \end{cases}$$

将 $U_2(s) = 0$（虚短路）代入上式，整理得

$$\begin{cases} \left(\dfrac{1}{R_1} + sC_1 + \dfrac{1}{R_2} + \dfrac{1}{R_f}\right)U_1(s) - \dfrac{1}{R_f}U_o(s) = \dfrac{1}{R_1}U_i(s) & (10\text{-}1) \\ U_1(s) = -R_2 sC_2 U_o(s) & (10\text{-}2) \end{cases}$$

将式（10-2）代入式（10-1）经整理，可得

$$H(s) = \dfrac{U_o(s)}{U_i(s)} = \dfrac{-R_f}{R_1 R_2 R_f C_1 C_2 s^2 + (R_1 R_f + R_2 R_f + R_1 R_2) s C_2 + R_1}$$

例 10-11 已知图 10-9 所示二端口网络 N 的 $\boldsymbol{Z}$ 参数为 $\boldsymbol{Z} = \begin{bmatrix} 1+s & s \\ s & \dfrac{1+s}{s} \end{bmatrix}$，求 $R = 2\Omega$ 时二端口网络的转移函数 $H(s) = \dfrac{U_2(s)}{U_S(s)}$。

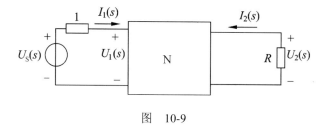

图 10-9

解 二端口网络运算形式的 **Z** 参数方程为

$$\begin{cases} U_1(s) = Z_{11}(s)I_1(s) + Z_{12}(s)I_2(s) \\ U_2(s) = Z_{21}(s)I_1(s) + Z_{22}(s)I_2(s) \end{cases}$$

输入端口约束条件为

$$U_1(s) = U_S(s) - I_1(s)$$

输出端口约束条件为

$$U_2(s) = -RI_2(s) = -2I_2(s)$$

综上解得

$$H(s) = \frac{U_2(s)}{U_S(s)} = \frac{-I_2(s)R}{U_S(s)} = \frac{2Z_{21}(s)}{(1+Z_{11}(s))(2+Z_{22}(s)) - Z_{12}(s)Z_{21}(s)}$$

即

$$H(s) = \frac{2s^2}{-s^3 + 3s^2 + 7s + 2}$$

例 10-12 图 10-10（a）所示电路，若以 $u(t)$ 为输出，求：（1）网络函数 $H(s) = \dfrac{U(s)}{U_S(s)}$；（2）$u_S(t) = \delta(t)$ V 时的冲激响应；（3）$u_S(t) = 2\cos t$ V 时的正弦稳态响应。

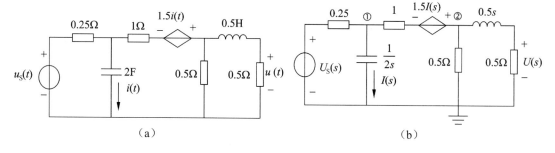

图 10-10

解（1）复频域电路模型如图 10-10（b）所示，设节点①、②的电压象函数分别为 $U_1(s)$ 和 $U_2(s)$，则节点电压方程为

$$\begin{cases} (2s+4+1)U_1(s)-U_2(s)=\dfrac{U_S(s)}{0.25}-1.5I(s) \\ -U_1(s)+\left(3+\dfrac{1}{0.5s+0.5}\right)U_2(s)=1.5I(s) \\ I(s)=2sU_1(s) \end{cases}$$

联立求解上式，得

$$U_2(s)=\dfrac{U_S(s)(1+3s)}{(3s+6)}$$

由分压公式有

$$U(s)=\dfrac{0.5}{0.5(s+1)}U_2(s)=\dfrac{U_S(s)(1+3s)}{(s+1)(3s+6)}$$

网络函数为

$$H(s)=\dfrac{U(s)}{U_S(s)}=\dfrac{(1+3s)}{3(s+1)(s+2)}$$

（2）求 $u_S(t)=\delta(t)$ V 时的冲激响应。

由网络函数定义有

$$R(s)=H(s)E(s)=H(s)\mathscr{L}[\delta(t)]=H(s)$$

则

$$h(t)=\mathscr{L}^{-1}\left[\dfrac{1+3s}{3(s+1)(s+2)}\right]=\left(\dfrac{5}{3}\mathrm{e}^{-2t}-\dfrac{2}{3}\mathrm{e}^{-t}\right)\text{ (V)}$$

（3）求 $u_S(t)=2\cos t$ V 时的正弦稳态响应。

由网络函数定义有

$$U(s)=H(s)U_S(s)=\dfrac{1+3s}{3(s+1)(s+2)}\times\dfrac{2s}{s^2+1}=\dfrac{\frac{2}{3}s}{s^2+1}+\dfrac{\frac{2}{3}}{s+1}+\dfrac{-\frac{4}{3}}{s+2}$$

作拉普拉斯反变换，得

$$u=\left(\dfrac{2}{3}\cos t+\dfrac{2}{3}\mathrm{e}^{-t}-\dfrac{4}{3}\mathrm{e}^{-2t}\right)\varepsilon(t)\text{V}$$

因稳态时暂态分量为零，故正弦稳态响应为 $u=\dfrac{2}{3}\sin(t+90°)$ V。

另外，也可以在网络函数 $H(s)$ 中，令 $\mathrm{j}\omega$ 代替 s 可得相量形式的网络函数，即

$$H(\mathrm{j}\omega)=H(s)\big|_{s=\mathrm{j}\omega}=\dfrac{1+\mathrm{j}3}{3(\mathrm{j}+1)(\mathrm{j}+2)}=\dfrac{1+\mathrm{j}3}{3(1+\mathrm{j}3)}=\dfrac{1}{3}$$

正弦稳态响应的相量关系为

$$\dot{U}=H(\mathrm{j}\omega)\dot{U}_S=\dfrac{1}{3}\times 2\angle 90°=\dfrac{2}{3}\angle 90°\text{ (V)}$$

瞬时值为

$$u(t) = \frac{2}{3}\sin(t + 90°) \text{ (V)}$$

例 10-13 图 10-11（a）所示电路中，方框 N 为线性无源（无独立源，无受控源）的零状态网络。当 $i_S = (e^{-2t}\varepsilon(t))$ A 时，响应 $i_2(t) = (9e^{-2t} - 4e^{-t} - 5e^{-4t})\varepsilon(t)$ A。现将 $1\,1'$ 开路 $2\,2'$ 接入电压源 u_S，如图 10-11(b) 所示。求激励 u_S 为何种函数时响应 $u_1 = (-3 + 8e^{-t} - 5e^{-4t})\varepsilon(t)$ V。

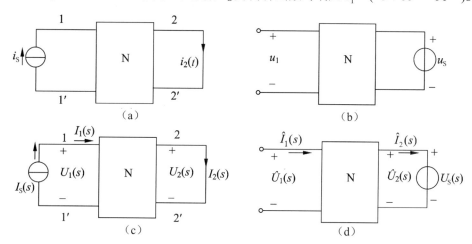

图 10-11

解 图 10-11（a）、(b) 所示电路的运算电路模型如图 10-11（c）、(d) 所示。比较可知，两者具有相同的拓扑结构。应用运算形式的特勒根定理有

$$-\hat{U}_1(s)I_1(s) + \hat{U}_2(s)I_2(s) + \sum_{k=3}^{b}\hat{U}_k(s)I_k(s) = -U_1(s)\hat{I}_1(s) + U_2(s)\hat{I}_2(s) + \sum_{k=3}^{b}U_k(s)\hat{I}_k(s)$$

因为 N 为无源网络，所以

$$\sum_{k=3}^{b}\hat{U}_k I_k(s) = \sum_{k=3}^{b}\hat{I}_k(s)Z_k(s)I_k(s) = \sum_{k=3}^{b}U_k(s)\hat{I}_k(s)$$

则

$$-\hat{U}_1(s)I_1(s) + \hat{U}_2(s)I_2(s) = -U_1(s)\hat{I}_1(s) + U_2(s)\hat{I}_2(s)$$

代入已知条件有

$$-\hat{U}_1(s)I_1(s) + \hat{U}_2(s)I_2(s) = 0$$

即

$$U_S(s) = \hat{U}_2(s) = \hat{U}_1(s)\frac{I_1(s)}{I_2(s)}$$

由已知条件求得图 10-11（a）电路的网络函数为

对图 10-11（b）电路有

$$\hat{U}_1(s) = \mathscr{L}^{-1}(-3+8\mathrm{e}^{-t}-5\mathrm{e}^{-4t}) = \frac{12s-12}{s(s+4)(s+1)}$$

故所求激励的象函数为

$$U_S(s) = \frac{\hat{U}_1(s)}{H(s)} = \frac{\dfrac{12s-12}{s(s+4)(s+1)}}{\dfrac{6s-6}{s^2+5s+6}} = \frac{2}{s}$$

作拉普拉斯反变换，得 $u_S = 2\varepsilon(t)$ V。即激励 $u_S = 2\varepsilon(t)$ V 时，响应

$$u_1 = (-3+8\mathrm{e}^{-t}-5\mathrm{e}^{-4t})\varepsilon(t)\,(\mathrm{V})$$

习题

10-1　求下列函数的象函数。

（1）$f(t) = 40\sqrt{2}\sin\left(314t+\dfrac{\pi}{3}\right)\varepsilon(t)$

（2）$f(t) = \cos^3 t\,\varepsilon(t)$

（3）$f(t) = t\mathrm{e}^{-2t}\varepsilon(t)$

10-2　已知时域函数 $f(t)$ 波形如题图 10-2 所示，求其象函数 $F(s)$。

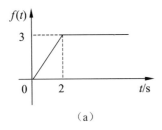
(a)

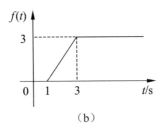
(b)

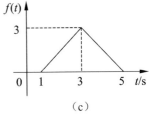
(c)

题图　10-2

10-3　求题图 10-3 所示函数的象函数。

10-4　已知 $f(t)$ 的象函数 $F(s)$，求 $f(t)$ 的初值与终值。

（1）$F(s) = \dfrac{s^2+4s+3}{s^3+6s^2+8s}$

（2）$F(s) = \dfrac{10}{s(s+1)}$

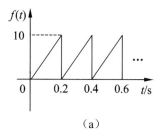
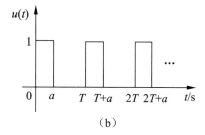

(a)　　　　　　　　(b)

题图　10-3

10-5　求下列象函数的原函数。

（1）$F(s) = \dfrac{1}{s(s+5)}$

（2）$F(s) = \dfrac{10}{s(s^2-1)}$

（3）$F(s) = \dfrac{20s+200}{s^2+130s+2200}$

（4）$F(s) = \dfrac{3s^2+12s+11}{s^3+6s^2+11s+6}$

（5）$F(s) = \dfrac{s^3}{(s^2+2s-3)s}$

10-6　求下列象函数的原函数。

（1）$F(s) = \dfrac{4s^2+7s+13}{(s^2+2s+5)(s+2)}$

（2）$F(s) = \dfrac{5s^3+20s^2+25s+40}{(s^2+4)(s^2+2s+5)}$

（3）$F(s) = \dfrac{1}{s^2(s+3)}$

（4）$F(s) = \dfrac{s^2+4s+6}{(s+1)^3}$

（5）$F(s) = \dfrac{\mathrm{e}^{-3s-3}}{s+1}$

（6）$F(s) = \dfrac{10}{(s+3)^2+4}$

10-7　题图 10-7（a）、（b）所示电路已达稳态，且 $t=0$ 时开关动作，分别画出其运算电路图。

10-8　求题图 10-8 所示电路的输入阻抗（运算形式）。

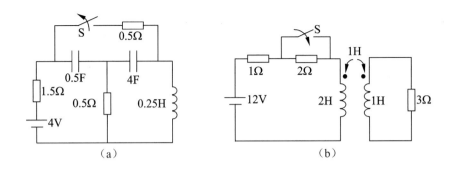

题图 10-7

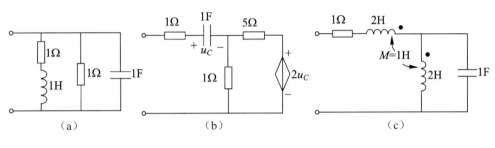

题图 10-8

10-9 求题图 10-9 所示电路的 **T** 参数，并求出网络函数。

（1） $H_1(s) = \dfrac{U_2(s)}{U_1(s)}$

（2） $H_1(s) = \dfrac{U_2(s)}{I_1(s)}$

10-10 已知题图 10-10 所示二端口网络 N 的 **Z** 参数为 $\begin{bmatrix} \dfrac{2}{s} & -\dfrac{1}{s} \\ -\dfrac{1}{s} & \dfrac{s^2+1}{s} \end{bmatrix}$，求网络函数 $H(s) = \dfrac{U_2(s)}{U_1(s)}$。

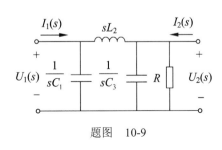

题图 10-9

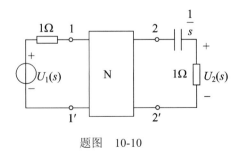

题图 10-10

10-11 求题图 10-11 所示电路的 Y 参数矩阵。

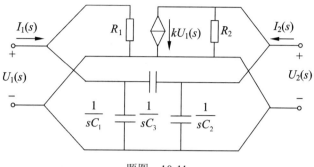

题图 10-11

10-12 题图 10-12 所示电路原处于稳态，$t=0$ 时合上开关 S，求 $i(t)$。

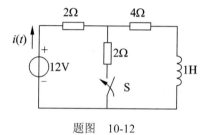

题图 10-12

10-13 题图 10-13 所示电路中，$i_L(0)=1\text{A}$，$u_C(0)=2\text{V}$，求 $u_C(t)$。

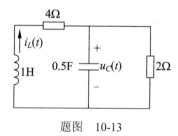

题图 10-13

10-14 试求题图 10-14 所示电路的单位冲激响应 $u_C(t)$。

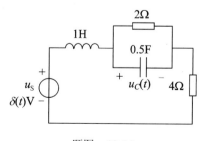

题图 10-14

10-15 题图 10-15 所示电路原处于稳态，$t=0$ 时合上开关 S，求 $i(t)$，并画出其波形图。

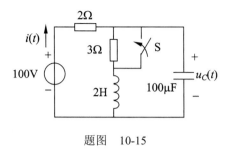

题图 10-15

10-16 用运算法求题图 10-16 所示电路中的电流 $i(t)$，电路中储能元件原无初始储能。

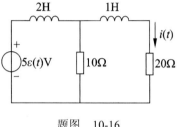

题图 10-16

10-17 电路如题图 10-17 所示。已知 $u_{S1}(t)=\delta(t)\text{V}$，$u_{S2}(t)=\varepsilon(t)\text{V}$，试用运算法求 $i_1(t)$ 和 $i_2(t)$。

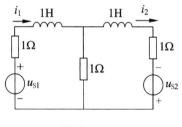

题图 10-17

10-18 题图 10-18 所示电路原处于稳态，$t=0$ 时打开开关 S，求电容电压 $u_C(t)$。

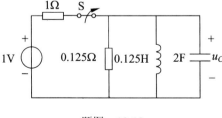

题图 10-18

10-19 题图 10-19 所示电路中，储能元件无初始储能，求 $u(t)$。

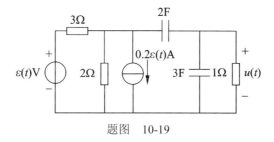

题图　10-19

10-20 题图 10-20 所示电路在开关 S 闭合前处于稳态。$t=0$ 时打开开关 S。求 $t>0$ 时电流 i_1、i_2 和电压 u。

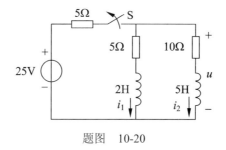

题图　10-20

10-21 题图 10-21 所示电路换路前为稳态。已知 $R=2\Omega$，$C_1=C_2=C_3=2\text{F}$，$U_{S1}=10\text{V}$，$U_{S2}=2\text{V}$。$t=0$ 时开关 S 由 1 合向 2。求 u_{C3} 和 i_{C3}。

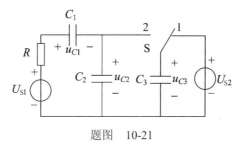

题图　10-21

10-22 题图 10-22 所示电路中，储能元件无初始储能，求 $u_2(t)$。

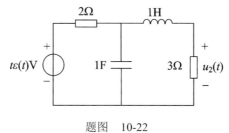

题图　10-22

10-23 题图 10-23 所示电路中,电感无初始储能,$u_S(t)=\cos t\,\varepsilon(t)$V,求 $i(t)$。

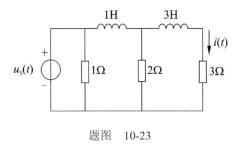

题图 10-23

10-24 题图 10-24（a）所示电路中,电压源 $u_S(t)$ 作用于 RC 串联电路,电容无初始储能。用运算法求 $u_C(t)$。

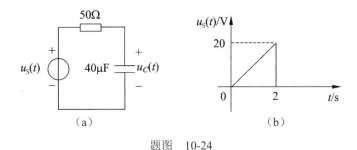

题图 10-24

10-25 题图 10-25 所示电路为一具有互感 M 的电路,用运算法分别求耦合系数 k 在下列两种情况下的电流 i_1、i_2,并绘出其波形：（1）$k=1$；（2）$k=0.8$。设 $t<0$ 时电路中各电流均为零。

10-26 题图 10-26 所示电路中,具有电阻 R 和电感 L 的线圈经过刀闸 K 联接电源 U_S。为使刀闸拉开时其两端的电压 U_K 不超过电源电压 U_S,在刀闸两端并联一个电阻电容支路（通常称为灭弧回路）。问 R_1、C、R、L 间满足什么关系才能使 $U_K=U_S$？

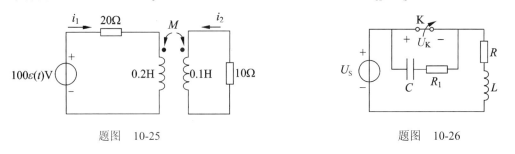

题图 10-25   题图 10-26

10-27 分别求题图 10-27（a）、（b）所示电路的网络函数 $H(s)=\dfrac{I_2(s)}{U_1(s)}$ 和 $H(s)=\dfrac{U_o(s)}{U_1(s)}$,并在复平面上画出极点和零点。

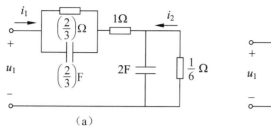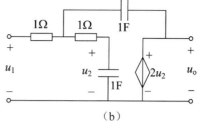

题图 10-27

10-28 已知两个网络的零、极点分布如题图 10-28（a）、(b) 所示，试写出网络的冲激响应表达式（设 $h(0)=10$）。

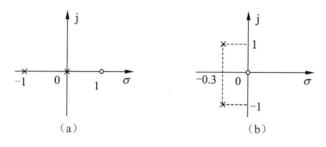

题图 10-28

10-29 网络如题图 10-29（a）所示，其网络函数为 $Z(s)=\dfrac{U(s)}{I(s)}$ 的零、极点分布如图 10-29（b）所示，并知 $Z(j0)=2$。试求 R、L、C 参数值。

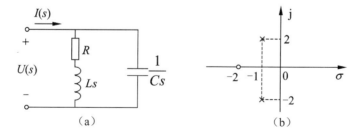

题图 10-29

10-30 电路如题图 10-30 所示。（1）求网络函数 $H(s)=\dfrac{I_2(s)}{I_S(s)}$；（2）在复平面上绘出 $H(s)$ 的极点和零点；（3）当 $i_S=2\varepsilon(t)$A 时，求 i_2 的零状态响应。

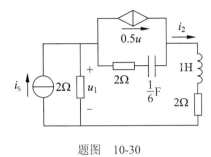

题图 10-30

10-31 电路如题图10-31所示。(1) 求网络函数 $H(s)=\dfrac{I_3(s)}{U_S(s)}$；(2) 求 $i_S=2+\cos 2t$ V 时的稳态响应 i_3。

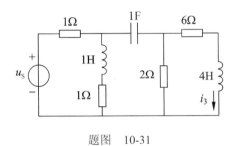

题图 10-31

10-32 题图 10-32 所示电路中，当 u_S 为单位阶跃函数时，响应 $i(t)=\left(\dfrac{1}{2}\mathrm{e}^{-t}+\mathrm{e}^{-3t}\right)\varepsilon(t)\mathrm{A}$。如需电流响应为 $i(t)=2\mathrm{e}^{-t}\varepsilon(t)\mathrm{A}$，则电压激励应为什么函数？

题图 10-32

10-33 题图 10-33 所示电路中，电容有初始储能。当 $u_S(t)=10\varepsilon(t)$V 时，响应 $u_C(t)=(3+5\mathrm{e}^{-2t})\varepsilon(t)$V。在相同初始状态下，求当 $u_S(t)=t\varepsilon(t)$V 时的响应 $u_C(t)$。

题图 10-33

10-34 求题图 10-34 所示电路的电压传递函数 $\dfrac{U_2(s)}{U_1(s)}$。

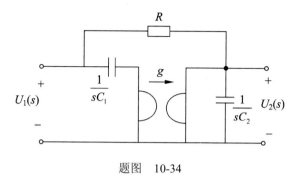

题图 10-34

第 11 章　正弦电流电路的稳态分析

本章重点

1. 正弦量的时域表达式；正弦量的三要素；正弦量的相量表示。
2. 电路元件与基尔霍夫定律的相量形式；正弦稳态电路的相量模型；相量图。
3. 用相量法分析正弦稳态电路。
4. 正弦稳态电路中的功率分析。
5. 功率因数的提高。

学习指导

本章分析线性非时变电路的稳态响应。在线性非时变电路中，同一频率正弦激励下的稳态响应是与激励同频率的正弦量。利用这一特性，可将电压、电流只用它们的幅值和初相位来表示。因此，可得到元件电压、电流的相量关系，从而将时域的电路模型变换为频域的相量模型。这种在频域分析正弦稳态电路的方法称为相量法。

一、正弦量的相量表示

一个正弦量，如一个正弦形式的电流

$$i(t) = I_m \sin(\omega t + \psi_i) = \sqrt{2} I \sin(\omega t + \psi_i)$$

可以由幅值 I_m、角频率 ω 和初相角 ψ_i 唯一确定。又根据数学理论，这样一个正弦量可以与一个复变函数建立起一一对应的关系，即

$$i(t) = I_m \sin(\omega t + \psi_i) \leftrightarrow I_m e^{j\psi_i} e^{j\omega t} \rightarrow I_m e^{j\psi_i} = I_m \angle \psi_i \quad (11\text{-}1)$$

或

$$i(t) = \sqrt{2} I \sin(\omega t + \psi_i) \leftrightarrow \sqrt{2} I e^{j\psi_i} e^{j\omega t} \rightarrow I e^{j\psi_i} = I \angle \psi_i \quad (11\text{-}2)$$

式（11-1）和式（11-2）分别将一个正弦函数形式的电流与一个最大值电流相量和有效值电流相量建立起了一一对应的关系。

类似地，可以将一个正弦函数形式的电压与一个最大值电压相量和有效值电压相量建立起一一对应的关系。分别如式（11-3）和式（11-4）所示。

$$u(t) = U_m \sin(\omega t + \psi_u) \leftrightarrow U_m e^{j\psi_u} e^{j\omega t} \rightarrow U_m e^{j\psi_u} = U_m \angle \psi_u \quad (11\text{-}3)$$

或

$$u(t) = \sqrt{2} I \sin(\omega t + \psi_u) \leftrightarrow \sqrt{2} U e^{j\psi_u} e^{j\omega t} \rightarrow U e^{j\psi_u} = U \angle \psi_u \quad (11\text{-}4)$$

还可以将一个余弦函数形式的电压或电流与一个最大值电压或电流相量和有效值电压或电流相量建立起一一对应的关系。本书如无特别说明,将采用式(11-2)和式(11-4)的对应关系。

例 11-1 已知一正弦电压的频率为 $f=50\text{Hz}$,初相位 $\psi_\text{u}=45°$,其初值为220V,试写出其瞬时值表达式及相量。

解 该正弦电压的角频率 $\omega=2\pi f=314\text{rad}\cdot\text{s}^{-1}$。其瞬时值表达式为

$$u(t)=\sqrt{2}U\sin(\omega t+\psi_\text{u})=\sqrt{2}U\sin(314t+45°)$$

由已知条件有

$$u(0)=220\text{V}=\sqrt{2}U\sin 45°$$

解得 $U=220\text{V}$。所以其瞬时值表达式为

$$u(t)=220\sqrt{2}\sin(314t+45°)\text{ V}$$

其对应的有效值相量为 $\dot{U}=220\angle 45°\text{ V}$。

例 11-2 已知图 11-1 所示电路中,电流 $i_1(t)=5\sqrt{2}\sin(\omega t-30°)\text{A}$,$i_2(t)=4\sqrt{2}\cos(\omega t-150°)\text{A}$。试求总电流 $i(t)$。

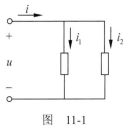

图 11-1

解 由 KCL 有

$$i=i_1+i_2$$

用相量法计算。先将电流的瞬时值化为相应的相量形式,即

$$\dot{I}_1=5\angle -30°(\text{A}),\quad \dot{I}_2=4\angle -60°(\text{A})$$

则

$$\begin{aligned}\dot{I}&=\dot{I}_1+\dot{I}_2=5\angle -30°+4\angle -60°\\&=(4.330-\text{j}2.500)+(2.000-\text{j}3.464)\\&=6.330-\text{j}5.964\\&=8.70\angle -43.3°(\text{A})\end{aligned}$$

总电流的瞬时值表达式为

$$i(t)=8.70\sqrt{2}\sin(\omega t-43.3°)(\text{A})$$

二、正弦稳态电路的相量模型

在线性非时变电路中,在所有激励均为同频率正弦量时,电路中的电压、电流响应在稳态下是与激励同频率的正弦量。可以将所有激励和响应均变换为相应的相量形式,电路中的元件也由相应的相量模型代替,由此就得到了原来时域电路的相量模型。相应的电路分析便在频域进行。这样做的好处在于,若在时域分析,用电压、电流描述电路的方程是微分方程,求解较繁;而在频域中,用电压、电流相量描述上述电路的方程是复代数方程,求解相对较方便。

1. 电路元件的相量模型

线性非时变 RLC 元件的相量模型如图 11-2 所示。

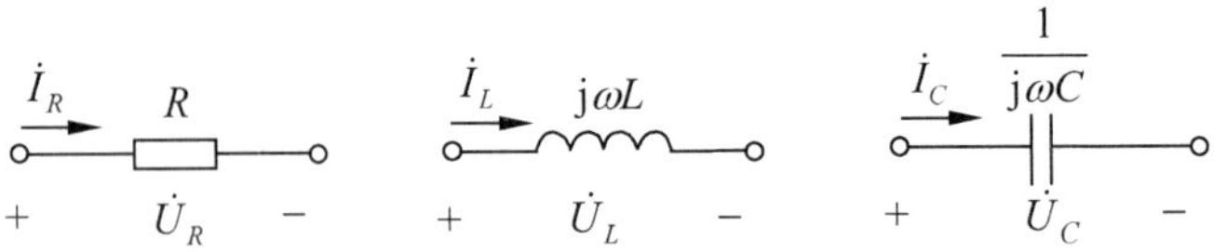

（a）电阻元件　（b）电感元件　（c）电容元件

图 11-2

它们的元件特性分别为

$$\dot{U}_R = R\dot{I}_R，\quad \dot{U}_L = \mathrm{j}\omega L \dot{I}_L，\quad \dot{U}_C = -\mathrm{j}\frac{1}{\omega C}\dot{I}_C$$

一般无源二端元件的相量模型如图 11-3 所示。
它的元件特性为

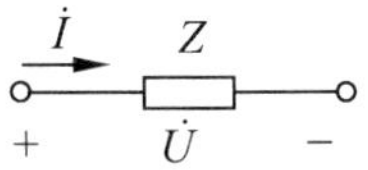

$$\dot{U} = Z\dot{I} \quad \text{或} \quad \dot{I} = Y\dot{U}$$

图 11-3

其中 $Y = 1/Z$。上式应与电阻元件的欧姆定律相似，所以称作相量形式的欧姆定律。

其他电路元件（如独立源、受控源等）的特性也对应相应的相量形式。二端口参数也对应相应的相量形式，即 **R** 参数对应为 **Z** 参数，**G** 参数对应为 **Y** 参数，各自的参数方程为

$$\begin{cases}\dot{U}_1 = Z_{11}\dot{I}_1 + Z_{12}\dot{I}_2 \\ \dot{U}_2 = Z_{21}\dot{I}_1 + Z_{22}\dot{I}_2\end{cases}， \quad \begin{cases}\dot{I}_1 = Y_{11}\dot{U}_1 + Y_{12}\dot{U}_2 \\ \dot{I}_2 = Y_{21}\dot{U}_1 + Y_{22}\dot{U}_2\end{cases}$$

2. 基尔霍夫定律的相量形式

$$\text{KCL：} \sum \dot{I} = 0$$
$$\text{KVL：} \sum \dot{U} = 0$$

3. 电路的相量模型

将线性非时变正弦稳态电路中各电路元件的时域模型均变为相应的相量模型，各元件的连接关系不变，便得到了电路的频域相量模型。描述相量模型中电压、电流关系的方程是复数线性代数方程。这种在频域分析正弦稳态电路的方法称为相量法。

4. 相量图

在复平面上用有向线段表示相量的图形称为相量图。有向线段的长度为相量的模；有向线段与实轴的夹角为相量的辐角，且逆时针方向为正，顺时针方向为负。

同频正弦量的加、减运算可借助相量图进行。利用相量图有时可以简化电路分析。

例 11-3　正弦稳态电路如图 11-4（a）所示。已知电源电压有效值为 $U_S = 220\mathrm{V}$，频率

为 $f = 50\text{Hz}$。试求各支路电流瞬时值表达式。

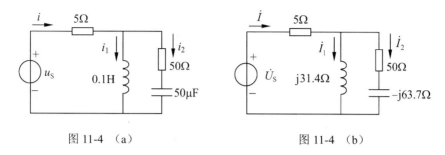

图 11-4 （a）　　　　　　图 11-4 （b）

解　先将电路化为相应的相量模型，如图 11-4（b）所示。
其中感抗和容抗为

$$\omega L = 2\pi f L = 314 \times 0.1 = 31.4(\Omega)$$

$$\frac{1}{\omega C} = \frac{1}{2\pi f C} = \frac{1}{314 \times 50 \times 10^{-6}} = 63.7(\Omega)$$

从端部看入的总阻抗为

$$Z = 5 + \frac{(50 - \text{j}63.7) \times \text{j}31.4}{50 - \text{j}63.7 + \text{j}31.4} = 44.6\angle 64.9^\circ(\Omega)$$

令 $\dot{U}_\text{S} = 220\angle 0^\circ$ V，则根据相量形式的欧姆定律有

$$\dot{I} = \frac{\dot{U}_\text{S}}{Z} = \frac{220\angle 0^\circ}{44.6\angle 64.9^\circ} = 4.93\angle -64.9^\circ(\text{A})$$

根据并联分流关系可得

$$\dot{I}_1 = \frac{50 - \text{j}63.7}{50 - \text{j}32.3}\dot{I} = 6.71\angle -83.9^\circ(\text{A})$$

$$\dot{I}_2 = \frac{\text{j}31.4}{50 - \text{j}32.3}\dot{I} = 2.60\angle 58.0^\circ(\text{A})$$

各电流的瞬时值表达式为

$$i(t) = 4.93\sqrt{2}\sin(314t - 64.9^\circ)(\text{A})$$

$$i_1(t) = 6.71\sqrt{2}\sin(314t - 83.9^\circ)(\text{A})$$

$$i_2(t) = 2.60\sqrt{2}\sin(314t + 58.0^\circ)(\text{A})$$

例 11-4　求图 11-5（a）所示二端口的开路阻抗参数（**Z** 参数），其中 $r = 1\Omega$。

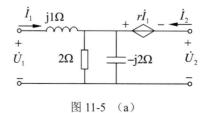

图 11-5 （a）

解法 1：Z 参数方程为

$$\begin{cases} \dot{U}_1 = Z_{11}\dot{I}_1 + Z_{12}\dot{I}_2 \\ \dot{U}_2 = Z_{21}\dot{I}_1 + Z_{22}\dot{I}_2 \end{cases}$$

$Z_{11} = \dfrac{\dot{U}_1}{\dot{I}_1}\Big|_{\dot{I}_2=0} = \text{j}1 + \dfrac{2\times(-\text{j}2)}{2-\text{j}2} = 1(\Omega)$ （端口2开路时端口1的入端阻抗）

$Z_{21} = \dfrac{\dot{U}_2}{\dot{I}_1}\Big|_{\dot{I}_2=0} = 1 - r - \text{j}1\ \Omega = -\text{j}1(\Omega)$ $\left(\dot{U}_2 = -r\dot{I}_1 + \dfrac{2\times(-\text{j}2)}{2-\text{j}2}\dot{I}_1 = (-r+1-\text{j}1)\dot{I}_1\right)$

$Z_{12} = \dfrac{\dot{U}_1}{\dot{I}_2}\Big|_{\dot{I}_1=0} = \dfrac{2\times(-\text{j}2)}{2-\text{j}2} = (1-\text{j}1)(\Omega)$ $\left(\dot{U}_1 = \dfrac{2\times(-\text{j}2)}{2-\text{j}2}\dot{I}_2\right)$

$Z_{22} = \dfrac{\dot{U}_2}{\dot{I}_2}\Big|_{\dot{I}_1=0} = \dfrac{2\times(-\text{j}2)}{2-\text{j}2} = (1-\text{j}1)(\Omega)$ （端口1开路时端口2的入端阻抗）

解法 2：直接列写参数方程，端口用电压源替代（图 11-5（b）所示电路）。列写回路电流方程为

$$\begin{cases} (2+\text{j}1)\dot{I}_1 - 2\dot{I} = \dot{U}_1 & (11-5) \\ -\text{j}2\dot{I}_2 - \text{j}2\dot{I} = r\dot{I}_1 + \dot{U}_2 & (11-6) \\ (2-\text{j}2)\dot{I} - 2\dot{I}_1 - \text{j}2\dot{I}_2 = 0 & (11-7) \end{cases}$$

图 11-5 （b）

由式（11-7）得 $\dot{I} = \dfrac{1}{1-\text{j}1}\dot{I}_1 + \dfrac{\text{j}}{1-\text{j}1}\dot{I}_2$，分别代入式（11-5）和式（11-6），并整理可得 **Z** 参数方程为

$$\begin{cases} \dot{U}_1 = \dot{I}_1 + (1-\text{j}1)\dot{I}_2 \\ \dot{U}_2 = -\text{j}1\,\dot{I}_1 + (1-\text{j}1)\dot{I}_2 \end{cases}$$

比较系数得 **Z** 参数矩阵为

$$\mathbf{Z} = \begin{bmatrix} 1 & 1-\text{j}1 \\ -\text{j}1 & 1-\text{j}1 \end{bmatrix}(\Omega)$$

本例中二端口网络内含有受控源，是非互易二端口网络，故 $Z_{12} \neq Z_{21}$。

例 11-5 图 11-6（a）所示电路，R、C 为已知，求：（1）**Y** 参数；（2）ω 为多少时输出端的开路电压 $\dot{U}_2 = 0$。

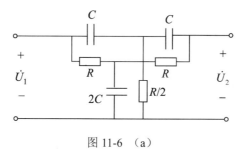

图 11-6 （a）

解 （1）图 11-6（a）所示二端口网络可分解为图 11-6（b）和图 11-6（c）所示两个对称二端口网络的并联。

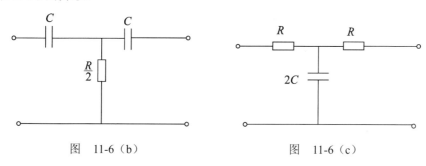

图 11-6（b）　　　　　　　　图 11-6（c）

这两个二端口网络并联后仍满足端口条件，故有 $Y = Y' + Y''$，只需分别求出图 11-6(b)、图 11-6（c）所示电路的 Y 参数（Y' 和 Y''），然后相加即可。

由图 11-6（b）电路有

$$Y'_{11} = \frac{j\omega C - R\omega^2 C^2/2}{1+jR\omega C} = Y'_{22}$$

$$Y'_{21} = \frac{R\omega^2 C^2/2}{1+jR\omega C} = Y'_{12}$$

由图 11-6（c）电路有

$$Y''_{11} = \frac{1+j2R\omega C}{2R(1+jR\omega C)} = Y''_{22}$$

$$Y''_{21} = -\frac{1}{2R(1+jR\omega C)} = Y''_{12}$$

则

$$Y_{11} = Y'_{11} + Y''_{11} = \frac{j\omega C - R\omega^2 C^2/2}{1+jR\omega C} + \frac{1+j2R\omega C}{2R(1+jR\omega C)} = Y_{22}$$

$$Y_{21} = Y'_{21} + Y''_{21} = \frac{R\omega^2 C^2/2}{1+jR\omega C} - \frac{1}{2R(1+jR\omega C)} = Y_{12}$$

（2）二端口网络的 Y 参数方程为

$$\begin{cases} \dot{I}_1 = Y_{11}\dot{U}_1 + Y_{12}\dot{U}_2 \\ \dot{I}_2 = Y_{21}\dot{U}_1 + Y_{22}\dot{U}_2 \end{cases}$$

输出端开路时的电压为 $\dot{I}_2 = 0$ 时的电压 $\dot{U}_2$，令上式中 $\dot{I}_2 = 0$。联立解得

$$\dot{U}_2 = \frac{Y_{21}\dot{U}_1}{Y_{11}}$$

由题意欲使 $\dot{U}_2 = 0$，只需 $Y_{21}=0$。

令 $Y_{21}=0$，即

$$\frac{R\omega^2 C^2 / 2}{1 + jR\omega C} - \frac{1}{2R(1 + jR\omega C)} = 0$$

$$R^2\omega^2 C^2 - 1 = 0$$

则 $\omega = \dfrac{1}{RC}$。

例 11-6 试在一个相量图上定性画出图 11-7（a）所示电路的相量图，并判断输入端等效阻抗的性质（容性或感性）。

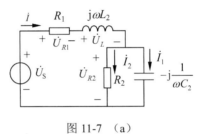

图 11-7 （a）

解 令 $\dot{U}_{R2} = U_{R2}\angle 0°$ 为参考相量。入端等效阻抗的性质取决于电路中的各参数。图 11-7（b）和图 11-7（c）分别画出了两组参数所对应的相量图。

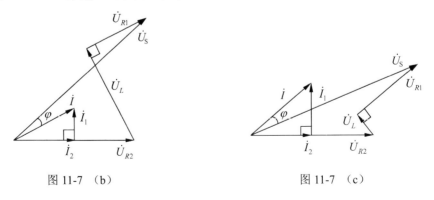

图 11-7 （b）　　　　　　　　　图 11-7 （c）

由相量图 11-7（b）可见，电压 $\dot{U}_S$ 超前电流 $\dot{I}$，所以，此时所对应的入端等效阻抗是

感性的。而由相量图 11-7（c）可见，电压 $\dot{U}_S$ 滞后电流 $\dot{I}$，所以，此时所对应的入端等效阻抗是容性的。

例 11-7 图 11-8(a)所示电路可用来测量电感线圈的等效参数。已知电源电压 $U_S = 220\text{V}$，频率 $f = 50\text{Hz}$。开关 S 断开时，电流表 A_1 的读数为 2A；开关 S 闭合后，电流表 A_1 的读数为 0.8A，电流表 A_2 的读数为 1.5A（读数均为有效值）。试求参数 R 和 L。

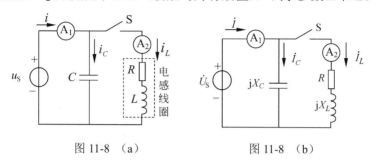

图 11-8 （a）　　　图 11-8 （b）

解 图 11-8（a）的相量模型如图 11-8（b）所示。用相量图分析。根据图 11-8（b），以电压 $\dot{U}_S$ 为参考相量，即令 $\dot{U}_S = 220\angle 0°\text{V}$，则 $\dot{I}_C = 2\angle 90°\text{A}$，$\dot{I}_L = 1.5\angle -\varphi\text{A}$。可画出相量图如图 11-8（c）所示。

根据余弦定理有

$$I^2 = I_L^2 + I_C^2 - 2I_L I_C \cos\alpha$$

代入已知条件，可得

$$0.8^2 = 1.5^2 + 2^2 - 2\times 1.5 \times 2\cos\alpha$$

求得 $\alpha = 20.77°$，所以 $\varphi = 69.23°$。

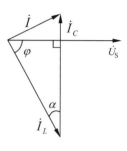

图 11-8 （c）

根据已知条件，线圈的等效阻抗为

$$|Z| = \frac{U_S}{I_L} = \frac{220}{1.5} = 146.7(\Omega)$$

所以有

$$R = |Z|\cos\varphi = 52.0(\Omega)$$
$$X_L = |Z|\sin\varphi = 137.2(\Omega)$$
$$L = \frac{X_L}{\omega} = \frac{137.2}{2\pi \times 50} = 0.437(\text{H})$$

三、正弦稳态电路的相量分析

作出正弦稳态电路的相量模型后，便可以将电阻电路中的各种分析方法推广到相量分析中。这些方法包括等效变换的方法、电路分析的一般分析方法（即回路法、节点法等）及电路定理等。只不过这里描述电路的方程是复系数的代数方程。

例 11-8 电路如图 11-9（a）所示。试分别列写其瞬时值回路电流方程和正弦稳态下相量形式的回路电流方程（i_S、u_S 为同频正弦电源，角频率为 ω）。

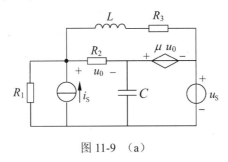

图 11-9 （a）

解 （1）瞬时值形式的回路电流方程

为简单起见，可将电流源 i_S 与电阻 R_1 并联部分看作一个支路，并作电源等效变换。设回路电流分别为 i_1、i_2 和 i_3。如图 11-9（b）所示。

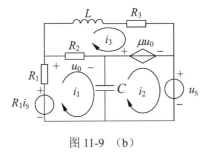

图 11-9 （b）

根据 KVL 可得回路电流方程为

$$\begin{cases} R_1 i_1 + R_2(i_1 - i_3) + \dfrac{1}{C}\int(i_1 - i_2)\mathrm{d}t = R_1 i_S \\ \dfrac{1}{C}\int(i_2 - i_1)\mathrm{d}t + \mu u_0 = -u_S \\ L\dfrac{\mathrm{d}i_3}{\mathrm{d}t} + R_3 i_3 + R_2(i_3 - i_1) - \mu u_0 = 0 \\ u_0 = R_2(i_1 - i_3) \quad \text{（补充方程）} \end{cases}$$

整理得

$$\begin{cases} (R_1+R_2)i_1 + \dfrac{1}{C}\int i_1 \mathrm{d}t - \dfrac{1}{C}\int i_2 \mathrm{d}t - R_2 i_3 = R_1 i_S \\ \mu R_2 i_1 - \dfrac{1}{C}\int i_1 \mathrm{d}t + \dfrac{1}{C}\int i_2 \mathrm{d}t - \mu R_2 i_3 = -u_S \\ -(1+\mu)R_2 i_1 + [(1+\mu)R_2 + R_3]i_3 + L\dfrac{\mathrm{d}i_3}{\mathrm{d}t} = 0 \end{cases}$$

（2）相量形式的回路电流方程

可由图 11-9（b）作出电路的相量模型，如图 11-9（c）所示。

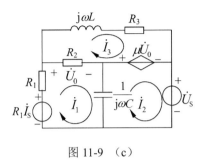

图 11-9 （c）

相量形式的回路电流方程为

$$\begin{cases} \left(R_1 + R_2 + \dfrac{1}{j\omega C}\right)\dot{I}_1 - \dfrac{1}{j\omega C}\dot{I}_2 - R_2\dot{I}_3 = R_1\dot{I}_S \\ -\dfrac{1}{j\omega C}\dot{I}_1 + \dfrac{1}{j\omega C}\dot{I}_2 = -\dot{U}_S - \mu\dot{U}_0 \\ -R_2\dot{I}_1 + (R_2 + R_3 + j\omega L)\dot{I}_3 = \mu\dot{U}_0 \\ \dot{U}_0 = R_2(\dot{I}_1 - \dot{I}_3) \quad \text{（补充方程）} \end{cases}$$

说明：上述相量形式的方程为复系数的代数方程。

例 11-9 电路如图 11-10（a）所示，试列写其节点电压方程。

解 选择参考节点及各独立节点如图 11-10（b）所示。设节点 1、2、3 的节点电压分别为 $\dot{U}_{n1}$、$\dot{U}_{n2}$、$\dot{U}_{n3}$。

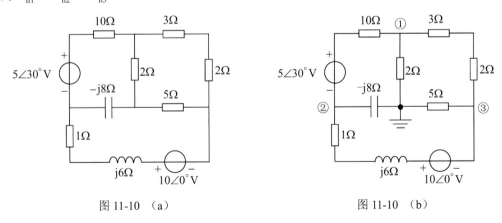

图 11-10 （a）　　　　　　　　图 11-10 （b）

节点电压方程为

$$\begin{cases} \left(\dfrac{1}{10}+\dfrac{1}{2}+\dfrac{1}{3+2}\right)\dot{U}_{n1}-\dfrac{1}{10}\dot{U}_{n2}-\dfrac{1}{3+2}\dot{U}_{n3}=\dfrac{5\angle 30°}{10} \\ -\dfrac{1}{10}\dot{U}_{n1}+\left(\dfrac{1}{10}+\dfrac{1}{-j8}+\dfrac{1}{1+j6}\right)\dot{U}_{n2}-\dfrac{1}{1+j6}\dot{U}_{n3}=-\dfrac{5\angle 30°}{10}+\dfrac{10\angle 0°}{1+j6} \\ -\dfrac{1}{3+2}\dot{U}_{n1}-\dfrac{1}{1+j6}\dot{U}_{n2}+\left(\dfrac{1}{1+j6}+\dfrac{1}{5}+\dfrac{1}{3+2}\right)\dot{U}_{n3}=-\dfrac{10\angle 0°}{1+j6} \end{cases}$$

例 11-10 电路如图 11-11（a）所示，试求电流 $\dot{I}_{ab}$。

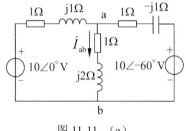

图 11-11 （a）

解 此题可用多种方法求解。

方法 1：节点法。

以节点 b 为参考节点。设节点 a 的电压为 $\dot{U}_a$。节点电压方程为

$$\left(\dfrac{1}{1+j1}+\dfrac{1}{1-j1}+\dfrac{1}{1+j2}\right)\dot{U}_a=\dfrac{10\angle 0°}{1+j1}+\dfrac{10\angle -60°}{1-j1}$$

解得 $\dot{U}_a=10.8\angle 11.6°\text{V}$。进而可求得

$$\dot{I}_{ab}=\dfrac{\dot{U}_a}{1+j2}=\dfrac{10.8\angle 11.6°}{1+j2}=4.83\angle -75.0°(\text{A})$$

方法 2：应用戴维南定理。

对所求电流 $\dot{I}_{ab}$ 所在支路以外的部分作戴维南等效。被等效部分的电路及等效电路分别如图 11-11（b）和图 11-11（c）所示。

由图 11-11（b）可得

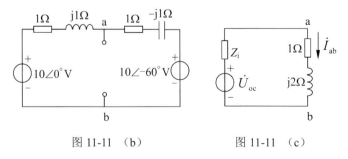

图 11-11 （b）　　　　图 11-11 （c）

$$\dot{U}_{oc} = 10\angle 0° + \frac{10\angle -60° - 10\angle 0°}{1+j1+1-j1} \times (1+j1) = 13.66\angle -30.0°(V)$$

$$Z_i = \frac{(1+j1)(1-j1)}{1+j1+1-j1} = 1(\Omega)$$

由等效电路可得

$$\dot{I}_{ab} = \frac{\dot{U}_{oc}}{Z_i + 1 + j2} = \frac{13.66\angle -30.0°}{1+1+j2} = 4.83\angle 75.0°(A)$$

说明：此题还可以用回路法、叠加定理等方法求解。

例 11-11 电路如图 11-12（a）所示。已知 $R=1\Omega$，$C=1F$。

（1）设电源的角频率为 ω。求电压传输比 $\dfrac{\dot{U}_o}{\dot{U}_i}$；

（2）当输入电压 $u_i(t)=3\sin(2t+30°)$ V 时，求输出电压 $u_o(t)$。

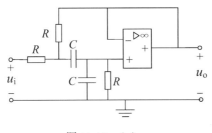

图 11-12 （a）

解（1）图 11-12 电路的相量模型如图 11-12（b）电路所示。用节点法求解。

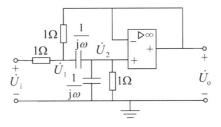

图 11-12 （b）

列写图 11-12（b）所示电路的节点电压方程（利用理想运算放大器的条件）

$$\begin{cases} (1+1+j\omega)\dot{U}_1 - \dot{U}_o - j\omega \dot{U}_2 = \dot{U}_i/1 \\ -j\omega \dot{U}_1 + (j\omega + j\omega + 1)\dot{U}_2 = 0 \qquad \text{（用到虚开路条件）} \\ \dot{U}_2 = \dot{U}_o \qquad \text{（虚短路）} \end{cases}$$

解上述方程，可得

$$\frac{\dot{U}_o}{\dot{U}_i} = \frac{j\omega}{2-\omega^2+j4\omega}$$

可见，电压传输比是（角）频率的函数。

（2）在给定的激励下，已知 $\omega=2\text{rad}\cdot\text{s}^{-1}$，输入电压相量为 $\dot{U}_i = \frac{3}{\sqrt{2}}\angle 30°$ V。则

$$\frac{\dot{U}_o}{\dot{U}_i} = \frac{j2}{-2+j8} = 0.2425\angle -14.0°$$

所以

$$\dot{U}_o = 0.2425\angle -14.0°\times \dot{U}_i = 0.2425\angle -14.0°\times \frac{3}{\sqrt{2}}\angle 30° = \frac{0.728}{\sqrt{2}}\angle 16.0° \text{ (V)}$$

其瞬时值表达式为

$$u_o(t) = 0.728\sin(2t+16.0°)\text{(V)}$$

四、功率分析

功率分析是正弦电路分析的重要内容。由于电路中含有电感和电容元件，所以正弦稳态电路的功率分析比电阻电路要复杂得多。

对于一个二端网络，可定义瞬时功率、有功功率、无功功率、视在功率、复功率及功率因数等。该网络可以是一个元件、一个支路或一个复杂电路。若二端网络不含独立源，则其相量模型对端口可等效为一个阻抗 Z 或导纳 Y，如图 11-13 所示。

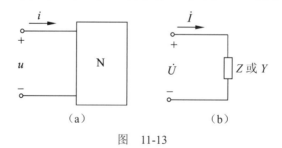

图 11-13

设

$$u = \sqrt{2}U\sin(\omega t+\psi_u)$$
$$i = \sqrt{2}I\sin(\omega t+\psi_i)$$
$$Z = |Z|\angle\varphi = R+jX, \ Y = |Y|\angle\varphi' = G+jB$$

则可定义如下功率及相关量。

1．瞬时功率

$$p = ui = \sqrt{2}U\sin(\omega t+\psi_u)\times\sqrt{2}I\sin(\omega t+\psi_i)$$

2. 平均功率（有功功率）

$$P = UI\cos(\psi_u - \psi_i) = UI\cos\varphi$$

对于无源网络，有功功率可以表示为

$$P = I^2|Z|\cos\varphi = I^2 R$$

3. 无功功率

$$Q = UI\sin(\psi_u - \psi_i) = UI\sin\varphi$$

对于无源网络，无功功率可以表示为

$$Q = I^2|Z|\sin\varphi = I^2 X$$

4. 视在功率

$$S = UI = \sqrt{P^2 + Q^2}$$

对于无源网络，视在功率也可以表示为

$$S = I^2|Z|$$

5. 功率因数

$$\lambda = \cos\varphi = \frac{P}{S}$$

6. 复功率

$$\bar{S} = \dot{U}\dot{I}^* \quad (\dot{I}^* \text{是} \dot{I} \text{的共轭复数})$$

对于无源网络，复功率可以表示为

$$\bar{S} = \dot{U}\dot{I}^* = Z\dot{I}\dot{I}^* = ZI^2$$

在正弦稳态电路中，瞬时功率、有功功率、无功功率和复功率是守恒的。

例 11-12 电路如图 11-14（a）所示。已知 $\dot{U}_S = 20\angle 30°$ V，$\dot{I}_S = 5\angle 0°$ A，Z_1=1-j2Ω，Z_2=10+j5Ω，Z_3=j2Ω，Z_4=3+j4Ω。求电压源和电流源各自发出的有功功率和无功功率。

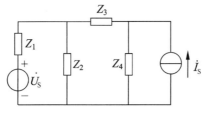

图 11-14 （a）

解 为求电压源发出的功率，需先求出流过其中的电流；而要求电流源发出的功率，需知道其两端的电压。可用多种方法求解。

方法 1：用节点法求解。设参考节点及节点电压如图 11-14（b）所示。

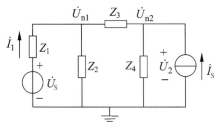

图 11-14 （b）

节点电压方程为

$$\begin{cases} \left(\dfrac{1}{Z_1}+\dfrac{1}{Z_2}+\dfrac{1}{Z_3}\right)\dot{U}_{n1} - \dfrac{1}{Z_3}\dot{U}_{n2} = \dfrac{\dot{U}_S}{Z_1} \\ -\dfrac{1}{Z_3}\dot{U}_{n1} + \left(\dfrac{1}{Z_3}+\dfrac{1}{Z_4}\right)\dot{U}_{n2} = \dot{I}_S \end{cases}$$

代入已知参数得

$$\begin{cases} (0.28 - j0.14)\dot{U}_{n1} + j0.5\dot{U}_{n2} = 8.944\angle 93.43° \\ j0.5\dot{U}_{n1} + (0.12 - j0.66)\dot{U}_{n2} = 5\angle 0° \end{cases}$$

解方程，得 $\dot{U}_{n1} = 21.3\angle 35.8°$ V, $\dot{U}_{n2} = 21.1\angle 42.2°$ V，所以

$$\dot{U}_2 = \dot{U}_{n2} = 21.1\angle 42.2°(\text{V})$$

$$\dot{I}_1 = \frac{\dot{U}_S - \dot{U}_{n1}}{Z_1} = \frac{20\angle 30° - 21.3\angle 35.8°}{1 - j2} = 1.11\angle -24.6°(\text{A})$$

电压源发出的有功功率和无功功率为

$$\begin{aligned} P_1 &= U_S I_1 \cos[30° - (-24.6°)] \\ &= 20 \times 1.11 \times \cos 54.6° \\ &= 12.9(\text{W}) \end{aligned}$$

$$\begin{aligned} Q_1 &= U_S I_1 \sin[30° - (-24.6°)] \\ &= 20 \times 1.11 \times \sin 54.6° \\ &= 18.1(\text{var}) \end{aligned}$$

电流源发出的有功功率和无功功率为

$$\begin{aligned} P_2 &= U_2 I_S \cos(42.2° - 0°) \\ &= 21.1 \times 5 \times \cos 42.2° \\ &= 78.1(\text{W}) \end{aligned}$$

$$Q_2 = U_2 I_S \sin(42.2° - 0°)$$
$$= 21.1 \times 5 \times \sin 42.2°$$
$$= 70.9(\text{var})$$

或用复功率计算。

电压源发出的复功率为
$$\overline{S}_1 = \dot{U}_S \dot{I}_1^* = 20\angle 30° \times 1.11\angle 24.6° = 22.2\angle 54.6° = 12.9 + j18.1 \text{ (V·A)}$$

电流源发出的复功率为
$$\overline{S}_2 = \dot{U}_2 \dot{I}_S^* = 21.1\angle 42.2° \times 5\angle 0° = 105.5\angle 42.2° = 78.1 + j70.9 \text{ (V·A)}$$

方法 2：用叠加法求解。

电压源和电流源分别单独作用时的电路如图 11-14（c）和图 11-14（d）所示。

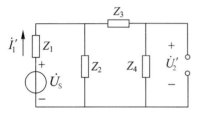
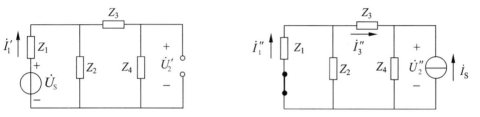

图 11-14 （c）　　　　　　　　　图 11-14 （d）

对图 11-14（c），可利用阻抗的串并联关系得
$$Z_2 //(Z_3 + Z_4) = \frac{(10 + j5) \times (j2 + 3 + j4)}{10 + j5 + j2 + 3 + j4}$$
$$= 4.404\angle 49.76° \, \Omega = 2.845 + j3.362(\Omega)$$
$$\dot{I}_1' = \frac{\dot{U}_S}{Z_1 + Z_2 //(Z_3 + Z_4)} = \frac{20\angle 30°}{1 - j2 + 2.845 + j3.362} = 4.903\angle 10.5° \text{(A)}$$
$$\dot{U}_2' = \frac{Z_2}{Z_2 + Z_3 + Z_4} \times \dot{I}_1' \times Z_4 = \frac{10 + j5}{10 + j5 + j2 + 3 + j4} \times 4.903\angle 10.5° \times (3 + j4)$$
$$= 16.09\angle 49.95°\text{(V)}$$

对图 11-14（d），同样可利用阻抗的串并联关系得
$$Z_1 // Z_2 = \frac{(1 - j2)(10 + j5)}{1 - j2 + 10 + j5} = 2.191\angle -52.13° = 1.345 - j1.730(\Omega)$$
$$Z_1 // Z_2 + Z_3 = 1.345 - j1.730 + j2 = 1.345 + j0.270 = 1.372\angle -11.35°(\Omega)$$
$$Z_4 //[Z_1 // Z_2 + Z_3] = \frac{5\angle 53.13° \times 1.372\angle 11.35°}{3 + j4 + 1.345 + j0.270} = 1.126\angle 19.98°(\Omega)$$
$$\dot{U}_2'' = Z_4 //[Z_1 // Z_2 + Z_3]\dot{I}_S = 1.126\angle 19.98° \times 5\angle 0°$$
$$= 5.630\angle 19.98°\text{(V)}$$

$$\dot{I}_3'' = -\frac{Z_4}{Z_4 + Z_1 // Z_2 + Z_3}\dot{I}_S = -\frac{5\angle 53.13°}{3+j4+1.345+j0.270}\times 5\angle 0°$$
$$= 4.104\angle -171.4°(A)$$
$$\dot{I}_1'' = \frac{Z_2}{Z_1 + Z_2}\dot{I}_3'' = \frac{10+j5}{1-j2+10+j5}\times 4.104\angle -171.4°$$
$$= 4.025\angle -161.1°(A)$$

当电压源和电流源共同作用时
$$\dot{I}_1 = \dot{I}_1' + \dot{I}_1'' = 4.903\angle 10.5° + 4.025\angle -160.1° = 1.14\angle -24.7°(A)$$
$$\dot{U}_2 = \dot{U}_2' + \dot{U}_2'' = 16.09\angle 49.95° + 5.630\angle 19.98° = 21.2\angle 42.3°(V)$$
功率的计算与方法 1 相同。

说明：因有舍入误差，所以两种方法略有差别。

例 11-13 电路如图 11-15（a）所示。已知电流表 A_1、A_2 的读数均为 10A，电压表读数为 220V（电压表、电流读数均为有效值），功率表读数为 2200W，$R=12\Omega$，电源频率 $f=50$Hz 且已知电压 $\dot{U}$、电流 $\dot{I}$ 同相。试求电路参数 R_1、R_2、L 和 C。

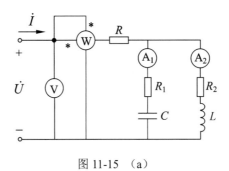

图 11-15（a）

解 为简单起见，去掉图 11-15（a）中的各表计，将电路改画为图 11-15（b），各电压、电流的参考方向如图所示。

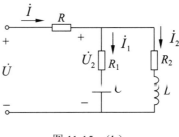

图 11-15（b）

根据已知条件，端口 $\dot{U}$、$\dot{I}$ 同相，所以

$$I = \frac{P}{U} = \frac{2200}{220} = 10(\text{A})$$

令

$$Z_C = R_1 - j\frac{1}{\omega C} = R_1 + jX_C = |Z_C|\angle\varphi_C$$

$$Z_L = R_2 + j\omega L = R_1 + jX_L = |Z_L|\angle\varphi_L$$

以下可借助相量图分析。

令 $\dot{U}_2 = U_2\angle 0°$。可作出如图 11-15（c）所示的相量图。因 $I = I_1 = I_2$，又根据 KCL 有 $\dot{I} = \dot{I}_1 + \dot{I}_2$，所以三个电流在相量图中构成一等边三角形。由此可得

$$|Z_C| = |Z_L|, \quad \varphi_C = -60°, \quad \varphi_L = 60°$$

因此 $\dot{U}_2$ 也与 $\dot{I}$ 同相。

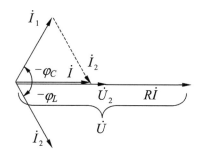

图 11-15 （c）

根据上述分析，可得

$$U_2 = U - RI = 220 - 12 \times 10 = 100(\text{V})$$

$$|Z_C| = |Z_L| = \frac{U_2}{I_1} = \frac{100}{10} = 10(\Omega)$$

$$R_1 = |Z_C|\cos\varphi_C = 10\cos(-60°) = 5(\Omega)$$

$$X_C = -\frac{1}{\omega C} = |Z_C|\sin\varphi_C = 10\sin(-60°) = -5\sqrt{3}(\Omega)$$

$$C = -\frac{1}{\omega X_C} = \frac{1}{314 \times 5\sqrt{3}} = 367(\mu\text{F})$$

$$R_2 = |Z_L|\cos\varphi_L = 10\cos 60° = 5(\Omega)$$

$$X_L = \omega L = |Z_L|\sin\varphi_L = 10\sin 60° = 5\sqrt{3}(\Omega)$$

$$L = \frac{X_L}{\omega} = \frac{5\sqrt{3}}{314} = 27.6(\text{mH})$$

例 11-14 电路如图 11-16（a）所示。试问当 Z_L 为何值时，它所吸收的平均功率最大？并求此最大功率。

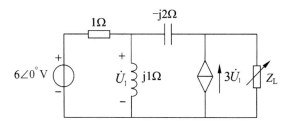

图 11-16 （a）

解 用戴维南定理求解。

（1）求图 11-16（b）所示电路在端口 ab 处开路时的开路电压 $\dot{U}_{oc}$。

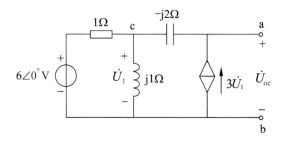

图 11-16 （b）

以 $\dot{U}_1$ 为变量，列写图 11-16（b）中节点 c 的 KCL 方程为

$$\frac{\dot{U}_1 - 6\angle 0°}{1} + \frac{\dot{U}_1}{j1} = 3\dot{U}_1$$

解上式得 $\dot{U}_1 = 2.683\angle 153.4° \text{ V}$，则开路电压为

$$\dot{U}_{oc} = (-j2) \times (3\dot{U}_1) + \dot{U}_1 = (1 - j6)\dot{U}_1 = 16.32\angle 72.86° \text{ (V)}$$

（2）由图 11-16（c）求等效阻抗 Z_i。

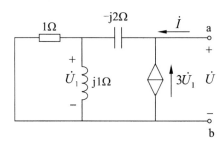

图 11-16 （c）

列方程为
$$\dot{U} = \left(-j2 + \frac{1 \times j1}{1+j1}\right)(\dot{I} + 3\dot{U}_1) = (0.5 - j1.5)(\dot{I} + 3\dot{U}_1)$$

$$\dot{U}_1 = \frac{1 // j1}{1 // j1 - j2}\dot{U} = \frac{0.5 + j0.5}{0.5 - j1.5}\dot{U}$$

整理上式得
$$\dot{U} = \frac{0.5 - j1.5}{-0.5 - j1.5}\dot{I} = 1.000\angle 36.83° \times \dot{I}$$

$$Z_i = \frac{\dot{U}}{\dot{I}} = 1.000\angle 36.83° = 0.8004 + j0.5994(\Omega)$$

(3) 作出等效电路如图 11-16 (d) 所示。

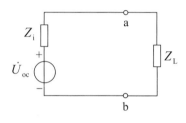

图 11-16 (d)

负载获得最大平均功率的条件为
$$Z_L = Z_i^* = 0.8004 - j0.5994(\Omega)$$

负载获得的最大功率为
$$P_{Lmax} = \frac{U_{oc}^2}{4R_i} = \frac{16.32^2}{4 \times 0.8004} = 83.2(W)$$

五、负载功率因数的提高

负载的低功率因数不利于系统的正常运行，需根据要求进行无功补偿以提高功率因数。一般负载本身是不可改变的，所谓提高功率因数实际上是在负载处采取附加的补偿措施，而使负载的无功就地被抵消。从系统端等效的结果看，负载处的功率因数提高。实际负载多为感性，且工作电源为电压源，最常用的补偿措施是并联电容器。很显然，若负载为容性，则应采用并电感补偿。但这种负载较少。

图 11-17 是对感性负载进行并联电容无功补偿，提高功率因数的示意图。在合理的补偿条件下，有 $\cos\varphi' > \cos\varphi$。

例 11-15 电路如图 11-18 (a) 所示。已知感性负载的等效阻抗 $Z_L=3+j3.8\Omega$，由频率 $f=50$Hz、电压 $U_S=220$V 的正弦电源供电，电源的额定容量 $S_N=10$kV·A。

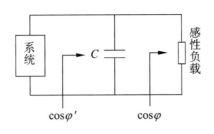

图 11-17

（1）求负载吸收的功率及功率因数；
（2）若在负载处用并联电容的方法将功率因数提高到 0.9，求需并联的电容值；
（3）在采取（2）的补偿措施后，电源还可再带多大的电阻性负载？

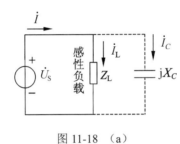

图 11-18（a）

解 （1）令 $\dot{U}_S = 220\angle 0° \text{ V}$，则感性负载中的电流为

$$\dot{I}_L = \frac{\dot{U}_S}{Z_L} = \frac{220\angle 0°}{3+j3.8} = 45.45\angle -51.71°(\text{A})$$

负载吸收的有功、无功和视在功率分别为

$$P_L = U_S I_L \cos[0° - (-51.71°)] = 220\times 45.45\times \cos 51.71° = 6.196(\text{kW})$$
$$Q_L = U_S I_L \sin[0° - (-51.71°)] = 220\times 45.45\times \sin 51.71° = 7.848(\text{kvar})$$
$$S_L = U_S I_L = 220\times 45.45 = 9.999\text{kV·A}$$

负载的功率因数为

$$\lambda = \cos\varphi = \cos 51.71° = 0.6196$$

可见 $S_L \approx S_N$，现有负载已基本占用了电源的全部容量，已不能再带其他负载。

（2）对于感性负载，可用并联电容的方法进行无功补偿。补偿前后的相量图如图 11-18（b）所示。补偿后的功率因数角为 $\varphi' = \cos^{-1} 0.9 = 25.84°$。

由相量图可得

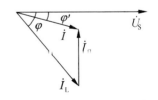

图 11-18（b）

$$I_L \cos\varphi = I\cos\varphi'$$
$$I_C = I_L \sin\varphi - I\sin\varphi'$$

补偿前后负载吸收的有功功率不变,即
$$P_L = U_S I_L \cos\varphi = U_S I \cos\varphi'$$

所以
$$I_C = I_L \sin\varphi - I\sin\varphi'$$
$$= \frac{P_L}{U_S}\frac{\sin\varphi}{\cos\varphi} - \frac{P_L}{U_S}\frac{\sin\varphi'}{\cos\varphi'} = \frac{P_L}{U_S}(\tan\varphi - \tan\varphi')$$

又 $I_C = \omega C U_S$,将其代入上式,得
$$C = \frac{P_L}{\omega U_S^2}(\tan\varphi - \tan\varphi')$$
$$= \frac{6.196 \times 10^3}{314 \times 220^2}(\tan 51.71° - \tan 25.84°) = 319.0(\mu F)$$

该电容补偿的无功容量为
$$|Q_C| = P_L(\tan\varphi - \tan\varphi')$$
$$= 6.196 \times 10^3 \times (\tan 51.71° - \tan 25.84°) = 4.848(\text{kvar})$$

电容补偿的无功容量也可按根据功率三角形计算。补偿前后的功率三角形如图 11-18(c)所示。

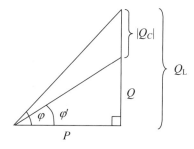

图 11-18 (c)

由图 11-18(c)可得
$$\cos\varphi' = \frac{P_L}{\sqrt{P_L^2 + (Q_L + Q_C)^2}}$$

注意:上式中 Q_C 为负值,所以
$$Q_C = \pm P_L\sqrt{\frac{1}{\cos^2\varphi'} - 1} - Q_L = \pm 6.196\sqrt{\frac{1}{0.9^2} - 1} - 7.848 = \begin{cases} -4.848(\text{kvar}) \\ -10.85(\text{kvar}) \end{cases}$$

舍去过补偿结果,取 $Q_C = -4.848\text{kvar}$,则补偿电容值为

$$C = \frac{|Q_C|}{\omega U_S^2} = \frac{4.848 \times 10^3}{314 \times 220^2} = 319.0 (\mu F)$$

（3）设补偿后可多带的电阻性负载的功率为 P'。则根据电源的容量有

$$S_N = \sqrt{(P_L + P')^2 + (Q_L + Q_C)^2}$$

则

$$P' = \sqrt{S_N^2 - (Q_L + Q_C)^2} - P_L$$
$$= \sqrt{10^2 - (7.848 - 4.848)^2} - 6.196 = 3.343 (kW)$$

习题

11-1　（1）已知正弦电流 $i = 10\sin\left(314t + \frac{\pi}{3}\right)$ A，正弦电压 $u = 200\sqrt{2}\sin\left(314t - \frac{\pi}{4}\right)$ V。分别写出电流和电压的最大值、有效值、初相角及角频率。

（2）已知工频交流电压的最大值为 U_m=200V，初相角 $\Psi_u = \frac{\pi}{6}$；工频交流电流的有效值为 10A，初相角 $\Psi_i = -\frac{\pi}{4}$。分别写出电压、电流的瞬时值表达式，并定性画出电压、电流的波形。

11-2　已知正弦电压 $u = 220\sqrt{2}\sin\left(1000t + \frac{\pi}{4}\right)$ V，正弦电流 $i = 10\sin\left(1000t - \frac{\pi}{6}\right)$ A。

（1）写出 u、i 的相量表达式；
（2）计算 u、i 的相位差；
（3）画出 u、i 的相量图。

11-3　已知正弦电流 $i_1 = 4\sin\left(314t - \frac{\pi}{6}\right)$ A，$i_2 = 4\sin\left(314t + \frac{\pi}{6}\right)$ A，分别用相量计算与相量作图求 $i=i_1+i_2$。

11-4　题图 11-4 所示电路中，已知 $u_S = 100\sqrt{2}\sin(314t + 30°)$ V，$u_1 = 60\sqrt{2}\sin(314t - 6.9°)$ V，求 u_2。

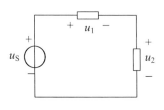

题图 11-4

11-5 定性画出题图 11-5 所示各电路的电压、电流相量图。

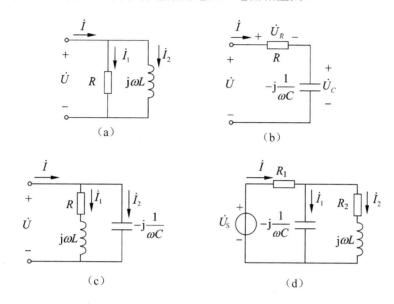

题图 11-5

11-6 定性画出题图 11-6 所示电路中的电压、电流相量图,并判断 u_2 是超前还是滞后 u_1。

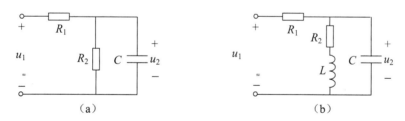

题图 11-6

11-7 求题图 11-7 各电路的入端阻抗,其中 $Z_1=(2+j3)\Omega$,$Z_2=(50-j20)\Omega$,$Z_3=j5.9\Omega$。

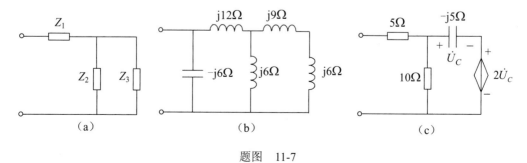

题图 11-7

11-8 求题图 11-8 所示各电路的入端阻抗 Z_{ab}。

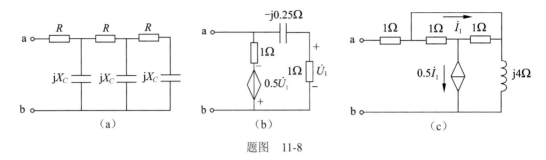

题图 11-8

11-9 电路如题图 11-9 所示。求角频率 $\omega=1000\text{rad}\cdot\text{s}^{-1}$ 时网络的 **Z** 参数及 **Y** 参数。

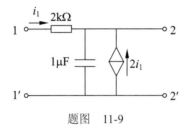

题图 11-9

11-10 求题图 11-10 所示网络的 **T** 参数。各阻抗值为 $R_1=10\Omega$,$X_1=20\Omega$,$X_2=X_3=-40\Omega$。

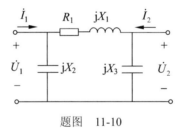

题图 11-10

11-11 题图 11-11 所示二端口网络中,给定 R 和 C 的值。求:
(1) 此网络的 **T** 参数;
(2) 若图中电压 $\dot{U}_2$ 与 $\dot{U}_1$ 反相(即相位差 $180°$),问这时 $\dot{U}_1$ 的频率是多少?比值 U_2/U_1 又是多少?

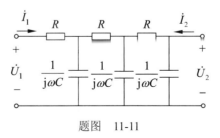

题图 11-11

11-12 一交流接触器的线圈电阻 $R=200\Omega$，$L=63\mathrm{mH}$，接到工频电源上，电源电压 $U=220\mathrm{V}$。问线圈中的电流为多大？

若将此线圈接至 $U=220\mathrm{V}$ 的直流电源上，线圈中电流又将为多大？

11-13 串联电容可用于交流电压的分压。题图 11-13 所示电路中有三个电容 C_1、C_2 和 C_3 串联。

（1）若 $u=\sqrt{2}U\sin\omega t\mathrm{V}$，求 i；

（2）电容 C_3 上电压 U_3 为多大？

（3）若 $U=35\mathrm{kV}$，$\omega=314\mathrm{rad\cdot s^{-1}}$，$C_1=C_2=1\mu\mathrm{F}$，$C_3=0.5\mu\mathrm{F}$，则 $i=?$ $u_3=?$ 三个电容的额定电压各应不低于多少伏？

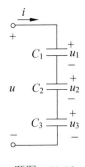

题图 11-13

11-14 一线圈接到 $U_0=120\mathrm{V}$ 的直流电源时，电流 $I_0=20\mathrm{A}$。若接到频率 $f=50\mathrm{Hz}$，电压 $U_2=220\mathrm{V}$ 的交流电源时，电流 $I_2=28.2\mathrm{A}$。求此线圈的电阻和电感。

11-15 电阻为 1Ω，阻抗为 8.08Ω 的线圈与电阻为 1.42Ω 的第二个线圈串联。当 $220\mathrm{V}$ 电压加到两端时，电流为 $6.3\mathrm{A}$。试求第二个线圈的电感。电源频率为 $50\mathrm{Hz}$。

11-16 电路如题图 11-16 所示。用改变频率的方法测线圈的等效参数。测量结果如下：

（1）$f=50\mathrm{Hz}$，$U=60\mathrm{V}$，$I=10\mathrm{A}$；

（2）$f=100\mathrm{Hz}$，$U=60\mathrm{V}$，$I=6\mathrm{A}$。

试求线圈的等效参数 L 和 R。

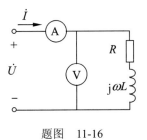

题图 11-16

11-17 题图 11-17 所示电路中，已知 $\dot{U}=220\angle 0°$ V，$Z_1=(30+j40)\Omega$，$Z_2=(40-j20)\Omega$。求 $\dot{I}_1$、$\dot{I}_2$ 和 $\dot{I}$，写出 $i_1(t)$、$i_2(t)$ 和 $i(t)$，并画出相量图。

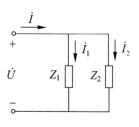

题图 11-17

11-18 电路如题图 11-18 所示。$u=220\sqrt{2}\sin(\omega t+30°)$V，$R_1=3.25\Omega$，$R_2=8.17\Omega$，$L=12.5$mH，$C=500\mu$F，$f=50$Hz，求电流 $i_1(t)$、$i_2(t)$ 和 $i(t)$。

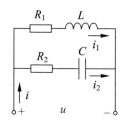

题图 11-18

11-19 电路如题图 11-19 所示。已知 $U=200$V，$f=50$Hz，$I=10$A，且测得 $U_{R1}=80$V，$U_L=100$V。求：（1）$|\dot{U}_L+\dot{U}_{R2}|$；（2）L 及 R_2。

11-20 电路如题图 11-20 所示。已知 $\dot{U}_{S1}=100\angle 0°$ V，$\dot{U}_{S2}=100\angle -60°$ V，$R_1=R_2=50\Omega$，$X_C=-50\Omega$，$X_L=50\Omega$，求 $\dot{I}_1$。

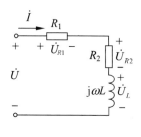
题图 11-19

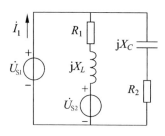
题图 11-20

11-21 题图 11-21 所示电路中，已知 $\dot{U}=220\angle 10°$ V，电源频率 f=50Hz，求 $\dot{U}_R$ 及 $\dot{U}_C$。

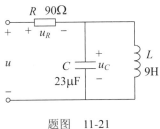

题图 11-21

11-22 改变交流电动机的端电压 U_M 可以调节电动机的转速。为此，可以在线路中串入可调电感 L（实际上为一磁放大器）。通过电感的改变，使 U_M 发生变化，就可以控制电动机的转速（见题图 11-22）。已知电动机端电压 U_M=110V，$\cos\varphi$=0.8（滞后），电源电压 U=220V。求电感 L 两端的电压 U_L。

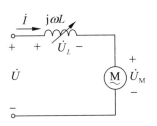

题图 11-22

11-23 题图 11-23 所示电路为一种移相电路。用相量分析说明改变电阻可电压 $\dot{U}_{ab}$ 相位变化而大小不变。若 U=2V，f=200Hz，R_1=4kΩ，C=0.01μF，R_2 由 30kΩ 变至 140Ω，求 $\dot{U}_{ab}$ 的相位变化。

11-24 用回路法列写题图 11-24 所示电路的相量方程。

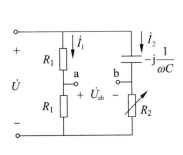

题图 11-23

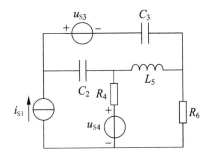

题图 11-24

11-25 用回路法列写题图 11-25 所示电路的相量方程。

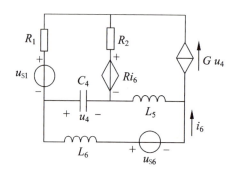

题图 11-25

11-26 用节点法列写题图 11-26 所示电路的相量方程。

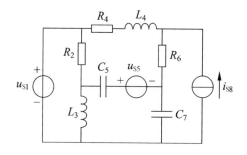

题图 11-26

11-27 用节点法列写题图 11-27 所示电路的相量方程。

11-28 分别用回路法和节点法列写题图 11-28 所示电路的相量方程。

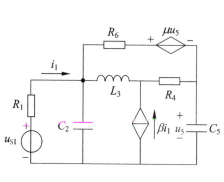

题图 11-27

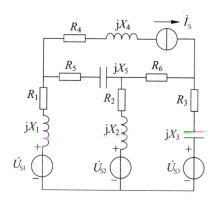

题图 11-28

11-29 题图 11-29 所示电路中，已知 $\omega=10^4\text{rad}\cdot\text{s}^{-1}$，$C=5\text{nF}$，$R=20\text{k}\Omega$，求 A 节点电压。

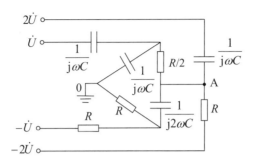

题图 11-29

11-30 电路如题图 11-30 所示。已知 $U=220\text{V}$，$Z_2=15+\text{j}20\Omega$，$Z_3=20\Omega$，$\dot{I}_2=4\angle 0°\text{A}$，且 $\dot{I}_2$ 滞后 $\dot{U}\ 30°$，求 Z_1。

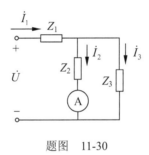

题图 11-30

11-31 题图 11-31 所示电路中，$\dot{I}_S=10\angle 0°\text{A}$，$\omega=5000\text{ rad}\cdot\text{s}^{-1}$，$R_1=R_2=10\Omega$，$C=10\mu\text{F}$，$\mu=0.5$，求各支路电流。

11-32 在同一相量图中，定性画出题图 11-32 所示电路中各元件电压、电流的相量关系。

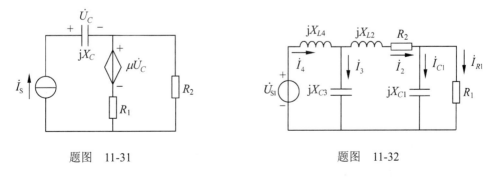

题图 11-31　　　　　　　　题图 11-32

11-33 题图 11-33 所示正弦稳态电路中，已知 $U_{ab}=U$，$R_1=500\Omega$，$R_2=1\text{k}\Omega$，$C=1\mu\text{F}$，

$\omega=314\text{rad}\cdot\text{s}^{-1}$,求电感 L 的值。

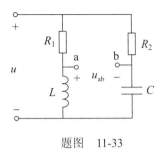

题图 11-33

11-34 题图 11-34 所示电路中,已知 $U=100\text{V}$,$R_3=6.5\Omega$,可调变阻器 R 在 $R_1=4\Omega$,$R_2=16\Omega$ 的位置时,电压表的读数最小为 30V,求阻抗 Z。

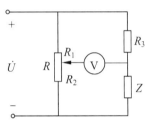

题图 11-34

11-35 电路如题图 11-35 所示。已知 $\dot{I}_S=2.5\angle 0°\text{A}$,$\dot{U}_S=50\angle -25°\text{V}$,$Z_1=(40-\text{j}20)\Omega$,$Z_2=(32+\text{j}50)\Omega$,用叠加定理求电流 $\dot{I}_1$ 和 $\dot{I}_2$。

11-36 电路如题图 11-36 所示,其中电压源 $u_S=100\sqrt{2}\sin 1000t\text{V}$,电流源 $i_S=100\sqrt{2}\sin(1000t+30°)\text{A}$,求两个电源各自发出的功率。

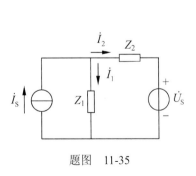

题图 11-35

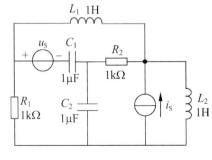

题图 11-36

11-37 电路如题图 11-37 所示。已知直流电压源 $U_S=8\text{V}$,正弦交流电压源 $u_S=10\sqrt{2}\sin 200t\text{V}$,$R_1=R_2=2\Omega$,$R_3=4\Omega$,$C=500\mu\text{F}$,求电容两端电压 u_C。

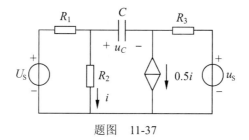

题图 11-37

11-38 电路如题图 11-38 所示。已知 $\dot{I}_S = 1\angle 30°$ A，$\dot{U}_S = 50\angle -60°$ V，$Z_1 = 20\Omega$，$Z_2 = (15-j10)\Omega$，$Z_3 = (5+j7)\Omega$，$Z_4 = -j20\Omega$。求 ab 端接上多大阻抗 Z 时，此阻抗中有最大电流？此最大电流为多大？

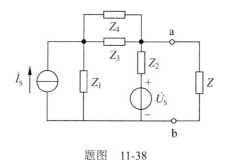

题图 11-38

11-39 电路如题图 11-39 所示，用戴维南定理求图中电流 $\dot{I}$。

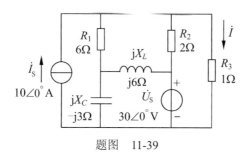

题图 11-39

11-40 题图 11-40 所示电路中，阻抗 Z 为何值时其上获得最大功率，并求此最大功率值。

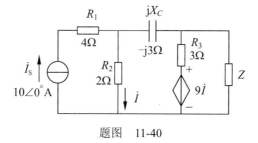

题图 11-40

11-41　一阻抗 Z 接到正弦电压 $\dot{U}$。求在下列三种情况下，电路的功率因数及功率：

（1）$\dot{U} = 220\angle 0°\text{V}$，$\dot{I} = 5\angle -30°\text{A}$；

（2）$U = 220\text{V}$，$Z = 100\angle 45°\Omega$；

（3）$Z = (40+\text{j}20)\Omega$，$I = 5\text{A}$。

11-42　电路如题图 11-42 所示。其中 $\dot{U}_S = 100\angle 30°\text{V}$，$\dot{I}_S = 4\angle 0°\text{A}$，$Z_1 = Z_3 = 50\angle 30°\Omega$，$Z_2 = 50\angle -30°\Omega$。求电流源的功率（说明是发出还是吸收）。

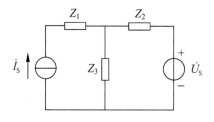

题图　11-42

11-43　题图 11-43 所示电路，已知 $\dot{U}_S = 100\angle -120°\text{V}$，$\dot{I}_S = 1\angle 30°\text{A}$，$Z_1 = 3\Omega$，$Z_2 = (10+\text{j}5)\Omega$，$Z_3 = -\text{j}10\Omega$，$Z_4 = (20-\text{j}20)\Omega$，求两电源各自发出的功率。

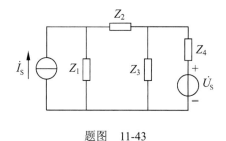

题图　11-43

11-44　一台额定功率为 20kW、$\cos\varphi = 0.8$（滞后）的电动机，经 $R = 0.5\Omega$，$X_L = 0.5\Omega$ 的导线接到正弦交流电源（如题图 11-44 所示）。若要保证电动机的额定工作电压 220V，则电源电压 U 应为多少？

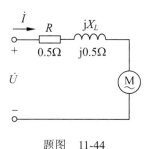

题图　11-44

11-45 题图 11-45 所示电路中，受控源是流控电压源，已知 $u_S(t) = 7.07\sqrt{2}\sin(1000t + 90°)$V。求电压源 $u_S(t)$ 发出的功率。

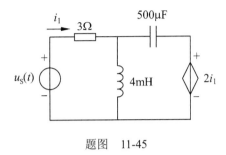

题图 11-45

11-46 电路如题图 11-46 所示。已知 $U_{S1}=U_{S2}=100$V，$\dot{U}_{S1}$ 领先 $\dot{U}_{S2}$ $60°$，$Z_1=(1-j1)\Omega$，$Z_2=(2+j3)\Omega$，$Z_3=(3+j6)\Omega$。求电流 $\dot{I}$ 及两个电源各自发出的复功率 $\overline{S}_1$ 和 $\overline{S}_2$。

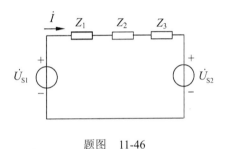

题图 11-46

11-47 电路如题图 11-47 所示，其中 $Z_1=(8+j10)\Omega$，$I_1=15$A，Z_2 吸收的有功功率 $P_2=500$W，功率因数 $\cos\varphi_2=0.7$（滞后）。求电流 $\dot{I}$ 及电路总功率因数。

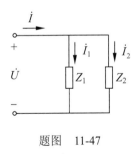

题图 11-47

11-48 题图 11-48（a）所示为一日光灯实用电路，图（b）为其等效电路。日光灯可看作一电阻，其规格为 110V、40W，镇流器是一电感，电源电压为 220V，频率为 50Hz。为保证灯管两端电压为 110V，则镇流器的电感应为多大？此时电路的功率因数是多少？电路中电流是多大？若将电路的功率因数提高到 1，需并联一个多大的电容？其无功量是多少？

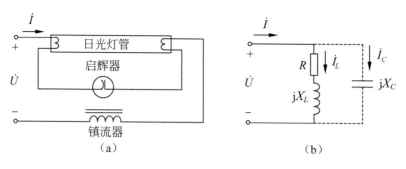

题图 11-48

11-49 电压为 220V 的工频电源供给一组动力负载,负载电流 $I=318$A,功率 $P=42$kW。现在要在此电源上再接一组功率为 20kW 的照明设备(白炽灯),并希望照明设备接入后电路总电流不超过 325A,为此便需再并联电容。计算所需电容的无功量、电容值,并计算此时电路的总功率因数。

11-50 电路如题图 11-50 所示。其中电源为正弦交流电源,$L=1$mH,$R=1$kΩ,$Z_L=(3+j5)$Ω。当 Z_L 中电流为零时,电容 C 应是多大?电源角频率为 ω。

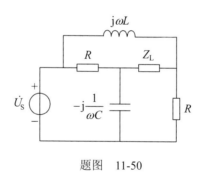

题图 11-50

11-51 题图 11-51(a)所示电路中,$\dot{U}_1 = 220\angle 0°$ V,$\dot{I}_1 = 5\angle -30°$ A,$\dot{U}_2 = 110\angle 45°$ V。图(b)中,$\dot{I}_2' = 10\angle 0°$ A,阻抗 $Z_1=(40+j30)$Ω,则 Z_1 中电流 $\dot{I}_1'$ 为多大?

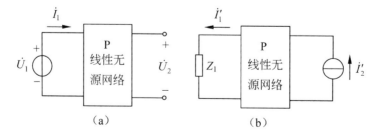

题图 11-51

11-52 电路如题图 11-52 所示。已知电流表读数为 $I_1=3\text{A}$，$I_2=4.5\text{A}$，$I=6\text{A}$，且 $R_1=20\Omega$。求电阻 R_2 和感抗 X_2。

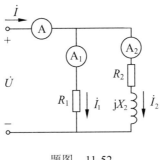

题图 11-52

11-53 题图 11-53 所示电路中，已知 $I_S=3\text{A}$，当 $X_L=2\Omega$ 时，测得电压 $U_{AB}=2\text{V}$；当 $X_L=4\Omega$ 时，测得电压仍为 $U_{AB}=2\text{V}$。试确定电阻 R 及容抗 X_C 的值。

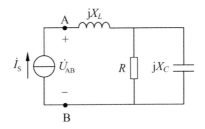

题图 11-53

11-54 求题图 11-54 所示网络的 H 参数。已知网络激励的角频率为 $\omega=1000\text{rad}\cdot\text{s}^{-1}$。

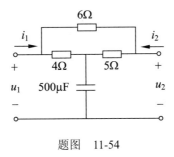

题图 11-54

11-55 题图 11-55 所示二端口网络中，$Z_1=\text{j}10\Omega$，$Z_2=(10-\text{j}10)\Omega$。求：（1）此二端口网络的 Z 参数；（2）在输入端接上电源 $U_S=100\text{mV}$，输出端开路时的 $\dot{I}_1$ 和 $\dot{U}_2$。

11-56 题图 11-56 所示滤波器，负载电阻 $R=1\text{k}\Omega$，网络的 $L=0.4\text{H}$，$C=0.1\mu\text{F}$。求：（1）滤波器的 T 参数；（2）输入频率 f 为何值时，入端阻抗 $Z_1=\dot{U}/\dot{I}$ 的大小为一实数，并

确定在所求频率下 Z_1 的值。

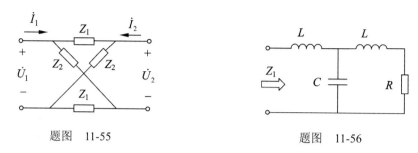

题图 11-55　　　　　　　　题图 11-56

11-57　将题图 11-57 所示二端口网络改画成由两个二端口网络联接而成的复合二端口网络，据此求出原二端口网络的 **Z** 参数。

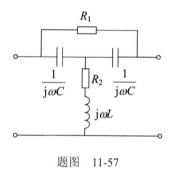

题图 11-57

11-58　题图 11-58 所示电路中，两个回转器级联，其回转电阻分别为 $r_1 = 2\Omega$，$r_2 = 1\Omega$，负载电抗 $Z_L = j20\Omega$，求入端阻抗 Z_{in}。

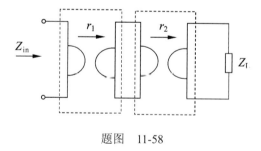

题图 11-58

第 12 章　有互感的电路

本章重点

1. 互感线圈的同名端。
2. 互感电压的确定。
3. 含互感电路的分析。
4. 理想变压器。

学习指导

线圈间存在磁耦合的电路为有互感的电路。分析此类电路的关键是正确考虑互感电压的作用，并能利用同名端正确写出其表达式。变压器是利用互感原理工作的典型器件。

一、同名端

两个耦合线圈的同名端是这样定义的：它是分别位于两个互感线圈中的一对端子，当电流分别从这对端子流入（或流出）线圈时，在两个线圈中产生的磁通方向一致。电流方向与它产生的磁通方向可以用右手螺旋定则来确定。

两个互感线圈的同名端确定以后，在电路分析时就不必画出线圈的具体绕向，只需用两个电感符号代替两个耦合线圈，并用符号"*"或"●"标出同名端即可。

例 12-1　标出图 12-1 所示线圈的同名端。

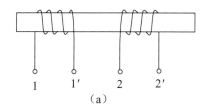
（a）

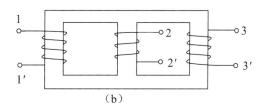
（b）

图　12-1

解　根据同名端定义判定同名端分别如图 12-1（c）和（d）所示。

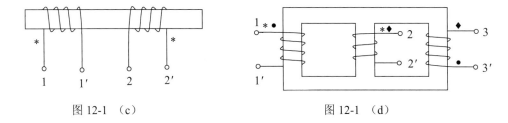

图 12-1 （c）　　　　　图 12-1 （d）

二、互感电压的确定

互感电压是指两个耦合线圈，其中一个线圈中流过的电流在另一个线圈中产生的感应电压。当电流从一个线圈的同名端流入，在另一个线圈中产生的由同名端指向非同名端的互感电压为 $u = M\dfrac{\mathrm{d}i}{\mathrm{d}t}$（图 12-2（a）），反之为 $u = -M\dfrac{\mathrm{d}i}{\mathrm{d}t}$（图 12-2（b））。

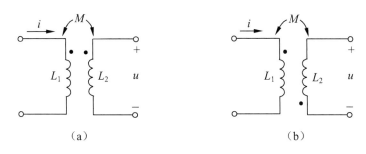

图　12-2

例 12-2　图 12-3（a）、（b）所示电路中，已知 $L_1 = 0.1\text{H}$，$L_2 = 0.2\text{H}$，$M = 0.1\text{H}$，$i_S = 2\sin100t\text{A}$，求电压 u_{ab}。

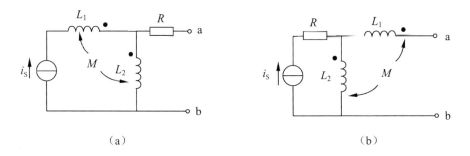

图　12-3

解　(1) 当 i_S 流过电感 L_1 和 L_2 时除了在 L_1 和 L_2 上产生自感电压（方向与 i_S 关联）外，还会产生互感电压 u_{12} 和 u_{21}，方向如图 12-3（c）所示，所以 u_{ab} 为

$$u_{ab} = L_2 \frac{di_S}{dt} - u_{21} = L_2 \frac{di_S}{dt} - M \frac{di_S}{dt} = 10\sin 100t \,(\text{V})$$

（2）当 i_S 流过电感 L_2 时，会在 L_2 上产生自感电压（方向与 i_S 关联）及在 L_1 上产生互感电压 u_{12}，方向如图 12-3（d）所示。由于 L_1 中无电流所以 L_2 上无互感电压。故 u_{ab} 为

$$u_{ab} = L_2 \frac{di_S}{dt} + M \frac{di_S}{dt} = 30\sin 100t \,(\text{V})$$

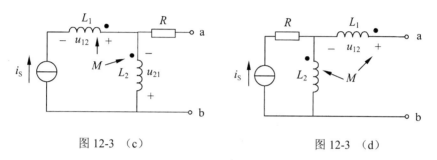

图 12-3（c）　　　　　　　　　图 12-3（d）

例 12-3　图 12-4（a）所示电路中，$L_1 = 0.01\text{H}$，$L_2 = 0.02\text{H}$，$C = 2\mu\text{F}$，$M = 0.01\text{H}$。求 ω 为何值时可使输入阻抗 $Z = R$。

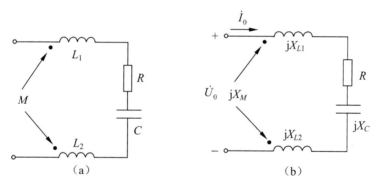

图　12-4

解　画出原电路的相量模型，并标出端口电压、电流的参考方向，如图 12-4（b）所示。

$$\dot{U}_0 = (jX_{L1}\dot{I}_0 - jX_M\dot{I}_0) + R\dot{I}_0 + jX_C\dot{I}_0 + (jX_{L2}\dot{I}_0 - jX_M\dot{I}_0)$$

上式中，第一个括号里表示的是线圈 L_1 上的电压，其中第一项是自感电压，第二项是互感电压；第二个括号里表示的是线圈 L_2 上的电压，同样第一项是自感电压，第二项是互感电压。因为电流的参考方向与电压的参考方向相对于同名端是不一致的，因此互感电压前有一负号。因此，输入阻抗

$$Z = \frac{\dot{U}_0}{\dot{I}_0} = R + j(X_{L1} + X_{L2} - 2X_M + X_C)$$

当 $X_{L1} + X_{L2} - 2X_M + X_C = 0$ 时，输入阻抗 $Z = R$，因此

$$X_{L1} + X_{L2} - 2X_M + X_C = \omega L_1 + \omega L_2 - 2\omega M - \frac{1}{\omega C} = 0$$

$$0.01\omega - \frac{1}{\omega \times 2 \times 10^{-6}} = 0$$

$$\omega = 7071 \,(\text{rad/s})$$

三、互感电路的分析

分析含有互感的电路一般有以下两种方法。

（1）一般分析方法：采用支路法或回路法直接列方程求解（一般不适宜直接用节点法求解），这时需要特别注意耦合线圈上的电压包括两部分：流过它自身的电流产生的自感电压和流过与之耦合的线圈的电流在它上面产生的互感电压。要正确判断互感电压的方向。

（2）互感消去法：这种方法只适用于互感线圈具有公共节点的电路，将含互感的电路等效变换为无互感的电路，然后再用一般的方法求解。

消去互感的方法视两个耦合线圈在电路中的连接关系而定。一般有以下几种情况。

① 串联顺接，如图 12-5 所示。

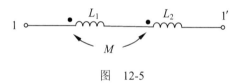

图 12-5

其等效电感为 $L_{eq} = L_1 + L_2 + 2M$。

② 串联反接，如图 12-6 所示。

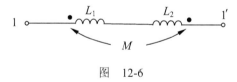

图 12-6

其等效电感为 $L_{eq} = L_1 + L_2 - 2M$。

③ 并联顺接，如图 12-7 所示。

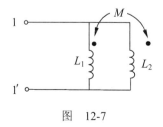

图 12-7

其等效电感为 $L_{eq} = \dfrac{L_1 L_2 - M^2}{L_1 + L_2 - 2M}$。

④ 并联反接，如图 12-8 所示。

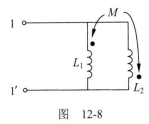

图 12-8

其等效电感为 $L_{eq} = \dfrac{L_1 L_2 - M^2}{L_1 + L_2 + 2M}$。

⑤ 同名端连在一起的 T 型连接，如图 12-9（a）所示。去耦等效电路如图 12-9（b）所示。

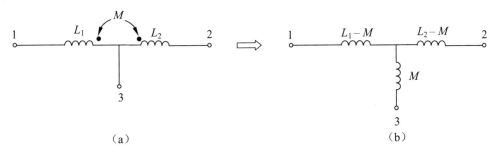

图 12-9

⑥ 异名端连在一起的 T 型连接，如图 12-10（a）所示。去耦等效电路如图 12-10（b）所示。

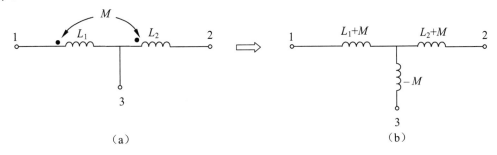

图 12-10

例 12-4 求图 12-11（a）所示一端口电路的戴维南等效电路。已知：$\omega L_1 = \omega L_2 = 10\Omega$，$\omega M = 5\Omega$，$R_1 = R_2 = 6\Omega$，$U_1 = 60\text{V}$（正弦）。

解 方法 1：由图 12-11（a）可知

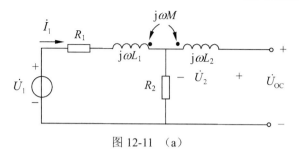

图 12-11 （a）

$$\dot{U}_{OC} = \dot{U}_2 + R_2\dot{I}_1 = j\omega M\dot{I}_1 + R_2\dot{I}_1$$

上式中第一项是电流 $\dot{I}_1$ 在 L_2 上产生的互感电压，第二项是电流 $\dot{I}_1$ 在 R_2 上产生的电压。而电流

$$\dot{I}_1 = \frac{\dot{U}_1}{R_1 + R_2 + j\omega L_1}$$

令 $\dot{U}_1 = 60\angle 0^\circ$ V，则

$$\dot{U}_{OC} = (R_2 + j\omega M)\frac{\dot{U}_1}{R_1 + R_2 + j\omega L_1} = \frac{6 + j5}{6 + 6 + j10} \times 60\angle 0^\circ = 30\angle 0^\circ (V)$$

对于含有互感的一端口电路，其戴维南等效阻抗的求法与含有受控源电路的求法一样，可以采用加压求流的方法或先求短路电流再求等效阻抗的方法。这里采用后者。图 12-11 （b）中电流 $\dot{I}_{12}$ 就是要求的短路电流（注意参考方向）。列写回路方程：

$$\begin{cases} (R_1 + R_2 + j\omega L_1)\dot{I}_{11} - j\omega M\dot{I}_{12} - R_2\dot{I}_{12} = \dot{U}_1 \\ -R_2\dot{I}_{11} + (R_2 + j\omega L_2)\dot{I}_{12} - j\omega M\dot{I}_{11} = 0 \end{cases}$$

代入数值，解得

$$\dot{I}_{12} = \frac{60\angle 0^\circ}{6 + j15}(A)$$

因此，等效阻抗为 $Z_{eq} = \dfrac{\dot{U}_{OC}}{\dot{I}_{12}} = 30\angle 0^\circ \times \dfrac{6 + j15}{60\angle 0^\circ} = 3 + j7.5(\Omega)$

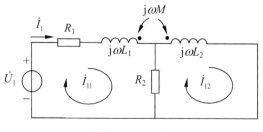

图 12-11 （b）

方法 2：对原电路进行去耦等效，得到图 12-11（c）所示电路。

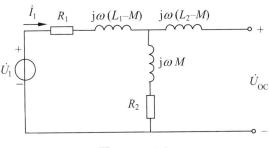

图 12-11 （c）

令 $\dot{U}_1 = 60\angle 0° \text{ V}$，则开路电压为

$$\dot{U}_{OC} = \frac{R_2 + j\omega M}{R_1 + R_2 + j\omega(L_1 - M) + j\omega M}\dot{U}_1 = \frac{6 + j5}{12 + j10} \times 60\angle 0° = 30\angle 0° \text{ (V)}$$

等效阻抗为

$$Z_{eq} = j\omega(L_2 - M) + \frac{(R_2 + j\omega M) \times [R_1 + j\omega(L_1 - M)]}{R_2 + R_1 + j\omega L_1} = 3 + j7.5 \text{ }(\Omega)$$

例 12-5 求图 12-12（a）所示电路中的 i_{L1} 和 i_{L2}。

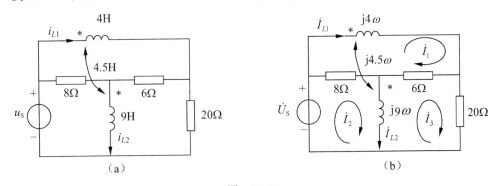

图 12-12

解 此电路中的两个互感线圈没有公共端，因此不能用互感消去法，只能列回路方程求解。

第一步，画出电路的相量模型，如图 12-12（b）。

第二步，选择一组独立回路，标出回路电流及参考方向（如图 12-12（b）），列写回路方程

$$\begin{cases}(14 + j4\omega)\dot{I}_1 - 8\dot{I}_2 - 6\dot{I}_3 + j4.5\omega(\dot{I}_2 - \dot{I}_3) = 0 \\ (8 + j9\omega)\dot{I}_2 - 8\dot{I}_1 - j9\omega\dot{I}_3 + j4.5\omega\dot{I}_1 = \dot{U}_S \\ (26 + j9\omega)\dot{I}_3 - 6\dot{I}_1 - j9\omega\dot{I}_2 - j4.5\omega\dot{I}_1 = 0\end{cases}$$

上述三个方程左边的最后一项均表示互感电压，首先要根据产生此项互感电压的电流方向以及互感线圈的同名端确定互感电压的极性，然后再根据互感电压的极性与回路电流

的方向确定其在方程中的正、负号。

第三步,如果给出了电压源 u_S,求解上面的方程可得出 $\dot{I}_1$、$\dot{I}_2$、$\dot{I}_3$,然后写出其表达式 i_1、i_2、i_3。

第四步,i_{L1}、i_{L2} 用回路电流表示为

$$i_{L1} = i_1, \qquad i_{L2} = i_2 - i_3$$

例 12-6 图 12-13(a)所示电路中,$u_S = 120\cos 100t$ V,$L_1 = 0.6$H,$L_2 = 0.3$H,$M = 0.1$H,$R_1 = 45\Omega$,$R_2 = 10\Omega$,$R_L = 30\Omega$。求电流 i_1 和 i_2。

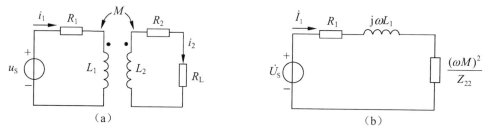

图 12-13

解 此例电路为空心变压器电路,既可用有互感电路的分析方法求解(解法 1),也可用空心变压器的等效电路进行求解(解法 2)。

解法 1:(回路法)

图 12-13(a)所示电路相量形式回路方程为

$$\begin{cases} (R_1 + j\omega L_1)\dot{I}_1 - j\omega M\dot{I}_2 = \dot{U}_S & (12\text{-}1) \\ (R_2 + R_L + j\omega L_2)\dot{I}_2 - j\omega M\dot{I}_1 = 0 & (12\text{-}2) \end{cases}$$

由式(12-2)得

$$\dot{I}_2 = \frac{\dot{I}_1 j\omega M}{R_2 + R_L + j\omega L_2} \tag{12-3}$$

将式(12-3)和已知参数代入式(12-1)解得 $\dot{I}_1 = 1.132\angle 38.4°$ A,再由式(12-3)得 $\dot{I}_2 = 0.226\angle 91.6°$ A。所以

$$i_1 = 1.6\sin(100t + 38.4°) \text{ (A)}$$
$$i_2 = 0.32\sin(100t + 91.6°) \text{ (A)}$$

解法 2:画出图 12-13(a)所示电路的相量模型,并将副边阻抗折算到原边,可得图 12-13(b)所示空心变压器的原边等效电路。

$$Z_{22} = R_2 + R_L + j\omega L_2 = 40 + j30 \text{ }(\Omega)$$

$$\dot{I}_1 = \frac{\dot{U}_S}{R_1 + j\omega L_1 + \dfrac{(\omega M)^2}{Z_{22}}} = \frac{\dfrac{120}{\sqrt{2}}\angle 90°}{45 + j60 + \dfrac{10^2}{40 + j30}} = \frac{1.6}{\sqrt{2}}\angle 38.4° \text{ (A)}$$

$$\dot{I}_2 = \frac{\dot{I}_1 j\omega M}{R_2 + R_L + j\omega L_2} = 0.226\angle 91.6°(A)$$

写成时域表达式：$i_1 = 1.6\sin(100t + 38.4°)$ A，$i_2 = 0.32\sin(100t + 91.6°)$ A。

例 12-7 求题图 12-14（a）中负载阻抗 Z_L 为何值时获得最大功率，并求此最大功率。

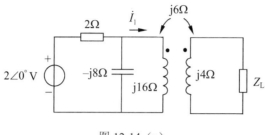

图 12-14（a）

解 对负载阻抗 Z_L 左侧作戴维南等效变换，得图 12-14（b）所示电路。

（1）求开路电压 $\dot{U}_{OC}$

$$\dot{U}_{OC} = j6 \times \dot{I}_1 = j6 \times \frac{2\angle 0°}{2 + (-j8)//j16} \times \frac{-j8}{-j8 + j16}$$

$$= \frac{12\angle -90°}{2 - j16} = 0.744\angle -82.87°(V)$$

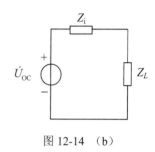

图 12-14（b）

（2）用互感消去法求等效内阻 Z_i。

图 12-14（a）所示电路中两个电感间虽然没有公共端，但若将其中两电感下端相联，得到的电路（如图 12-14（c）所示）仍和原电路等效，故可用互感消去法。互感消去后求等效内阻 Z_i 的电路如图 12-14（d）所示。

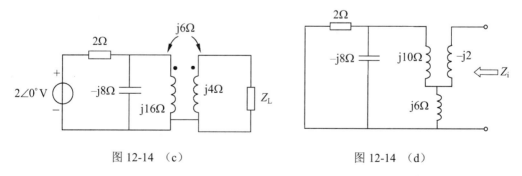

图 12-14（c）　　　　　　图 12-14（d）

$$Z_i = (-j2) + [j10 + 2//(-j8)]//j6 = 0.277 + j1.715(\Omega)$$

因此，当 $Z_L = Z_i^* = 0.277 - j1.715\ \Omega$ 时，负载获得最大功率。最大功率

$$P_{\max} = \frac{U_{\text{OC}}^2}{4\operatorname{Re}[Z_i]} = \frac{0.744^2}{4\times 0.277} = 0.5(\text{W})$$

四、理想变压器

理想变压器是从实际变压器中抽象出来的一种理想电路元件，其电路模型及原边等效电路如图 12-15 所示。

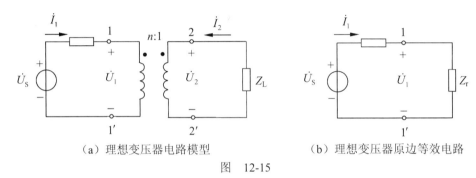

（a）理想变压器电路模型　　　　　　（b）理想变压器原边等效电路

图　12-15

理想变压器只有一个参数 n，n 是原边线圈和副边线圈的匝数比，$n = \dfrac{N_1}{N_2}$。理想变压器的原、副边电压和电流关系非常简单：$u_1 = nu_2$，$i_1 = -\dfrac{1}{n}i_2$，或者写成相量形式为 $\dot{U}_1 = n\dot{U}_2$，$\dot{I}_1 = -\dfrac{1}{n}\dot{I}_2$。原边等效电路中有

$$Z_r = \frac{\dot{U}_1}{\dot{I}_1} = \frac{n\dot{U}_2}{-1/n\,\dot{I}_2} = n^2\frac{\dot{U}_2}{-\dot{I}_2} = n^2 Z_L$$

这就是理想变压器的阻抗变换作用，在电子电路中经常利用理想变压器的这种性质来实现阻抗匹配。

例 12-8　求图 12-16（a）所示电路中的电流 $\dot{I}_1$，$\dot{I}_2$ 以及电源发出的功率。已知 $Z_1 = 7+\text{j}6\ \Omega$，$Z_2 = \text{j}2\ \Omega$，$\dot{U}_S = 100\angle 0°\ \text{V}$。

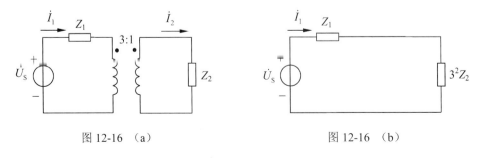

图 12-16（a）　　　　　　　　　　　图 12-16（b）

解 对于本题中的理想变压器有多种处理方法。

方法 1：用原边等效电路计算，如图 12-16（b）所示。

$$\dot{I}_1 = \frac{\dot{U}_S}{Z_1 + 3^2 Z_2} = \frac{100\angle 0°}{7 + j6 + j18} = 4\angle -73.74° \text{(A)}$$

副边电流可由理想变压器的变比关系得到

$$\dot{I}_2 = 3\dot{I}_1 = 12\angle -73.74° \text{(A)} \quad \text{(注意参考方向)}$$

电源发出的功率

$$\overline{S} = \dot{U}_S \dot{I}_1^* = 100\angle 0° \times 4\angle 73.74° = 112 + j384 \text{ (V·A)}$$

方法 2：利用理想变压器原副边的电压电流关系，直接列方程求解，如图 12-16（c）。

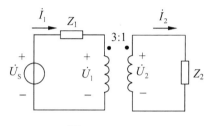

图 12-16 （c）

对理想变压器原边、副边分别列写回路方程

$$\dot{U}_S = \dot{I}_1 Z_1 + \dot{U}_1 \quad (12\text{-}4)$$

$$\dot{I}_2 Z_2 - \dot{U}_2 = 0 \quad (12\text{-}5)$$

再根据理想变压器的性质

$$\dot{U}_1 = 3\dot{U}_2 \quad (12\text{-}6)$$

$$\dot{I}_1 = \frac{1}{3}\dot{I}_2 \quad (12\text{-}7)$$

将上面四个方程联立求解，可得

$$\dot{I}_1 = 4\angle -73.74° \text{(A)}, \quad \dot{I}_2 = 12\angle -73.74° \text{(A)}$$

电源发出的功率

$$\overline{S} = \dot{U}_S \dot{I}_1^* = 100\angle 0° \times 4\angle 73.74° = 112 + j384 \text{ (V·A)}$$

注意：检验一下原边和副边阻抗吸收的功率之和

$$\overline{S} = \dot{I}_1 Z_1 \dot{I}_1^* + \dot{I}_2 Z_2 \dot{I}_2^* = I_1^2 Z_1 + I_2^2 Z_2 = 16 \times (7+j6) + 144 \times j2 = 112 + j384 \text{ (V·A)}$$

由此可见，电源发出的功率等于原边和副边阻抗吸收的功率之和，理想变压器既不发出功率，也不吸收功率，它只是在原、副边之间起传输功率的作用。

例 12-9 求图 12-17 所示电路的输入阻抗。

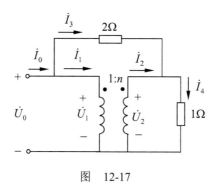

图 12-17

解 根据理想变压器原、副边的电压、电流关系有

$$\dot{U}_2 = n\dot{U}_1, \quad \dot{I}_2 = \frac{1}{n}\dot{I}_1 \quad (\text{注意变比关系和电流的参考方向})$$

因此

$$\dot{I}_3 = \frac{\dot{U}_1 - \dot{U}_2}{2} = \frac{1-n}{2}\dot{U}_1, \quad \dot{I}_4 = \frac{\dot{U}_2}{1} = n\dot{U}_1$$

又根据 KCL，有

$$\dot{I}_3 + \dot{I}_2 = \dot{I}_4$$

$$\frac{1-n}{2}\dot{U}_1 + \frac{1}{n}\dot{I}_1 = n\dot{U}_1 \Rightarrow \dot{I}_1 = \frac{n(3n-1)}{2}\dot{U}_1$$

$$\dot{I}_0 = \dot{I}_1 + \dot{I}_3 = \frac{n(3n-1)}{2}\dot{U}_1 + \frac{1-n}{2}\dot{U}_1 = \frac{3n^2 - 2n + 1}{2}\dot{U}_1$$

输入阻抗为

$$Z = \frac{\dot{U}_0}{\dot{I}_0} = \frac{\dot{U}_1}{\frac{3n^2 - 2n + 1}{2}\dot{U}_1} = \frac{2}{3n^2 - 2n + 1}$$

注意：通过本例可以看出理想变压器的阻抗变换功能。

例 12-10 求图 12-18（a）所示电路中的容抗 X_C 和匝数比 n 分别为多少时可使 Z_F 获得最大功率，并求此最大功率。设 $Z_F = (80+j60)\ \Omega$。

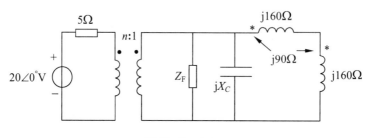

图 12-18 （a）

解 题图中最右侧的两个耦合线圈为串联顺接，其等效阻抗为
$$Z_{eq} = j160 + j160 + 2 \times j90 = j500(\Omega)$$
理想变压器的原边等效电路如图 12-18（b）所示。

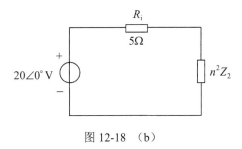

图 12-18 （b）

图 12-18（b）中 Z_2 为副边回路总阻抗，即
$$\frac{1}{Z_2} = \frac{1}{Z_F} - j\frac{1}{X_C} + \frac{1}{j500} = \frac{1}{80+j60} + j\frac{1}{X_C} - j0.002 = 0.008 - j\left(\frac{1}{X_C} + 0.008\right)$$
当阻抗匹配时（$n^2 Z_2^* = R_i$）Z_2 获最大功率，也就是 Z_F 获最大功率。据此令 Z_2 的虚部为零，即
$$\frac{1}{X_C} + 0.008 = 0$$
解得
$$X_C = -125\Omega$$
此时
$$Z_2 = \frac{1}{0.008} = 125(\Omega)$$
由匹配条件得
$$5 = n^2 \times 125$$
故 $n = \frac{1}{5}$ 时 Z_F 获得最大功率，最大功率为
$$P_{max} = \left(\frac{20}{5+5}\right)^2 = 20(W)$$

习题

12-1 标出题图 12-1 中互感线圈的同名端。

12-2 题图 12-2 中，互感线圈的同名端已标出，试确定线圈的绕向。

12-3 电路如题图 12-3 所示。线圈 1、2 的额定电压均为 110V。在外加正弦电压分别

为 110V 和 220V 两种情况下，线圈 1、2 的四个端子应如何连接？

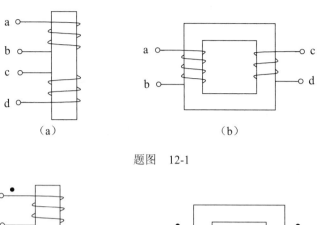

题图 12-1

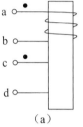 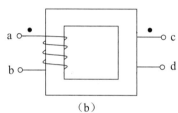

题图 12-2

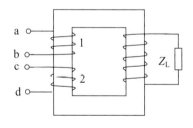

题图 12-3

12-4 互感线圈如题图 12-4 所示。按图中标明的参考方向写出电压、电流的关系式。

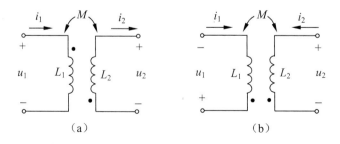

题图 12-4

12-5 电路如题图 12-5 所示，按给定的电压、电流的参考方向及关系式，标出互感线圈的同名端：（1）图（a）中，$u_1 = L_1 \dfrac{di_1}{dt} + M \dfrac{di_2}{dt}$，$u_2 = M \dfrac{di_1}{dt} + L_2 \dfrac{di_2}{dt}$；（2）图（b）中，$u_1 = -L_1 \dfrac{di_1}{dt} - M \dfrac{di_2}{dt}$，$u_2 = M \dfrac{di_1}{dt} + L_2 \dfrac{di_2}{dt}$。

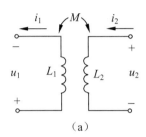 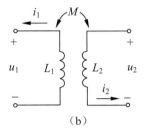

题图 12-5

12-6 求题图 12-6 所示电路中的电压 u_{ab}、u_{ac} 和 u_{bc}。其中 $i_S = 2e^{-4t}$ A。

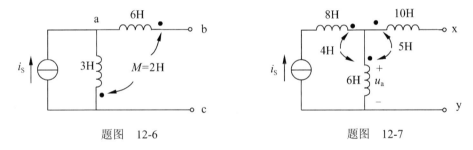

题图 12-6　　　　　　　　　题图 12-7

12-7 电路如题图 12-7 所示，电路中 $i_S = 2\sin 100t$ A。求电压 u_a。假定 xy 端：（a）开路；（b）短路。

12-8 题图 12-8 所示电路中，$R = 50\Omega$，$L_1 = 70\text{mH}$，$L_2 = 25\text{mH}$，$M = 25\text{mH}$，$C = 1\mu\text{F}$，$\omega = 10^4 \text{rad} \cdot \text{s}^{-1}$，求此电路的入端阻抗 Z。

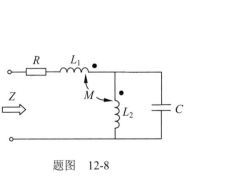 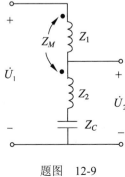

题图 12-8　　　　　　　　　题图 12-9

12-9　题图 12-9 所示电路为一用于电信技术中的带有电容的自耦变压器，它接在架空线与电缆连接处。试决定此二端口网络的传输参数 **T**。已知 $Z_1 = Z_2 = (10+j100)\Omega$，$Z_C = -j180\Omega$，$Z_M = j90\Omega$。

12-10　求题图 12-10 所示电路的 **H** 参数。

12-11　题图 12-11 所示电路中含有一互感线圈，线圈的绕向已知，电源为正弦交流电压源，角频率为 ω。用回路电流法列写相量形式的方程式，画出该电路的去耦等效电路。

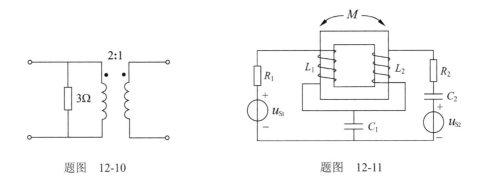

题图　12-10　　　　　　　　　　题图　12-11

12-12　题图 12-12 所示电路为一自耦变压器等效电路，R、C 为负载。用回路电流法列写电路的相量方程。

12-13　列出题图 12-13 所示电路的回路电流方程式（相量形式）。

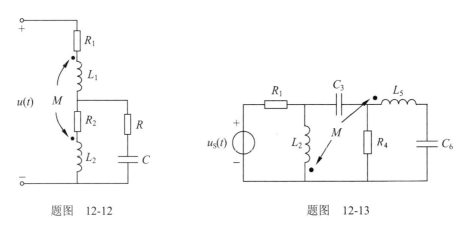

题图　12-12　　　　　　　　　　题图　12-13

12-14　题图 12-14 所示为一空心变压器电路。已知 $R_1=10\Omega$，$\omega L_1=25\Omega$，$R_2=20\Omega$，$\omega L_2=40\Omega$，$\omega M=30\Omega$，$U_S=220V$。求两线圈中电流 $\dot{I}_1$、$\dot{I}_2$ 及电源供给的功率。

12-15　电路如题图 12-15 所示。已知 $u = 100\sqrt{2}\sin 2000\pi t$ V，$R_1=3.14\Omega$，$R_2=4.71\Omega$，$L_1=5mH$，$L_2=7.5mH$，$M=1mH$，$Z_L=100+j50\Omega$。求电流 $\dot{I}_1$。

12-16　题图 12-16 所示电路中，$U_S=10V$，理想变压器变比 n 为多大时，6Ω 负载电阻获得最大功率？此最大功率是多少？

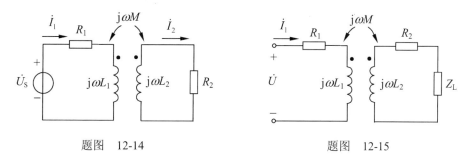

题图 12-14　　　　　　　　　　题图 12-15

12-17　题图 12-17 所示电路中，理想变压器原边线圈匝数为 N_1，副边线圈匝数为 N_2，原边接一电流源 $\dot{I}_S$，副边接一电阻 R。若使副边输出功率增加，则副边线圈匝数增加还是减少？若将电流源 $\dot{I}_S$ 换成电压源 $\dot{U}_S$，重答上问。

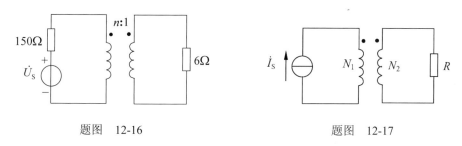

题图 12-16　　　　　　　　　　题图 12-17

12-18　题图 12-18 所示电路中含有两个理想变压器，已知 $\dot{U}_S = 200\angle 0°$ V，求电流 $\dot{I}_x$。

12-19　电路如题图 12-19 所示。已知 $\dot{I}_S = 10\angle 0°$ A，$R_1=10\Omega$，$R_2=1\Omega$，$X_C=-2\Omega$，$X_L=1\Omega$，求 $\dot{U}_1$、$\dot{U}_2$ 和 $\dot{I}_2$。

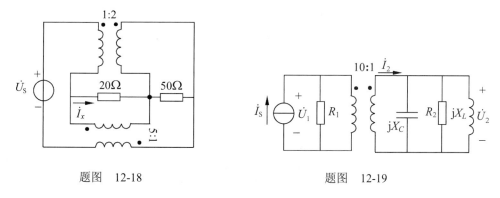

题图 12-18　　　　　　　　　　题图 12-19

12-20　题图 12-20 所示电路为一空心变压器电路，其副边开路。已知 $X_L = 5\Omega$，$X_M = 2\Omega$，$X_C = -2\Omega$，$R = 4\Omega$。现测得 a、b 间开路电压 $U_{ab}=4$V。试求 $\dot{U}$、$\dot{I}_S$ 和 $\dot{U}_{ac}$。

12-21 电路如题图 12-21 所示。电压源 u_S 的有效值为 120V，角频率 $\omega=1000$ rad·s^{-1}，L_1=0.05H，L_2=0.04H，L_3=0.01H，M_{12}=0.01H，M_{14}=0.08H，M_{24}=0.06H，C=10μF。求电压表 V 的读数（有效值）。

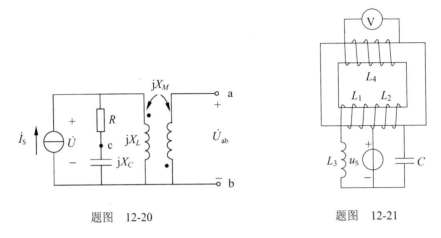

题图 12-20　　　　　　　题图 12-21

12-22 题图 12-22 所示电路中，$u_S = \sqrt{2}\sin 2000\pi t$ V，$R=50\pi\ \Omega$，M=10mH，L_1=30mH，L_2=20mH，$C=25/\pi^2$ μF。试用戴维南定理求电流 i_R。

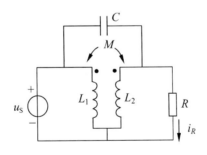

题图 12-22

12-23 用适当参数矩阵表示题图 12-23 所示的二端口网络。

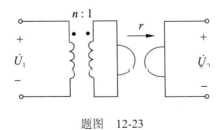

题图 12-23

第 13 章 电路中的谐振

本章重点

1. 谐振频率的确定。
2. 处于谐振状态的电路的分析。

学习指导

谐振是电路中的一种特殊现象。本章的重点是要掌握电路的谐振频率的求法,以及利用谐振电路的特点(发生谐振的电路端口的电压电流同相)求解处于谐振状态的电路。

一、谐振频率的确定

一个由电感和电容组成的无源线性电路,在某一频率 ω_0 时,电路阻抗(或导纳)为纯电阻(或电导),我们就说该电路发生了谐振。显然,电路要发生谐振,必须既有电感,又有电容,而且外加电源频率必须等于电路的谐振频率(又称自然频率)。

因为谐振时电路呈现纯阻性,所以发生谐振的那一部分电路端口的电压、电流同相(二者取关联参考方向)。求谐振频率的一般方法是写出入端阻抗或入端导纳的表达式,然后令其虚部为零,即可得到谐振频率。

例 13-1 确定图 13-1 中各个电路的谐振角频率及谐振时的入端阻抗或入端导纳。

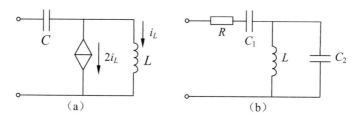

图 13-1

解 (1)图 13-1(a)中含有受控源,因此采用加压求流或加流求压的方法求电路的入端阻抗。其相量模型如图 13-1(c)所示。据此有

$$\dot{I}_0 = 3\dot{I}_L$$

$$\dot{U}_0 = \frac{\dot{I}_0}{j\omega C} + j\omega L \dot{I}_L = \left(\frac{3}{j\omega C} + j\omega L\right)\dot{I}_L$$

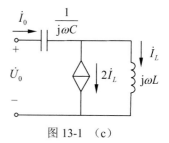

图 13-1 (c)

$$Z_{in} = \frac{\dot{U}_0}{\dot{I}_0} = \frac{1}{j\omega C} + j\omega \frac{L}{3}$$

令入端阻抗的虚部为零，$\text{Im}(Z_{in}) = 0$，得出谐振角频率

$$\omega_0 = \sqrt{\frac{3}{LC}}$$

谐振时的入端阻抗为 $Z_{in} = 0$，即从端口看过去，电路相当于短路。

（2）直接写出端口的入端阻抗

$$Z_{in} = R + \frac{1}{j\omega C_1} + \frac{1}{\frac{1}{j\omega L} + j\omega C_2} = R + j\left(-\frac{1}{\omega C_1} + \frac{\omega L}{1 - \omega^2 LC_2}\right)$$

$$= R + j\frac{\omega^2(LC_1 + LC_2) - 1}{\omega C_1(1 - \omega^2 LC_2)}$$

令阻抗虚部的分子为零，得到

$$\omega_1 = \sqrt{\frac{1}{L(C_1 + C_2)}}$$

此时，电路的入端阻抗 $Z_{in} = R$。

令阻抗虚部的分母为零，得到

$$\omega_2 = \sqrt{\frac{1}{LC_2}}$$

此时电路的入端导纳 $Y_{in} = \frac{1}{Z_{in}} = 0$。

当频率为 ω_1 的电源作用于该电路时，C_1、L 和 C_2 构成的这部分电路阻抗为零，相当于短路，电路处于串联谐振状态；当频率为 ω_2 的电源作用于该电路时，L 和 C_2 构成的这部分电路并联导纳为零，相当于开路，电路处于并联谐振状态。

例 13-2 求图 13-2（a）电路的谐振角频率 ω_0 和谐振时的入端阻抗 Z。

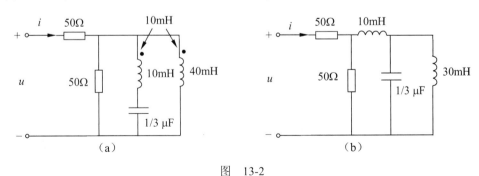

图 13-2

解 将原电路去耦等效，得到的电路如图 13-2（b）所示。

电路的并联谐振频率为

$$\omega_\mathrm{p} = \frac{1}{\sqrt{L_\mathrm{p}C_\mathrm{p}}} = \frac{1}{\sqrt{30 \times 10^{-3} \times \frac{1}{3} \times 10^{-6}}} = 10^4\,(\mathrm{rad/s})$$

此时，谐振部分相当于开路，因此，入端阻抗 $Z = 50 + 50 = 100\Omega$。

当电容与 30mH 的电感并联呈容性，并且容抗的绝对值等于 10mH 电感的感抗时，电路发生串联谐振。

$$\frac{\mathrm{j}\omega_\mathrm{s} \times 30 \times 10^{-3} \times \left(-\mathrm{j}\dfrac{1}{\omega_\mathrm{s} \times \frac{1}{3} \times 10^{-6}}\right)}{\mathrm{j}\omega_\mathrm{s} \times 30 \times 10^{-3} + \left(-\mathrm{j}\dfrac{1}{\omega_\mathrm{s} \times \frac{1}{3} \times 10^{-6}}\right)} = -\mathrm{j}\omega_\mathrm{s} \times 10 \times 10^{-3}$$

$$\omega_\mathrm{s} = 2 \times 10^4\,(\mathrm{rad/s})$$

此时，谐振部分相当于短路，因此，入端阻抗 $Z = 50\Omega$。

二、处于谐振状态下的电路的分析

分析处于谐振状态下的电路仍然需要采用相量法，但此时的电路又具有一些特殊性质，充分利用这些特点，可以有效地简化对谐振电路的分析。

电路谐振分为串联谐振和并联谐振两种，在这两种情况下，电路的特点是对偶的。

RLC 串联电路如图 13-3 所示，当该电路发生串联谐振时，具有如下特点。

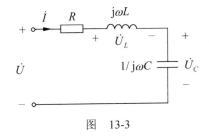

图 13-3

（1）$\dot{U}$，$\dot{I}$ 同相，入端阻抗呈现纯阻性，为最小，$Z_\mathrm{in} = R$。

（2）电流 I 达到最大值。

（3）串联谐振又称电压谐振，谐振时电容和电感上电压的幅值是端口总电压幅值的 Q 倍，对于图 13-3 所示电路有 $\dot{U}_L = -\dot{U}_C = Q\dot{U}$，$\dot{U}_R = \dot{U}$。$Q$ 称为谐振电路的品质因数。

$$Q = \frac{\omega_0 L}{R} = \frac{1}{\omega_0 CR} = \frac{\sqrt{L/C}}{R}$$

（4）电源只发出有功功率，无功功率为零，有功功率完全被电阻消耗；电感与电容之间进行能量交换，与电源没有能量交换。

RLC 并联电路如图 13-4 所示。当该电路发生并联谐振时，具有如下特点。

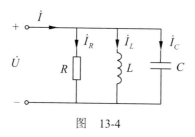

图 13-4

（1）$\dot{U}$，$\dot{I}$ 同相，入端导纳呈现纯阻性，为最小，$Y_{in}=1/R$。

（2）若电压 U 保持不变，则端口总电流 I 最小。

（3）并联谐振又称电流谐振，谐振时电容和电感上的电流幅值是端口总电流幅值的 Q 倍，对于图 13-4 电路有 $\dot{I}_L=-\dot{I}_C=Q\dot{I}$，$\dot{I}_R=\dot{I}$。$Q$ 称为谐振电路的品质因数，$Q=\omega_0 CR=\dfrac{R}{\omega_0 L}=R\sqrt{\dfrac{C}{L}}$。

（4）电源只发出有功功率，无功功率为零，有功功率完全被电阻消耗；电感与电容之间进行能量交换，与电源没有能量交换。

RLC 并联电路的品质因数既可以利用对偶原理从 RLC 串联电路的品质因数得出，也可以根据其物理意义推导出来。

例 13-3 图 13-5 所示电路处于谐振状态，$u_S=5\sqrt{2}\sin 1000t$ V，电流表的读数为 1A，电压表的读数为 80V。求元件参数 R、L 和 C。

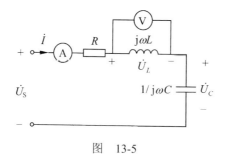

图 13-5

解 因为电路处于谐振状态，因此入端阻抗 $Z_{in}=R$。

$$R=\frac{U_S}{I}=\frac{5}{1}=5(\Omega)$$

根据谐振电路的特点，此时 $U_L=QU_S$，因此

$$Q = \frac{U_L}{U_S} = \frac{80}{5} = 16, \qquad \omega L = QR = 16 \times 5 = 80(\Omega)$$

$$L = 0.08\text{H} = 80(\text{mH})$$

$$\omega C = \frac{1}{QR} = \frac{1}{80} = 1.25 \times 10^{-2}(\Omega)$$

$$C = 1.25 \times 10^{-5}\text{ F} = 12.5(\mu\text{F})$$

例 13-4 电路如图 13-6（a）所示。试求电源角频率为何值时，功率表的读数为零？

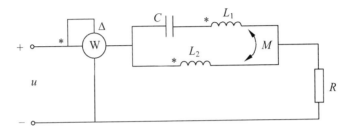

图 13-6 （a）

解 从图 13-6（a）所示电路可以看出，功率表的读数应等于电阻 R 消耗的功率。若功率表的读数为零，则流经电阻 R 的电流为零，因此只有当电路发生并联谐振时才会满足此条件。

对原电路进行去耦等效，如图 13-6（b）所示。

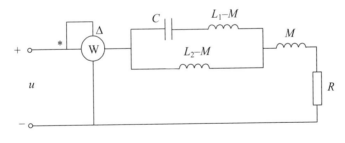

图 13-6 （b）

求并联部分的阻抗

$$Z_p = \frac{(1/j\omega C + j\omega(L_1 - M)) \times j\omega(L_2 - M)}{(1/j\omega C + j\omega(L_1 - M)) + j\omega(L_2 - M)}$$

$$= \frac{j\omega(L_2 - M) - j\omega^3 C(L_1 - M)(L_2 - M)}{1 - \omega^2(L_1 + L_2 - 2M)C}$$

令该阻抗的分母为零，得到并联谐振频率为

$$\omega_0 = \frac{1}{\sqrt{(L_1 + L_2 - 2M)C}}$$

此即所求的电源角频率。

例 13-5 图 13-7（a）所示电路处于谐振状态，$R_2 = 3\omega L = 2\dfrac{1}{\omega C_2}$，$R_1=1\Omega$，$U_S=20\text{V}$，电流表 A_1 的读数是 30A，求电流表 A_2 和功率表 W 的读数，并求电容 C_2 的容抗。

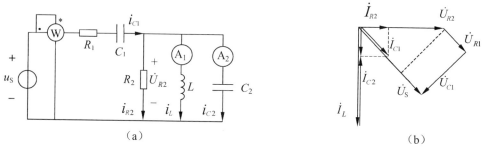

图 13-7

解 从电路的结构看，此电路既可以发生串联谐振，也可以发生并联谐振。但根据题目的已知条件，L 和 C_2 不可能发生并联谐振，而且可以看出并联部分呈现感性，因此电路处于串联谐振状态。为了更清楚地表示电路中各元件上的电压电流关系，取并联部分的电压 $\dot{U}_{R2}$ 作为参考相量，画出电路中各电量的相量图，如图 13-7（b）所示。电压、电流均取关联参考方向。

由于电路处于谐振状态，因此端口的电压电流必须同相，即 $\dot{U}_S$ 和 $\dot{I}_{C1}$ 同相。

设 $\dot{U}_{R2}=U\angle 0°$，则 $\dot{I}_L=30\angle -90°$。又 $R_2=3\omega L=\dfrac{2}{\omega C_2}$，所以

$$\dot{I}_{R2}=10\angle 0°(\text{A}) \qquad \dot{I}_{C2}=20\angle 90°(\text{A})$$

$$\dot{I}_{C1}=\dot{I}_{R2}+\dot{I}_L+\dot{I}_{C2}=10\sqrt{2}\angle -45°(\text{A})$$

即电流表 A_2 的读数 $I_{C2}=20\text{A}$。

功率表的读数为

$$P=U_S I_{C1}=20\times 10\sqrt{2}=282.8(\text{W})$$

从相量图中可以看出

$$U_{C1}=U_S-U_{R1}=20-I_{C1}R_1=5.86(\text{V})$$

$$\frac{1}{\omega C}=\frac{U_{C1}}{I_{C1}}=\sqrt{2}-1=0.414(\Omega)$$

电容的容抗为 -0.414Ω。

注意：求电流表 A_2 的读数和功率表的读数时，如果不画相量图，而直接根据各量之间的相位关系也可以求出。但求电容的容抗时，根据相量图中的几何关系，可以很快得出结

果，大大减小计算量。画相量图时，要充分利用"电路谐振时端口电压电流同相"这一关系。

例 13-6 电路如图 13-8(a)所示，输入信号 $u_S = A\sin(\omega_1 t + \varphi_1) + B\sin(\omega_2 t + \varphi_2)$，$\omega_1 < \omega_2$。设计一个电路 N，使得在输出信号 u_0 中只含有频率为 ω_1 的成分。

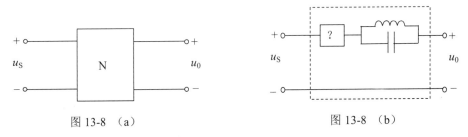

图 13-8 （a）　　　　　　　图 13-8 （b）

解 根据纯电抗电路在谐振时的特点——LC 串联谐振相当于短路，并联谐振相当于开路，可以设计这样一个电路，使得它在频率为 ω_1 时发生串联谐振，而在频率为 ω_2 时发生并联谐振，这样在输出信号中就可以完全滤除频率为 ω_2 的成分，而最大限度地通过频率为 ω_1 的成分。

并联谐振单元很简单，如图 13-8（b）中电感和电容的并联组合所示。问号部分所代表的既可以是电感 L，也可以是电容 C，它们都可以和并联部分发生串联谐振。在本题中，由于 $\omega_1 < \omega_2$，并联谐振单元在小于并联谐振频率时呈现感性，因此应与电容串联，才有可能在频率为 ω_1 时发生串联谐振。最终设计电路如图 13-8（c）所示。

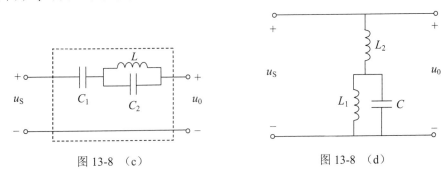

图 13-8 （c）　　　　　　　图 13-8 （d）

由图 13-8（c）及设计要求可得

$$\omega_2 = \frac{1}{\sqrt{LC_2}}$$

$$\omega_1 = \frac{1}{\sqrt{L(C_1 + C_2)}}$$

选定其中任一元件的参数，其他两个元件的参数也就随之确定。

注意：满足同样滤波要求的电路并不是唯一的。图 13-8（d）所示电路亦可满足要求。但要注意图 13-8（d）所示电路在发生串联谐振时有可能导致电压源短路（如果输入信号是一个电压源的话）。

$$\omega_1 = \frac{1}{\sqrt{L_1 C}}$$

$$\omega_2 = \sqrt{\frac{L_1 + L_2}{L_1 L_2 C}}$$

习题

13-1 当频率 $f=500$Hz 时，RLC 串联电路发生谐振，已知谐振时入端阻抗 $Z=10\Omega$，电路的品质因数 $Q=20$。求各元件参数 R、L 和 C。

13-2 RLC 串联电路的端电压 $u_S = 10\sqrt{2}\sin 1000t$ V。当电容 $C=10\mu$F 时，电路中电流最大，$I_{max}=2$A。

（1）求电阻 R 和电感 L；

（2）求各元件电压的瞬时值表达式；

（3）画出各电压相量图。

13-3 题图 13-3 所示电路中，$i_S = \sqrt{2}\sin(5000t + 30°)$A。当电容 $C=20\mu$F 时，电路中吸收的功率最大，$P_{max}=50$W。求 R、L 及流过各元件电流的瞬时值表达式，并画出各电流相量图。

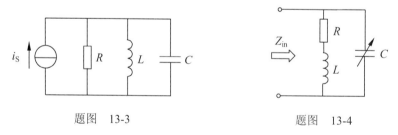

题图 13-3　　　　　　　题图 13-4

13-4 题图 13-4 所示并联谐振电路中，已知 $R=10\Omega$，$L=250\mu$H，调节 C 使电路在 $f=10^4$Hz 时谐振。求谐振时的电容 C 及入端阻抗 Z_{in}。

13-5 题图 13-5 所示电路在 $f=50$Hz 时发生谐振时，电流表读数为 0.3A，电压表读数为 20V，功率表读数为 8W。求 R、L 和 C。

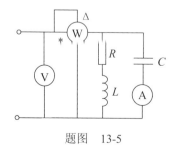

题图 13-5

13-6 求题图 13-6 各电路的谐振频率及谐振时的入端阻抗。

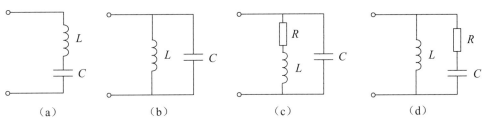

题图 13-6

13-7 求题图 13-7 所示电路的谐振角频率。

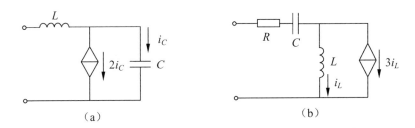

题图 13-7

13-8 求题图 13-8 所示电路发生串联谐振时的谐振角频率。设电容 C_3 的端电压 $\dot{U}_3 = U_3\angle 0°$，定性画出该谐振频率下电流 $\dot{I}_1$、$\dot{I}_2$、$\dot{I}_3$ 及电压 $\dot{U}$ 的相量图。问当 $\omega = \dfrac{1}{\sqrt{L_2C_3}}$ 时，电路的入端阻抗是多少？

13-9 题图 13-9 所示电路中，电流表 A_2 的读数为零。已知 $U=200$V，$R_1=50\Omega$，$L_1=0.2$H，$R_2=50\Omega$，$C_2=5\mu$F，$C_3=10\mu$F，$L_4=0.1$H。求电流表 A_4 的读数。

13-10 题图 13-10 中有四个电路。

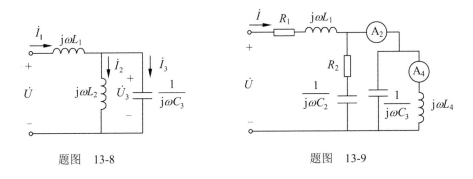

题图 13-8   题图 13-9

（1）当 $\omega = \omega_1 = \dfrac{1}{\sqrt{L_1 C_1}}$ 时，这四个电路哪些相当于开路？哪些相当于短路？

（2）有人认为在另一个频率 ω_2 的时候，(c)、(d) 这两个电路相当于开路，可能吗？若可能，ω_2 是大于还是小于 ω_1？怎样计算 ω_2？

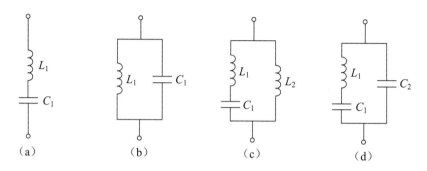

题图 13-10

13-11 已知题图 13-11 所示电路中，$C=0.1\mu F$，$L_1=3mH$，$L_2=2mH$，$M=1mH$。求电路的谐振频率（忽略电阻）。

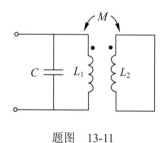

题图 13-11

13-12 题图 13-12（a）所示电路中，C_1 与 C_2 组成一个电容分压器。这个分压器有一个缺点，即负载 Z 改变时，$\dot{U}_2$ 也随之改变。试问在原电路 A、B 之间接入一个什么样的元件可使 Z 变化时，$\dot{U}_2$ 不变？并说明该元件的参数有多大？已知电源频率为 f。

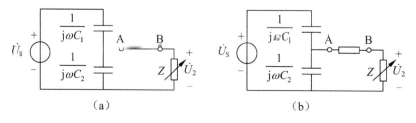

题图 13-12

13-13 题图13-13所示电路中,有两个不同频率的电源同时作用,其中 $u_{S1} = \sqrt{2}U_{S1}\sin\omega_1 t$,$\omega_1=100\pi$ rad·s^{-1}, $u_{S2} = \sqrt{2}U_{S2}\sin\omega_2 t$, $\omega_2=300\pi$ rad·s^{-1}。如要求电路负载 Z 上的电压 u 不包含频率为 ω_1 的电压分量,而包含频率为 ω_2 的全部电压分量,即 $u = u_{S2} = \sqrt{2}U_{S2}\sin\omega_2 t$,且已知 $L_1=0.2$H。试选择 C_2、L_3 的参数。若反之需保留频率为 ω_1 的电压,应设计什么样的滤波电路?并求出相应的元件参数。

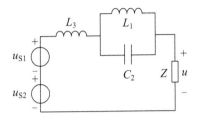

题图 13-13

13-14 已知题图13-14所示电路中,$C_1=60\mu$F,$L_1=10$mH,$U=120$V,$\omega=400$ rad·s^{-1},R_1、C_2 可调,电路谐振时电流表读数为12A。求 R_1 和 C_2 的值。

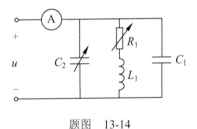

题图 13-14

第14章 三相电路

本章重点

1. 对称三相电路在不同连接方式下，相电压与线电压、相电流与线电流的关系。
2. 对称三相电路的抽单相分析方法。
3. 三相电路功率的计算与测量方法。
4. 不对称三相电路的分析方法和中点位移。

学习指导

三相电路是复杂的正弦电流电路，一般正弦电流电路的分析方法仍然适用于求解三相电路，但是对于对称三相电路常常利用对称性来简化计算。学习本章应注意三相电路的这个特点。

一、对称三相电路中各相量之间的关系

对称三相电路指的是电源和负载都对称的三相电路。电源对称指的是三相电源幅值相等，相位互差120°；负载对称指的是三相负载完全相等。无论是对称电源，还是对称负载都有 Y 形和Δ形两种连接方式；不同连接方式下，线电压与相电压、线电流与相电流之间的关系是不同的。以负载为例，如图 14-1 和图 14-2 所示。

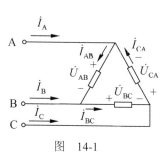

图 14-1　　　　　　　　　　图 14-2

Δ形连接方式下：

$$\dot{I}_A = \sqrt{3}\dot{I}_{AB}\angle -30°$$
$$\dot{I}_B = \sqrt{3}\dot{I}_{BC}\angle -30°$$
$$\dot{I}_C = \sqrt{3}\dot{I}_{CA}\angle -30°$$

线电压与对应的相电压相等。

Y 形连接方式下：
$$\dot{U}_{AB} = \sqrt{3}\dot{U}_{AN}\angle 30°$$
$$\dot{U}_{BC} = \sqrt{3}\dot{U}_{BN}\angle 30°$$
$$\dot{U}_{CA} = \sqrt{3}\dot{U}_{CN}\angle 30°$$

线电流与对应的相电流相等。

例 14-1　图 14-3 所示对称三相电路中，电流表的读数为 1A，$Z_1 = 220\Omega$，$Z_2 = 30+j40\Omega$。求：(1) 三相对称电源的相电压和线电压；(2) 流过负载 Z_2 的相电流 $\dot{I}_{AB}$，$\dot{I}_{BC}$，$\dot{I}_{CA}$ 以及流过电源的线电流 $\dot{I}_A$，$\dot{I}_B$，$\dot{I}_C$。

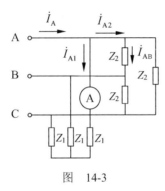

图 14-3

解　设流过电流表的电流为 $\dot{I}_{A1} = 1\angle 0°$ A，这既是流过负载 Z_1 的相电流，也是线电流。

(1) 电源相电压 $\dot{U}_{AN} = \dot{I}_{A1}Z_1 = 220\angle 0°$ (V)。

根据对称三相电源的相位关系，有
$$\dot{U}_{BN} = 220\angle -120° \text{ (V)}, \quad \dot{U}_{CN} = 220\angle 120° \text{ (V)}$$

因为 Z_1 是 Y 形连接，因此电源的线电压为
$$\dot{U}_{AB} = \sqrt{3}\dot{U}_{AN}\angle 30° = 380\angle 30° \text{ (V)}$$
$$\dot{U}_{BC} = 380\angle -90° \text{ (V)}, \quad \dot{U}_{CA} = 380\angle 150° \text{ (V)}$$

(2) 负载 Z_2 是 Δ 形连接，因此负载上的相电压就等于电源的线电压。负载的相电流为
$$\dot{I}_{AB} = \frac{\dot{U}_{AB}}{Z_2} = \frac{380\angle 30°}{30+j40} = 7.6\angle -23.1° \text{ (A)}$$

根据对称性，有
$$\dot{I}_{BC} = \dot{I}_{AB}\angle -120° = 7.6\angle -143.1° \text{ (A)}$$
$$\dot{I}_{CA} = \dot{I}_{AB}\angle 120° = 7.6\angle 96.9° \text{ (A)}$$

再根据 Δ 形连接负载的相电流和线电流的关系，负载 Z_2 端线上流过的线电流为
$$\dot{I}_{A2} = \sqrt{3}\dot{I}_{AB}\angle -30° = 13.2\angle -53.1° \text{ (A)}$$

故流过电源的线电流

$$\dot{I}_A = \dot{I}_{A1} + \dot{I}_{A2} = 1\angle 0° + 13.2\angle -53.1° = 8.92 - j10.56 = 13.8\angle -49.8° \text{ (A)}$$

$$\dot{I}_B = \dot{I}_A \angle -120° = 13.82\angle -169.8° \text{ (A)}, \quad \dot{I}_C = \dot{I}_A \angle 120° = 13.8\angle 70.2° \text{ (A)}$$

注意：

（1）求 $\dot{I}_{A2}$ 时也可以先对负载 Z_2 进行 Y-Δ 变换再求解，结果是一样的。

（2）图 14-3 中电源没有明确画出其接线方式的情况，一般可认为它是 Y 形连接。

二、对称三相电路的分析

对于对称三相电路，典型的求解方法是画出它的一相等效电路（一般是 A 相），求出结果后再根据三相之间的相序关系，写出其他两相的结果。

抽单相分析方法的一般步骤是：

（1）将电源和所有负载都变换为星形（Y）连接，如果题目中电源没有明确画出连接方式，可以默认为 Y 形连接；

（2）将所有中性点连接起来（由于是对称电路，因此它们的中性点是等电位的）；

（3）抽出其中一相电路，利用相量法进行求解，得出 Y 接时的一相相电压或相电流；

（4）根据对称三相电路的相序关系，写出其他两相的相电压或相电流；

（5）根据 Y 形与 Δ 形连接方式下相电压与线电压、相电流与线电流之间的关系，求出题目所要求的量。

需要特别注意的是，电源的 Y-Δ 变换式和负载的 Y-Δ 变换式是不同的，如图 14-4 和图 14-5 所示。电源的 Y-Δ 变换既有幅值的变化，又有相位的变化，而负载的 Y-Δ 变换只有幅值的变化。

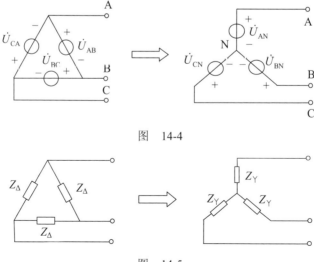

图 14-4

图 14-5

$$\dot{U}_{AN} = \frac{1}{\sqrt{3}} \dot{U}_{AB} \angle -30°$$

$$\dot{U}_{BN} = \frac{1}{\sqrt{3}} \dot{U}_{BC} \angle -30°$$

$$\dot{U}_{CN} = \frac{1}{\sqrt{3}} \dot{U}_{CA} \angle -30°$$

$$Z_Y = \frac{1}{3} Z_\Delta$$

例 14-2 电路如图 14-6（a）所示。试写出 $\dot{I}_A$, $\dot{I}_{ab}$ 的表达式。

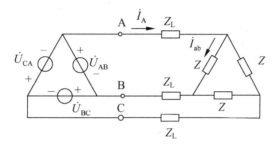

图 14-6 （a）

解 画出图 14-6（a）所示电路的一相（A 相）等效电路，如图 14-6（b）所示。

$$\dot{I}_A = \frac{\dot{U}_{AN}}{Z_L + \frac{1}{3}Z} = \frac{\sqrt{3}\dot{U}_{AB}\angle -30°}{3Z_L + Z}$$

$$\dot{I}_{ab} = \frac{1}{\sqrt{3}} \dot{I}_A \angle 30°$$

根据图 14-6（b），只能求出 Y 形连接的负载的相电流（也即线电流）$\dot{I}_A$，而原图中 Δ 形连接的负载的相电流 $\dot{I}_{ab}$，则需根据图 14-6（a）中相电流和线电流的关系得出。

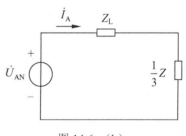

图 14-6 （b）

例 14-3 图 14-7（a）电路中，电压表的读数为 380V，$Z = (15+j20)\,\Omega$，$Z_1 = (1+j2)\,\Omega$。求电路中两块电流表的读数和线电压 U_{AB}。

解 图示电路是三相对称电路，因此，$\dot{U}_{NN'} = 0$，不管中线阻抗 Z_N 是多少，中线电流始终为零，即电流表 A_2 的读数为零。

原电路的一相等效电路如图 14-7（b）所示。

电压表的读数是三相负载 Z 上的线电压 $U_{A'B'}$，因此负载上的相电压 $U_{A'N}$ 为

$$U_{A'N} = \frac{U_{A'B'}}{\sqrt{3}} = \frac{380}{\sqrt{3}} = 220 \,(V)$$

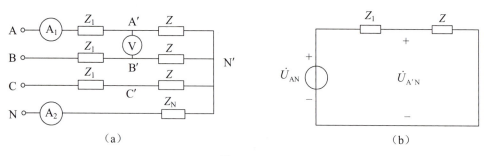

图 14-7

线电流为

$$I_A = \frac{U_{A'N}}{|Z|} = \frac{220}{|15+j20|} = 8.8\,(A)$$

即电流表 A_1 的读数为 8.8A。

电源端线电压 U_{AB} 为

$$U_{AB} = \sqrt{3}U_{AN} = \sqrt{3}|Z_1+Z|I_A = \sqrt{3}\times|16+j22|\times 8.8 = 414.6\,(V)$$

注意：由上述计算过程可以看出，由于存在线路阻抗，电源端线（相）电压要高于负载端的线（相）电压。在实际的三相输电线路中，考虑到输电线的损耗，发电厂的出线电压必须略高于用户端负载的额定电压。

三、三相电路功率的计算与有功功率的测量方法

三相电路本质上也是正弦激励下的电路，所以它的功率也包括有功功率、无功功率、视在功率和复功率。每一种功率的物理意义与前面第 11 章中讲述的相同。

对称三相电路的有功功率和无功功率的计算公式如下

$$P = 3U_p I_p \cos\varphi_p = \sqrt{3}U_l I_l \cos\varphi_p$$

$$Q = 3U_p I_p \sin\varphi_p = \sqrt{3}U_l I_l \sin\varphi_p$$

其中，U_p、I_p 是相电压和相电流，U_l、I_l 是线电压和线电流。无论采用哪个公式计算，φ_p 都是指相电压与对应的相电流之间的相位差，对于对称三相电路而言，就是每相总阻抗的阻抗角。而对于不对称三相电路，要计算它的总功率就必须单独计算出每一相的功率，然后求和得到总功率。

测量三相电路的有功功率有三表法和两表法两种方法。图 14-8 和图 14-9 分别是三表法和两表法测量三相电路总有功功率的接线图。

设电流 $\dot{I}$ 从电流线圈的电源端（"*"端）流入，电压 $\dot{U}$ 的正极与电压线圈的电源端（"△"端）一致时，功率表的读数 $P = UI\cos\varphi$，其中 φ 是 $\dot{U}$、$\dot{I}$ 的相位差。

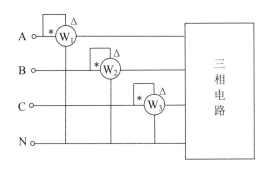

图 14-8 三表法测三相电路有功功率的接线图

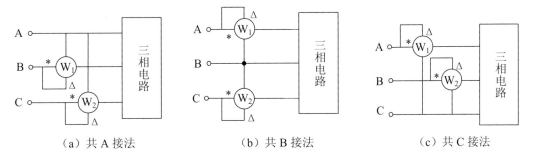

（a）共 A 接法　　　　　（b）共 B 接法　　　　　（c）共 C 接法

图 14-9 两表法测三相电路有功功率的接线图

例 14-4　图 14-10（a）电路中，电源线电压为 380V，负载 $Z_1 = (50+j80)\ \Omega$，电动机 M 的有功功率 $P = 1600\text{W}$，功率因数 $\cos\varphi = 0.8$（滞后）。求：（1）三相电源发出的有功功率和无功功率；（2）画出用二表法测三相电源有功功率的接线图，并求出每块表的读数。

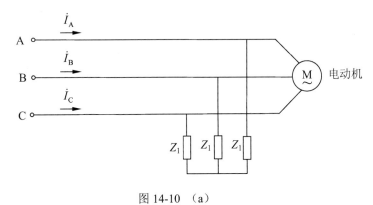

图 14-10 （a）

解　（1）电动机可以看成是 Y 接的三相对称负载，因此，原电路的一相等效电路如图 14-10（b）所示。

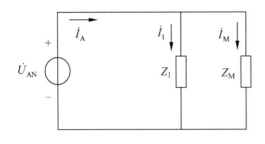
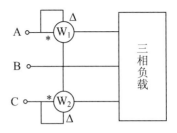

图 14-10 （b）　　　　　　　　　图 14-10 （c）

令 $\dot{U}_{AN} = \dfrac{380}{\sqrt{3}} \angle 0° = 219.39\angle 0°$ V，则

$$\dot{I}_1 = \dfrac{\dot{U}_{AN}}{Z_1} = \dfrac{219.39\angle 0°}{50+j80} = 2.33\angle -57.99° \text{ (A)}$$

$$I_M = \dfrac{P}{3U_{AN}\cos\varphi} = \dfrac{1600}{3\times 219.39\times 0.8} = 3.03 \text{ (A)}$$

$$\cos\varphi = 0.8$$

所以

$$\varphi = 36.87° \quad \dot{I}_M = 3.03\angle -36.87° \text{ (A)}$$

$$\dot{I}_A = \dot{I}_1 + \dot{I}_M = 2.33\angle -57.99° + 3.03\angle -36.87° = 5.27\angle -46.04° \text{ (A)}$$

电源发出的总功率

$$P_S = 3U_{AN}I_A\cos\varphi' = 3\times 219.39\times 5.27\times \cos 46.04° = 2.41 \text{ (kW)}$$

$$Q_S = 3U_{AN}I_A\sin\varphi' = 3\times 219.39\times 5.27\times \sin 46.04° = 2.50 \text{ (kVar)}$$

（2）二表法测电源总功率的接线图如图 14-10（c）所示。

功率表 W_1 的读数

$$P_1 = U_{AB}I_A\cos(\varphi_{U_{AB}} - \varphi_{I_A}) = 380\times 5.27\times \cos(30° - (-46.04°)) = 483 \text{ (W)}$$

功率表 W_2 的读数

$$P_2 = U_{CB}I_C\cos(\varphi_{U_{CB}} - \varphi_{I_C}) = 380\times 5.27\times \cos(90° - (-46.04° + 120°)) = 1.93 \text{ (kW)}$$

可以看出，$P_1 + P_2 = P_S$。

例 14-5　图 14-11（a）电路中，电源相电压为 220V，频率 $f = 50$Hz，三相对称负载吸收的总功率 $P = 2.4$kW，功率因数 0.4（感性）。如何才能将负载的总功率因数提高到 0.9？

解　负载的功率因数过低，会导致输电线损耗增加或设备不能满功率工作等不良后果，因此，必须对功率因数过低的负载进行无功补偿，提高其功率因数。提高感性负载的功率因数最常规的方法是并联电容。

方法 1：并联电容如图 14-11（b）中虚线所示。

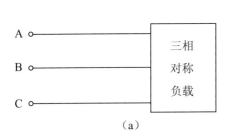
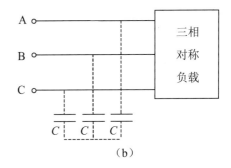

图 14-11

并联电容前，负载吸收的无功

$$Q_1 = \frac{P}{\cos\varphi_1}\sin\varphi_1 = \frac{2400}{0.4}\sin(\arccos 0.4) = 5.499 \text{ (kVar)}$$

并联电容后，所有负载吸收的总的无功为

$$Q_2 = \frac{P}{\cos\varphi_2}\sin\varphi_2 = \frac{2400}{0.9}\sin(\arccos 0.9) = 1.162 \text{ (kVar)}$$

因此，三相电容发出的无功为

$$Q_C = Q_1 - Q_2 = 5.499 - 1.162 = 4.337 \text{ (kVar)}$$

电容的值为

$$C = \frac{Q_C}{3} \times \frac{1}{\omega U^2} = \frac{4.337 \times 10^3}{3} \times \frac{1}{100\pi \times 220^2} = 0.951 \times 10^{-4} \text{ (F)} = 95.1(\mu\text{F})$$

方法 2：画出原电路的一相等效电路，如图 14-11（c）所示。

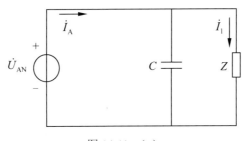

图 14-11 （c）

由 $P = UI\cos\varphi_1$ 得

$$I_1 = \frac{P}{3U_{AN}\cos\varphi_1} = \frac{2400}{3 \times 220 \times 0.4} = 9.09(\text{A})$$

因此

$$|Z| = \frac{U_{AN}}{I_1} = 24.20(\Omega)$$

对于对称三相电路来说，功率因数角就是每相阻抗的阻抗角，因此
$$Z = |Z|\angle\varphi_1 = 9.68 + j22.18\ (\Omega)$$

利用电容进行无功补偿后，新的功率因数角就是电容和原阻抗并联所得阻抗的阻抗角。用导纳计算更简便一些。即
$$Y' = \frac{1}{Z} + j\omega C = 0.124\angle-\varphi_1 + j\omega C = 0.0165 - j(0.0379 - \omega C)$$

由题意知
$$\cos\varphi_2 = 0.9 \quad\Rightarrow\quad \varphi_2 = 25.84°$$
$$\frac{0.0379 - \omega C}{0.0165} = \tan\varphi_2 = 0.484$$
$$C = 95.2(\mu F)$$

注意：图 14-11（b）中的电容也可以采用 △ 形接法。显然，要达到同样的提高功率因数的要求，△ 形接法所需电容要比 Y 形接法所需电容值小，$C_\Delta = \frac{1}{3}C_Y$，但 △ 形接法时每个电容承受的电压是线电压，而 Y 形接法时每个电容承受的电压是相电压，对电容的耐压要求低一些。

四、不对称三相电路的分析

分析不对称三相电路必须采用交流电路分析的一般方法，而不能采用抽单相的方法。由于电路结构的特殊性，经常可以利用对称三相电路来简化计算。

例 14-6 图 14-12 中对称三相电源的线电压为 380V，负载 Z = 100+j100 Ω，Z_1 =50+j50Ω。求：（1）开关 S_1 打开，S_2、S_3 合上时的线电流；（2）开关 S_1、S_2、S_3 都打开时的线电流；（3）开关 S_3 打开，S_1、S_2 合上时的线电流。

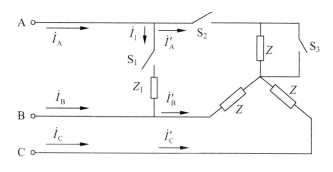

图 14-12

解 设 $\dot{U}_{AB} = 380\angle 0°\ V$。

（1）开关 S_1 打开，S_2、S_3 合上，即 A 相负载短路，B、C 两相负载上的电压均为线电压。

$$\dot{I}_{B} = \frac{\dot{U}_{BA}}{Z} = \frac{-380\angle 0°}{100+\text{j}100} = 2.69\angle 135° \text{(A)}$$

$$\dot{I}_{C} = \frac{\dot{U}_{CA}}{Z} = \frac{380\angle 120°}{100+\text{j}100} = 2.69\angle 75° \text{(A)}$$

$$\dot{I}_{A} = -(\dot{I}_{B}+\dot{I}_{C}) = 4.66\angle -75° \text{(A)}$$

（2）开关 S_1、S_2、S_3 都打开，即 A 相负载开路，B、C 两相负载上的电压为线电压的一半。

$$\dot{I}_{A} = 0$$

$$\dot{I}_{B} = \frac{\dot{U}_{BC}}{2Z} = \frac{380\angle -120°}{2\times(100+j100)} = 1.34\angle -165° \text{(A)}$$

$$\dot{I}_{C} = -\dot{I}_{B} = 1.34\angle 15° \text{(A)}$$

（3）开关 S_3 打开，S_1、S_2 合上，此时总负载为三相不对称负载，但三相负载 Z 仍然是对称的。

$$\dot{I}'_{A} = \frac{\frac{1}{\sqrt{3}}\dot{U}_{AB}\angle -30°}{Z} = \frac{380\angle -30°}{\sqrt{3}\times(100+j100)} = 1.55\angle -75° \text{(A)}$$

$$\dot{I}_{1} = \frac{\dot{U}_{AB}}{Z_1} = \frac{380\angle 0°}{50+j50} = 5.37\angle -45° \text{(A)}$$

所以

$$\dot{I}_{A} = \dot{I}'_{A}+\dot{I}_{1} = 1.55\angle -75° + 5.37\angle -45° = 6.76\angle -51.59° \text{(A)}$$

$$\dot{I}_{B} = \dot{I}'_{B}-\dot{I}_{1} = 1.55\angle 165° - 5.37\angle -45° = 6.76\angle 141.59° \text{(A)}$$

$$\dot{I}_{C} = \dot{I}'_{C} = 1.55\angle 45° \text{(A)}$$

习题

14-1 三个理想电源如题图 14-1 所示。问这些电源应如何连接以组成：（1）星形连接的对称三相电源；（2）三角形连接的对称三相电源。设 $u_a = \sqrt{2}U_S\sin\omega t$，$u_b = \sqrt{2}U_S\sin(\omega t - 120°)$，$u_c = \sqrt{2}U_S\sin(\omega t - 60°)$。

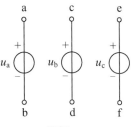

题图 14-1

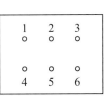

题图 14-2

14-2 将电压表接在三相发电机端子 1 与 4、或 2 与 5、或 3 与 6 之间时（如题图 14-2 所示），读数为 220V。将端子 4、5、6 连接在一起后，电压表测出端子 1 与 2 间电压为 220V，端子 2 与 3 间电压也是 220V。试问端子应如何连接才能得到三相对称线电压为 380V。

14-3 如题图 14-3 所示，额定电压为 220V 的三相对称负载（△接），通过变比为 3300V/380V 的三相降压变压器接到线电压为 3300V 的高压线上供电。试画出连接线路图。

14-4 三相电路如题图 14-4 所示。已知对称三相负载 $Z=40+j30\Omega$，电源线电压为 380V。

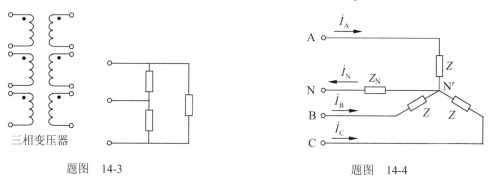

题图 14-3　　　　　　　　　　题图 14-4

（1）求电路中各线电流：（a）设 $Z_N=0$；（b）设 $Z_N=\infty$；（a）设 $Z_N=40+j50\Omega$。

（2）作出三相电压相量图。

14-5 如题图 14-5 所示，对称三相电压线电压为 380V，负载阻抗 $Z=50+j80\Omega$。求输电线中电流 $\dot I_A$、$\dot I_B$、$\dot I_C$，并画出三相电流相量图。

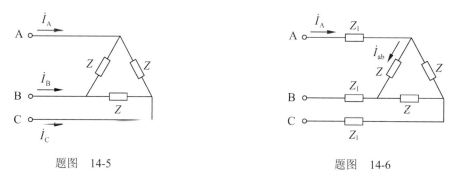

题图 14-5　　　　　　　　　　题图 14-6

14-6 三相对称电路如题图 14-6 所示。试问下列算式哪些对哪些不对？

(1) $\dot I_{ab} = \dfrac{\dot U_{AB}}{Z}$　　(2) $\dot I_{ab} = \dfrac{\dot U_{AB}}{Z_L + Z}$　　(3) $\dot I_{ab} = \dfrac{\dot U_{AB}}{2Z_L + Z}$

(4) $\dot I_A = \dfrac{\dot U_{AB}}{Z_L + Z/3}$　　(5) $\dot I_A = \dfrac{\dot U_{AN}}{Z_L + Z/3}$　　(6) $\dot I_A = \dfrac{\dot U_{AB}}{2Z_L + Z}$

14-7 两组三相负载接成如题图 14-7 所示电路。电源对称，线电压为 380V，

$Z_1=100+j60Ω$，$Z_2=50-j80Ω$。求电源线电流。

14-8 对称工频三相电路如题图 14-8 所示。线电压 $U=380V$，耦合三角形负载参数是 $R=30Ω$，$L=0.4H$，$M=0.1H$。求线电流 $\dot{I}_A$、$\dot{I}_B$、$\dot{I}_C$。

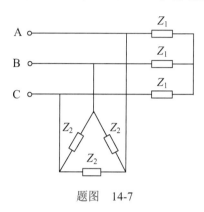

题图 14-7

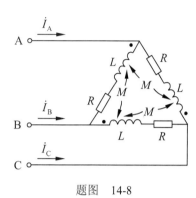

题图 14-8

14-9 给功率较小的三相负载（如测量仪器和继电器等）供电，可利用所谓相数变换器，从单相电源获得对称三相负载电压，电路如题图 14-9 所示。已知负载 $R=20Ω$，求 R 上得到对称三相电流所需的 L、C 之值。

14-10 在题图 14-10 所示三相电路中，有 Y 接的三相电动机和Δ接的变压器作负载。三相电源通过阻抗 $Z_L=1+j2Ω$ 的输电线向负载供电，负载处线电压为 380V，电动机等值阻抗为 $Z_1=12+j16Ω$，变压器每相等值阻抗为 $Z_2=48+j36Ω$。求电源端线电压。

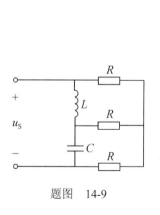

题图 14-9

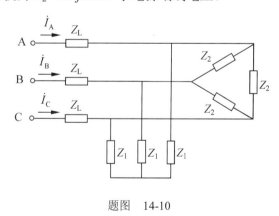

题图 14-10

14-11 不对称三相电路如题图 14-11 所示。$Z_1=100+j50Ω$，$Z_2=50Ω$，$Z_3=30+j30Ω$，电源线电压为 380V。求电源各线电流 $\dot{I}_A$、$\dot{I}_B$、$\dot{I}_C$。

14-12 电路如题图 14-12 所示。对称电源线电压为 380V，$Z_1=50+j50Ω$，$Z_A=Z_B=Z_C=50+j100Ω$。求下列两种情况下电源线电流 $\dot{I}_A$、$\dot{I}_B$、$\dot{I}_C$：（1）S 打开；（2）S 闭合。

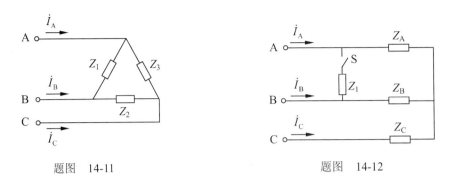

题图 14-11　　　　　　　　　　　　题图 14-12

14-13　题图 14-13（a）所示电路为一对称三相电源（未接任何负载），C 为每相对地电容，电源电压相量图如图（b）所示。设在 K 点发生接地短路。试在同一相量图中画出各相对地电压 $\dot{U}_{AK}$、$\dot{U}_{BK}$、$\dot{U}_{CK}$，各线电流 $\dot{I}_A$、$\dot{I}_B$、$\dot{I}_C$。

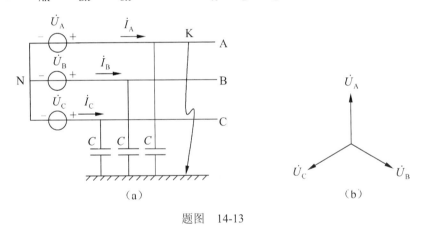

题图 14-13

14-14　三相负载接成三角形，如题图 14-14 所示。电源线电压为 220V，$Z=20+j20\Omega$。
（1）求三相总有功功率。
（2）若用两表法测三相总功率，其中一表已接好，如题图所示，画出另一功率表的接线图，并求出其读数。

14-15　电路如题图 14-15 所示。三相电动机的参数为 $P=1.7kW$，$\cos\varphi=0.82$，$U=380V$。求出该电动机满载时的电流大小。若用两表法测该电动机的功率，试画出两功率表的接线，并求出两表的读数。

14-16　电路如题图 14-16 所示，三相对称电源经输电线给三角形连接的电力变压器供电。已知电源线电压为 110kV，输电线阻抗为 $Z_L=2+j4\Omega$，变压器每相等值阻抗为 $Z=42+j24\Omega$。求输电线上电流，变压器端电压（线电压）及变压器吸收的功率。

14-17　电路如题图 14-17 所示，用二功率表法测平衡三相负载的功率，两表的读数分

别为 $W_1=0$，$W_2=3.42$kW，电源线电压对称，大小为 220V。求每相负载阻抗（感性）。

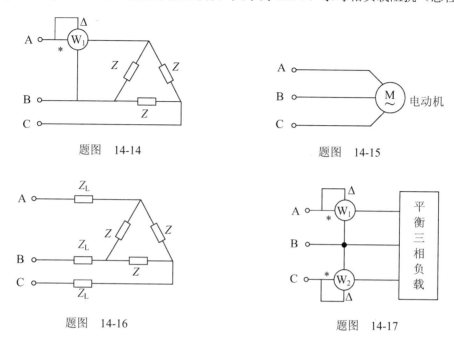

题图 14-14　　　　　　　　　题图 14-15

题图 14-16　　　　　　　　　题图 14-17

14-18　题图 14-18 所示为测量对称三相负载无功功率的电路。若图中功率表的读数为 4000W。试求负载吸收的无功功率。

14-19　题图 14-19 所示电路中，已知工频对称三相电源线电压为 $U_l=380$V，电动机负载三相总功率为 $P=1.7$kW，$\cos\varphi=0.8$（感性），对称三相负载阻抗 $Z=50+j80\Omega$（△接）。

（1）求输电线电流 $\dot{I}_A$、$\dot{I}_B$、$\dot{I}_C$；

（2）为使电源端功率因数 $\cos\varphi=0.9$，在负载处并联一组三相电容（Y 接），求所需电容 C。

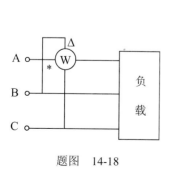

题图 14-18

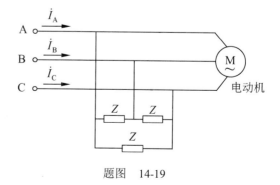

题图 14-19

14-20 题图 14-20 所示电路中，Y 形连接的三相电动机和Δ形连接的变压器由线电压为 380V 的三相对称电源供电。电动机每相等值阻抗为 Z_1=12+j16Ω，变压器每相等值阻抗为 Z_2=48+j36Ω，输电线阻抗为 Z_l=1+j2Ω。求：

（1）输电线上电流、两负载上电流及电源端的功率因数；

（2）为使电源端的功率因数 $\cos\varphi$=1，在负载处并联一组三相电容器进行无功补偿（Y形连接）。求所需电容 C 的大小。

14-21 电路如题图 14-21 所示。画出用两表法测电路总功率的接线图，并求两功率表的读数及负载总功率。已知 Z=120+j54Ω，Z_1=30+j25Ω，电源线电压为 380V。

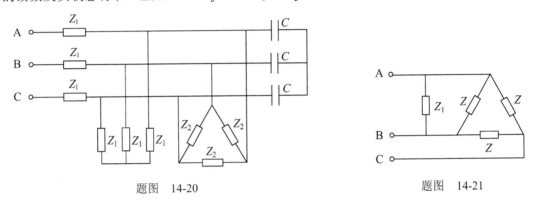

题图 14-20　　　　　　　　　　题图 14-21

14-22 电路如题图 14-22 所示，电源为对称三相电源，Z_1=-j10Ω，Z_2=5+j12Ω，R=5Ω，电源线电压 U_l=380V。求下面两种情况下各电流表的读数：（1）S 打开；（2）S 闭合。

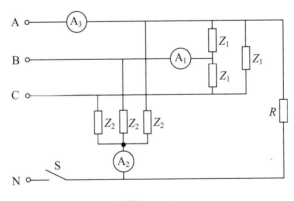

题图 14-22

第 15 章 周期性激励下电路的稳态响应

本章重点

1. 周期性信号的谐波分析。
2. 周期性激励的有效值和平均功率。
3. 周期性激励下电路的稳态响应。

学习指导

本章的核心内容是谐波分析法,其实质是将非正弦周期性激励下电路分解为一系列不同频率的正弦电流电路后进行分析计算。本章可以看成前面各章的推广,学习时应注意本章和前面各章的联系及不同点。

一、周期性信号的谐波分析

任何满足狄里赫利条件的周期为 T 的时间函数 $f(t)$,都可以展开成频率为 $f(t)$ 频率的整数倍的一系列正弦量的和。即

$$f(t) = a_0 + a_1\cos\omega t + b_1\sin\omega t + a_2\cos 2\omega t + b_2\sin 2\omega t + \cdots + a_k\cos k\omega t + b_k\sin k\omega t + \cdots$$

$$= a_0 + \sum_{k=1}^{\infty}(a_k\cos k\omega t + b_k\sin k\omega t)$$

其中,$\omega = \dfrac{2\pi}{T}$ 是周期函数 $f(t)$ 的角频率。在电路分析中,将上式中的常数项称为直流分量,角频率为 ω 的正弦量称为基波或一次谐波,角频率为 2ω、$3\omega\cdots$ 的正弦量称为二次谐波、三次谐波$\cdots$。

有的周期性时间函数由于具有某种性质,在它的展开式中没有某些项,即展开式中某些项的系数为 0。常见的有以下几种情形:

(1) 若周期性时间函数为偶函数,$f(t) = f(-t)$,则其展开式中 $b_k = 0$,即展开式中不含正弦项。

(2) 若周期性时间函数为奇函数,$f(t) = -f(-t)$,则其展开式中 $a_k = 0$,即展开式中不含余弦项。

(3) 若周期性时间函数半波奇对称,$f(t) = -f\left(t + \dfrac{T}{2}\right)$,则其展开式中 $a_{2k} = 0$,$b_{2k} = 0$,

即 $f(t)$ 的波形中不含偶次谐波。

例 15-1 说明图 15-1 中各非正弦周期波形包含哪些分量（正弦分量、余弦分量、奇次分量、偶次分量、直流分量），并求它们各自的有效值。

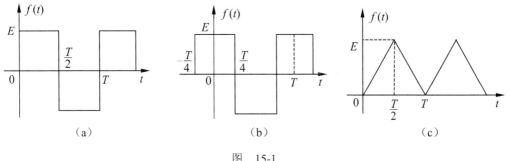

(a)　　　　　　　(b)　　　　　　　(c)

图　15-1

解 根据波形的对称性，可以定性判断其中含有的谐波分量。

（1） $f(t) = -f(-t)$，波形原点对称，是一个奇函数，因此不含有余弦分量，即 $a_k = 0$；又 $f(t) = -f\left(t + \dfrac{T}{2}\right)$，波形半波奇对称，因此不含有直流分量和偶次分量，即 $a_0=0, b_{2k} = 0$。所以，$f(t)$ 中只含有奇次正弦分量。

$$\text{rms} = \sqrt{\frac{1}{T}\int_0^T f^2(t)\mathrm{d}t} = \sqrt{\frac{1}{T}\left(\int_0^{T/2} E^2\mathrm{d}t + \int_{T/2}^T (-E)^2 \mathrm{d}t\right)} = E$$

（2） $f(t) = f(-t)$，波形纵轴对称，是一个偶函数，因此不含有正弦分量，即 $b_k = 0$；又 $f(t) = -f\left(t + \dfrac{T}{2}\right)$，波形半波奇对称，因此不含有直流分量和偶次分量，即 $a_0=0, a_{2k} = 0$。所以，$f(t)$ 中只含有奇次余弦分量。

$$\text{rms} = \sqrt{\frac{1}{T}\int_0^T f^2(t)\mathrm{d}t} = \sqrt{\frac{1}{T}\left(\int_0^{\frac{3T}{4}} E^2\mathrm{d}t + \int_{\frac{3T}{4}}^{\frac{3T}{4}} (-E)^2 \mathrm{d}t + \int_{\frac{3T}{4}}^T E^2\mathrm{d}t\right)} = E$$

（3）$f(t)$ 波形完全位于横轴之上，因此一定含有直流分量；

从 $f(t)$ 中减去其所含的直流分量，即向上平移 t 轴 $\dfrac{E}{2}$ 后，可得到图 15-1（d）所示的波形。

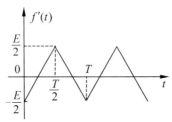

图 15-1 （d）

$f'(t) = f'(-t)$,因此不含有正弦分量,即 $b_k = 0$;又 $f'(t) = -f'\left(t + \dfrac{T}{2}\right)$,因此不含有偶次分量,即 $a_{2k} = 0$。

综上所述,原函数 $f(t)$ 含有直流分量和奇次余弦分量。

$$\text{rms} = \sqrt{\dfrac{1}{T}\int_0^T f^2(t)\mathrm{d}t} = \sqrt{\dfrac{1}{T}\left(\int_0^{\frac{T}{2}}\left(\dfrac{2E}{T}t\right)^2 \mathrm{d}t + \int_{\frac{T}{2}}^T\left(2E - \dfrac{2E}{T}t\right)^2 \mathrm{d}t\right)} = \dfrac{E}{\sqrt{3}}$$

注意:(1)从上面的分析可以看出,图 15-1(a)和图 15-1(b)的波形其实是完全一样的,只是计时起点不同,却因此而导致它们含有完全不同的谐波分量。因为在周期信号的傅里叶分析中,a_k、b_k 都和函数的计时起点即 $f(t)$ 的初相位有关,因此在对周期信号作谐波分析时,纵轴不能移动;(2)在分析图 15-1(c)时,如果不平移横轴,就看不出其半波奇对称性质,也就不能快速确定其不含有偶次分量;而平移横轴,只影响原函数中的直流分量,对其奇偶性没有影响。因此,在分析一个含有直流分量的周期信号时,可以通过上下平移 t 轴,完全消除其直流分量后再作分析。

二、周期性时间函数的有效值和平均功率

任何周期性时间函数 $i(t)$ 的有效值定义为

$$I \stackrel{\text{def}}{=} \sqrt{\dfrac{1}{T}\int_0^T i^2(t)\mathrm{d}t}$$

根据有效值的定义,有效值又称为方均根值。如果周期性非正弦函数 $i(t)$ 的傅里叶级数展开式为

$$i(t) = I_0 + \sum_{k=1}^{\infty} I_{mk}\sin(k\omega t + \theta_k)$$

根据定义,它的有效值可以用各次谐波的有效值表示为

$$I = \sqrt{I_0^2 + \sum_{k=1}^{\infty} I_k^2}$$

其中,I_0 是直流量;I_k 是 k 次谐波的有效值。

周期性非正弦电路吸收的平均功率定义为

$$P = \dfrac{1}{T}\int_0^T u(t)i(t)\mathrm{d}t$$

如果电压、电流都表示成傅里叶级数形式,则电路的平均功率表示为

$$P = U_0 I_0 + \sum_{k=1}^{\infty} U_k I_k \cos\varphi_k$$

其中，U_k、I_k 是电压和电流的 k 次谐波的有效值；φ_k 则是电压和电流的 k 次谐波的相位差。用上式求平均功率时必须牢记"同频出功率"，即只有同频率的电压、电流分量才会对平均功率有贡献。

例 15-2 图 15-2 所示电路中，已知 $u = 10 + 5\sqrt{2}\sin\omega t + 6\sqrt{2}\sin(3\omega t + 30°)$ V，$i = 2 + \sqrt{2}\sin(\omega t - 30°) + 2\sqrt{2}\sin(2\omega t - 60°)$ A，求电压有效值 U、电流有效值 I 以及网络 N 吸收的平均功率。

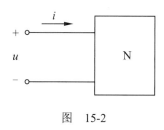

图 15-2

解 电压有效值为

$$U = \sqrt{10^2 + 5^2 + 6^2} = 12.69(\text{V})$$

电流有效值为

$$I = \sqrt{2^2 + 1^2 + 2^2} = 3(\text{A})$$

网络 N 吸收的平均功率为

$$P = U_0 I_0 + U_1 I_1 \cos\varphi_1 = 10 \times 2 + 5 \times 1 \times \cos 30° = 24.33(\text{W})$$

三、周期性激励下电路的稳态响应

分析非正弦周期性激励下线性电路的稳态响应，最经典的方法是利用叠加定理，即让周期性激励中的各次谐波分别单独作用，用相量法求出响应中对应的谐波分量，最后将响应的各次谐波分量的瞬时值相加，就可得到所求的响应。当电路中有多个非正弦周期性激励时，可以让它们的同频分量同时作用，以减少中间过程的计算量。有两点需要特别注意：一是电路中电感和电容的电抗值随着谐波频率的变化而变化；二是利用叠加定理时，只能将各次谐波单独作用时求得的响应的瞬时值相加，因为不同频率的相量是不能相加的。

例 15-3 电路如图 15-3（a）所示，已知 $R = 10\Omega$，$\omega L = 2\Omega$，$\dfrac{1}{\omega C} = 18\Omega$，$u_S = 10 + 80\sqrt{2}\sin\omega t + 12\sqrt{2}\sin(3\omega t + 30°)$ V，$i_S = 5\sqrt{2}\sin(\omega t + 60°)$ A。求电磁式电流表的读数以及两电源供发出的功率。

解（1）u_S 中的直流分量 $U_{S0} = 10$V 单独作用，电路如图 15-3（b）所示。

$$I_0 = 0$$
$$U_0 = U_{S0} = 10(\text{V})$$

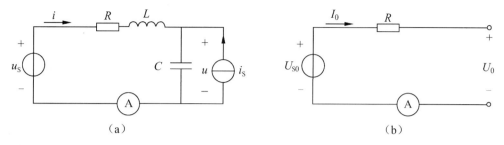

图 15-3

（2）u_S 中的基波分量 $u_{S1} = 80\sqrt{2}\sin\omega t$ V 和 $i_S = 5\sqrt{2}\sin(\omega t + 60°)$ A 共同作用，电路的相量模型如图 15-3（c）所示。

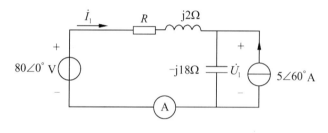

图 15-3 （c）

$$\dot{I}_1 = \frac{\dot{U}_{S1} - \dfrac{\dot{I}_S}{j\omega C}}{R + j\omega L + \dfrac{1}{j\omega C}} = \frac{80\angle 0° + 90\angle 150°}{10 + j2 - j18} = 2.39\angle 145.37°\text{(A)}$$

$$\dot{U}_1 = (\dot{I}_1 + \dot{I}_S) \times \frac{1}{j\omega C} = (2.39\angle 145.37° + 5\angle 60°) \times (-j18) = 102.8\angle -5.39°\text{(V)}$$

对应的瞬时值为

$$i_1 = 2.39\sqrt{2}\sin(\omega t + 145.37°)\text{(A)}, \quad u_1 = 102.8\sqrt{2}\sin(\omega t - 5.39°)\text{(V)}$$

（3）u_S 中的三次谐波分量 $u_{S3} = 12\sqrt{2}\sin(3\omega t + 30°)$ V 单独作用，电路如图 15-3（d）所示。

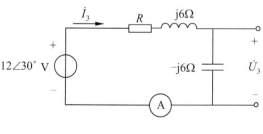

图 15-3 （d）

$$3\omega L = 6(\Omega), \quad \frac{1}{3\omega C} = 6(\Omega)$$

此时，LC 发生串联谐振，相当于短路。

$$\dot{U}_{S3} = 12\angle 30°(V)$$

$$\dot{I}_3 = \frac{\dot{U}_{S3}}{R} = 1.2\angle 30°(A)$$

$$\dot{U}_3 = \dot{I}_3 \times \frac{1}{j3\omega C} = 7.2\angle -60°(V)$$

对应的瞬时值为

$$i_3 = 1.2\sqrt{2}\sin(3\omega t + 30°)(A)$$

$$u_3 = 7.2\sqrt{2}\sin(3\omega t - 60°)(V)$$

总电流、电压对应的瞬时值为

$$i = I_0 + i_1 + i_3 = 2.39\sqrt{2}\sin(\omega t + 145.37°) + 1.2\sqrt{2}\sin(3\omega t + 30°)(A)$$

$$u = U_0 + u_1 + u_3 = 10 + 102.8\sqrt{2}\sin(\omega t - 5.39°) + 7.2\sqrt{2}\sin(3\omega t - 60°)(V)$$

电磁式电流表的读数即为电流 i 的有效值为

$$I = \sqrt{I_0^2 + I_1^2 + I_3^2} = \sqrt{2.39^2 + 1.2^2} = 2.67(A)$$

电压源发出的功率为

$$P_{U_S} = U_{S0}I_0 + U_{S1}I_1\cos\varphi_1 + U_{S3}I_3\cos\varphi_3$$
$$= 10 \times 0 + 80 \times 2.39 \times \cos(-145.37°) + 12 \times 1.2 \times \cos 0°$$
$$= -142.8(W)$$

电流源发出的功率

$$P_{I_S} = U_1 I_S \cos\varphi_1 = 102.8 \times 5 \times \cos(-5.39° - 60°) = 214(W)$$

可以看出，电压源实际在吸收功率。不妨计算一下电阻 R 吸收的功率：

$$P_R = I^2 R = 2.67^2 \times 10 = 71.4(W)$$

显然 $P_R = P_{I_S} + P_{U_S}$。

例 15-4 图 15-4（a）所示电路中，$M = 10\text{mH}$，$L_1 = 10\text{mH}$，$L_2 = 10\text{mH}$，$C = \frac{4}{3}\mu F$，$u_S = 50\sin 5000t + 25\sin(10^4 t + 30°)V$。求电压源发出的功率 P，电流 i_2 及其有效值。

解 假设图中受控源支路的电流为 i，支路两端电压为 u，则

$$u = 50i - 0.5 \times 50i = 25i$$

因此，该支路可等效为一个 25Ω 的电阻。

（1）当电压源中的基波单独作用时，将原电路中的互感元件去耦等效，得到的电路如图 15-4（b）所示。

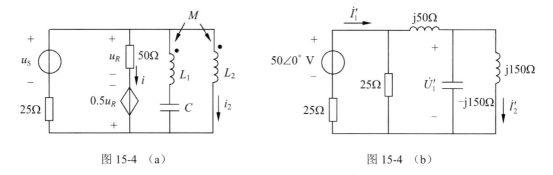

图 15-4 （a）   图 15-4 （b）

此时，电路发生并联谐振。

$$\dot{I}'_1 = \frac{50\angle 0°}{25+25} = 1\angle 0°(\text{A}), \quad \dot{U}'_1 = \dot{I}'_1 \times 25 = 25\angle 0°(\text{V})$$

$$\dot{I}'_2 = \frac{\dot{U}'_1}{\text{j}150} = \frac{1}{6}\angle -90°(\text{A})$$

对应的瞬时值为

$$i'_1 = \sin 5000t\,(\text{A})$$

$$i'_2 = \frac{1}{6}\sin(5000t - 90°) = -\frac{1}{6}\cos 5000t\,(\text{A})$$

（2）当电压源中的二次谐波单独作用时，同样将原电路中的互感元件去耦等效，得到的电路如图 15-4（c）所示。

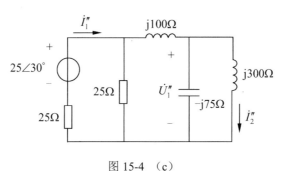

图 15-4 （c）

$$\frac{-\text{j}75 \times \text{j}300}{-\text{j}75 + \text{j}300} = -\text{j}100\,(\Omega)$$

因此，此时电路发生串联谐振。

$$\dot{I}''_1 = \frac{25\angle 30°}{25} = 1\angle 30°(\text{A}), \quad \dot{U}''_1 = \dot{I}''_1 \times (-\text{j}100) = 100\angle -60°(\text{A})$$

$$\dot{I}''_2 = \frac{\dot{U}''_1}{\text{j}300} = \frac{1}{3}\angle -150°(\text{A})$$

对应的瞬时值为

$$i_1'' = \sin(10\ 000t + 30°)\ \text{A}$$

$$i_2'' = \frac{1}{3}\sin(10\ 000t - 150°)\ \text{A}$$

综上可得

$$i_1 = i_1' + i_1'' = \sin 5000t + \sin(10\ 000t + 30°)\ (\text{A})$$

$$i_2 = i_2' + i_2'' = -\frac{1}{6}\cos 5000t + \frac{1}{3}\sin(10\ 000t - 150°)\ (\text{A})$$

电压源发出的功率为

$$P = \frac{50}{\sqrt{2}} \times \frac{1}{\sqrt{2}} \times \cos 0° + \frac{25}{\sqrt{2}} \times \frac{1}{\sqrt{2}} \times \cos 0° = 37.5(\text{W})$$

电流 i_2 的有效值为

$$I_2 = \sqrt{\left(\frac{1}{6\sqrt{2}}\right)^2 + \left(\frac{1}{3\sqrt{2}}\right)^2} = 0.26(\text{A})$$

注意：求电源发出的功率还有另外一种方法，即电源发出的有功功率应该等于两个电阻吸收的有功功率之和。基波单独作用时，电路发生并联谐振，两个电阻上流过同样的电流，它们吸收的功率为

$$P_1 = \left(\frac{1}{\sqrt{2}}\right)^2 (25 + 25) = 25(\text{W})$$

二次谐波单独作用时，电路发生串联谐振，只有与电压源串联的电阻上有电流流过，它吸收的功率为

$$P_2 = \left(\frac{1}{\sqrt{2}}\right)^2 \times 25 = 12.5(\text{W})$$

因此，电源发出的功率为 $P = P_1 + P_2 = 37.5\text{W}$，与前一种方法求出的结果相同。

例 15-5 图 15-5(a)所示电路中，N 为一仅由线性电阻组成的对称二端口。当 $u_S(t)=48$V 时测得 $i_1=3.2$A，$i_2=1.6$A。

（1）求此对称二端口网络的传输参数；

（2）若 $u_S(t)=24+4\sqrt{2}\sin t$ V，求此电路的稳态响应 i_1 和 i_2，并计算它们的有效值 I_1 和 I_2。

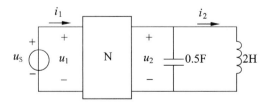

图 15-5 （a）

解 (1) 直流电源作用时电感相当于短路，电容相当于开路，电路如图 15-5（b）所示。

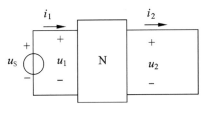

图 15-5 （b）

对称二端口网络 N 的传输参数方程为

$$\begin{cases} u_1 = Au_2 + Bi_2 \\ i_1 = Cu_2 + Di_2 \end{cases}$$

其中 $A = D$，$AD - BC = 1$。

将已知条件 $u_1 = 48\text{V}$，$u_2 = 0$，$i_1 = 3.2\text{A}$，$i_2 = 1.6\text{A}$ 代入参数方程得

$$B = \frac{u_1}{i_2} = 30(\Omega), \quad D = \frac{i_1}{i_2} = 2$$

由 $AD - BC = 1$ 可得

$$C = \frac{AD - 1}{B} = \frac{2^2 - 1}{30} = 0.1(\text{S})$$

所以，该对称二端口网络的传输参数矩阵为 $\begin{bmatrix} 2 & 30\Omega \\ 0.1\text{S} & 2 \end{bmatrix}$。

（2）图 15-5（a）电路中，电源为非正弦电源，可用叠加定理计算。

当 24V 直流电压源作用时，利用齐性定理得

$$I_{10} = 1.6(\text{A}), \quad I_{20} = 0.8(\text{A})$$

正弦电压源作用时，其相量模型如图 15-5（c）所示。此时 L_1、C_1 发生并联谐振，$\dot{I}'_2 = 0$（开路）。

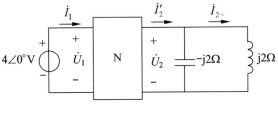

图 15-5 （c）

其传输参数方程为

$$\begin{cases} \dot{U}_1 = A\dot{U}_2 + B\dot{I}_2 \\ \dot{I}_1 = C\dot{U}_2 + D\dot{I}_2 \end{cases}$$

将端口条件 $\dot{U}_1 = \dot{U}_S = 4\angle 0°$ V 和 $\dot{I}'_2 = 0$ 代入上式求得

$$\dot{U}_2 = \frac{\dot{U}_1}{A} = \frac{4\angle 0°}{2} = 2\angle 0° \text{ (V)}$$

于是有

$$\dot{I}_{2\sim} = \frac{2\angle 0°}{\text{j}2} = 1\angle -90° \text{ (A)}, \qquad i_{2\sim}(t) = \sqrt{2}\sin(t-90°) \text{ A}$$

$$\dot{I}_{1\sim} = C\dot{U}_2 = 0.1\times 2\angle 0° = 0.2\angle 0° \text{ (A)}, \quad i_{1\sim}(t) = 0.2\sqrt{2}\sin t \text{ A}$$

则

$$i_1(t) = I_{10} + i_{1\sim} = 1.6 + 0.2\sqrt{2}\sin t \text{ (A)}$$
$$i_2(t) = I_{20} + i_{2\sim} = 0.8 + \sqrt{2}\sin(t-90°) \text{ (A)}$$

其有效值为

$$I_1 = \sqrt{1.6^2 + 0.2^2} = 1.61 \text{(A)}, \quad I_2 = \sqrt{0.8^2 + 1^2} = 1.28 \text{ (A)}$$

习题

15-1 说明题图 15-1 所示各非正弦周期波形包含哪些分量(正弦分量、余弦分量、奇次分量、偶次分量、直流分量)。

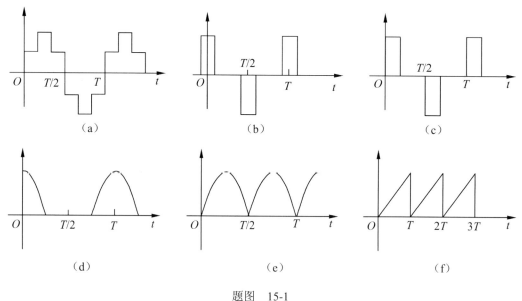

题图 15-1

15-2 电机定子和转子间空气隙中的磁感应强度沿着空气隙的圆周作等腰梯形分布(如题图 15-2 所示)。求其傅里叶级数展开式。

15-3 全波整流电路中输出的电压波形如题图 15-3 所示。已知 U_m=157V,整流前电压的频率为 50Hz。求此整流后电压的傅里叶级数展开式。

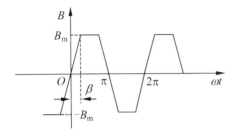

题图 15-2

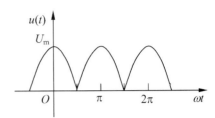

题图 15-3

15-4 电路如题图 15-4 所示。已知 i_1、i_2。求电路中电流表(指示有效值)的读数。

(1) $i_1 = 10\sqrt{2}\sin 314t \text{A}$, $i_2 = 5\text{A}$;

(2) $i_1 = 10\sqrt{2}\sin 314t \text{A}$, $i_2 = \sqrt{2}\sin(628t+10°)\text{A}$;

(3) $i_1 = 10\sqrt{2}\sin 314t \text{A}$, $i_2 = 5\sqrt{2}\sin(314t+36.9°)\text{A}$;

(4) $i_1 = 10\sqrt{2}\sin 314t \text{A}$, $i_2 = 5+5\sqrt{2}\sin(314t+36.9°)\text{A}$。

15-5 电路如题图 15-5 所示。求电压 u 的有效值 U。已知 Z_A、Z_B 上电压分别为 $u_A = 9+8\sqrt{2}\sin\omega t + 4\sqrt{2}\sin(2\omega t+60°)\text{V}$, $u_B = 10\sqrt{2}\sin(\omega t+31.5°) - 5\sqrt{2}\sin 2\omega t\text{V}$。

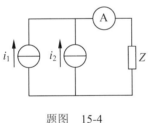

题图 15-4

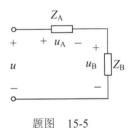

题图 15-5

15-6 用电磁式表(指示有效值)测量题图 15-6 所示电压读数为 10V。求用磁电式表(指示直流分量)测量时读数为多少?

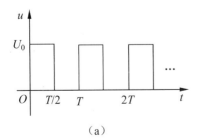

(a)

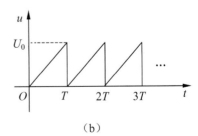

(b)

题图 15-6

15-7 当题图 15-7 所示电流通过 1MΩ 电阻时，求电阻消耗的有功功率。

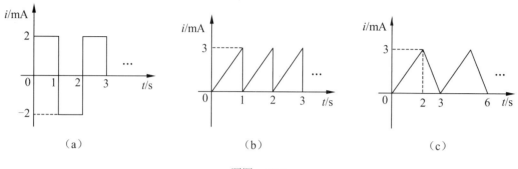

题图 15-7

15-8 题图 15-8 中，已知 $i_1 = 10\sin 314t$ A，$i_2 = 5\sin 942t$ A。A_1 为测量有效值的电压表，A_2 为测绝对平均值的电流表。试求两电流表的读数。

15-9 全波整流器输出电压如题图 15-3 所示。通过 LC 滤波电路作用于负载 R（见题图 15-9）。试求负载两端电压（谐波电压考虑到 4 次谐波）。ω=314rad·s^{-1}。

题图 15-8   题图 15-9

15-10 题图 15-10 所示为一低通滤波电路。设 L=32.5mH，C=10μF，R_1=160Ω，R_2=2kΩ。当电压 $u_1 = 400 + 100\cos\omega t - 20\cos 6\omega t$ V 时，求负载电阻 R_2 上电压 u_2。ω=628rad·s^{-1}。

15-11 题图 15-11 所示电路中，$u_{S1}(t) = 100 + 110\sqrt{2}\sin(\omega t + 30°) - 30\sqrt{2}\sin 3\omega t$ V，其中 ω=314rad·s^{-1}；直流电源 U_{S2}=80V。求电容两端电压 u_C 及其有效值 U_C。

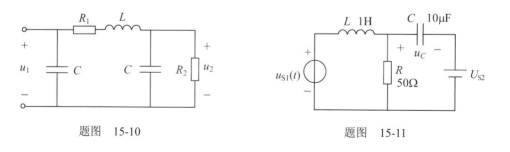

题图 15-10   题图 15-11

15-12 电路如题图 15-12 所示,已知 $R=12\Omega$,$\omega L=2\Omega$,$\dfrac{1}{\omega C}=18\ \Omega$,$u=10+80\sqrt{2}\sin\omega t+12\sqrt{2}\sin(3\omega t+30°)$V。求功率表和电磁式电流表的读数。

15-13 题图 15-13 所示电路中,电源电压 $u=60+100\cos\omega t+50\sin(3\omega t+20°)$V,$R_1=6\Omega$,$L_1=47.8$mH,$R_2=8\Omega$,$L_2=21.1$mH,$C=53\mu$F,$\omega=314$rad·s^{-1}。求电流 i_1、i_2 的瞬时值、有效值及电路消耗的有功功率。

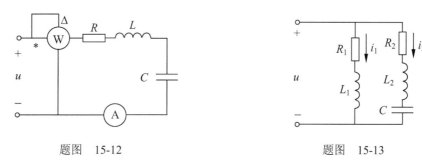

题图 15-12 题图 15-13

15-14 电路如题图 15-14 所示。已知 $R_1=100\Omega$,$R_2=80\Omega$,$L=0.02$H,$C=1\mu$F,$\omega=5024$rad·s^{-1},电流 $i_1=1+0.8\sqrt{2}\sin\omega t+0.3\sqrt{2}\sin(3\omega t-90°)$A。求:

(1)电源电压 u 的瞬时值及有效值;

(2)电路消耗的总功率。

15-15 题图 15-15 所示电路中,u_S 为正弦交流电源,U_0 为直流电源,C_2 两端接一个电压表,指示其两端电压的有效值。已知 $u_S=100\sqrt{2}\sin\omega t$V,$U_0=30$V,$\omega=314$rad·s^{-1}。求电压表的读数。

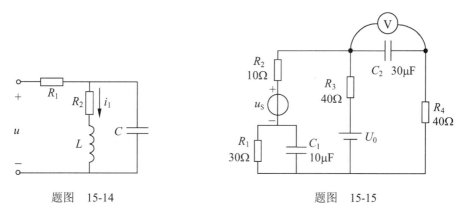

题图 15-14 题图 15-15

15-16 已知无源网络 N 端口处的电压、电流分别为 $u=30\sqrt{2}\sin(314t-45°)+9\sin(628t-30°)$V,$i=10\sin 314t+3\sin(628-30°)$A。如果网络 N 可看作 RLC 串联电路,试求 R、L、C 的值。

15-17 题图 15-17 中，虚线框内为一滤波电路，输入电压 $u = U_{m1}\sin\omega t + U_{m3}\sin 3\omega t$。若 L_1=0.12H，ω=314rad·s^{-1}。要使输出电压 $u_2 = U_{m1}\sin\omega t$（即输出电压中没有三次谐波，而基波全部通过），则 C_1 与 C_2 的值应取多少？并求此时负载电阻 R_2 中的电流 i。

题图 15-16   题图 15-17

15-18 题图 15-18 所示电路中，虚线框内为一滤波电路。电源电压为 $u_1 = U_{m1}\sin\omega t + U_{m9}\sin 9\omega t$。若使负载 Z_L 上电压 $u_2 = U_{m9}\sin 9\omega t$，在 ω=1000rad·s^{-1}，C=1μF 时，电感 L_1、L_2 应为何值？

15-19 题图 15-19 所示电路中，电压 $u_S = 120\sqrt{2}\sin\omega t - 30\sqrt{2}\cos 2\omega t$V，参数 R_1=60Ω，$R_2 = R_3$=30Ω，ωL_1=40Ω，ωL_2=20Ω，ωM=20Ω，$\dfrac{1}{\omega C} = 80\,\Omega$。求：

（1）电流 $i(t)$；
（2）功率表的读数。

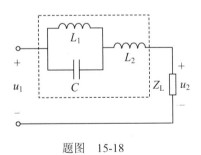
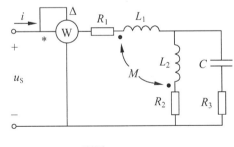

题图 15-18   题图 15-19

15-20 题图 15-20 所示电路中，$\omega L_1 = \dfrac{1}{\omega C_1} = 20\Omega$，$R_1$=1Ω，$R_2$=5Ω，$\omega L_2$=10Ω，$i_2 = 10 + 10\sin\omega t + 5\sin 3\omega t$A，$\omega$=1000rad·s^{-1}，互感线圈的耦合系数 k=0.707。求：

（1）电源电压 $u(t)$；
（2）电容两端电压 $u_{C1}(t)$；
（3）整个电路消耗的功率。

15-21 题图 15-21 所示电路中，R_1=10Ω，R_2=5Ω，L=40mH，理想变压器变比 n=2，电源电压 $u_S = 70 + 100\sin 1000t + 50\sin 3000t$ V。求电流 i_1、i_2 及其有效值 I_1、I_2。

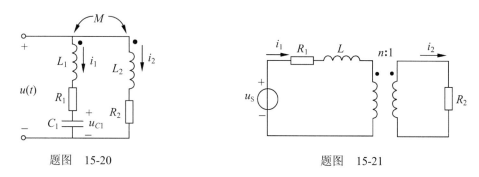

题图 15-20   题图 15-21

15-22 三相发电机的三个绕组的相电压为对称三相非正弦电压，其中一相为
$u_A = 300\sin\omega t + 160\sin(3\omega t - 30°) + 100\sin(5\omega t + 45°) + 60\sin(7\omega t + 60°) + 40\sin(9\omega t + 23°)$V。

（1）如果三相绕组接成星形，求线电压和相电压（有效值）；

（2）如果三相绕组接成三角形，求线电压和相电压（有效值）。

15-23 题图 15-23 所示电路中，已知对称三相电源 A 相电压为 $u_A = 120\sin\omega t + 30\sin 3\omega t + 20\sin 5\omega t$V，三相对称负载，$R$=60Ω，$\omega L$=30Ω，线路电阻，$R_1$=10Ω。

求：（1）线电流和相电流的有效值与瞬时值；

（2）负载消耗的有功功率。

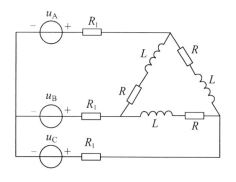

题图 15-23

15-24 有一对称三相电源接成 Y 形(如题图 15-24 所示)。已知 A 相电源电压
$u_A = 28\sin 314t - 82\sin\left(3\times 314t - \dfrac{\pi}{4}\right) + 42.3\sin\left(5\times 314t - \dfrac{\pi}{10}\right)$V，三相负载 Z_{ab}= Z_{bc} =Z_{ca} = R=12Ω，基波阻抗 Z_A= Z_B =Z_C =j3Ω。求图中各电表的指示值（有效值）。

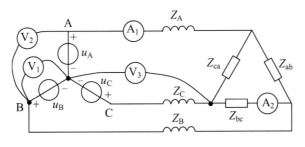

题图 15-24

15-25 题图 15-25 所示电路中，已知电路参数为 $R=6\Omega$，$\omega L=3\Omega$，$Z_L=1\Omega$，对称三相电源相电压 $u_A = 120\sqrt{2}\sin\omega t + 30\sqrt{2}\sin 3\omega t + 10\sqrt{2}\sin 5\omega t$ V。分别求开关 S 断开和闭合时电表的读数（有效值）。

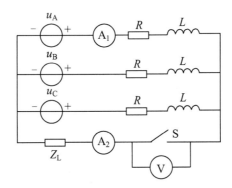

题图 15-25

第 16 章* 网络图论基础

本章重点

1. 图的一些基本概念。
2. 图的矩阵表示。
3. 基尔霍夫定律的矩阵形式。
4. 节点方程的矩阵形式。

学习指导

单纯讨论电路连接特性时，可将电路中一个元件（或一个支路）用一抽象线段（称为支路）来代替，线段的端点称为节点，这样得到的由节点和支路组成的图称为网络的拓扑图或线图。当图的任意两个节点间至少存在一条路径时，该图称为连通图。本章主要讨论连通图。

一、图的一些基本概念

1. 回路

从图中某一节点出发，经过一些支路和一些节点（只允许经过一次），又回到出发点所经过的闭合路径称为回路。

2. 树

树是连通图 G 的一个子图并满足连通，包含图 G 的全部节点但不含回路。属于树的支路称为树支，不属于树的支路称为连支。若设 n 为图 G 的节点数，b 为图 G 的支路数，则树支数目 $b_t = n-1$，连支数目 b_l 等于 $b_l = b-n+1$。

3. 割集

连通图 G 的一个割集 Q 是具有以下性质支路的集合，如果把 Q 中全部支路移去，图将分离成两个分离部分，若把移去支路中任一支路放回图 G，则图 G 仍将连通。

求割集的一个方法是对连通图 G 作一闭合面，使它切割图 G 的某些支路。若移去被切割的支路，图将分离成两个分离部分，这样被切割支路的集合就构成一个割集。

例 16-1 图 16-1 表示一个网络的拓扑图,试指出下列支路集合中哪些是割集,哪些是构成树的树支集合?

$\{1,2,7,9,10\}$,$\{3,5,6,8,9\}$,$\{1,2,6\}$,$\{1,3,5,6\}$,$\{1,5,4,7,9\}$

解 按树和割集的定义判断如下

$\{1,5,4,7,9\}$,$\{1,2,7,9,10\}$ 是割集,也可构成一个树。

$\{3,5,6,8,9\}$ 可构成一个树,不是割集。

$\{1,2,6\}$,$\{1,3,5,6\}$ 是割集,不能构成树。

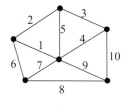

图 16-1

二、图的矩阵表示

1. 关联矩阵 A

描述图的独立节点和支路的关联情况。A 中每一行对应于一独立节点,每一列对应于一支路。它的第 i 行,第 j 列的元素 a_{ij} 定义为

$$a_{ij} = \begin{cases} 1, & \text{若支路 } j \text{ 与节点 } i \text{ 相关联,且支路方向背离节点} \\ -1, & \text{若支路 } j \text{ 与节点 } i \text{ 相关联,且支路方向指向节点} \\ 0, & \text{若支路 } j \text{ 与节点 } i \text{ 无关联} \end{cases}$$

2. 基本回路矩阵 B_f

基本回路是由一个树的一个连支和一些树支构成的回路,对应于此树的基本回路组是一组独立回路。用基本回路矩阵 B_f 描述图的基本回路和支路的关联情况。B_f 中每一行对应于一个基本回路,基本回路方向与构成它的连支方向相同。每一列对应于一支路。它的第 i 行,第 j 列的元素 b_{ij} 定义为

$$b_{ij} = \begin{cases} 1, & \text{若支路 } j \text{ 在回路 } i \text{ 中,且支路方向与回路方向一致} \\ -1, & \text{若支路 } j \text{ 在回路 } i \text{ 中,且支路方向与回路方向相反} \\ 0, & \text{若支路 } j \text{ 不在回路 } i \text{ 中} \end{cases}$$

为使 B_f 规范化,要求支路的排列顺序先树支后连支,基本回路顺序与连支顺序相同,则基本回路矩阵有如下形式

$$B_f = [\mathbf{1} \mid B_t]$$

其中,$\mathbf{1}$ 为单位阵,是与连支对应的子阵;B_t 是与树支对应的子阵。

3. 基本割集矩阵 Q_f

在图 G 中任选一个树,只含一个树支的割集称为基本割集。对应于此树的基本割集是一组独立割集。用基本割集矩阵 Q_f 描述图的基本割集和支路的关联情况。Q_f 中每一行对应于一个基本割集,基本割集方向与构成它的树支方向相同。每一列对应于个一支路。它的

第 i 行，第 j 列的元素 q_{ij} 定义为

$$q_{ij}=\begin{cases} 1, & \text{若支路 } j \text{ 在割集 } i \text{ 中，且支路方向与割集方向一致} \\ -1, & \text{若支路 } j \text{ 在割集 } i \text{ 中，且支路方向与割集方向相反} \\ 0, & \text{若支路 } j \text{ 不在割集 } i \text{ 中} \end{cases}$$

为使 $\boldsymbol{Q}_\text{f}$ 规范化，要求支路排列顺序先树支后连支，基本割集顺序与树支顺序相同，则基本割集矩阵有如下形式

$$\boldsymbol{Q}_\text{f}=[\boldsymbol{1}\ \vdots\ \boldsymbol{Q}_\text{l}]$$

其中，$\boldsymbol{1}$ 为单位阵，是与树支对应的子阵；$\boldsymbol{Q}_\text{l}$ 是与连支对应的子阵。当图 G 选同一个树时，$\boldsymbol{B}_\text{t}$ 与 $\boldsymbol{Q}_\text{l}$ 有以下关系

$$\boldsymbol{B}_\text{t}^\text{T}=-\boldsymbol{Q}_\text{l},\quad \boldsymbol{Q}_\text{l}^\text{T}=-\boldsymbol{B}_\text{t}$$

例 16-2 图 16-2 表示一个网络的拓扑图。试写出描述网络连接性质的关联矩阵 $\boldsymbol{A}$，基本回路矩阵 $\boldsymbol{B}_\text{f}$ 和基本割集矩阵 $\boldsymbol{Q}_\text{f}$。

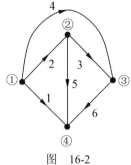

图 16-2

解 设节点④为参考点，则关联矩阵为

$$\boldsymbol{A}=\begin{array}{c} \\ n_1 \\ n_2 \\ n_3 \end{array}\begin{array}{c}\begin{array}{cccccc}1 & 2 & 3 & 4 & 5 & 6\end{array}\\\left[\begin{array}{cccccc} 1 & 1 & 0 & 1 & 0 & 0 \\ 0 & -1 & 1 & 0 & 1 & 0 \\ 0 & 0 & -1 & -1 & 0 & 1 \end{array}\right]\end{array}$$

若选支路 1、2、3 为树支，则基本回路组为 $l_4(4,2,3)$，$l_5(5,1,2)$，$l_6(6,1,2,3)$，基本割集组为 $q_1(1,5,6),q_2(2,4,5,6),q_3(3,4,6)$。据此写出基本回路矩阵 $\boldsymbol{B}_\text{f}$ 和基本割集矩阵 $\boldsymbol{Q}_\text{f}$ 分别为

$$\boldsymbol{B}_\text{f}=\begin{array}{c} \\ l_4 \\ l_5 \\ l_6 \end{array}\begin{array}{c}\begin{array}{cccccc}1 & 2 & 3 & 4 & 5 & 6\end{array}\\\left[\begin{array}{cccccc} 0 & -1 & -1 & 1 & 0 & 0 \\ -1 & 1 & 0 & 0 & 1 & 0 \\ -1 & 1 & 1 & 0 & 0 & 1 \end{array}\right]\\\quad\underbrace{\qquad\qquad\qquad}_{\boldsymbol{B}_\text{t}}\underbrace{\qquad\qquad}_{\boldsymbol{1}_\text{l}}\end{array}$$

$$\boldsymbol{Q}_\text{f}=\begin{array}{c} \\ q_1 \\ q_2 \\ q_3 \end{array}\begin{array}{c}\begin{array}{cccccc}1 & 2 & 3 & 4 & 5 & 6\end{array}\\\left[\begin{array}{cccccc} 1 & 0 & 0 & 0 & 1 & 1 \\ 0 & 1 & 0 & 1 & -1 & -1 \\ 0 & 0 & 1 & 1 & 0 & -1 \end{array}\right]\\\quad\underbrace{\qquad\qquad}_{\boldsymbol{1}_\text{t}}\underbrace{\qquad\qquad\qquad}_{\boldsymbol{Q}_\text{l}}\end{array}$$

对比 $\boldsymbol{B}_\text{t}$ 和 $\boldsymbol{Q}_\text{l}$，显然有 $\boldsymbol{B}_\text{t}^\text{T}=-\boldsymbol{Q}_\text{l}$。

三、基尔霍夫定律的矩阵形式

设 $\boldsymbol{i}$ 为支路电流列向量，$\boldsymbol{i}_\text{l}$ 为连支电流列向量，$\boldsymbol{u}$ 为支路电压列向量，$\boldsymbol{u}_\text{t}$ 为树支电压列

向量，u_n 为节点电压列向量。则基尔霍夫定律的矩阵形式如表 16-1 所示。

表 16-1 基尔霍夫定律的矩阵形式

KCL	$Ai=0$	$i=B_f^T i_l$	$Q_f i=0$
KVL	$u=A^T u_n$	$B_f u=0$	$u=Q_f^T u_t$

例 16-3 若图 16-3 所示图的树已选定，如粗线所示。试写出用基本回路矩阵 B_f 表示的 KCL 和 KVL 方程。

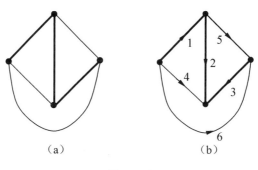

图 16-3

解 按先树支后连支顺序标出支路号，并设定参考方向如图 16-3（b）所示。则基本回路组为 $l_4(4,1,2)$，$l_5(5,2,3)$，$l_6(6,1,2,3)$。据此写出基本回路矩阵

$$B_f = \begin{array}{c} \\ l_4 \\ l_5 \\ l_6 \end{array} \begin{array}{cccccc} 1 & 2 & 3 & 4 & 5 & 6 \end{array} \\ \begin{bmatrix} -1 & -1 & 0 & 1 & 0 & 0 \\ 0 & -1 & 1 & 0 & 1 & 0 \\ -1 & -1 & 1 & 0 & 0 & 1 \end{bmatrix} = \begin{bmatrix} B_t \vdots 1_l \end{bmatrix}$$

设支路电流列向量和支路电压列向量分别为

$$i=[i_1,i_2,i_3,i_4,i_5,i_6]^T=[i_t \vdots i_l]^T$$
$$u=[u_1,u_2,u_3,u_4,u_5,u_6]^T=[u_t \vdots u_l]^T$$

KVL 方程为

$$\begin{bmatrix} B_t \vdots 1_l \end{bmatrix} \begin{bmatrix} u_t \\ \cdots \\ u_l \end{bmatrix} = 0$$

上式得 $u_l=-B_t u_t$。即

$$\begin{bmatrix} u_4 \\ u_5 \\ u_6 \end{bmatrix} = \begin{bmatrix} 1 & 1 & 0 \\ 0 & 1 & -1 \\ 1 & 1 & -1 \end{bmatrix} \begin{bmatrix} u_1 \\ u_2 \\ u_3 \end{bmatrix}$$

KCL 方程为 $\mathbf{i}=\mathbf{B}^{\mathrm{T}}\mathbf{i}_1$，即

$$\begin{bmatrix} i_1 \\ i_2 \\ i_3 \\ i_4 \\ i_5 \\ i_6 \end{bmatrix} = \begin{bmatrix} -1 & 0 & -1 \\ -1 & -1 & -1 \\ 0 & 1 & 1 \\ 1 & 0 & 0 \\ 0 & 1 & 0 \\ 0 & 0 & 1 \end{bmatrix} \begin{bmatrix} i_4 \\ i_5 \\ i_6 \end{bmatrix}$$

四、节点方程的矩阵形式

分析具体电路时，需规定典型支路，图 16-4 给出了正弦稳态电路的一个典型支路。

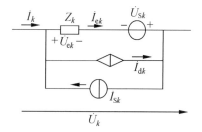

图 16-4 典型支路

图 16-4 中，Z_k 为支路复阻抗（每一典型支路必须含有一个复阻抗）；$\dot{U}_k$，$\dot{I}_k$ 分别为支路电压和支路电流；$\dot{U}_{ek}$，$\dot{I}_{ek}$ 分别为元件电压和元件电流；$\dot{U}_{Sk}$，$\dot{I}_{Sk}$ 分别为独立电压源和独立电流源；$\dot{I}_{dk}$ 为元件电压控制的受控电流源。则节点电压向量方程的矩阵形式为

$$\mathbf{AYA}^{\mathrm{T}}\dot{\mathbf{U}}_{\mathrm{n}} = \mathbf{A}\dot{\mathbf{I}}_{\mathrm{S}} - \mathbf{AY}\dot{\mathbf{U}}_{\mathrm{S}}$$

其中，$\dot{\mathbf{I}}_{\mathrm{S}} = \begin{bmatrix} \dot{I}_{S1} & \dot{I}_{S2} & \cdots & \dot{I}_{Sb} \end{bmatrix}^{\mathrm{T}}$，$\dot{\mathbf{U}}_{\mathrm{S}} = \begin{bmatrix} \dot{U}_{S1} & \dot{U}_{S2} & \cdots & \dot{U}_{Sb} \end{bmatrix}^{\mathrm{T}}$；$\dot{\mathbf{U}}_{\mathrm{n}}$ 为节点电压向量，$\dot{\mathbf{U}}_{\mathrm{n}} = \begin{bmatrix} \dot{U}_{n1} & \dot{U}_{n2} & \cdots & \dot{U}_{nn} \end{bmatrix}^{\mathrm{T}}$；$\mathbf{A}$ 为关联矩阵；$\mathbf{Y}$ 为支路导纳阵。

列写节点方程矩阵形式的关键是正确列写支路导纳矩阵 $\mathbf{Y}$，其形成方法如下。

(1) 当电路无互感、无受控源时，$\mathbf{Y}$ 矩阵为对角阵，对角线上是对应各支路的导纳，即

$$\mathbf{Y} = \mathrm{diag}\begin{bmatrix} Y_1 & Y_2 & \cdots & Y_b \end{bmatrix}$$

(2) 当电路有互感时，$\mathbf{Y}$ 矩阵为非对角阵。

$\mathbf{Y}$ 矩阵的形成方法是先形成支路阻抗矩阵 $\mathbf{Z}$，它的对角线上是对应各支路的阻抗，非对角线上是相应支路间的互感抗。若支路 j 和 k 之间存在互感，且互感系数为 M_{jk}，则 $Z_{jk} = Z_{kj} = \pm \mathrm{j}\omega M_{jk}$。当 $\dot{I}_{ej}$，$\dot{I}_{ek}$ 均从同名端流入时，$\mathrm{j}\omega M_{jk}$ 前取 "+" 号，反之取负号。最后由 $\mathbf{Z}$ 的逆矩阵求得 $\mathbf{Y}$ 矩阵，即 $\mathbf{Y}=\mathbf{Z}^{-1}$。

（3）当电路含有受控源时，Y 矩阵为非对角阵。

设第 k 支路含有电压控制的电流源 $\dot{I}_{dk}=g_{kj}\dot{U}_{ej}$，$g_{kj}$ 为控制系数，$\dot{U}_{ej}$ 为第 j 支路元件上的电压。此时 Y 矩阵的形成方法是先在 Y 矩阵的对角线上写入对应的各支路导纳，再在 Y 矩阵的第 k 行第 j 列位置上添加±g_{kj}。当受控电流源方向、控制量元件电压的方向均和典型支路设定方向一致时取+号，反之取负号。

例 16-4 列写图 16-5 所示电路的节点电压方程的矩阵形式。

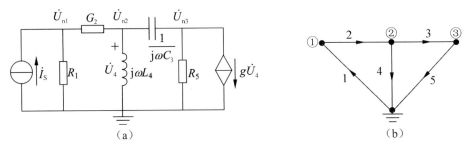

图 16-5

解 列写节点电压方程时应注意：（1）各矩阵中支路排列次序必须一致；（2）电压源、电流源的方向和典型支路设定方向一致时，取"+"号，反之取负号。

图 16-5（a）所示电路对应的拓扑图如图 16-5（b）所示。其关联矩阵 A 为

$$A=\begin{array}{c}\\n_1\\n_2\\n_3\end{array}\begin{array}{c}1\quad 2\quad 3\quad 4\quad 5\\ \begin{bmatrix} -1 & 1 & 0 & 0 & 0 \\ 0 & -1 & 1 & 1 & 0 \\ 0 & 0 & -1 & 0 & 1 \end{bmatrix}\end{array}$$

支路导纳阵 Y 为

$$Y=\begin{bmatrix} \dfrac{1}{R_1} & 0 & 0 & 0 & 0 \\ 0 & G_2 & 0 & 0 & 0 \\ 0 & 0 & j\omega C_3 & 0 & 0 \\ 0 & 0 & 0 & \dfrac{1}{j\omega L_4} & 0 \\ 0 & 0 & 0 & g & \dfrac{1}{R_5} \end{bmatrix}$$

受控电流源在第 5 支路，受第 4 支路元件电压控制，且受控电流源方向、控制量元件电压的方向均和典型支路设定方向一致，所以在 Y 阵的第 5 行第 4 列位置处添加控制系数 g。

独立电流源向量和独立电压源向量分别为

$$\dot{\boldsymbol{I}}_S = \begin{bmatrix} -\dot{I}_S & 0 & 0 & 0 & 0 \end{bmatrix}^T, \quad \dot{\boldsymbol{U}}_S = \begin{bmatrix} 0 & 0 & 0 & 0 & 0 \end{bmatrix}^T$$

由于电流源的方向和典型支路设定方向相反，所以取负号。

将 $\boldsymbol{A}$，$\boldsymbol{Y}$，$\dot{\boldsymbol{I}}_S$ 代入节点电压向量方程 $\boldsymbol{AYA}^T\dot{\boldsymbol{U}}_n = \boldsymbol{A}\dot{\boldsymbol{I}}_S - \boldsymbol{AY}\dot{\boldsymbol{U}}_S$，并整理得

$$\begin{bmatrix} \dfrac{1}{R_1}+G_2 & -G_2 & 0 \\ -G_2 & G_2+\mathrm{j}\omega C_3+\dfrac{1}{\mathrm{j}\omega L_4} & -\mathrm{j}\omega C_3 \\ 0 & g-\mathrm{j}\omega C_3 & \mathrm{j}\omega C_3+\dfrac{1}{R_5} \end{bmatrix} \begin{bmatrix} \dot{U}_{n1} \\ \dot{U}_{n2} \\ \dot{U}_{n3} \end{bmatrix} = \begin{bmatrix} \dot{I}_S \\ 0 \\ 0 \end{bmatrix}$$

例 16-5 列写图 16-6 所示电路的节点电压方程的矩阵形式。

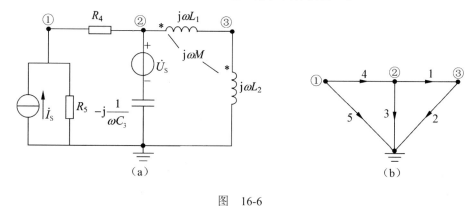

图 16-6

解 图 16-6（a）所示电路对应的拓扑图如图 16-6（b）所示。

关联矩阵 $\boldsymbol{A}$ 为

$$\boldsymbol{A} = \begin{matrix} \\ n_1 \\ n_2 \\ n_3 \end{matrix} \begin{matrix} 1 & 2 & 3 & 4 & 5 \\ \begin{bmatrix} 0 & 0 & 0 & 1 & 1 \\ 1 & 0 & 1 & -1 & 0 \\ -1 & 1 & 0 & 0 & 0 \end{bmatrix} \end{matrix}$$

因电路有互感，先写其阻抗矩阵。由于

$$\begin{cases} \dot{U}_1 = \mathrm{j}\omega L_1 \dot{I}_1 + \mathrm{j}\omega M \dot{I}_2 \\ \dot{U}_2 = \mathrm{j}\omega M \dot{I}_1 + \mathrm{j}\omega L_2 \dot{I}_2 \end{cases}$$

故阻抗矩阵为

$$Z = \begin{bmatrix} j\omega L_1 & j\omega M & 0 & 0 & 0 \\ j\omega M & j\omega L_2 & 0 & 0 & 0 \\ 0 & 0 & \dfrac{1}{j\omega C_3} & 0 & 0 \\ 0 & 0 & 0 & R_4 & 0 \\ 0 & 0 & 0 & 0 & R_5 \end{bmatrix}$$

由导纳矩阵和阻抗矩阵的关系 $Y=Z^{-1}$，得

$$Y = Z^{-1} = \begin{bmatrix} \dfrac{L_2}{\Delta} & -\dfrac{M}{\Delta} & 0 & 0 & 0 \\ -\dfrac{M}{\Delta} & \dfrac{L_1}{\Delta} & 0 & 0 & 0 \\ 0 & 0 & j\omega C_3 & 0 & 0 \\ 0 & 0 & 0 & \dfrac{1}{R_4} & 0 \\ 0 & 0 & 0 & 0 & \dfrac{1}{R_5} \end{bmatrix}$$

其中，$\Delta = j\omega(L_1 L_2 - M^2)$。独立电流源向量和独立电压源向量分别为

$$\dot{I}_S = \begin{bmatrix} 0 & 0 & 0 & 0 & \dot{I}_S \end{bmatrix}^T, \quad \dot{U}_S = \begin{bmatrix} 0 & 0 & -\dot{U}_S & 0 & 0 \end{bmatrix}^T$$

由于第 5 支路电流源的方向和典型支路设定方向相同，所以取正号。第 3 支路电压源的方向与典型支路设定方向相反，所以取负号。

将 A，Y，$\dot{I}_S$ 代入节点电压向量方程 $AYA^T \dot{U}_n = A\dot{I}_S - AY\dot{U}_S$，并整理得

$$\begin{bmatrix} \dfrac{1}{R_4} + \dfrac{1}{R_5} & -\dfrac{1}{R_4} & 0 \\ -\dfrac{1}{R_4} & \dfrac{1}{R_4} + j\omega C_3 + \dfrac{L_2}{\Delta} & -\dfrac{L_2 + M}{\Delta} \\ 0 & -\dfrac{L_2 + M}{\Delta} & \dfrac{L_2 + L_1 + 2M}{\Delta} \end{bmatrix} \begin{bmatrix} \dot{U}_{n1} \\ \dot{U}_{n2} \\ \dot{U}_{n3} \end{bmatrix} = \begin{bmatrix} \dot{I}_S \\ 0 \\ 0 \end{bmatrix} + \begin{bmatrix} 0 \\ j\omega C_3 \dot{U}_3 \\ 0 \end{bmatrix}$$

习题

16-1　电路如题图 16-1 所示。试画出电路的线图 G。

16-2　电路的线图如题图 16-2（a）、（b）所示。分别对图（a）、（b）选择 4 个不同的树和割集。

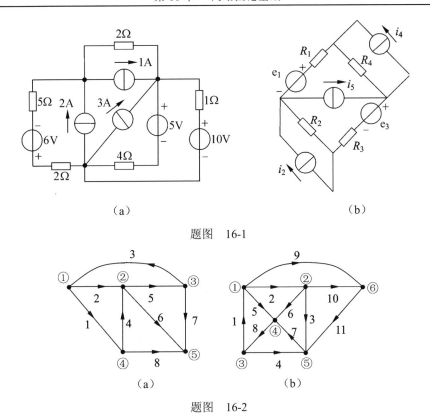

题图 16-1

题图 16-2

16-3 试判断题图 16-3 中下述 5 个支路集合是树还是割集,或两者都不是。

(1) $\{b,c,d,f,j\}$

(2) $\{b,c,d,f\}$

(3) $\{h,d,e,i,j\}$

(4) $\{a,c,g,j\}$

(5) $\{f,h,i,g,j\}$

16-4 给定网络的图如题图 16-4 所示。试写出其关联矩阵 A。

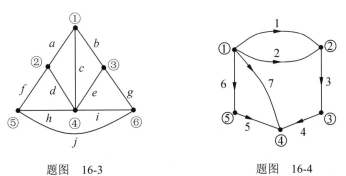

题图 16-3   题图 16-4

16-5 已知给定图的关联矩阵 A。试画出其对应的图 G。

(1) $A = \begin{bmatrix} 1 & 1 & 0 & 0 & 0 & 0 \\ 0 & -1 & 1 & 0 & 0 & 1 \\ 0 & 0 & 0 & 1 & -1 & -1 \end{bmatrix}$

(2) $A = \begin{bmatrix} 1 & 0 & 0 & 1 & 0 & 1 & 0 \\ -1 & 1 & 1 & 0 & 0 & 0 & -1 \\ 0 & 0 & -1 & 0 & 1 & -1 & 1 \end{bmatrix}$

16-6 给定有向图如题图 16-6 所示。试写出基本回路矩阵 B_f 和基本割集矩阵 Q_f。

16-7 题图 16-7 所示的线图中取支路 6，7，8，9，10 为树支，写出它的基本回路矩阵 B_f。

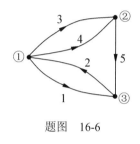

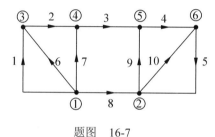

题图 16-6   题图 16-7

16-8 对于某一网络的一个指定的树，已知其基本割集矩阵为

$$Q_f = \begin{bmatrix} -1 & 1 & 1 & 0 & 1 & 0 & 0 \\ 0 & 1 & 1 & -1 & 0 & 1 & 0 \\ 0 & 1 & 0 & -1 & 0 & 0 & 1 \end{bmatrix}$$

(1) 试写出对应此网络的同一树的基本回路矩阵 B_f；

(2) 绘出此网络的有向拓扑图，并标出所用的树。

16-9 一个连通图有 5 个节点、7 条支路，其关联矩阵 A 为

$$A = \begin{bmatrix} 1 & 1 & 0 & 0 & 0 & 0 & 1 \\ -1 & -1 & 1 & 0 & 0 & 0 & 0 \\ 0 & 0 & -1 & 1 & 0 & 0 & 0 \\ 0 & 0 & 0 & -1 & -1 & -1 & 0 \end{bmatrix}$$

(1) 试画出对应的图 G；

(2) 支路集合(1, 3 ,4, 5)是不是一个树？

(3) 若是树，写出对应的基本割集矩阵和基本回路矩阵。

16-10 给定一电路如题图 16-10 所示。(1) 用图中所示的参考方向，画出网络的有向图；(2) 假定网络处于角频率为 ω 的正弦稳态下，试写出用关联矩阵表示的 KCL 和 KVL 的矩阵方程。

16-11 若题图 16-11 所示有向图，选支路 1，2，3 为树，试写出用基本割集矩阵 Q_f 表示的 KCL 和 KVL 方程。

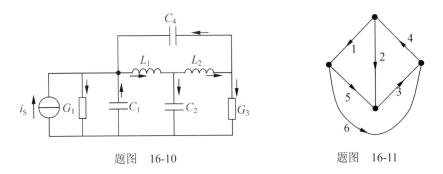

题图 16-10　　　　　　　题图 16-11

16-12 用节点电压法求题图 16-12 所示电路中的各支路电流。

16-13 用矩阵形式写出题图 16-13 所示电路的节点电压方程。

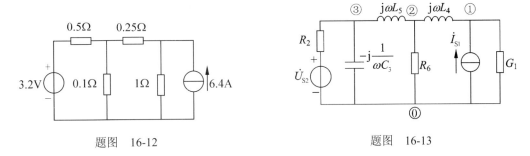

题图 16-12　　　　　　　题图 16-13

16-14 试列写题图 16-14 所示有互感交流电路相量形式节点电压方程的矩阵形式。

16-15 电路如题图 16-15 所示。

（1）试画出该电路的图；

（2）写出支路导纳矩阵 Y；

（3）写出节点电压方程的矩阵形式。

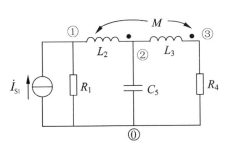
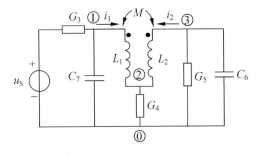

题图 16-14　　　　　　　题图 16-15

16-16 电路如题图 16-16 所示。写出其节点电压矩阵方程。

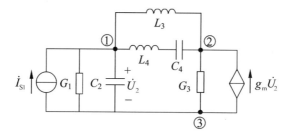

题图 16-16

16-17 试写出题图 16-17 所示电路相量形式节点电压方程的矩阵形式。

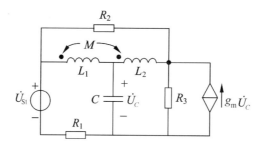

题图 16-17

16-18 电路如题图 16-18 所示，用相量形式写出回路电流方程的矩阵形式。

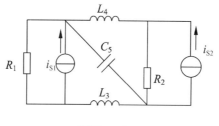

题图 16-18

16-19 用相量形式写出题图 16-18 所示电路的割集矩阵方程。

第 17 章* 分布参数电路

本章重点

1. 均匀传输线的正弦稳态解。
2. 均匀传输线正弦稳态解的双曲函数表达式。
3. 不同工作状态下的无损传输线。
4. 无损传输线在激励为恒定电压时的波过程。

学习指导

当传输线尺寸与工作频率所对应的波长可相比时，需用分布参数电路来分析和研究。此时沿线电压和电流不仅是时间 t 的函数而且是距离 x 的函数。这是分布参数电路与前述集总参数电路不同的地方，学习时必须加以注意。描述均匀传输线的参数为单位长度传输线的电阻 R_0 和电感 L_0；单位长度传输线两导线间的电导 G_0 及电容 C_0。

一、均匀传输线的正弦稳态解

在外施正弦电压激励下均匀传输线的稳态响应可用相量法求解，据此，距离传输线始端 x 处的电压、电流相量表达式分别为

$$\begin{cases} \dot{U}(x) = \dot{A}_1 e^{-\gamma x} + \dot{A}_2 e^{\gamma x} = \dot{U}^+(x) + \dot{U}^-(x) \\ \dot{I}(x) = \dfrac{\dot{A}_1}{Z_C} e^{-\gamma x} - \dfrac{\dot{A}_2}{Z_C} e^{\gamma x} = \dot{I}^+(x) - \dot{I}^-(x) \end{cases}$$

式中 γ 为传播常数，定义为

$$\gamma = \sqrt{Z_0 Y_0} = \sqrt{(R_0 + j\omega L_0)(G_0 + j\omega C_0)} = \alpha + j\beta$$

Z_0、Y_0 分别为单位长度传输线的复阻抗和复导纳；α 为衰减系数；β 为相位系数；Z_C 为特性阻抗，定义为

$$Z_C = \sqrt{\dfrac{Z_0}{Y_0}} = \sqrt{\dfrac{R_0 + j\omega L_0}{G_0 + j\omega C_0}} = |Z_C| \angle \theta$$

$\dot{A}_1$、$\dot{A}_2$ 是复数，其值由边界条件决定。假定 $\dot{A}_1 = A_1 \angle \psi_1$，$\dot{A}_2 = A_2 \angle \psi_2$，有

$$\begin{cases} u(x,t) = \sqrt{2} A_1 e^{-\alpha x} \sin(\omega t - \beta x + \psi_1) + \sqrt{2} A_2 e^{\alpha x} \sin(\omega t + \beta x + \psi_2) = u^+ + u^- \\ i(x,t) = \dfrac{\sqrt{2} A_1}{Z_C} e^{-\alpha x} \sin(\omega t - \beta x + \psi_1 - \theta) - \dfrac{\sqrt{2} A_2}{Z_C} e^{\alpha x} \sin(\omega t + \beta x + \psi_2 - \theta) = i^+ - i^- \end{cases}$$

可见，均匀传输线上任意处的电压、电流既是时间 t 的函数，又是距离 x 的函数；任意处的电压、电流均可看成由两个相反方向传播的行波的叠加。式中上标"＋"表示正向行波（由始端向终端传播），上标"－"表示反向行波（由终端向始端传播）。$u^+(i^+)$ 是一个随时间 t 增加由始端向终端传播的衰减的正弦波，为正向行波，又称为入射波。$u^-(i^-)$ 是一个随时间 t 增加由终端向始端传播的衰减的正弦波，为反向行波，又称为反射波。

行波的传播速度（波的同相位点的运动速度）简称相速，用 v_φ 表示，且

$$v_\varphi = \frac{\omega}{\beta} = \frac{2\pi f}{\beta}$$

波长（波的相位差为 2π 的两点间的距离）用 λ 表示，且

$$\lambda = \frac{2\pi}{\beta}$$

传输线上任意处的反向行波相量和正向行波相量之比称为反射系数，用 n 表示，且

$$n = \frac{\dot{U}^-(x')}{\dot{U}^+(x')} = \frac{\dot{I}^-(x')}{\dot{I}^+(x')} = \frac{Z_2 - Z_C}{Z_2 + Z_C} e^{-2\gamma x'}$$

式中，Z_2 为终端负载；x' 为距终端的距离。

例 17-1　某均匀传输线的参数是 $R_0 = 2.8\,\Omega/\text{km}$，$L_0 = 0.2 \times 10^{-3}\,\text{H}/\text{km}$，$G_0 = 0.5 \times 10^{-6}\,\text{S}/\text{km}$，$C_0 = 0.6 \times 10^{-6}\,\text{F}/\text{km}$。试求工作频率为 1kHz 时传输线的特性阻抗 Z_C、传播常数 γ、相速 v_φ 和波长 λ。

解　传输线单位长度的复阻抗

$$Z_0 = R_0 + j\omega L_0 = 2.8 + j1.256 = 3.07\angle 24.2^\circ \ (\Omega/\text{km})$$

传输线单位长度的复导纳

$$Y_0 = G_0 + j\omega C_0 = 0.5 \times 10^{-6} + j2\pi \times 0.6 \times 10^{-3} = 3.768 \times 10^{-3}\angle 90^\circ \ (\text{S}/\text{km})$$

特性阻抗

$$Z_C = \sqrt{\frac{Z_0}{Y_0}} = \sqrt{\frac{3.07\angle 24.2^\circ}{3.768 \times 10^{-3}\angle 90^\circ}} = 28.5\angle -32.9^\circ \ (\Omega)$$

传播常数

$$\gamma = \sqrt{Z_0 Y_0} = \sqrt{3.07\angle 24.2^\circ \times 3.768 \times 10^{-3}\angle 90^\circ} = 0.1076\angle 57.1^\circ$$
$$= 0.0584 + j0.0903 \quad (1/\text{km})$$

其中，衰减系数 $\alpha = 0.0584\,\text{NP}/\text{km}$，相位系数 $\beta = 0.0903\,\text{rad}/\text{km}$。

相速

$$v_\varphi = \frac{\omega}{\beta} = \frac{2\pi \times 1000}{0.0903} = 69.54 \ (\text{km}/\text{s})$$

波长

$$\lambda = \frac{2\pi}{\beta} = \frac{6.28}{0.0903} = 69.54 \text{ (km)}$$

例 17-2 图 17-1 所示某电信电缆其传播常数 $\gamma = 0.0637e^{j46.25°}$ 1/km，特性阻抗 $Z_C = 35.7e^{-j11.8°}$ Ω，始端电源电压 $u_S = \sin5000t$ V，终端负载 Z_2 等于特性阻抗 Z_C。（1）求稳态时线上各处电压 u 和电流 i；（2）若电缆长度为 100km，求信号由始端传到终端所需的时间。

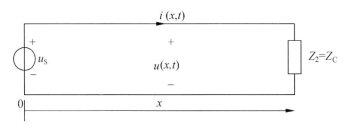

图 17-1

解 设始端电压相量为 $\dot{U}(0) = \dot{U}_S = \frac{1}{\sqrt{2}}\angle 0°$ V。由于终端负载 Z_2 等于特性阻抗 Z_C，故终端处反射系数 $n=0$，则终端无反向行波相量，$\dot{U}^-(x) = 0$。于是有

$$\begin{cases} \dot{U}(x) = \dot{A}_1 e^{-\gamma x} \\ \dot{I}(x) = \dfrac{\dot{A}_1}{Z_C} e^{-\gamma x} \end{cases}$$

将始端边界条件 $x=0$ 处电压 $\dot{U}(0) = \dot{U}_S$ 代入上式，解得

$$\begin{cases} \dot{U}(x) = \dot{U}_S e^{-\gamma x} \\ \dot{I}(x) = \dfrac{\dot{U}_S}{Z_C} e^{-\gamma x} \end{cases}$$

将传播常数 $\gamma = 0.0637e^{j46.25°} = 0.044 + j0.046$ 1/km 代入上式，有

$$\begin{cases} \dot{U}(x) = \dfrac{1}{\sqrt{2}} e^{-0.0440x} e^{-j0.0460x} \\ \dot{I}(x) = \dfrac{1}{\sqrt{2} \times 35.7\angle -11.8°} e^{-0.0440x} e^{-j0.0460x} \end{cases}$$

写成时间函数形式

$$\begin{cases} u(x,t) = e^{-0.0440x} \sin(5000t - 0.0460x) \text{ (V)} \\ i(x,t) = 28.0 e^{-0.0440x} \sin(5000t - 0.0460x + 11.8°) \text{ (mA)} \end{cases}$$

相速

$$v = \frac{\omega}{\beta} = \frac{5000}{0.0460} = 1.09 \times 10^5 \text{ (km/s)}$$

信号由始端传到终端所需的时间

$$t = \frac{l}{v} = \frac{100}{1.09 \times 10^5} = 0.917 \text{ (ms)}$$

由上例计算可以看出：（1）传输线上电压、电流既是时间 t 的函数又是距离 x 的函数，传输线上电压和电流都是一个随时间 t 增加由始端向终端传播的正向行波；（2）始端电压信号传到终端经过了 0.917ms，不是瞬间完成的。

二、均匀传输线正弦稳态解的双曲函数表达式

若已知均匀传输线始端电压相量 $\dot{U}_1$ 和电流相量 $\dot{I}_1$，如图 17-2 所示。则距离始端 x 处的电压、电流双曲函数表达式为

$$\begin{cases} \dot{U} = \dot{U}_1 \cosh\gamma x - Z_C \dot{I}_1 \sinh\gamma x \\ \dot{I} = \dfrac{-\dot{U}_1}{Z_C}\sinh\gamma x + \dot{I}_1 \cosh\gamma x \end{cases}$$

若已知均匀传输线终端电压相量 $\dot{U}_2$ 和电流相量 $\dot{I}_2$，如图 17-3 所示，则距离终端 x' 处的电压、电流的双曲函数表达式为

$$\begin{cases} \dot{U} = \dot{U}_2 \cosh\gamma x' + Z_C \dot{I}_2 \sinh\gamma x' \\ \dot{I} = \dfrac{\dot{U}_2}{Z_C}\sinh\gamma x' + \dot{I}_2 \cosh\gamma x' \end{cases}$$

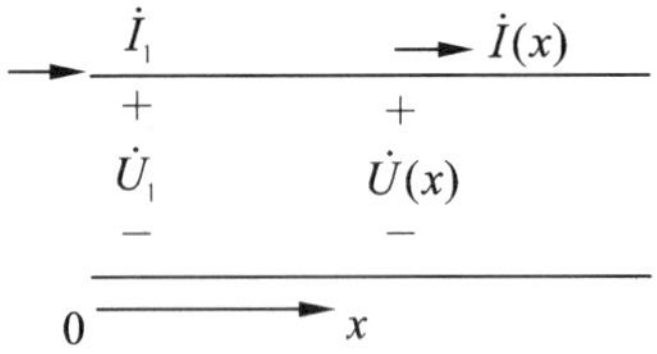

图 17-2

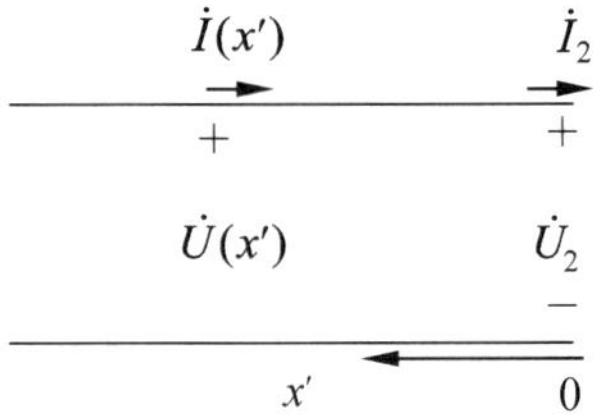

图 17-3

例 17-3 已知均匀传输线的参数为 $Z_0 = 0.427\angle 79°\ \Omega/\text{km}$，$Y_0 = 2.7 \times 10^{-6} \angle 90°\ \text{S/km}$，终端处电压、电流的相量分别为 $\dot{U}_2 = 220\angle 0°\ \text{kV}$，$\dot{I}_2 = 455\angle 0°\ \text{A}$。求传输线上距终端 900km 处的电压和电流。设信号频率为 50Hz。

解 先计算传输线的特性阻抗 Z_C 和传播常数 γ。

$$Z_C = \sqrt{\frac{Z_0}{Y_0}} = 398\angle -5.50°\ (\Omega)$$

$$\gamma = \sqrt{Z_0 Y_0} = 1.073 \times 10^{-3} \angle 84.5° \text{ (1/km)}$$

于是有

$$\gamma x' = 1.073 \times 10^{-3} \angle 84.5° \times 900 = 965.7 \times 10^{-3} \angle 84.5° = 0.0926 + j0.961$$

$$\sinh \gamma x' = \frac{1}{2}(e^{\gamma x'} - e^{-\gamma x'}) = \frac{e^{0.0926} \angle 55.1° - e^{-0.0926} \angle -55.1°}{2} = 0.825 \angle 86.3°$$

$$\cosh \gamma x' = \frac{1}{2}(e^{\gamma x'} + e^{-\gamma x'}) = \frac{e^{0.0926} \angle 55.1° + e^{-0.0926} \angle -55.1°}{2} = 0.580 \angle 7.54°$$

因此可得传输线上距终端 900km 处的电压和电流分别为

$$\dot{U} = \dot{U}_2 \cosh \gamma x' + \dot{I}_2 Z_C \sinh \gamma x' = 221 \angle 47.3° \text{ (kV)}$$

$$\dot{I} = \dot{I}_2 \cosh \gamma x' + \frac{\dot{U}_2}{Z_C} \sinh \gamma x' = 549 \angle 63.2° \text{ (A)}$$

写成时间函数形式

$$\begin{cases} u = 221\sqrt{2} \sin(314t + 47.3°) \text{ (kV)} \\ i = 549\sqrt{2} \sin(314t + 63.2°) \text{ (A)} \end{cases}$$

三、不同工作状态下的无损传输线

如果传输线的电阻 $R_0 = 0$，线间的电导 $G_0 = 0$，它就不消耗功率，这种传输线称为无损传输线（简称无损线）。无损线的传播系数、波阻抗及传播速度分别为：$\gamma = j\beta = j\omega\sqrt{L_0 C_0}$，$Z_C = \sqrt{\frac{L_0}{C_0}}$（纯电阻），$v = \frac{1}{\sqrt{L_0 C_0}}$。无损架空线的传播速度近似为光速 $v = 3 \times 10^8 \text{m/s}$。

若已知无损传输线终端电压相量 $\dot{U}_2$ 和电流相量 $\dot{I}_2$，并设传输线和终端电压、电流参考方向如图 17-3 所示，则距离终端 x' 处的电压、电流双曲函数表达式为

$$\begin{cases} \dot{U}(x') = \dot{U}_2 \cos \beta x' + jZ_C \dot{I}_2 \sin \beta x' \\ \dot{I}(x') = j\frac{\dot{U}_2}{Z_C} \sin \beta x' + \dot{I}_2 \cos \beta x' \end{cases}$$

终端接负载 Z_2 时，线上任意处的入端阻抗（向终端看去的阻抗）为

$$Z_{in} = Z_C \frac{Z_2 + jZ_C \tan \frac{2\pi}{\lambda} x'}{Z_C + jZ_2 \tan \frac{2\pi}{\lambda} x'}$$

式中 x' 为距终端的距离。

（1）终端匹配的无损线。

当终端负载 $Z_2 = Z_C$ 时，传输线工作在匹配状态，其特点为电压和电流都只含有无衰减

的正向行波，沿线各处电压有效值、电流有效值均相同；各处的入端阻抗均等于特性阻抗 Z_C。

（2）终端开路，终端短路和终端接电抗负载时无损线上会出现驻波现象。电压、电流幅值沿线按正弦（或余弦）规律分布，线上任意处的入端阻抗为纯电抗。

当终端开路时，传输线上 x' 处的入端阻抗为

$$Z(x') = -jZ_C \cot\beta x' = -jZ_C \cot\frac{2\pi}{\lambda}x'$$

在传输线长度 $x' < \frac{\lambda}{4}$ 处的入端阻抗为纯电容，故可利用线长小于 $\frac{1}{4}$ 波长的终端开路的无损线等效终端所接的电容。

当终端短路时，传输线上 x' 处的入端阻抗为

$$Z(x') = jZ_C \tan\beta x' = jZ_C \tan\frac{2\pi}{\lambda}x'$$

在传输线长度 $x' < \frac{\lambda}{4}$ 处的入端阻抗为纯电感，故可利用线长小于 $\frac{1}{4}$ 波长的终端短路的无损线来等效终端所接的电感。

例 17-4 已知某位于空气中的无损传输线的线长 $l=7$m，其特性阻抗 $Z_C=100\Omega$，始端接正弦电压源 $u_S = 3\sqrt{2}\sin 10^8\pi t$ V。分别画出终端接电阻 $R=100\Omega$ 和终端短路两种情况下线上电压、电流有效值的沿线分布图。

解 （1）终端接电阻 $R=100\Omega$ 情况。

信号工作频率

$$f = \frac{\omega}{2\pi} = \frac{10^8\pi}{2\pi} = 50\times 10^6 \text{ (Hz)}$$

波长

$$\lambda = \frac{v}{f} = \frac{3\times 10^8}{50\times 10^6} = 6 \text{ (m)}$$

传播常数

$$\gamma = j\beta = j\frac{2\pi}{\lambda} = j\frac{\pi}{3}$$

由于终端接电阻 $R=100\Omega$，即 $R=Z_C$，处于匹配状态，无反向行波。所以距始端 x 处的电压、电流相量表达式为

$$\begin{cases} \dot{U}(x) = \dot{A}_1 e^{-\gamma x} \\ \dot{I}(x) = \dfrac{\dot{A}_1}{Z_C} e^{-\gamma x} \end{cases}$$

将始端（$x=0$ 处）电压相量 $\dot{U}_1 = 3\angle 0°$ V 代入上式，解得

第 17 章* 分布参数电路

$$\begin{cases} \dot{U}(x) = 3\mathrm{e}^{-\mathrm{j}\beta x} = 3\mathrm{e}^{-\mathrm{j}\frac{\pi}{3}x} \\ \dot{I}(x) = 0.03\mathrm{e}^{-\mathrm{j}\beta x} = 0.03\mathrm{e}^{-\mathrm{j}\frac{\pi}{3}x} \end{cases}$$

写成时间函数形式为

$$\begin{cases} u(x,t) = 3\sqrt{2}\sin\left(10^8\pi t - \frac{\pi}{3}x\right) \ (\text{V}) \\ i(x,t) = 0.03\sqrt{2}\sin\left(10^8\pi t - \frac{\pi}{3}x\right) \ (\text{A}) \end{cases}$$

可以看出，传输线上只有电压、电流的正向行波，且沿线各处电压，电流幅值相等，电压有效值 $U=3\text{V}$，电流有效值 $I=0.03\text{A}$，它们是和距始端距离 x 无关的常数。电压、电流有效值沿线分布如图 17-4（a）所示。

（2）终端短路的情况

当终端短路时，终端（$x'=0$ 处）电压 $\dot{U}_2=0$，始端（$x'=7\text{m}$ 处）的入端阻抗

$$Z_1 = \mathrm{j}Z_C\tan\beta x' = \mathrm{j}100\tan\left(\frac{\pi}{3}\times 7\right) = \mathrm{j}100\sqrt{3} \ (\Omega)$$

始端电流相量

$$\dot{I}_1 = \frac{\dot{U}_1}{Z_1} = \frac{3}{\mathrm{j}100\sqrt{3}} = -\mathrm{j}17.3 \ (\text{mA})$$

距离终端 x' 处的电压、电流为

$$\begin{cases} \dot{U}(x') = \mathrm{j}Z_C\dot{I}_2\sin\beta x' \\ \dot{I}(x') = \dot{I}_2\cos\beta x' \end{cases}$$

令 $x'=7\text{m}$，则终端电流相量为

$$\dot{I}_2 = \frac{\dot{I}_1}{\cos\frac{2\pi\times 7}{\lambda}} = \frac{-\mathrm{j}17.3}{\cos\frac{\pi}{3}} = -\mathrm{j}34.6 \ (\text{mA})$$

于是有

$$\begin{cases} \dot{U}(x') = 3.46\sin\beta x' \ (\text{V}) \\ \dot{I}(x') = -\mathrm{j}34.6\cos\beta x' \ (\text{mA}) \end{cases}$$

写成时间函数形式

$$u(x,t) = 3.46\sqrt{2}\sin\frac{\pi}{3}x'\sin\omega t \ (\text{V})$$

$$i(x,t) = 34.6\sqrt{2}\cos\frac{\pi}{3}x'\sin(\omega t - 90°) \ (\text{mA})$$

电压、电流有效值分别为

$$U(x') = \left|3.46\sin\frac{\pi}{3}x'\right|$$

$$I(x') = \left|34.6\cos\frac{\pi}{3}x'\right|$$

电压、电流有效值 U、I 沿线分布如图 17-4（b）所示。

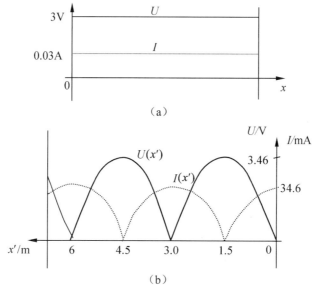

图 17-4

可以看出，无损线上电压 u、电流 i 呈驻波分布。即电压、电流振幅为最大和为零的点都出现在固定位置，如在 $x'=1.5$m，4.5m 处电压 u 振幅最大，是波腹，而电流 i 振幅为零，是波节；在 $x'=3$m，6m 处电流 i 振幅最大，是波腹，电压 u 振幅为零，是波节。

例 17-5 无损传输线长度为 25m，$L_0=1.68$μH/m，$C_0=6.62$pF/m，信号源频率 $f=5$MHz。试求：（1）终端开路时始端的入端阻抗；（2）终端接 $L=2$μH 电感时始端的入端阻抗。

解 （1）特性阻抗

$$Z_C = \sqrt{\frac{L_0}{C_0}} = \sqrt{\frac{1.68\times 10^{-6}}{6.62\times 10^{-12}}} = 504 \text{ }(\Omega)$$

相位系数

$$\beta = \omega\sqrt{L_0 C_0} = 2\pi\times\sqrt{1.68\times 10^{-6}\times 6.62\times 10^{-12}} = 0.1047 \text{ (rad/m)}$$

终端开路时无损传输线的始端的入端阻抗

$$Z(x') = -jZ_C\cot\beta x' = -j504\cot(0.1047\times 25) = j872 \text{ }(\Omega)$$

（2）据前所述，终端接电感情况可利用线长小于 $\frac{1}{4}$ 波长的终端短路线来替代该电感。

设替代 2μH 的电感的终端短路线的长度为 l，则

$$l = \frac{\lambda}{2\pi}\arctan\frac{X_L}{Z_C} = \frac{\lambda}{2\pi}\arctan\frac{62.8}{504} = 1.18 \text{ (m)}$$

因此，终端接 2μH 电感时的无损传输线的始端的入端阻抗相当于求长度为(25+1.18)m 的终端短路线的入端阻抗。故有

$$Z(x') = jZ_C \tan\left(\frac{2\pi}{\lambda} \times 26.18\right) = -j213 \text{ (Ω)}$$

四、无损传输线在激励为恒定电压时的波过程

传输线的波过程类似于集总参数电路的暂态过程，无损传输线波过程的求解方法是依据传输线方程的通解，并根据初始条件和边界条件确定的。

（1）波的发出

传输线与恒定电压 U_S 接通后，电压 U_S 的作用不是瞬时到达传输线各处，而是以速度 v 由始端向终端传播。故无损线与恒定电压 U_S 接通时将发出矩形波 $u^+ = U_S$，$i^+ = u^+/Z_C$。如图 17-5 所示。

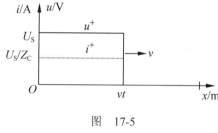

图 17-5

当传输线发生换路时，传输线上会发出波（电压波、电流波）。发出波一般根据换路后瞬间需满足的边界条件来确定。

（2）波的反射

波传播到线路不均匀处将产生反射，反射点处的电压 u_2、电流 i_2 与入射波 u^+ 之间的关系可用图 17-6 所示的集总参数等效电路表示。图中 Z_C 为传输线的特性阻抗，R 为反射点处接入的负载。据此有

$$\begin{cases} i_2 = \dfrac{2u^+}{Z_C + R} \\ u_2 = i_2 R \end{cases}$$

设电压、电流及其入射波、反射波的参考方向如图 17-7 所示，则电压反射波、电流反射波分别为

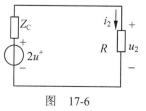

图 17-6

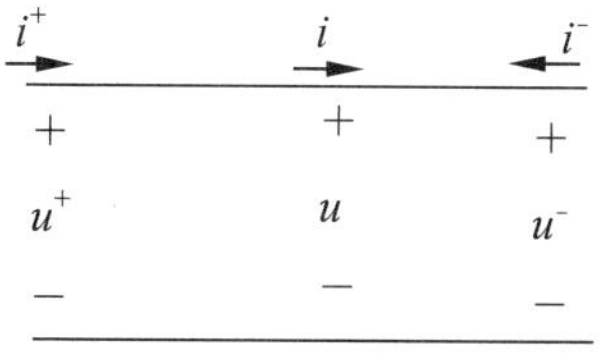

图 17-7

$$\begin{cases} u^- = u_2 - u^+ \\ i^- = i^+ - i_2 \end{cases}$$

当终端接电阻负载 R 时，反射波也可根据反射系数 n 来确定，即

$$\begin{cases} u^- = nu^+ \\ i^- = ni^+ \end{cases}$$

式中，$n = \dfrac{u^-}{u^+} = \dfrac{i^-}{i^+} = \dfrac{R-Z_C}{R+Z_C}$。当终端开路（$R=\infty$）时，$n=1$；当终端短路（$R=0$）时，$n=-1$；终端接特性阻抗（$R=Z_C$）时，$n=0$，无反射波。

（3）波的透射

当波传播到两条特性阻抗不同的传输线连接处时，除了在原传输线 l_1 上产生反射波外，还将有波透射到传输线 l_2 上。由于 l_2 对 l_1 的作用如同跨接在 l_1 终端的阻抗，所以只需将图 17-6 中 R 换成传输线 l_2 的特性阻抗 Z_{C2}，就可求得连接处的电压，连接处的电压也就是 l_2 线上的透射波。

注意：分析传输线波过程时必须注意电压（电流）和电压波（电流波）是不同的概念，不能混淆。电压波（电流波）是以速度 v 沿传输线传播的，它们可以反射和透射，但传输线上某处电压（电流）只是抵达该处的所有电压波（电流波）之和。

例 17-6 已知无损架空线波阻抗 $Z_C=500\Omega$，线长 $l=3\text{km}$，终端接电阻负载 $R=300\Omega$，电路如图 17-8（a）所示。假定开关合上前线上各处电压、电流均为零，当 $t=0$ 时闭合开关 S，接通恒定电压 U_S。试绘出 $t=0$ 至 $t=35\mu s$ 期间终端电压随时间 t 的变化曲线。

图 17-8 （a）

解 **方法 1**：电压波由始端传播到终端所需时间

$$\frac{l}{v} = \frac{3000}{3\times 10^8} = 10\ (\mu s)$$

$t=35\mu s$ 时电压波行进的距离为

$$vt = 3\times 10^8 \times 35\times 10^{-6} = 10.5\ (\text{km})$$

$t=0$ 时，开关 S 接通电源，在始端将发出一矩形电压波（正向行波），电压波传播过程如下。

当 $0<t<10\mu s$ 时，传输线上只有入射波 $u_1^+ = U_S$，电压波经过处，线上就有电压 U_S，其电压分布如图 17-8（b）所示。此时电压波 u_1^+ 未到终端，故终端电压为零。

当 $t=\dfrac{l}{v}=10\mu s$ 时，正向行波（入射波）u_1^+ 到达终端（$x=3\text{km}$）并产生反射，反射系数为

$$n_2 = \frac{R-Z_C}{R+Z_C} = \frac{300-500}{300+500} = -\frac{1}{4}$$

故反向行波（反射波）$u_1^- = n_2 u_1^+ = -\dfrac{1}{4}U_S$。

当 $10\mu s < t < 20\mu s$ 时，传输线上既有入射波 u_1^+，又有反射波 u_1^-，凡是反射波 u_1^- 经过处线上电压为 $u = u^+ + u^- = U_S - \dfrac{1}{4}U_S = \dfrac{3}{4}U_S$，反射波 u_1^- 未到处，线上电压仍为 U_S，其电压分布如图 17-8（c）所示。此时终端电压为 $\dfrac{3}{4}U_S$。

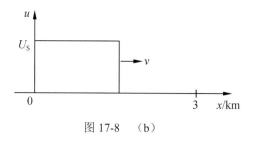

图 17-8 （b）

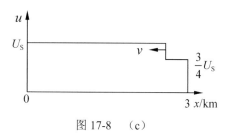

图 17-8 （c）

当 $t = 20\mu s$ 时，反射波 u_1^- 抵达始端（$x=6$km）并产生反射，始端是理想电压源，内阻为零，故始端反射系数 $n_1 = -1$。因始端反射波是由始端向终端传播，故称其为第 2 次入射波，用 u_2^+ 表示，即

$$u_2^+ = n_1 u_1^- = -1 \times \left(-\dfrac{1}{4}U_S\right) = \dfrac{U_S}{4}$$

当 $20\mu s < t < 30\mu s$，传输线上有入射波 u_1^+、反射波 u_1^- 和第 2 次入射波 u_2^+。第 2 次入射波 u_2^+ 经过处，线上电压为 $u = u_1^+ + u_1^- + u_2^+ = U_S$，第 2 次入射波 u_2^+ 未到处，线上电压为 $u_1^+ + u_1^- = \dfrac{3}{4}U_S$，其电压分布如图 17-8(d)所示。此时 u_2^+ 还未抵达终端，故终端电压仍为 $\dfrac{3U_S}{4}$。

当 $t = \dfrac{3l}{v} = 30\mu s$ 时，u_2^+ 抵达终端又产生反射，终端反射系数 $n_2 = -\dfrac{1}{4}$，即

$$u_2^- = n_2 u_2^+ = -\dfrac{1}{4} \times \left(\dfrac{1}{4}U_S\right) = -\dfrac{U_S}{16}$$

当 $30\mu s < t < 40\mu s$ 时，传输线上有入射波 u_1^+、反射波 u_1^- 和入射波 u_2^+、反射波 u_2^-。第 2 次反射波 u_2^- 经过处，线上电压为 $u = u_1^+ + u_1^- + u_2^+ + u_2^- = \dfrac{15U_S}{16}$，第 2 次反射波 u_2^- 未到处，线上电压为 $u_1^+ + u_1^- + u_2^+ = U_S$。其电压分布如图 17-8（e）所示。此时终端电压为

$$u = u_1^+ + u_1^- + u_2^+ + u_2^- = U_S - \dfrac{1}{4}U_S + \dfrac{1}{4}U_S - \dfrac{1}{16}U_S = \dfrac{15}{16}U_S$$

当 $t = 35\mu s$ 时，u_2^- 未抵达始端。

综上可得终端电压随 t 变化曲线如图 17-8（f）所示。

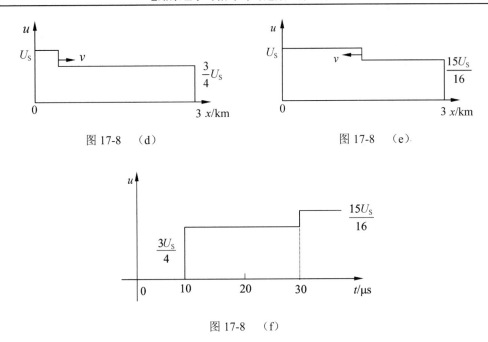

图 17-8 (d)

图 17-8 (e)

图 17-8 (f)

方法 2：终端电压随 t 的变化曲线也可用下法求解。

在 x-t 平面上作出电压波前位置 x 与时间 t 的关系曲线如图 17-8（g）所示，图中各线段上箭头表示波传播方向，线段旁的数字表示电压波的大小。则线上各处电压为抵达该点的所有电压波之和。

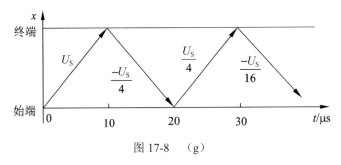

图 17-8 (g)

由图 17-8（g）知，当 $t=10\mu s$ 时，终端电压 $u=U_S-\frac{1}{4}U_S=\frac{3U_S}{4}$；$t=20\mu s$ 时，终端电压 $u=U_S-\frac{1}{4}U_S=\frac{3U_S}{4}$；$t=30\mu s$ 时终端电压 $u=U_S-\frac{1}{4}U_S+\frac{1}{4}U_S-\frac{1}{16}U_S=\frac{15U_S}{16}$。故终端电压随 t 变化曲线如图 17-8（f）所示。

例 17-7 如图 17-9（a）所示，两无损架空线长度 $l_1=l_2=l$，特性阻抗 $Z_{C2}=2Z_{C1}$，负载电阻 $R_1=R_2=2Z_{C1}$，开关 S 闭合前，传输线已达稳态。求开关闭合后传输线上电压的波过程。

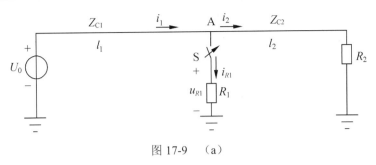

图 17-9 （a）

解 电压波过程是指不同时刻电压波沿线分布情况。S 未闭合前传输线为稳态,两线上各处电压均为 U_0,电流均为 $I_0=U_0/R_2$,此为传输线上电压、电流的初始条件。设电压、电流及其入射波、反射波方向仍如图 17-7 所示。

闭合开关 S,将在无损线 l_1 上产生电压反射波 u_1^- 和电流反射波 i_1^- 向电源端行进,同时在 l_2 线上产生电压入射波 u_2^+ 和电流入射波 i_2^+ 向负载端行进。

A 点边界条件为

$$u_1^- + U_0 = u_{R1} = u_2^+ + U_0$$

$$i_1 - i_2 = i_{R1} \quad \text{即} \quad (I_0 - i_1^-) - (I_0 + i_2^+) = i_{R1}$$

同方向传播的电压波与电流波关系为

$$u_1^- = Z_{C1} i_1^-$$

$$u_2^+ = Z_{C2} i_2^+$$

又据欧姆定律有

$$i_{R1} = \frac{u_{R1}}{R_1}$$

联立上面各式可解得发出波

$$\begin{cases} i_1^- = \dfrac{-U_0}{4Z_{C1}} \\ u_1^- = -\dfrac{U_0}{4} \end{cases}, \quad \begin{cases} i_2^+ = \dfrac{-U_0}{8Z_{C1}} \\ u_2^+ = -\dfrac{U_0}{4} \end{cases}$$

当 $0 \leqslant t < \dfrac{l}{v}$ 时,电压沿线分布如图 17-9（b）所示。

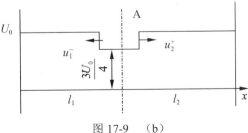

图 17-9 （b）

当 $t = \dfrac{l}{v}$ 时，u_2^+ 抵达终端，因终端接的电阻 $R_2 = Z_{C2}$，故终端反射系数 $n_2=0$，不再反射；u_1^- 抵达始端，始端反射系数 $n_1=-1$，故始端入射波 $u_1^+ = n_1 u_1^- = \dfrac{U_0}{4}$。

当 $\dfrac{l}{v} \leqslant t < \dfrac{2l}{v}$ 时，电压沿线分布如图 17-9（c）所示。

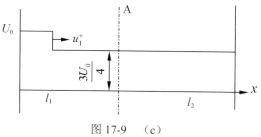

图 17-9 （c）

当 $t = \dfrac{2l}{v}$ 时，u_1^+ 抵达 A 点，A 点（l_1 上）反射系数 $n_3 = \dfrac{R_{等} - Z_{C1}}{R_{等} + Z_{C1}} = 0$（因 $R_{等} = \dfrac{R_1 Z_{C2}}{R_1 + Z_{C2}} = Z_{C1}$），故 u_1^+ 在 l_1 线上不再反射。因 A 点又是 l_2 线的始端，所以 u_1^+ 将透射到 l_2 线，即 $u_2^+ = \dfrac{U_0}{4}$。

当 $\dfrac{2l}{v} \leqslant t < \dfrac{3l}{v}$ 时，电压沿线分布如图 17-9（d）所示。

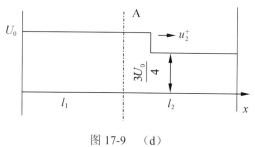

图 17-9 （d）

当 $t = \dfrac{3l}{v}$ 时 u_2^+ 抵达终端，终端反射系数 $n_2=0$，不再反射，波过程结束。

当 $t > \dfrac{3l}{v}$ 时，电压沿线分布如图 17-9（e）所示。

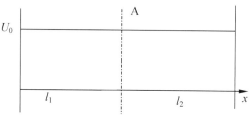

图 17-9 （e）

例 17-8 已知图 17-10（a）所示无损架空线长度 l=150km，特性阻抗 Z_C=500Ω，终端接 0.5μF 电容，电容无初始储能。t=0 时闭合开关 S。求接通电源后 800μs 时电压、电流沿线分布。

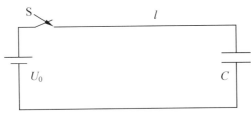

图 17-10 （a）

解 设电压、电流及其入射波、反射波方向仍如图 17-7 所示。t=0 时闭合开关 S，始端产生入射波。

$$\begin{cases} u^+ = U_0 \\ i^+ = \dfrac{u^+}{Z_C} = I_0 \end{cases}$$

入射波抵达终端所需时间为

$$t_0 = \frac{l}{v} = \frac{150}{3\times 10^5} = 500\ (\mu s)$$

当 $t=t_0$ 时入射波抵达终端，终端集总参数等效电路如图 17-10（b）所示。图中电容电压可用三要素法求，即

$$\begin{cases} u_C(0) = 0 \\ \tau = CZ_C = 250(\mu s) \\ u_C(\infty) = 2U_0 \end{cases}$$

所以

$$\begin{cases} u_C = 2U_0\left(1 - e^{-\dfrac{t-t_0}{\tau}}\right)\varepsilon(t-t_0) \\ i_C = C\dfrac{du_C}{dt} = \dfrac{2U_0}{Z_C}e^{-\dfrac{t-t_0}{\tau}}\varepsilon(t-t_0) \end{cases}$$

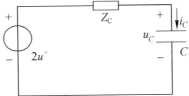

图 17-10 （b）

由此可求得终端电压反射波和电流反射波分别为

$$\begin{cases} u^- = u_C - u^+ = 2U_0\left(1 - \mathrm{e}^{-\frac{t-t_0}{\tau}}\right) - U_0 = U_0 - 2U_0 \mathrm{e}^{-\frac{t-t_0}{\tau}} \varepsilon(t-t_0) \\ i^- = \dfrac{u^-}{Z_C} = I_0 - 2I_0 \mathrm{e}^{-\frac{t-t_0}{\tau}} \varepsilon(t-t_0) \end{cases}$$

反射波经过的地方线上各处电压、电流分别为

$$\begin{cases} u = u^+ + u^- = u_C \\ i = i^+ - i^- = i_C \end{cases}$$

当 $t=800\mu s$ 时，$vt = 800 \times 10^{-6} \times 3 \times 10^8 = 240(\mathrm{km})$，即反射波波前到达距始端 60km 的地方。此时终端处电压为

$$u_C = 2U_0\left(1 - \mathrm{e}^{-\frac{t-t_0}{\tau}}\right) = 2U_0\left(1 - \mathrm{e}^{-\frac{800-500}{250}}\right) = 1.40U_0$$

终端处电流为

$$i_C = \frac{2U_0}{Z_C}\mathrm{e}^{-\frac{t-t_0}{\tau}} = 2I_0 \mathrm{e}^{-\frac{t-t_0}{\tau}} = 2I_0 \mathrm{e}^{-\frac{800-500}{250}} = 0.602I_0$$

故接通电源后 800μs 时电压、电流沿线分布如图 17-10（c）、（d）所示。

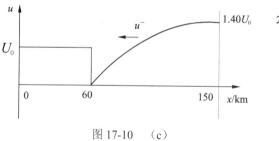

图 17-10　（c）

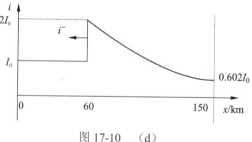

图 17-10　（d）

习题

17-1　三相输电线一相的参数如下：电阻 $R_0=0.107\Omega/\mathrm{km}$，电感 $L_0=1.36\mathrm{mH/km}$，电容 $C_0=0.00848\mu\mathrm{F/km}$，电导 $G_0=0$。工作频率 $f=50\mathrm{Hz}$。试计算输电线的特性阻抗 Z_C，传播常数 γ，相速 v_φ 和波长 λ。

17-2　电缆的参数如下：$R_0=7\Omega/\mathrm{km}$，$L_0=0.3\mathrm{mH/km}$，$C_0=0.2\mu\mathrm{F/km}$，电导 $G_0=0.5\times10^{-6}\mathrm{S/km}$，工作频率 $f=800\mathrm{Hz}$。（1）计算电缆的特性阻抗 Z_C，衰减系数 α 和相位系数 β；（2）设电缆长 20km，终端接 $Z_2=100\angle-30°\Omega$ 的负载，始端电压 $\dot{U}_1=\angle0°50\mathrm{V}$。求始端电流 $\dot{I}_1$ 终端电压 $\dot{U}_2$ 及电流 $\dot{I}_2$。

17-3　三相输电线一相的参数如下：电阻 $R_0=0.078\Omega/\mathrm{km}$，感抗 $X_0=\omega L_0=0.417\Omega/\mathrm{km}$，

容纳 $B_0=\omega C_0$=2.75×10^{-6}S/km，电导 G_0=0。输电线长 369km，线路终端线电压有效值为 220kV，终端负载吸收的三相功率为 300MW，功率因数为 0.98（感性）。求输电线始端电压相量和电流相量。

17-4　无损输电线的参数如下：L_0=2.88mH/km，C_0=3.85×10^{-3}μF/km，线长 l=100km，输电线末端电压 $u_2=\sqrt{2}U_2\sin\omega t$V，其中 U_2=50V，频率 f=1kHz，负载阻抗 Z_2 等于特性阻抗 Z_C。求输电线始端电流 i_1 和电压 u_1 的瞬时值表达式，并求出输电线始端的入端阻抗。

17-5　一无损传输线的特性阻抗为 Z_C=75Ω，终端短路。工作频率为 100MHz。问此传输线最短的长度等于多少时，能使其输入端口的等效参数相当于：（1）一个 0.5μH 的电感；（2）一个 150pF 的电容。

17-6　一无损输电线的特性阻抗为 Z_C=500Ω，始端电压 U_1=50V，工作频率 f=1kHz，线长 l=200km。分别画出终端开路时电压、电流有效值沿线分布图。（设 λ=120km）

17-7　特性阻抗为 150Ω 的无损传输线 l_1 经四分之一波长的无损传输线 l_2 向一电阻为 300Ω 的负载供电。求传输线 l_2 的特性阻抗为多少时可使传输线 l_1 工作在匹配状态。

17-8　长为 l=60km，特性阻抗为 Z_C=450Ω 的无损传输线如题图 17-8 所示，始端接至电压为 U_0 的直流电源，末端接一电阻 R=900Ω。试画出 t = 300μs 和 700μs 两种情况下，传输线上电压沿线分布图。

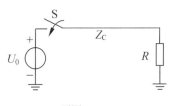

题图　17-8

17-9　一无损传输线的特性阻抗为 Z_C=100Ω，长为 l=60km，传输线末端接一电阻 R=300Ω（如题图 17-9 所示），t=0 时始端接入电压为 U_0=10kV 的直流电压。试绘出 t =0 至 t =800μs 期间电阻 R 上电压随时间 t 的变化曲线。

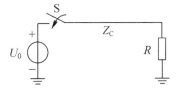

题图　17-9

17-10　长为 l=60km，特性阻抗为 Z_C=450Ω 的无损传输线接至电压为 U_0 的直流电源，传输线末端接一电阻 R=1350Ω（如题图 17-10 所示），画出线路末端电压、电流随时间变化的曲线。

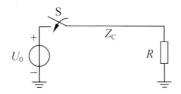

题图　17-10

17-11　无损架空线长 l_1=45km，特性阻抗 Z_{C1}=450Ω，始端接恒定电压 U_0=36kV，线路原处于稳态(如题图 17-11 所示)。现将一电缆经开关接至架空线的终端，电缆长 l_2=15km，特性阻抗 Z_{C2}=50Ω，其终端开路。试说明电缆刚接上时线上电压的波动情况。

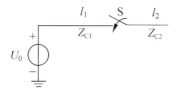

题图　17-11

17-12　题图 17-12 中，l_1，l_2 均为无损均匀传输线，l_1 的特性阻抗为 Z_C，l_2 的特性阻抗为 $2Z_C$，两线的长度均为 l，线上的波速均为 v。R_1，R_2 为集总参数电阻，R_1=R_2=$2Z_C$。开关 S 闭合前 l_1 上已充电，线上电压为恒值 U_0，电流为零；l_2 上电压、电流均为零。求开关闭合后电阻 R_1，R_2 上电压随时间变化的曲线。

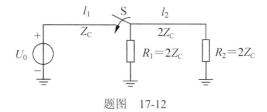

题图　17-12

17-13　无损架空线长 60km，特性阻抗为 400Ω，接至电压为 80kV 的恒定电压源，架空线终端接有 800Ω 的电阻。现在终端再接入一个 800Ω 的电阻（如题图 17-13 所示）。试分析线上电压、电流的波动过程。

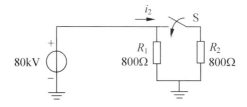

题图　17-13

附录 OrCAD/PSpice 电路仿真简介

附录基于 OrCAD/PSpice 9.0 演示版，配合电路课的教学，通过仿真实例介绍电路仿真的初步知识。目的是使读者通过仿真分析，加深对电路问题的理解，同时也为深入应用 OrCAD/PSpice 解决实际问题打下一定的基础。

电路原理课程中常用的 OrCAD/PSpice 分析类型有直流（静态）工作点（bias point）分析、直流扫描（DC Sweep）分析、交流扫描（AC Sweep）分析、瞬态分析（transient analysis）和参数扫描分析（parametric Sweep）等。

A.1 OrCAD/PSpice 9.0 电路仿真的一般步骤

OrCAD/PSpice 9.0 电路仿真的一般步骤包括创建设计项目、绘制电路原理图、设置仿真类型、仿真计算和输出仿真结果。

例 A-1 直流电阻电路如图 A-1 所示。试求各节点电压。
仿真过程如下。

1. 建立一个新设计项目

在 OrCAD 软件包中，将一个设计任务当作一个项目（project），由项目管理器（project manager）对该项目涉及的电路图、模拟要求、涉及的图形符号库和模拟参数库及有关输出结果实施组织管理，每个设计项目对应一个项目管理窗口。

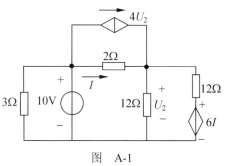

图 A-1

建立一个新设计项目的步骤如下。

（1）运行 Capture 软件，可见图 A-2 界面。

图 A-2

（2）在启动窗口图 A-2 选择执行 File\New\Project 子命令，屏幕将弹出图 A-3 所示的 New Project 对话框。在 Name 处输入新设计项目的名称（本例指定为 exampA1）；选定设计项目类型为"Analog or Mixed-Signal Circuit"；在 Browse 处指定存放项目的路径，然后单击 OK 按钮，可看到图 A-4 所示的元器件符号库的对话框。

（3）选择绘制电路图所需的符号库。Capture 提供了 3 万多种元器件图形符号，存放在近 80 个不同的图形符号库文件中（以 olb 为扩展名）。在图 A-4 中对话框的左侧列出了软件中提供的元器件符号库文件清单，右侧是为设计新项目配置的库文件。在绘制电路图的过程中，只能选用已配置的库文件中的元器件。在左侧选中要配置的库文件，按 Add 按钮，即将该库文件添至右侧列表中。反之，若从右侧列表中剔除一个库文件，则在右侧选中该文件，然后按 Remove 按钮即可。配置完成后，按 OK 按钮。即出现电路图绘制窗口 Schematic，如图 A-5 所示。

图 A-3

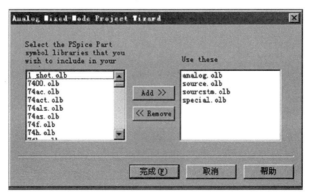

图 A-4

附录 OrCAD/PSpice 电路仿真简介

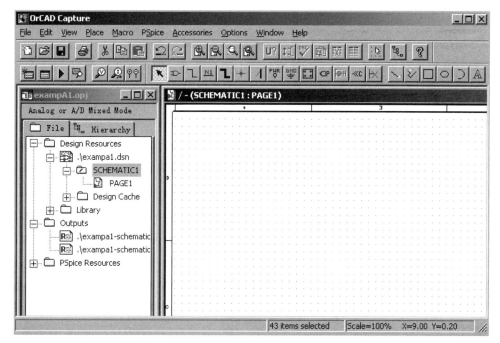

图 A-5

2. 绘制电路原理图

绘制原理图即在图 A-5 所示的界面中进行。

电路原理中常用的 PSpice A/D 支持的元器件类型及其字母代号如表 A-1。

表 A-1

字母代号	元器件类型	字母代号	元器件类型
R	电阻	T	传输线
L	电感	I	独立电流源
C	电容	V	独立电压源
K	互感（磁心），传输线耦合	S	电压控制开关
E	电压控制的电压源	W	电流控制开关
F	电流控制的电流源	D	二极管
G	电压控制的电流源	Q	双极型三极管
H	电流控制的电压源	X	单元子电路调用

画原理图的步骤如下。

（1）放置元件。

首先可放置电阻。由图 A-5 中选择执行 Place\Part，从 Libraries 中选中 ANALOG 元件库，再从显示的元件列表中选择电阻元件 R，然后按 OK 按钮即可在 Schematic1 窗口中放置元件了（见图 A-6）。在绘图窗口中单击鼠标左键，一个电阻元件便放置完成，重复按鼠标左键可继续放置第 2 个电阻元件，依次类推。

结束放置可用快捷方式，即单击鼠标右键，出现图 A-7 所示菜单。执行 End Mode 即结束放置。若元件需要旋转，则选中要旋转的元件，执行图 A-7 中的 Rotate 命令，元件旋转 90°，依次执行该命令可继续旋转。也可从 Capture 主菜单中执行 Edit\Rotate。

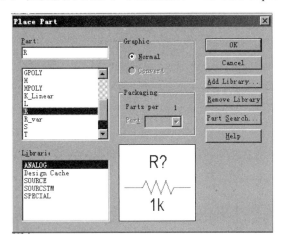 

图 A-6　　　　　　　　　　　　　　图 A-7

放置受控源 VCCS 和 CCVS 可从图 A-6 元件列表中分别选元件 G 和 H。放置操作与放置电阻元件相同。

放置独立电压源时可从图 A-6 中选 SOURCE 元件库，再从元件列表中选择 VDC 元件（见图 A-8）。

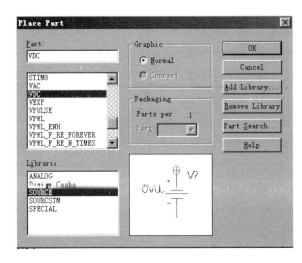

图 A-8

对不同的分析类型,信号源(独立电源)需要不同的形式(信号源元件均在库文件 Source.olb 中)。V 表示电压源,I 表示电流源,如表 A-2 所示。

表 A-2　几种主要的独立源

类型名	电源类型	电压源元件名	电流源元件名	应用场合
DC	固定直流源	VDC	IDC	直流特性分析
AC	固定交流源	VAC	IAC	正弦稳态频率响应
SIN	正弦信号源	VSIN	ISIN	正弦信号源 瞬态分析、正弦稳态频率响应
PULSE	脉冲源	VPULSE	IPULSE	瞬态分析
PWL	分段线性源	VPWL	IPWL	瞬态分析
SRC	简单源	VSRC	ISRC	可当作 AC、DC 或瞬态源

(2)画连线。可直接单击 Capture 窗口右侧的 Place Wire 快捷按钮,或由图 A-5 中选择执行 Place\Wire。

(3)放置接地端。有两种方法。一是直接单击 Capture 窗口右侧的快捷按钮 GND,二是执行由图 A-5 中选择 Place\Ground,选 0/SOURCE 即可。

(4)指定节点号。在图 A-5 执行 Place\Net Alias,出现图 A-9 的对话框,输入要指定的接点号,按 OK 按钮即可放置。(此步骤不是必须的,因为软件会为每个节点自动赋予一个编号。)

(5)按题目的已知给每个元件赋予参数值。鼠标指向要编辑的元件,用左键双击该元件。对电阻在 VALUE 一栏输入参数值;对直流电压源在 DC 一栏输入该电源的电压值;受控源则在 GAIN 一栏输入控制系数。

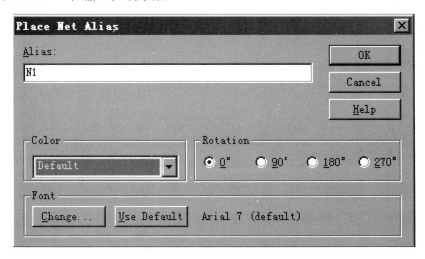

图　A-9

图 A-10 是绘制好的电路图。图中为绘图的方便，受控源的方向与原电路图 A-1 相反，但可将其控制参数（Gain）为负值，结果是相同的。

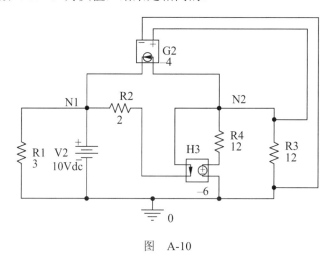

图 A-10

（6）保存设计项目。

单击图 A-5 中保存快捷键，或选择执行 File\Save，则所建立的项目得到保存。

若一个设计项目已经存在，则可以打开该设计项目。打开的方法是执行 File\Open\Project，出现图 A-11 所示的对话框。选择设计项目所在路径，选定要打开的文件（以 opj 为后缀）。图 A-11 要打开的设计项目便是上述建立的 exampA1.opj。

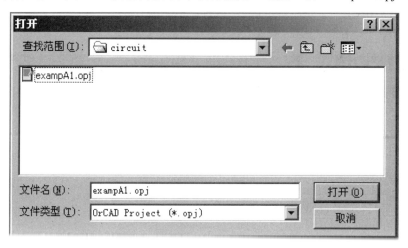

图 A-11

用鼠标左键双击左侧小窗口中 exampA1.opj，再双击 Schematic1，再双击 Page1。出现图 A-12 所示窗口。现在就可以对电路图进行编辑了。

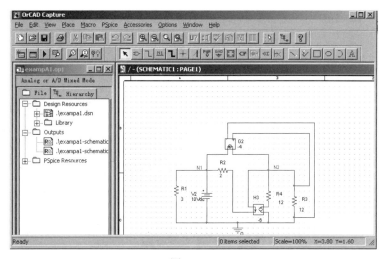

图 A-12

画电路原理图时，OrCAD/PSpice 中有如下的一些规定：

① 必须有接地端；

② 图必须是连通的（如有磁耦合、无电联系的互感线圈，可能将电路分成两个部分，这时必须将一端连接）；

③ 不允许有电压源与电容构成的回路或由电流源与电感构成的割集。若有这样的回路可适当串入一小电阻，如 $1m\Omega$。

④ 不允许有悬空（floating）节点，实际问题中若存在，可在此节点与地之间接大电阻，如 $1G\Omega$。

3．设置分析功能

在完成电路原理图的绘制后，在图 A-12 所示的界面下，执行 PSpice\New Simulation Profile，出现图 A-13 所示的对话框。在 Name 栏输入 bias point（对电路作直流工作点分析），然后按 Create 按钮，则出现图 A-14 的对话框。

从图 A-14 中 Analysis type 一栏选择 Bias Point，然后按"确定"按钮，设置即完成。

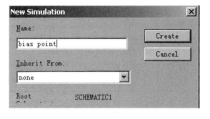

图 A-13

4．仿真计算

执行 PSpice\Run。PSpice 开始进行电路连接规则检查和建立网络表格文件，然后自动调用 PSpice 程序项进行仿真分析，分析过程能自动报错。若有错，则返回原理图界面修改，然后再执行仿真。仿真结束后，分析结果存入文本文件*.out 和波形数据文件*.dat 中（在默认目录下），并自动弹出波形后处理程序 Probe 界面，如图 A-15 所示。

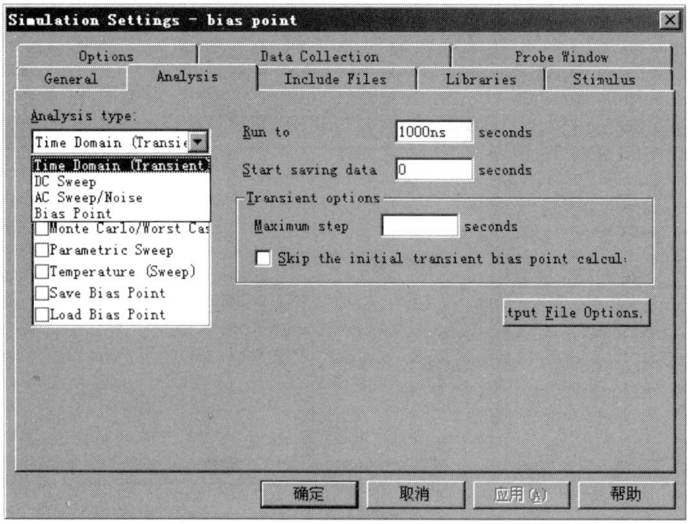

图 A-14

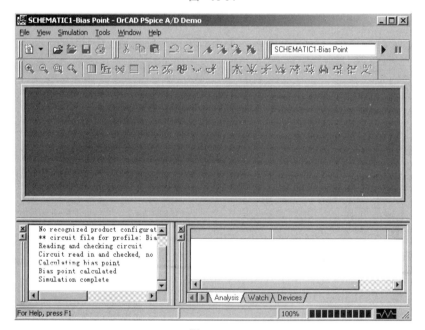

图 A-15

5. 输出仿真结果

从输出的文本文件*.out 和波形数据文件*.dat（用 Probe 程序打开）中观察仿真结果，这些结果还可由打印机输出。

在图 A-15 所示菜单中，执行 View\Output File 可看到输出结果。输出文件的最后是节点电压等结果。可看到图 A-16 所示的输出结果。

Probe 的其他功能将在后面的应用中陆续介绍。

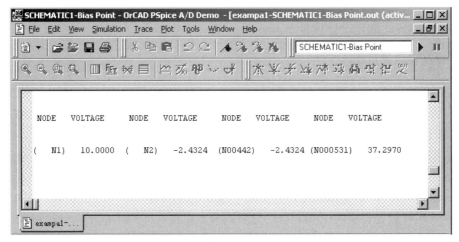

图 A-16

A.2 图形显示和分析模块 Probe 简介

Probe 模块的功能包括示波器功能、波形的运算处理、信号波形数据的显示和处理、电路设计的性能分析和绘制直方图。

在仿真类型设置为 DC Sweep，AC Sweep 和 Time Domain（Transient）时，在运行过程中和运行结束（取决于运行参数设置）时，软件将自动运行调用 Probe 模块。

以例 A-2 的交流稳态分析为例简单介绍 Probe 模块的使用方法。

例 A-2 有源低通滤波器如图 A-17 所示。求 $H(j\omega) = \dfrac{\dot{U}_o}{\dot{U}_i} = \dfrac{U_o}{U_i} \angle \varphi$，即分别求其幅频特性 $\dfrac{U_o}{U_i} = f_1(\omega)$ 和相频特性 $\varphi = f_2(\omega)$。

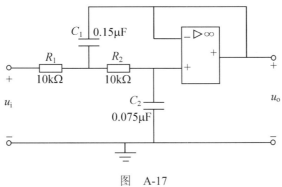

图 A-17

分析过程如下。

1. 创建设计项目

运行 Capture，创建设计项目 exampA2。

2. 绘制电路原理图

图 A-18 是由 Capture 绘制好的原理图。其中信号电压源选 source.olb 中的交流电压源 VAC，设置其属性可用鼠标双击该元件，弹出如图 A-19 的属性栏。幅值 ACMAG 设为 1，初相位 ACPHASE 为零（可不设置，因默认值即为零）。运算放大器选用μA741，工作电压取±15V，该元件在 eval.olb 元件库中。为使绘制的原理图简捷明了，两个工作电源与运算放大器的连接关系的两个端子分别用 VCC 和 VEE 表示，此端子符号的获得是通过执行 Place\Power，选择 VCC_CIRCLE，并将端子改成相应的名称即可。节点 N3 处"V"标志是运行中或运行后处理模块 Probe 自动显示该节点电压（即输出电压）幅频特性曲线。设置方法是单击 Capture 界面上部的 Voltage Level 按钮（如图 A-20 所示），在所需放置该标志处再单击鼠标左键即可完成设置。或从 Capture 界面的菜单中执行 PSpice\Markers\Voltage Level 也可完成相同的设置。

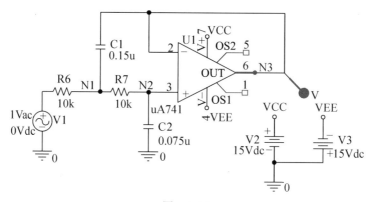

图 A-18

图 A-19　　　　　　　　　　　　图 A-20

由图 A-20 可见，还可设置两点间的电压（Voltage Differential）和元件中的电流（Current Into Pin），以便 Probe 自动显示所要观察的变量的曲线。

注意：添加输出标志不是必需的，也可在仿真计算结束后，在 Probe 界面中用添加曲线的方法得到相同的曲线。

3．设置仿真类型

本例仿真类型是 AC Sweep。执行 PSpice\New Simulation Profile，弹出 New Simulation 对话框（如图 A-13），在 Name 栏可输入 "AC Sweep" 后，按 Create 按钮，出现图 A-21 的对话框。

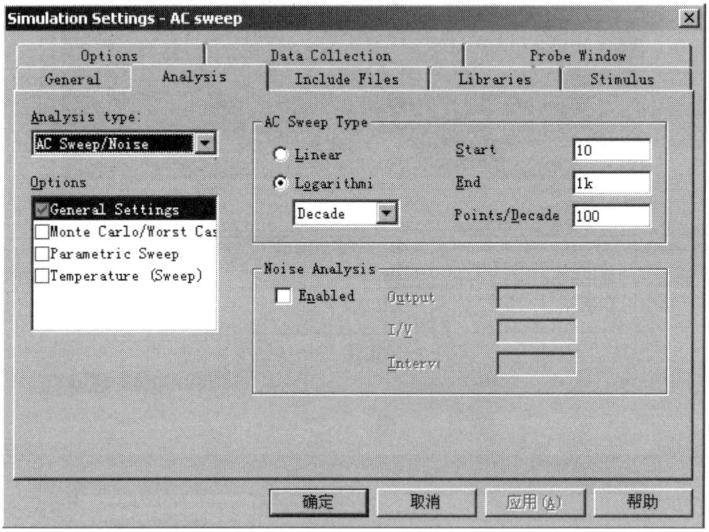

图 A-21

在图 A-21 中，Start 为扫描起始频率，End 为终止频率，扫描类型（AC Sweep Type）可采用线性坐标（Linear），也可以采用对数坐标（Logarithmic）。对数坐标又可选十倍频程（Decade）和八倍频程（Octave）。Points/Decade 处输入扫描点数。本例的设置是：频率扫描范围为 f=10～1000Hz，十倍频程对数坐标，100 个点。

4．仿真计算，输出结果

仿真类型设置完成后，执行 PSpice\Run，进行仿真。运行结束后，自动弹出 Probe 显示界面，结果见图 A-22。

若要显示的曲线不止一条，可在 Probe 窗口执行 Trace/Add Trace，即出现图 A-23 所示的窗口。窗口左侧是电路中电压、电流的列表，右侧是对电路变量作处理的函数。单击要显示的变量，此变量即在窗口下方的 Trace Expressions 对话框显示，再单击 OK 按钮，所选的变量即在 Probe 中的相应坐标系中出现。本例中选择的是 V(N1)/V(V1)，即本例所求的幅频特性。其显示的曲线如图 A-24 所示。该曲线是经过拷贝、粘贴的结果。拷贝的方法是在 Probe 中执行 Copy\Copy to Clipboard，在弹出的选择框中选择 change white to black，然后单击 OK。然后再粘贴。

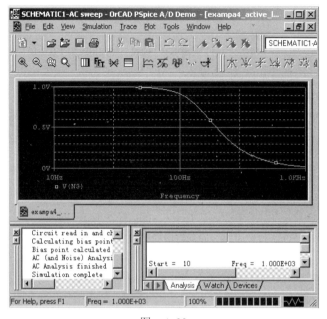

图 A-22

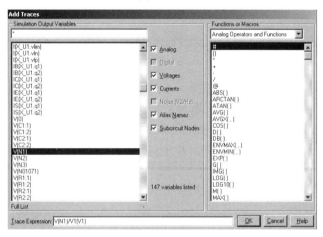

图 A-23

若要在 Probe 窗口中，显示多个图，可执行 Plot/Add Plot to Window，再执行 Trace/Add Trace，则可在新坐标图中添加曲线了。图 A-25 是先删除图 A-22 中所有曲线后，重新绘制的曲线图。其中，V(N3)/V1(V1)是幅频特性，P(V(N3)/V1(V1))是相频特性。P()是相位函数。

在波形后处理模块 Probe 中，各种变量允许经过简单数学运算后输出显示。如本例中 V(N3)/V1(V1)。可以使用的运算符号有："+"、"-"、"*"、"/"、"( )"。还可进行如表 A-3

所示的函数运算（字母大小写均可，图 A-24 窗口右侧）。

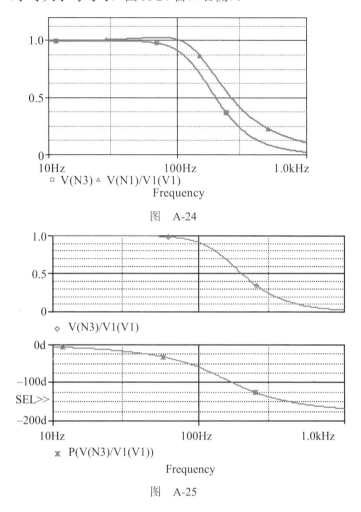

图 A-24

图 A-25

表 A-3

表达式	函数	表达式	函数
ABS(x)	|x|	COS(x)	cos x
SGN(x)	符号函数	TAN(x)	tan x
SQRT(x)	$\sqrt{x}$	ATAN(x)	arctan x
EXP(x)	e^x	D(x)	变量 x 关于水平轴变量的导数
LOG(x)	ln x	S(x)	变量 x 在水平轴变化范围内的积分
LOG10(x)	log x	AVG(x)	变量 x 在水平轴变化范围内的平均值
DB(x)	20lg|x|	RMS(x)	变量 x 在水平轴变化范围内的均方根值
PWR(x,y)	$\|x\|^y$	MIN(x)	x 的最小值
SIN(x)	sin x	MAX(x)	x 的最大值

在交流分析时，可以在输出电压 V 或输出电流 I 后面增加一个附加项，如 VP(R1:1) 表示 V(R1:1)的相位量。附加项含义如表 A-4 所示。

表 A-4

附加项	含　义
无	幅值量（默认）
M	幅值量
DB	幅值分贝数，等同于 DB(x)
P	相位量
G	群延迟量（d PHASE/d F），即相位对频率的偏导数
R	实部

以上算式中的 x 可以是电路变量（节点电压、元件两端的电压和元件中的电流），也可以是复合变量，如绝对值函数 ABS((V(R1:1)–V(R1:2))*I(R1))中，x 是由表达式 (V(R1:1)-V(R1:2))*I(R1)构成的复合变量。如果对单变量求导数和积分，下面的形式是相同的：求导 D(V(R1:1))与 DV(R1:1)等价，积分 S(I(R2))与 SIC(R2)等价。

仿真输出变量是电压和电流。电压包括节点电压和元件两端的电压。节点电压有不同的表示方式，如 V(N3)表示节点 N3 的电压；V(R1:1)表示元件 R1 的管脚 1 所在节点的电压，它又与 V1(R1)等价。两端元件中的电流表示从管脚 1 流向管脚 2 的电流，如 I(R1)。独立源的极性用"＋"、"－"符号表示管脚，它们的电压和电流取关联的参考方向。如 I(V1)表示的电流是从电源的正极性端流向负极性端。

A.3　其他电路仿真实例

1. 直流电路分析

（1）直流工作点分析

见前面例 A-1。

（2）直流扫描分析（DC Sweep）

直流扫描分析可作出各种直流转移特性曲线。

例 A-3　电路如图 A-26 所示。求直流传输特性 $U_2 \sim I_{S1}$。

本例即可以用直流扫描分析进行仿真分析。其过程如下：

（1）创建新项目 exampA3。

（2）画电路原理图。

图 A-27 是由 Capture 绘制的仿真电路图。为使绘

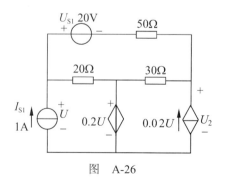

图 A-26

制的图简捷明了,原理图中控制电压的两个端子分别用 VC1 和 VC2 表示连接关系。图中给出了节点 N3 的节点电压输出标志。在运行结束后会在 Probe 界面中直接绘出该节点电压的曲线。

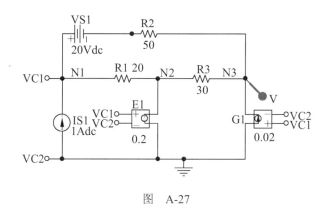

图 A-27

(3) 设置分析类型。

直流扫描分析的类型是 DC Sweep,其设置界面如图 A-28 所示,本例中扫描输入范围 I_{S1} 为 0~2A,步长为 0.1。电路中有两个电源,但传输特性通常是指响应与一个激励的关系,因此本例求 U_2~I_{S1} 的关系时,可将 U_{S1} 置零。若不置零,则在仿真时会在传输特性中叠加一个由 U_{S1}=20V 产生的分量。

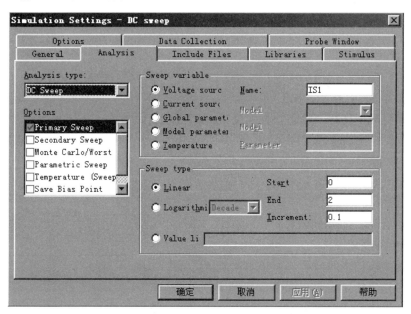

图 A-28

(4) 仿真计算，输出结果。

图 A-29 为在 Probe 中自动出现的输出电压 V(N3) 与电流 IS1 关系曲线（即 $U_2 \sim I_{S1}$）。

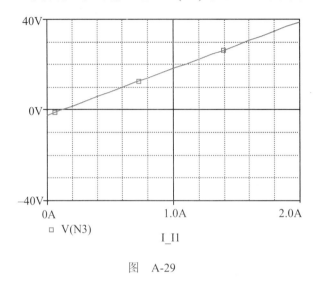

图 A-29

若要查看其他电压、电流的结果，可在 Probe 界面中，执行 Trace/Add Trace，并用其中的函数对各电压、电流进行各种后处理计算，如可求功率。

2．交流电路分析

（1）频率响应分析

见例 A-2。

（2）参数扫描分析（Parametric Sweep）

参数扫描（Parametric Sweep）分析是检测电路中某个元件的参数，在一定取值范围内变化时对电路直流工作点、瞬态特性、交流频率特性的影响。

例 A-4 RLC 串联电路如图 A-30 所示。试分析电阻 R 在 50～500Ω 之间变化时，电流 i 的幅频特性的变化情况（频率范围可取 100～1000Hz）。

仿真步骤如下：

① 创建设计项目 exampA4。

② 绘制电路原理图。

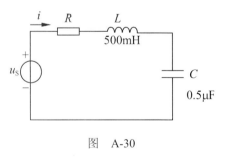

图 A-30

本例仍是频率扫描的问题。但电阻参数 R 是变化的，当然可以先给定一个电阻值，用频率分析得到一组结果。再给定一个电阻值，得到另一组结果，依次类推。但这样做既不方便，也不容易比较。如果用 PSpice 中的参数扫描功能，可以方便地得到一组仿真结果。方法是在画好的电路原理图 A-31 中，先设定电阻值是一个变量{Rv}，另需增加一个元件 PARAM（在 special.olb 元件库中）。其参数设置方法是，双击 PARAM 元件，出现属性窗口，单击"New…"按钮，出现 Add New Property 对话框（图 A-32），输入 Rv，单击 OK 按钮。在 Rv 参数栏输入一个参数值（此处输入 50）。设置好的属性对话框如图 A-33 所示。

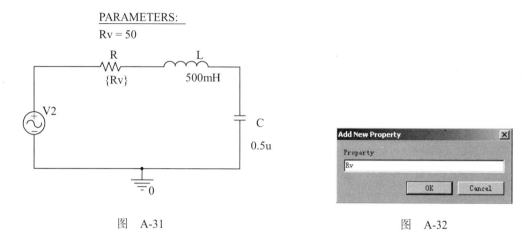

图 A-31　　　　　　　　　　　　　　图 A-32

图 A-33

③ 设置仿真类型。

频率扫描设置界面与例 A-2 图 A-21 相同。本例的频率扫描范围为 100Hz～1kHz，十倍频程对数坐标，100 个点。参数扫描的设置是在 Simulation Settings 对话框的 Options 栏下选中 Parametric Sweep。在右侧的 Parameter 处输入 Rv，Sweep Type 选 Linear，右下输入栏 Start, End 和 Increment 分别表示参数扫描的起始值、终值和步长。本例分别为 50, 500, 50。设置好的界面如图 A-34 所示。

④ 仿真计算，输出结果。

运算结束后，在弹出 Probe 窗口的同时，弹出一个 Variable Sections 选择栏（图 A-35），指示不同扫描参数下的结果。可以选择全部，也可以只选择部分结果画曲线。本例中只选 R=50 300 500Ω 时的结果。选择的方法是，按住键盘的 Ctrl 键，用鼠标左键选择要输出的结果，然后单击 OK 按钮，则在 Probe 窗口中绘出三条曲线。为了更好地说明取不同电阻值对谐振曲线的影响，将每一条电流曲线的电流值均除以该电流的最大值。方法是双击曲线下方的变量 I(L)，出现 Trace Modify 对话框，在 Trace Expression 处输入 I(L)/max(I(L))，然后单击 OK 即可得到图 A-36 所示的输出曲线。图 A-36 中的文字说明是后加入的。

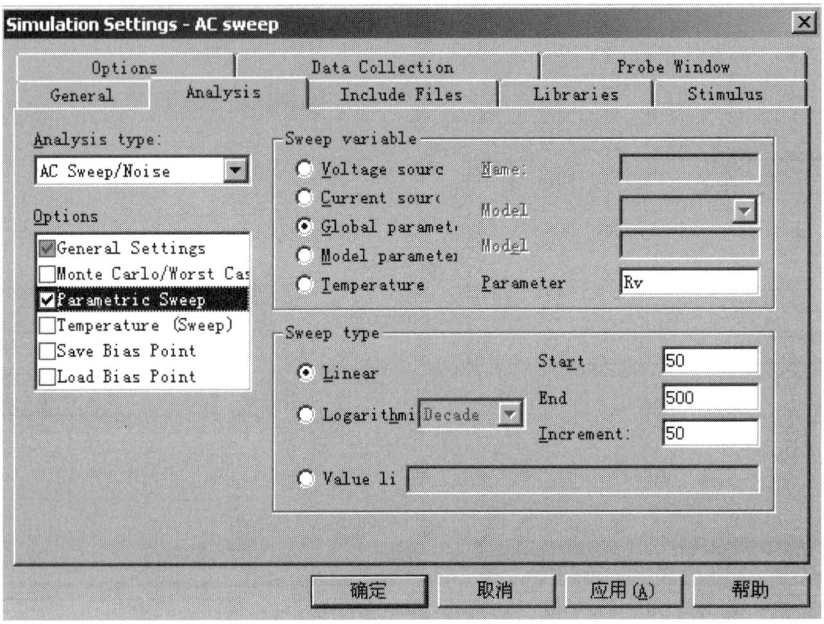

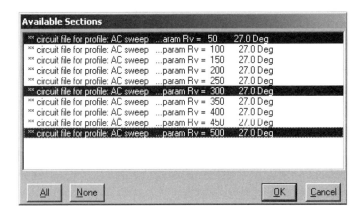

图　A-34

图　A-35

（3）确定频率的交流电路分析

利用交流扫描分析，令起始频率和终止频率等于给定频率，此时频率范围只是一个点。

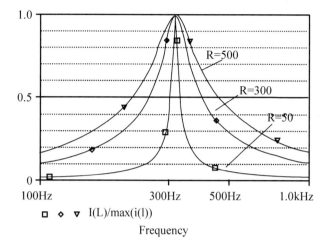

图 A-36

例A-5 含互感的正弦稳态电路如图 A-37 所示。其中 $u_{S1}=60\cos(12\pi t-10°)\text{V}$，$u_{S2}=40\cos 12\pi t\text{V}$，$M_{12}$=1H，$M_{13}$=1.5H，$M_{23}$=2H。求 i_1, i_2, i_3。

因 PSpice 中的互感是用耦合系数表示的。图 A-38 中的三个电感之间的耦合系数分别为

$$k_{12}=\frac{M_{12}}{\sqrt{L_1L_2}}=\frac{1}{\sqrt{3\times 3}}=0.3333$$

$$k_{13}=\frac{M_{13}}{\sqrt{L_1L_3}}=\frac{1.5}{\sqrt{3\times 4}}=0.4330$$

$$k_{23}=\frac{M_{23}}{\sqrt{L_2L_3}}=\frac{2}{\sqrt{3\times 4}}=0.5774$$

做好上述准备工作后，便可进行仿真了。仿真过程如下。

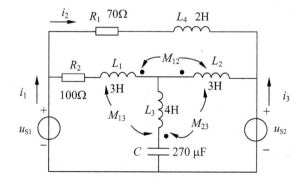

图 A-37

（1）创建设计项目 exampA5。

（2）绘制电路原理图。

图 A-38 是在 Capture 中绘制好的电路原理图,其右侧的互感元件在 Analog.olb 中,元件名为 K_Linear。其设置方法见图 A-39（图中设置的是 k_{12},k_{23} 和 k_{31} 的设置与此类似）。为了表示同名端,图中 L1、L3 作了相应的旋转。两个电感元件管脚号相同的端子为同名端。为了查看设置是否正确,可双击元件管脚处,即可弹出属性编辑器框,其中会显示管脚号。IPRINT 是打印元件,在 special.olb 库中。它可以将所在支路电流打印到输出文件中。其设置如图 A-40 所示。其中选中的项 AC,MAG 和 PHASE 分别表示交流、幅值和相位。

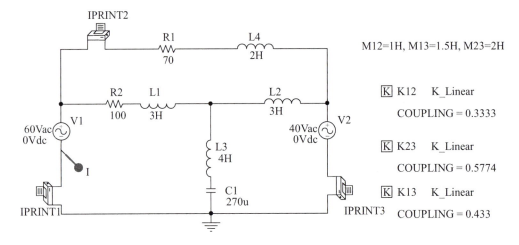

图 A-38

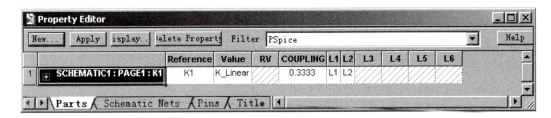

图 A-39

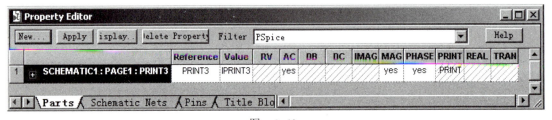

图 A-40

(3) 设置仿真类型。

在设置仿真类型界面中选 AC Sweep，不过频率范围只是一个点，起始频率和终止频率相同，即 f=6Hz。

(4) 仿真计算，输出结果。

运行结束后，从 Output File 中，可以得到打印设置部分的输出结果。第一列是频率；第二列是电流的幅值；第三列是相位（单位：度）。

FREQ	IM(V_PRINT1)	IP(V_PRINT1)
6.000E+00	4.173E-01	-7.261E+01
FREQ	IM(V_PRINT3)	IP(V_PRINT3)
6.000E+00	2.378E-01	-6.431E+01
FREQ	IM(V_PRINT2)	IP(V_PRINT2)
6.000E+00	2.114E-01	-7.575E+01

则所求的电流瞬时值表达式为

$$i_1(t) = 0.4173\cos(12\pi t - 72.61°)\text{A}$$
$$i_2(t) = 0.2378\cos(12\pi t - 64.31°)\text{A}$$
$$i_3(t) = 0.2114\cos(12\pi t - 75.75°)\text{A}$$

3. 电路的瞬态分析（transient analysis）

瞬态分析即时域分析，它包括电路对不同信号的时域瞬态响应。

例 A-6 一阶电路如图 A-41（a）所示。其中脉冲激励如图 A-41（b）所示。试分别求 C=5μF，1μF 和 0.1μF 时的脉冲响应 u_C。

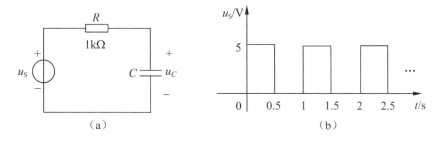

图 A-41

仿真步骤如下。

(1) 创建设计工程 exampA6。

(2) 画电路原理图。

在 Capture 中画好的电路原理图如图 A-42 所示。其中 V1 为脉冲电压源 VPULSE，在

source.olb 库中。其属性设置如图 A-43 所示。其中 V1 为低电平，V2 为高电平，TD 为延迟时间，TR 为上升沿时间，TF 为下降沿时间，PW 为脉冲宽度，PER 为脉冲周期。

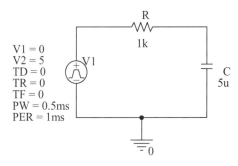

图 A-42

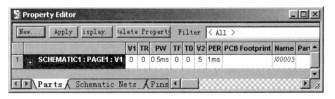

图 A-43

（3）设置仿真类型。

时域仿真类型均选择 Time Domain（Transient）。设置界面如图 A-44 所示。其中 Run to 右面的对话框输入仿真时间；Starting saving data 后输入开始存储仿真数据的时刻；Maximum step 为最大步长，一般取默认值即可。若不满足要求，可根据需要进行调整。

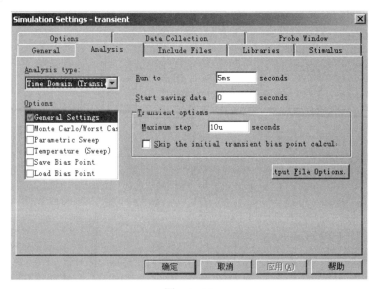

图 A-44

（4）仿真计算，输出结果。

图 A-45 是分别进行三次仿真计算后的输入、输出波形。当 $C=5\mu F$ 时，此一阶电路的时间常数为 5ms，由图中波形可以看出，经过 5 个脉冲周期（5ms），电路响应还未达到稳定的周期状态。当 $C=1\mu F$ 时，此一阶电路的时间常数为 1ms，经过 5 个脉冲周期（5ms），电路响应已达到稳定的周期状态。当 $C=0.1\mu F$ 时，此一阶电路的时间常数为 0.1ms，在 1 个脉冲周期（5ms），电路响应已进入稳定的周期状态。

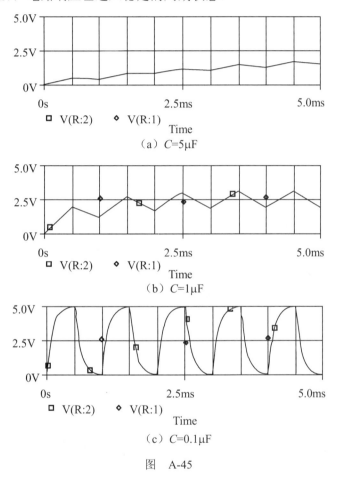

图 A-45

例 A-7 RLC 串联电路如图 A-46 所示。$t=0$ 时闭合开关 S。$i_L(0^-)=0$，$u_C(0^-)=2V$。试求开关 S 闭合后电容电压 u_C。

仿真步骤如下。

（1）创建设计项目 exampA7。

（2）绘制仿真电路原理图。

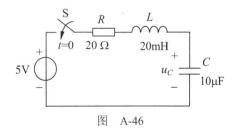

图 A-46

图 A-47 是由 Capture 绘制的原理图。其中电容的初始值设置如图 A-48 所示。其中 IC 为初始条件，本例中为 2V，参考方向是管脚 1 为正，管脚 2 为负。电感的初始值设置与电容相似。电感电流的参考方向为由管脚 1 指向管脚 2。初始值的默认状态为零，本题因电感无初始储能，所以可不用特殊设定电感的初始值，而使用默认值。开关 Sw_tClose 在 eval.olb 元件库中。其属性设置如图 A-49 所示，其中 TCLOSE 为开关闭合时间；ROPEN 为开关断开时的电阻；RCLOSED 为开关闭合时的电阻。

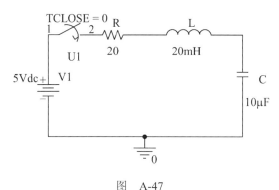

图 A-47

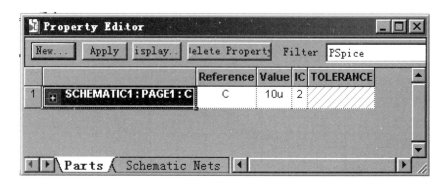

图 A-48

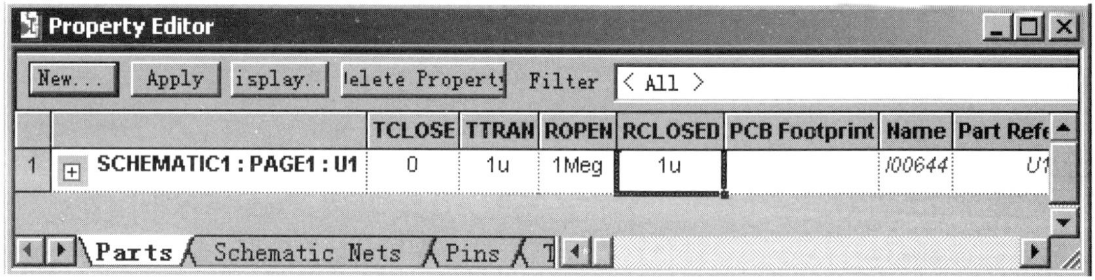

图 A-49

（3）设置仿真类型。

仿真分析类型选 Time Domain (Transient); 仿真时间为 10ms; 最大步长为 10μs。

（4）仿真计算, 输出结果。

图 A-50 为输出的电容两端电压曲线。

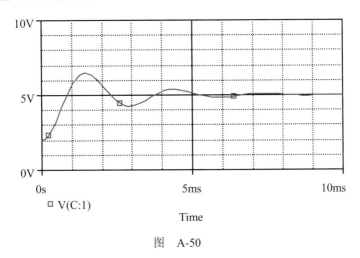

图 A-50

仿真习题

A-1 利用合适的仿真方法，求题图 A-1 中每个电路的等效电阻。

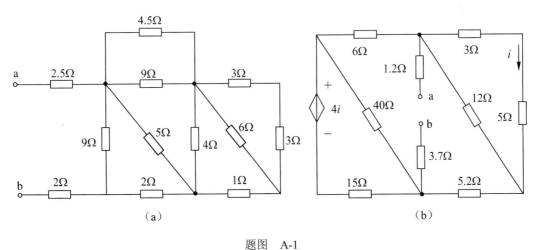

题图 A-1

A-2 若要使题图 A-2 所示电桥电路中 u_0 的误差不超过 0.5%，利用灵敏度分析，求可以接受的 R_0 的误差最大是多少？

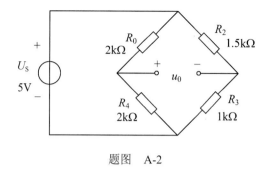

题图 A-2

A-3 题图 A-3 所示含运算放大器的电路中,利用参数扫描,求 σ 值的范围,在该范围内运放不会饱和。

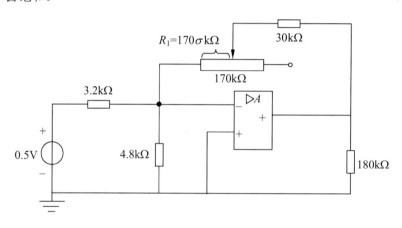

题图 A-3

A-4 电路如图 A-4 所示。已知电压信号 $u_0 = 10 + 10\sin 2000\pi t$ V。试同时观察信号源和电容上的电压波形,比较二者的区别,并说明原因。

A-5 题图 A-5 所示动态电路中,开关 S 原来处于闭合状态,在 $t=10\text{ms}$ 时开关断开,在 $t=30\text{ms}$ 时开关又重新合上。(1)计算电路的直流工作点;(2)观察电容电压的波形;(3)让电容值从 $0.1\mu\text{F}$ 到 $10\mu\text{F}$ 变化,做瞬态分析的参数扫描仿真,观察电容值对电压波形的影响。

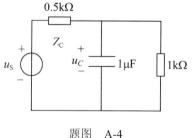

题图 A-4

A-6 动态电路如题图 A-6 所示。用手控开关控制电容在 a、b 两点之间切换。试分别观察 $R=10\Omega$ 和 $R=1\text{k}\Omega$ 时 u_C 和 i_L 的波形。

A-7 题图 A-7 所示电路中,电容电压的初始值为 25V。如果电容电压超过 50kV,电容就会被击穿。求开关合上多长时间后电容会被击穿?

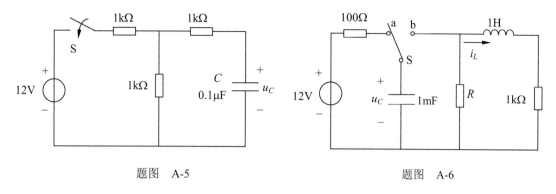

题图 A-5   题图 A-6

A-8 题图 A-8 所示电路中电感电流的初始值为 25mA。如果电感电流大于等于 12A，电感线圈就会被烧毁。求开关打开多长时间后电感线圈会被烧毁？

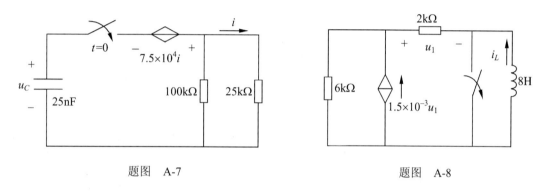

题图 A-7   题图 A-8

A-9 分别设计一个低通、高通、带通和带阻滤波器，并对所设计的电路做频率分析，绘出电路的频率特性曲线。

A-10 利用运放分别设计微分和积分电路，并以对称方波为输入波形，观察输出波形；再改变 R，进行参数扫描，观察输出波形的变化。

A-11 题图 A-11 所示电路中，L=250mH，C=10nF，电感电流初始值为–30mA，电容电压初始值为 90V。利用参数扫描，观察当电阻从 1000Ω 到 3000Ω 变化时（步长为 500Ω）电容电压的变化情况。

A-12 含有理想变压器的非正弦稳态电路如题图 A-12 所示。已知 $u_S(t) = 120\sqrt{2}\sin 314t + 30\sqrt{2}\sin(628t+30°)$V。求电流 i 及其有效值。

（提示：(1)理想变压器模型可用空心变压器模型实现，元件为 XFRM_LINEAR，在 Analog.olb 库中。为使空心变压器接近理想变压器，电感应尽可能大，耦合系数设为 1；(2)可在频域用叠加法。）

A-13 题图 A-13 所示电路中，已知 I_S=2A，U_S=6V，R_1=10Ω，R_2=1Ω，非线性电阻的伏安特性为 $U_3 = 3I_3^3$。求电压 U_1。

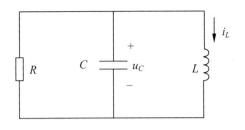

题图 A-11

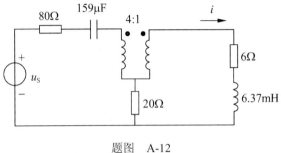

题图 A-12

A-14 题图 A-14 所示为一线性电阻与非线性电感串联的电路。其中 $u_S = U_m \sin 3140t$，线性电阻 $R = 1\Omega$，非线性电感特性为 $\psi = 0.01\arctan 0.1i$。试观察 U_m 分别为 20V，40V 和 80V 时电流 i 的波形，并说明有何不同？设 $i(0)=0$。

（提示：非线性电感可用 abm.olb 元件库中的反正切函数 ATAN、微分元件 DIFFER 及 analog.olb 元件库中的压控电压源实现。）

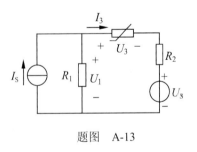

题图 A-13

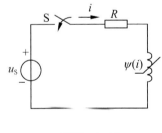

题图 A-14

习题参考答案

第1章

1-1 （a） $E=-5V$ $U=5V$
　　 （b） $E=5V$ $U=5V$
　　 （c） $E=5V$ $U=-5V$
　　 （d） $E=-5V$ $U=-5V$

1-2 （a） $U=0$, $I=\dfrac{U_S}{R_i}$；（b） $U=U_S$, $I=0$；（c） $U=\dfrac{R}{R+R_i}U_S$, $I=\dfrac{U_S}{R+R_i}$

1-4 $i(t)=\begin{cases} 5t^2\text{A}, & 0<t\leqslant 1\text{s} \\ -5t^2+20t-10\text{ A}, & 1\text{s}<t\leqslant 2\text{s} \\ 10\text{ A}, & t>2\text{s} \end{cases}$

1-5 $W_L(3)=312.5\text{ J}$, $W_C(3)=50\text{ J}$

1-9 （a） $U_{ab}=1V$；（b） $R=7\Omega$；（c） $U_S=4V$；（d） $I=-0.5A$

1-10 （a） $U_{ab}=2V$；（b） $U_{ab}=-5V$

1-11 $U_{AB}=-3.14V$, $U_{BC}=1.14V$, $U_{CA}=2V$, $U_{BD}=3.05V$

1-12 $U_5=-5V$, $U_{10}=-14V$, $U_{11}=10V$

1-13 $I_2=-7A$, $I_5=4A$, $I_6=11A$, $I_8=-3A$, $I_9=-2A$, $I_{11}=-1A$, $I_{12}=-5A$

1-14 （a） $I=2A$；（b） $U=8V$；（c） $U=19V$；（d） $I=-5A$

1-15 （a） $I=-2A$；（b） $U=0$；（c） $I=2A$, $U=36V$；（d） $I=-4A$, $U_1=15V$, $U_2=13V$

1-16 （a） $U_1=-8V$, $I_1=5A$, $I_2=-1A$；（b） $U_1=-8V$, $I_1=5A$, $I_2=0$；（c） $U_1=-8V$, $I_1=5A$, $I_2=1A$

1-17 $I_1=-18A$, $I_2=-6A$, $I_3=-12A$, $I_4=-8A$, $U=-114V$

1-18 $I_1=5A$, $I_2=-5.67A$, $I_3=-6.67A$

1-19 $U_1=5V$, $U_2=5V$, $U_3=-6V$

1-20 （a） $I_1=0$, $I_2=-10A$, $U=-10V$；（b） $I_1=-3A$, $I_2=4A$

1-21 $R_{eq}=1.6\Omega$, $R_1=0.5\Omega$

1-22 10V 电压源发出 30W，15V 电压源发出-135W，2A 电流源发出 30W，3A 电流源发出 15W，4A 电流源发出 60W

1-23 负载吸收功率 250W

1-24 （1）I=300A；（2）U_{ab}=220V；（3）U_{S1} 发出 66kW，U_{S2} 吸收 66kW

1-25 P_U=0，P_I= 6W

1-26 U_2=2U_1

1-27 R_{eq}=4.56Ω

1-28 （1）I_S=4A；（2）I_S=6A

1-29 I_S=3.6A

1-30 独立电源发出 108W

1-31 （1）I=5.128A；（2）负载吸收功率 63.1W；（3）I=2.82A

1-32 10Ω电阻吸收 114W，50V 电压源吸收−169W，U_x 受控源吸收−13.7W，0.2U_x 受控源吸收 68.5W

1-33 $\dfrac{u_2}{u_1}=21$，$\dfrac{p_2}{p_1}=20.58$

1-34 5V 电压源发出 15W，3A 电流源发出−3W，所有电阻吸收 8W，2I 受控源吸收 4W

第 2 章

2-1 （a）R_{AB}=3.43Ω；（b）R_{AB}=3.4Ω；（c）R_{AB}=3.4Ω；（d）R_{AB}=5.45Ω；（c）R_{AB}=3.5Ω；（d）R_{AB}=2.76Ω

2-2 （a）电桥平衡，R_{AB}=10Ω；（b）R_{AB}=10Ω

2-3 （a）$R_{ab}=\dfrac{R_2(0.5R_1+0.6R_2)}{0.5R_1+1.6R_2}$；（b）$R_{ab}$=$R$/7=0.143$R$；（c）Y-Δ变换。$R_{ab}$=1.66Ω

2-4 （a）电桥平衡，R_{AB}=0.5Ω；（b）对称性，R_{AB}=1.11Ω；（c）对称性，R_{AB}=1.4Ω

2-5 利用对称性及电桥平衡，R_{ab}= R_{cd}=0.75R

2-8 电源等效变换，i=0.3A

2-9 电源等效变换，U=6.25V

2-10 用电源等效变换简化为 5A 电流源与 2.73Ω电阻的串联支路

2-11 −1.1A

2-12 I_1= 1.2A，I_2= 0.4A，I_3=11.6A，I_4=1.6A，I_3=4.55A，I_6=2.95A

2-13 逐级进行电源等效变换，$U_L=\dfrac{RR_L}{8(R+R_L)}I_L$

2-14 u_o=3 + 0.8 sin ωt V

2-15 电压源发出 172.5W，电流源发出 374W

2-16 $U_{oc}=\dfrac{R_1 U_S}{R_1+(2-\alpha)R_0}$

习题参考答案

2-17　U_{ab}=4V

2-18　15V 电压源与 35Ω电阻串联支路

2-19　u=9 V

2-20　Y-Δ变换。(a) R_{AB}=4.86Ω；(b) R_{AB}=1.94Ω；(c) R_{AB}=2.5Ω；(d) R_{AB}=8.17Ω

2-21　U_o/U_i=0.5

2-22　先作中间部分的 Y-Δ变换，再简化。(1) U=2.4V，U_2=1.2V；(2) 电流源发出 4.8W

2-23　电桥平衡，R_2 及 R_5 支路电流为零，R_{56}=2Ω

2-24　利用对称性简化，i=5.33A

2-25　(1) U_{R2}=6.82V，U_{R4}=4.2V，U_{R6}=2V；(2) I_{R1}=1.65A，I_{R3}=1.31A，I_{R5}=1.1A，I_{R7}=1A；(3) U_S=10.1V，I_7=9.88A

2-26　$R_1:R_2:R_3$=81：10：9

2-27　利用极限的概念，R_{AB}=2.73 Ω，R_1/R_2=0.5

第3章

3-1　I_1=−2A，I_2=−0.5A，I_3=−1.5A

3-3　I_1=−3.64A，I_2=1.13A，I_3=2.51A，I_4=2.68A，I_5=−1.55A，I_6=−0.956A

3-4　I_1=0.4A，I_2=0.2A，I_3=0.1A，I_4=0.3A，I_5=−0.1A，I_6=0.2A

3-6　U_S=8V

3-7　I_1=4mA，I_2=1.33mA，I_3=2.67mA，I_4=−1mA，I_5=−2mA，I_6=4.67mA，I_7=2.33mA

3-8　I_1=0A，I_2=2A，I_3=0，I_4=−1A

3-9　U=8V

3-10　I=14mA

3-11　I_3=8A，U_{S1}=−48V，U_{S2}=−24V

3-14　U=−8V

3-15　1A 电流源发出 P=33.3W

3-16　I_1=3A，I_2=4A，I_3=−1A，I_4=4A，受控电压源发出 P_1=150W，受控电流源发出 P_2=−10W

3-18　3.5A 电流源发出 1.84kW，75V 电压源发出−64.5W，25V 电压源发出−48.3W，230V 电压源发出 246W

3-19　I_1=2.8A，I_2=0.6A，I_3=0.6A，I_4=4A

3-20　I=−0.645A，U=16.7V

3-21　U=19.8V，I_1=0.68A，I_2=0.04A，I_3=0.36A

3-22　$I_1=10\text{A}$, $I_2=10\text{A}$

3-23　$I_{R3}=2.1\text{A}$

3-24　电压表读数为 8V

3-25　各支路电流为 $I_1=1\text{A}$, $I_2=3\text{A}$, $I_3=4\text{A}$, $I_4=2\text{A}$, $I_5=-6\text{A}$; I_{S1} 发出 49W, U_{S1} 发出 150W, I_{S2} 发出 86W, U_{S2} 发出 –30W

3-26　$I_1=-3.51\text{A}$, $I_2=0.87\text{A}$, $I_3=2.87\text{A}$, $I_4=-4.26\text{A}$

3-27　$I_1=0.473\text{A}$, $I_2=0.103\text{A}$, $I_3=0.370\text{A}$, $I_4=-0.602\text{A}$, $I_5=0.232\text{A}$, $I_6=1\text{A}$, $I_7=0.768\text{A}$

3-28　$R_x=153\Omega$

3-29　$I_1=0.8\text{A}$, $I_2=1.8\text{A}$, $I_3=2.2\text{A}$, $I_4=0.4\text{A}$, $I_5=1\text{A}$

3-30　$I=-6\text{A}$

3-31　$I_1=12\text{A}$, $I_2=8\text{A}$, $I_3=6\text{A}$, $I_4=-2\text{A}$, $I_5=1\text{A}$, $I_6=9\text{A}$, $I_7=5\text{A}$

3-35　$U_1=5.67\text{V}$, $U_2=1.89\text{V}$, $U_3=-1\text{V}$, $U_4=0.333\text{V}$

3-37　$U_o = -\dfrac{R_2}{R_1}(U_a - U_b)$

3-38　（1）电阻吸收的功率分别为 8mW，16mW，4mW；（2）电压源发出 4mW；（3）运算放大器是有源元件。运放吸收的功率为 –24mW

3-39　（1）$U_o/U_S = -R_2/R_1$；（2）$R_{in}=R_1$；（3）与（1）和（2）的结果相同

3-40　$i(t)=\cos 4t\ \text{mA}$

3-42　$\dfrac{U_2}{U_1} = -\dfrac{G_1 G_3}{G_3 G_4 + (G_1+G_2+G_3+G_4)G_5}$

3-43　$R_{in} = \dfrac{R_1 R_2}{R_2 - R_1}$

3-45　（1）$\dfrac{U_o}{U_S} = -2$，（2）$R_{in}=0.1\Omega$

3-46　$i_L = \dfrac{u_o}{R_L} = \dfrac{u_i}{R_L}$

第 4 章

4-1　（1）$U=6\text{V}$, $I=2\text{A}$；（2）$U_S=2\text{V}$；（3）$U_S=8\text{V}$

4-2　替代定理，$I = \dfrac{U_S}{R_1+R_2} - \dfrac{R_1}{R_1+R_2} I_L$

4-3　$U_o = \dfrac{1}{2}(U_1 - U_2) + \dfrac{R}{2}(I_1 - I_2 - I_3 + I_4)$

4-4　$U_{S2}=1.2\text{V}$

习题参考答案

4-5 $i=3e^{-t}+2\sin 4t$ A

4-6 $U_B = \dfrac{R_1 U_{Sb} + R_1 R_2 I_{co}}{R_1 + R_2}$

4-7 $I_x=0.5$A

4-8 $U=40$V, $I=3$A

4-9 $i=-2$A

4-10 I_{S1} 发出 52W, I_{S2} 发出 78W

4-11 $I=0.5$A

4-12 $I=0.667$A

4-13   叠加和互易定理, $U_{S2}=4$V

4-14 $I=-1.17$mA

4-16 $I_{ab}=-1.13$A

4-17 $I_{ab}=-0.52$A

4-18 $I=-0.5$A, ab 支路发出的功率为 -20W

4-19   (1) $I_{ab}=\dfrac{-0.605}{42.77+R_x}$; (2) $I_{ab}=-6.52$ mA; (3) $R_x=42.8\Omega$, $P_{max}=2.14$ mW

4-20   (1) $I_4=-38.9$mA; (2) $I_4=-25.0$mA; (3) $R_4 \geqslant 52\Omega$

4-21 $U_{abo}=90$V

4-22   (1) $I=-0.01U$; (2) $R_5=0.2\Omega$

4-23 $U_{oc}=0$, $R_i=12$kΩ

4-24   (1) $I=3$A; (2) $R_3=0.667\Omega$, $P_{max}=45.4$W; (3) $U_{S3}=4$V

4-26 $R_{eq}=0.6$kΩ

4-27 $R_{ab}=100\Omega$, $I_o/I_i=-2.71$

4-28 $R=4\Omega$, $P_{max}=9$W

4-29 $P_{RL}=5$W

4-30 $U_4 = -\dfrac{\beta R_4 U_S}{R_1 + R_2 + (1+\beta)R_3}$

4-31 $U=12$V

4-32 $I=0.05$A

4-33   (1) $U_{oc}=4$V, $R_i=-6\Omega$; (2) $I=2$A

4-34   (1) $R=4$kΩ; (2) $I=0.632$mA; (3) $U=4.26$V

4-35   叠加定理和戴维南定理, $I_{ab}=0.5$A

4-36   戴维南定理, $U_{a''b''}=6.67$V

4-37   叠加定理或戴维南定理, $I=1.5$A

4-38 $U_L = \dfrac{R_i U_o + R_{cd} U_S}{R_i + R_{cd}}$

4-39 I=0.333A

4-40 I=4A

4-41 （1）R_1=4Ω；（2）k= 0.75；（3）R_2=4Ω，R_3=2Ω，R_6=6Ω

4-42 特勒根定理，$\hat{I}_1$ = 0.5A

4-43 特勒根定理，U_2=2V

4-44 U_1'=1V

4-45 特勒根定理和齐性定理，U=4V

4-46 U=2V

4-47 电流 I_1 减少了 1.28A

第 5 章

5-1 i=1A：R=3Ω，R_d=5Ω；i=2A：R=9Ω，R_d=14Ω

5-2 L_s=1/(1+0.1ψ^2)H，L_d=1/(0.1+0.3ψ^2)

5-3 i=0.0975cos10000t−0.02025cos30000t A

5-4 −1.282cos314t−0.109cos942t A

5-5 （a）5.65V，4.35A，24.6W；（b）5.05V，3.55A，17.9W

5-6 （1）2V；（2）11V

5-7 0.06A，0.6A，0.68A，0.156W，1.56W，4.56W，0.476W，6.8W

5-8 5.30A，−5.40A，−0.1A，424W，270W，4W

5-10 0.10A，3V，−0.13A，−13V，0.23A，27V

5-11 0.522mA

5-12 1V

5-15 10sinωt mA

5-16 2+0.143$I_m$cosωt V，4+0.571$I_m$cosωt A，4+0.429$I_m$cosωt A

第 6 章

6-1 （a）G_{11}=(R_1+R_2)/$R_1 R_2$，G_{12}=1/R_1，G_{21}=1/R_1，G_{22}=1/R_1；
R_{11}= R_2，R_{12}=−R_2，R_{21}=−R_2，R_{22}=R_1+R_2

（b）G_{11}= (R_1+R_2)/ 2$R_1 R_2$，G_{12}= (R_2−R_1)/ 2$R_1 R_2$，G_{21}= (R_2−R_1)/ 2$R_1 R_2$，
G_{22}= (R_1+R_2)/ 2$R_1 R_2$；

$R_{11}= (R_1+R_2)/2$, $R_{12}= (R_2-R_1)/2$, $R_{21}= (R_2-R_1)/2$, $R_{22}= (R_1+R_2)/2$

6-2 （a）G_{11}=3S, G_{12}=−3S, G_{21}=−2S, G_{22}=1.5S;
（b）G_{11}=1.5S, G_{12}=−0.5S, G_{21}=4S, G_{22}=−0.5S

6-3 A=−1.5, B=−10Ω, C=−0.025S, D=0.5

6-4 （a）H_{11}=1Ω, H_{12}=0.5, H_{21}=2.5, H_{22}=2.75S;
（b）H_{11}=2.667Ω, H_{12}=0.733, H_{21}=−0.733, H_{22}=0.173S

6-5 （1）Z_{11}=5Ω Z_{12}=5−j10Ω Z_{21}=5−j10Ω Z_{22}=5Ω
（2）$\dot{I}_1 = 20$mA $\dot{U}_2 = 224\angle -64°$mV

6-6 A=1.25, B=10Ω, C=0.025S, D=1, U_{S1}=70V, I_1=3A

6-7 A=1.5, B=2.5Ω, C=0.5S, D=1.5, U_2=±1V, I_2=∓1A, U_{S1}=±4V, I_1=±2A

6-8 （1）$\dfrac{u_2}{u_1} = 20$；（2）$\dfrac{i_2}{i_1} = -2$

6-10 （2）R_2=13/3Ω, P_{max}=0.23W

6-11 T形等效电路，490Ω，121Ω，490Ω

6-12 $\begin{bmatrix} \dfrac{21}{5} & \dfrac{9}{5} \\ \dfrac{9}{5} & \dfrac{16}{5} \end{bmatrix}$ Ω

6-13 U_2/U_1=1.48

第 7 章

7-1 （a）$f(t)=t[\varepsilon(t)-\varepsilon(t-1)]+(2-t)[\varepsilon(t-1)-\varepsilon(t-2)]$；
（b）$f(t)=\varepsilon(t)-\varepsilon(t-1)+(2-t)[\varepsilon(t-1)-\varepsilon(t-2)]$

7-3 （a）e^2；（b）−1.91；（c）0，$t_0>0$

7-4 （a）$u_L=\delta(t)$；（b）$i_C=5\delta(t-3)$ （c）$u_C=2.5\varepsilon(t)$

7-5 （a）$i_C(0^+) = -\dfrac{R_1+R_2}{R_1}I_S$；（b）$i_L(0^+)$=−2A, $u_R(0^+)$=20V, $u_L(0^+)$=80V；（c）$i_L(0^+)$= −2A, $u_C(0^+)$=90V, $i_C(0^+)$=2A, $u_L(0^+)$=0；（d）$u_C(0^+)$=9V, $u_2(0^+)$= 2.25V, $u_3(0^+)$= 9V

7-6 （a）$i_1(0^+)$=−33.1mA, $i_C(0^+)$=−16.9mA；（b）$i(0^+)$=−5.5A $i_1(0^+)$=9.5A $u_L(0^+)$=7V

7-7 （a）$u_C(0^+)$=−100V, $i(0^+)$=3.73A，（b）$i_L(0^+)$=−1.2A, $u_L(0^+)$=3.6V

7-8 （a）$u_C(0^+)$= 80V, $i_L(0^+)$= 1A, $\dfrac{du_C}{dt}\bigg|_{0^+}$ =−10000V/s, $\dfrac{di_L}{dt}\bigg|_{0^+}$ = 0；（b）$i_L(0^+)$= 0.6A, $u_C(0^+)$=0, $\dfrac{du_C}{dt}\bigg|_{0^+}$ = 0.6V/s, $\dfrac{di_L}{dt}\bigg|_{0^+}$ =−24A/s

7-9 (a) $\tau=2L/R$;(b) $\tau=0.5C(R_1+2R_2)$;(c) $\tau=2RC/(1+\mu R)$;(d) $\tau=L/(2R)$

7-10 $u_C=-4e^{-20t}$ V,$t\geqslant 0$

7-11 $i_L=10\,e^{-250\,t}$ mA,$t\geqslant 0$

7-12 $u_C=3.6e^{-333.3\,t}$ V,$t\geqslant 0$;$i_1=-1.2\,e^{-333.3\,t}$ mA,$t>0$

7-13 $u_1=-16\,e^{-32\,t}$ V,$t>0$;$i_L=2\,e^{-32\,t}$ A,$t\geqslant 0$

7-14 $i(t)=10+0.5\,e^{-50\,t}-5\,e^{-200000\,t}$ mA,$t>0$

7-15 $t>3.48$ms

7-16 $C=12.43\mu F$

7-17 $i_1=-1.5+1.5\,e^{-1600\,t}$ A,$t\geqslant 0$

7-18 $i_1=0.2(1-e^{-750\,t})$ A,$t\geqslant 0$;$u_2=60e^{-750\,t}$ V,$t>0$

7-19 (1) $u_C=39.4\sin(314t-52.75°)+31.3e^{-40\,t}$ V,$t\geqslant 0$;$i=1.24\sin(314t+37.2°)-0.125e^{-40\,t}$ A,$t>0$;(2) $\alpha=82.75°$,$u_C=39.4\sin314t$ V

7-20 $u_C=75(1-e^{-t/4.5})\varepsilon(t)$ V,$i_1=50-16.7\,e^{-t/4.5}\varepsilon(t)$ mA

7-21 $u_C=-(1-e^{-t})\varepsilon(t)+3(1-e^{-(t-4)})\varepsilon(t-4)-2(1-e^{-(t-5)})\varepsilon(t-5)$ V

7-22 $u_0=10(e^{-100\,t}-1)\varepsilon(t)$ V

7-23 $i_{C零状态}=-13.5\,e^{-5t}$ mA,$i_{C零输入}=12e^{-5t}$ mA,$i_{C全响应}=-1.5\,e^{-5t}$ mA,$t>0$

7-24 2V 时:$u_{C零状态}=1.5(1-e^{-t})$ V,$u_{C零输入}=e^{-t}$ V,$u_{C全响应}=1.5-0.5e^{-t}$ V;
10V 时:$u_{C零状态}=7.5(1-e^{-t})$ V,$u_{C零输入}=e^{-t}$ V,$u_{C全响应}=7.5-6.5e^{-t}$ V,$t\geqslant 0$

7-25 $i_1=\dfrac{R_1+R_2}{R_1R_2}E+\left(\dfrac{U_S}{R_1}-\dfrac{R_1+R_2}{R_1R_2}U_S\right)e^{-\frac{R_1R_2}{L(R_1+R_2)}t}$ A,$i_2=\dfrac{U_S}{R_2}-\dfrac{R_1U_S}{R_2(R_1+R_2)}e^{-\frac{R_1R_2}{L(R_1+R_2)}t}$ A

7-26 $u_C=30\,e^{-15t}$ V,$t>0$;$i=3-e^{-15t}$ A,$t\geqslant 0$

7-27 $i=0.1+0.4e^{-t/1.2}$ A,$t>0$;$u_C=20+80e^{-t/1.2}$ V,$t>0$

7-28 $i(t)=-0.667-0.333e^{-0.3t}+0.5e^{-2.5t}$ A,$t>0$

7-29 $u_1=6(1-e^{-5000\,t})$ V,$u_2=4(1-e^{-2500\,t})$ V,$t\geqslant 0$;$i_3=0.1+0.2e^{-2500\,t}$ mA,$t>0$

7-30 $u_1=80+40e^{-750t}$ V,$u_2=80-80e^{-750t}$ V,$t\geqslant 0$;$i=0.12e^{-750t}$ A,$t>0$

7-31 $u_C=98\sin(2500t+48.7°)-173.6\,e^{-12500t}$ V,$t\geqslant 0$

7-32 $i_1=0.707\sin(1000t+45°)-1-1.5e^{-1000t}$ A,$t>0$;$i_2=0.707\sin(1000t+45°)+1-1.5e^{-1000t}$ A,$t\geqslant 0$

7-33 $i(t)=13.86\sin(314t+90°)-13.86e^{-t/0.0064}$ A,$t\geqslant 0$

7-34 (1) $i=1$A;(2)无

7-35 $u_C=\begin{cases}5-4e^{-t}\text{V},&0\leqslant t\leqslant 1\text{s}\\4.5-0.972e^{-2(t-1)}\text{V},&t\geqslant 1\text{s}\end{cases}$, $i_C=\begin{cases}e^{-t}\text{A},&0<t<1\text{s}\\0.486e^{-2(t-1)}\text{A},&t>1\text{s}\end{cases}$

7-36 $u_C=\begin{cases}5(1-e^{-20t})\text{V},&0\leqslant t\leqslant 0.05\text{s}\\3.16e^{-20(t-5)}\text{V},&t\geqslant 0.05\text{s}\end{cases}$

习题参考答案

7-37 $T=0.433$ ms

7-38 $u_S = h_2(1+(\beta-1)e^{-\beta t})$ V

7-39 $i(t) = \begin{cases} 2.4 - 1.754e^{-2000(t-kT)}, & kT \leq t \leq kT + \dfrac{T}{2} \\ 1.754e^{-2000\left(t-kT-\dfrac{T}{2}\right)}, & kT + \dfrac{T}{2} \leq t \leq (k+1)T \end{cases}$

7-40 $u_C(t) = \begin{cases} U_0(1-0.525e^{-(t-nT)/\tau})\text{V}, & nT \leq t \leq (n+1)T \\ 0.525U_0 e^{-(t-nT-T)/\tau}\text{V}, & (n+1)T \leq t \leq (n+2)T \end{cases}$

7-41 $i_L = \delta(t) - e^{-t}\varepsilon(t)$ V, $u_L = e^{-t}\varepsilon(t)$ A

7-42 $i_C = \delta(t) - 6e^{-5t}\varepsilon(t)$ A; $u_C = 12e^{-5t}$ V, $t>0$

7-43 $i(t) = 5 - 3e^{-2t}\varepsilon(t)$ A

7-44 $i_L = 12e^{-2000t}\varepsilon(t)$ A, $u_C = 10e^{-5t}\varepsilon(t)$ V

7-45 $u_{C1} = U_S\varepsilon(-t) + \dfrac{C_1}{C_1+C_2}U_S e^{-\frac{t}{\tau}}\varepsilon(t) + U_S(1-e^{-\frac{t}{\tau}})\varepsilon(t)$,

$u_{C2} = \dfrac{C_1}{C_1+C_2}U_S e^{-\frac{t}{\tau}}\varepsilon(t) + U_S(1-e^{-\frac{t}{\tau}})\varepsilon(t)$, $i = \dfrac{C_2}{R(C_1+C_2)}U_S e^{-\frac{t}{\tau}}\varepsilon(t)$,

$\tau = R(C_1+C_2)$

7-46 $i_1 = \dfrac{U_S}{R_1}\varepsilon(-t) + \dfrac{L_1 U_S}{R_1(L_1+L_2)}e^{-\frac{t}{\tau}}\varepsilon(t) + \dfrac{U_S}{R_1+R_2}(1-e^{-\frac{t}{\tau}})\varepsilon(t)$,

$i_2 = \dfrac{L_1 U_S}{R_1(L_1+L_2)}e^{-\frac{t}{\tau}}\varepsilon(t) + \dfrac{U_S}{R_1+R_2}(1-e^{-\frac{t}{\tau}})\varepsilon(t)$, $\tau = \dfrac{L_1+L_2}{R_1+R_2}$

7-47 $u_{C3} = 0.8 - 0.133e^{-1.25t}$ V, $i_{C1} = 0.333e^{-1.25t}$ A, $t>0$

7-48 （1） $i_1 = \dfrac{1}{R}\delta(t) - \dfrac{1}{R^2 C}e^{-\frac{2t}{RC}}\varepsilon(t)$, $i_2 = \dfrac{1}{R^2 C}e^{-\frac{2t}{RC}}\varepsilon(t)$

（2） $i_2 = \begin{cases} \dfrac{t}{2R} + \dfrac{C}{4}e^{-\frac{2t}{RC}} - \dfrac{C}{4}, & 0 < t < 2\text{s} \\ \dfrac{1}{R}e^{-\frac{2(t-2)}{RC}} - \dfrac{C}{4}e^{-\frac{2(t-2)}{RC}}, & t > 2\text{s} \end{cases}$

7-49 $r(t) = \begin{cases} 8(1-e^{-t}) & 0 \leq t \leq 2\text{s} \\ 8e^{-t}(e^2 - 1) & 2\text{s} \leq t \leq 3\text{s} \\ 8e^{-t}(e^{-(t-2)} - e^{-3}) & 3\text{s} \leq t \leq 5\text{s} \\ 0 & t > 5\text{s} \end{cases}$

7-50 $r(t) = \begin{cases} 0.167t^3, & 0\text{s} \leq t \leq 1\text{s} \\ -0.167t^3 + 0.5t^2 - 0.167, & 1\text{s} \leq t \leq 2\text{s} \\ -0.167t^3 + t^2 - 2t + 1.83, & 2\text{s} \leq t \leq 3\text{s} \\ 0.167t^3 - 1.5t^2 + 4t - 2.67, & 3\text{s} \leq t \leq 4\text{s} \\ 0, & t > 4\text{s} \end{cases}$

7-51 $u_2 = \begin{cases} 2t + 2\mathrm{e}^{-t} - 2\text{V}, & 0 \leq t \leq 1\text{s} \\ 2\mathrm{e}^{-t}\text{V}, & t \geq 1\text{s} \end{cases}$

7-52 $u_0 = 3.33(\mathrm{e}^{-t} - \mathrm{e}^{-10t})\varepsilon(t)$ V

7-53 $i(t) = \begin{cases} \dfrac{U}{R}\left(1 - \mathrm{e}^{-\frac{t}{L/R}}\right), & 0 \leq t \leq -\dfrac{L}{R}\ln\left(1 - \dfrac{I_\mathrm{S}R}{U}\right) \\ \dfrac{U}{R}, & t > -\dfrac{L}{R}\ln\left(1 - \dfrac{I_\mathrm{S}R}{U}\right) \end{cases}$

第 8 章

8-1 $u_C = 18\mathrm{e}^{-t} - 2\mathrm{e}^{-9t}$ V, $t \geq 0$

8-2 $u_C = 355\mathrm{e}^{-25t}\sin(139t + 176°)$V, $t \geq 0$

8-3 （1） $u_C = 84(\mathrm{e}^{-t} - \mathrm{e}^{-6t})$V, $t \geq 0$；（2） $u_C = 420t\mathrm{e}^{-2.45t}$ V, $t \geq 0$；（3） $u_C = 210\mathrm{e}^{-1.415t}\sin 2t$ V, $t \geq 0$

8-4 $u_C = 300\mathrm{e}^{-80t} - 200\mathrm{e}^{-120t}$ V, $t \geq 0$；$i_L = 1.8\,\mathrm{e}^{-80t} - 0.8\mathrm{e}^{-120t}$ A, $t \geq 0$

8-5 $R = 125\Omega$, $L = 0.288$H, $C = 6.67\mu\text{F}$, $i = -0.4\,\mathrm{e}^{-600t}\cos 400t + 0.267\mathrm{e}^{-600t}\sin 400t$ A, $t \geq 0$

8-6 $i_R = 0.176\,\mathrm{e}^{-22980t} - 0.2764\mathrm{e}^{-87000t}$A, $t \geq 0$

8-7 $i = \sqrt{2}\mathrm{e}^{-2t}\cos(2t + 45°)$A

8-8 $-4 < \alpha < 16$, $\alpha = 16$, $\alpha > 16$

8-9 （a）过阻尼；（b）振荡, $\delta = 3000\ \text{s}^{-1}$, $\omega = 1000\ \text{rad}\cdot\text{s}^{-1}$

8-10 （1） $i_L = -0.3\,\mathrm{e}^{-50t} + 0.1\,\mathrm{e}^{-150t} + 0.2$A, $t \geq 0$；（2） $i_L = -0.211\,\mathrm{e}^{-100t}\sin(300t + 71.6°) + 0.2$A, $t \geq 0$

8-11 （1） $i_L = (1 + 0.5\mathrm{e}^{-2t} - 1.5\mathrm{e}^{-6t})\varepsilon(t)$ A；（2） $i_L = [1 + (4t - 1)\mathrm{e}^{-4t}]\varepsilon(t)$ A；（3） $i_L = [1 + \mathrm{e}^{-4t}(\sin 4t - \cos 4t)]\varepsilon(t)$ A

8-12 $i_L = \mathrm{e}^{-t}(\cos 3t - 0.333\sin 3t)\varepsilon(t)$ A

8-13 $u_C = (4\,\mathrm{e}^{-2t} - 3\,\mathrm{e}^{-3t})\varepsilon(t)$ V

8-14 $u_C = [0.5 + 0.707\mathrm{e}^{-t}\sin(t + 45°)]\varepsilon(t)$ V

8-15 $u_C = \begin{cases} 6 - 8\mathrm{e}^{-t} + 2\mathrm{e}^{-4t}\text{V}, & 0 \leq t \leq 1\text{s} \\ 8\mathrm{e}^{-(t-1)} - 2\mathrm{e}^{-4(t-1)} + 2\mathrm{e}^{-4t} - 8\mathrm{e}^{-t}\text{V}, & t \geq 1\text{s} \end{cases}$

8-16 $u_C = 40 + 40\mathrm{e}^{-500t} + 20000t\mathrm{e}^{-500t}$ V, $t \geq 0$

8-17 $u_C = 150 + 13.5\mathrm{e}^{-t} - 13.5\,\mathrm{e}^{-9t}$V, $t \geq 0$

8-18 $u_C = 1 - 3.75(e^{-2t} - e^{-3t})$V, $t \geq 0$

第9章

9-1 （a）$di_L/dt = u_S(t)/L$, $i = i_L + u_S(t)/R$；（b）$du_C/dt = -i(t)/C$, $u(t) = u_C - R\,i(t)$

9-2 （1）$\begin{bmatrix} du_C/dt \\ di_L/dt \end{bmatrix} = \begin{bmatrix} -1/RC & -1/C \\ 1/L & 0 \end{bmatrix} \begin{bmatrix} u_C \\ i_L \end{bmatrix} + \begin{bmatrix} 1/C \\ 0 \end{bmatrix} i_S$

（2）$\begin{bmatrix} dq/dt \\ d\psi/dt \end{bmatrix} = \begin{bmatrix} -1/RC & -1/L \\ 1/C & 0 \end{bmatrix} \begin{bmatrix} q \\ \psi \end{bmatrix} + \begin{bmatrix} 1 \\ 0 \end{bmatrix} i_S$

9-3 $\dfrac{du_C}{dt} = -\dfrac{u_C}{(R_1+R_2)C} + \dfrac{R_1 i_L}{(R_1+R_2)C}$, $\dfrac{di_L}{dt} = -\dfrac{R_1 u_C}{(R_1+R_2)C} - \dfrac{R_1 R_2 i_L}{(R_1+R_2)C} + \dfrac{u_S}{L}$

9-4 $\begin{bmatrix} \dot{u}_{C_1} \\ \dot{u}_{C_2} \end{bmatrix} = \begin{bmatrix} -(G_1+G_2)/C_1 & -G_2/C_1 \\ -G_2/C_2 & -(G_L+G_2)/C_2 \end{bmatrix} \begin{bmatrix} u_{C_1} \\ u_{C_2} \end{bmatrix} + \begin{bmatrix} (G_1+G_2)/C_1 \\ (G_L+G_2)/C_2 \end{bmatrix} u_S$

9-5 $du_C/dt = -0.75 u_C + 0.5 i_S$, $di_L/dt = -0.75 i_L + 0.25 i_S$

$\begin{bmatrix} u_1 \\ u_2 \\ u_3 \end{bmatrix} = \begin{bmatrix} 0.5 & -0.5 \\ 0 & -1.5 \\ -0.5 & -0.5 \end{bmatrix} \begin{bmatrix} u_C \\ i_L \end{bmatrix} + \begin{bmatrix} 0.5 \\ 0.5 \\ 0.5 \end{bmatrix} i_S$

9-6

$\begin{bmatrix} \dot{u}_C \\ \dot{i}_L \end{bmatrix} = \begin{bmatrix} -\dfrac{1}{C}\left(\dfrac{1}{R_1+R_3} + \dfrac{1}{R_2+R_4}\right) & \dfrac{1}{C}\left(\dfrac{-R_1}{R_1+R_3} + \dfrac{R_4}{R_2+R_4}\right) \\ \dfrac{1}{L}\left(\dfrac{R_1}{R_1+R_3} - \dfrac{R_4}{R_2+R_4}\right) & -\dfrac{1}{L}\left(\dfrac{R_1 R_3}{R_1+R_3} + \dfrac{R_2 R_4}{R_2+R_4}\right) \end{bmatrix} \begin{bmatrix} u_C \\ i_L \end{bmatrix}$

$+ \begin{bmatrix} \dfrac{1}{C}\left(\dfrac{1}{R_1+R_3}\right) & \dfrac{1}{C}\left(\dfrac{1}{R_2+R_4}\right) \\ \dfrac{1}{L}\left(\dfrac{R_3}{R_1+R_3}\right) & \dfrac{1}{L}\left(\dfrac{R_4}{R_2+R_4}\right) \end{bmatrix} \begin{bmatrix} u_{S1} \\ u_{S2} \end{bmatrix}$

9-7 $\begin{bmatrix} \dot{u}_{C1} \\ \dot{u}_{C2} \\ \dot{i}_L \end{bmatrix} = \begin{bmatrix} -\dfrac{1}{C}\left(\dfrac{1}{R_1+R_2}\right) & 0 & -\dfrac{1}{C}\left(\dfrac{R_2}{R_1+R_2}\right) \\ 0 & -\dfrac{1}{R_3 C_2} & \dfrac{1}{C_2} \\ \dfrac{1}{L}\left(\dfrac{R_2}{R_1+R_2}\right) & -\dfrac{1}{L} & -\dfrac{1}{L}\left(\dfrac{R_2 R_1}{R_1+R_2}\right) \end{bmatrix} \begin{bmatrix} u_{C1} \\ u_{C2} \\ i_L \end{bmatrix} + \begin{bmatrix} \dfrac{1}{C_1}\left(\dfrac{1}{R_1+R_2}\right) & -\dfrac{1}{C_1}\left(\dfrac{1}{R_2+R_1}\right) \\ 0 & -\dfrac{1}{C_2 R_3} \\ \dfrac{1}{L}\left(\dfrac{R_1}{R_1+R_2}\right) & -\dfrac{1}{L}\left(\dfrac{R_1}{R_2+R_1}\right) \end{bmatrix} \begin{bmatrix} u_{S2} \\ u_{S3} \end{bmatrix}$

9-8
$$\begin{bmatrix} \dot{u}_{C3} \\ \dot{i}_{L4} \\ \dot{i}_{L5} \end{bmatrix} = \begin{bmatrix} 0 & \dfrac{1}{C_3} & -\dfrac{1}{C_3} \\ -\dfrac{1}{L_4} & -\dfrac{R_3}{L_4} & \dfrac{R_3}{L_4} \\ \dfrac{1}{L_5} & \dfrac{R_3}{L_5} & -\dfrac{1}{L_5}\left(R_3 + \dfrac{R_2 R_1}{R_1 + R_2}\right) \end{bmatrix} \begin{bmatrix} u_{C3} \\ i_{L4} \\ i_{L5} \end{bmatrix} + \begin{bmatrix} 0 & 0 \\ \dfrac{1}{L_4} & 0 \\ -\dfrac{1}{L_5}\left(\dfrac{R_2}{R_1+R_2}\right) & \dfrac{1}{L_5}\left(\dfrac{R_1}{R_1+R_2}\right) \end{bmatrix} \begin{bmatrix} u_{S1} \\ u_{S2} \end{bmatrix}$$

9-9
$$\begin{bmatrix} \dot{i}_{L1} \\ \dot{i}_{L2} \\ \dot{u}_{C1} \\ \dot{u}_{C2} \end{bmatrix} = \begin{bmatrix} -\dfrac{R_1 R_2}{L_1(R_1+R_2)} & -\dfrac{R_1 R_2}{L_1(R_1+R_2)} & -\dfrac{1}{L_1} & -\dfrac{1}{L_1} \\ -\dfrac{R_1 R_2}{L_2(R_1+R_2)} & -\dfrac{R_1 R_2}{L_2(R_1+R_2)} & 0 & -\dfrac{1}{L_2} \\ \dfrac{1}{C_1} & 0 & 0 & 0 \\ \dfrac{1}{C_2} & \dfrac{1}{C_2} & 0 & 0 \end{bmatrix} \begin{bmatrix} i_{L1} \\ i_{L2} \\ u_{C1} \\ u_{C2} \end{bmatrix} + \begin{bmatrix} \dfrac{R_2}{L_1(R_1+R_2)} \\ \dfrac{R_2}{L_2(R_1+R_2)} \\ 0 \\ 0 \end{bmatrix} u_S$$

9-10
$$\begin{bmatrix} \dot{u}_{C1} \\ \dot{u}_{C2} \\ \dot{i}_{L1} \\ \dot{i}_{L2} \end{bmatrix} = \begin{bmatrix} -0.5 & -0.5 & 0.5 & 0.5 \\ -0.5 & -0.5 & -0.5 & -0.5 \\ -0.5 & 0.5 & -0.5 & 0.5 \\ -0.5 & 0.5 & 0.5 & -0.5 \end{bmatrix} \begin{bmatrix} u_{C1} \\ u_{C2} \\ i_{L1} \\ i_{L2} \end{bmatrix} + \begin{bmatrix} 0.5 & 0.5 \\ 0.5 & 0.5 \\ -0.5 & 0.5 \\ 0.5 & -0.5 \end{bmatrix} \begin{bmatrix} u_S \\ i_S \end{bmatrix}$$

9-11
$$\begin{bmatrix} \dot{u}_C \\ \dot{i}_{L1} \\ \dot{i}_{L2} \end{bmatrix} = \begin{bmatrix} 0 & 0.5 & 0.5 \\ -2 & -1 & -2 \\ -3 & -1 & -4 \end{bmatrix} \begin{bmatrix} u_C \\ i_{L1} \\ i_{L2} \end{bmatrix} + \begin{bmatrix} 0 \\ 1 \\ 1 \end{bmatrix} u_S$$

9-12 $\alpha = \dfrac{1}{R_2 C_1}$, $\beta = \dfrac{1}{R_2 C_2}$, $\Delta = L_1 L_2 - M^2$

$$\begin{bmatrix} \dot{u}_{C1} \\ \dot{u}_{C2} \\ \dot{i}_{L1} \\ \dot{i}_{L2} \end{bmatrix} = \begin{bmatrix} -\alpha & \alpha & \dfrac{1}{C_1} & \dfrac{1}{C_1} \\ \beta & -\beta & 0 & \dfrac{-1}{C_2} \\ \dfrac{-L_2+M}{\Delta} & \dfrac{-M}{\Delta} & \dfrac{-R_1 L_2}{\Delta} & 0 \\ \dfrac{-L_1+M}{\Delta} & \dfrac{L_1}{\Delta} & \dfrac{R_1 M}{\Delta} & 0 \end{bmatrix} \begin{bmatrix} u_{C1} \\ u_{C2} \\ i_{L1} \\ i_{L2} \end{bmatrix} + \begin{bmatrix} 0 \\ 0 \\ \dfrac{-L_2}{\Delta} \\ \dfrac{M}{\Delta} \end{bmatrix} u_S$$

9-13
$$\begin{bmatrix} \dot{u}_C \\ \dot{i}_L \end{bmatrix} = \begin{bmatrix} -0.25 & -1 \\ 31 & -6 \end{bmatrix} \begin{bmatrix} u_C \\ i_L \end{bmatrix} + \begin{bmatrix} 2.5 \\ -300 \end{bmatrix}$$

习题参考答案 383

9-14 $\begin{bmatrix} \dot{u}_{C1} \\ \dot{u}_{C2} \\ \dot{i}_{L1} \\ \dot{i}_{L2} \end{bmatrix} = \begin{bmatrix} -1 & 0 & 1 & 0 \\ 0 & 0 & -1 & -0.5 \\ -1 & -1 & 0 & 0 \\ 0 & 0.333 & 0 & 0 \end{bmatrix} \begin{bmatrix} u_{C1} \\ u_{C2} \\ i_{L1} \\ i_{L2} \end{bmatrix} + \begin{bmatrix} 0 \\ 0 \\ 1 \\ 0 \end{bmatrix} u_S$

9-15 $\begin{cases} \dot{q} = -f_1[f_C(q) - u_S] - f_L(\psi) \\ \dot{\psi} = f_C(q) - f_2[f_L(\psi)] \end{cases}$

9-16 $\begin{cases} \dfrac{dq_1}{dt} = -f_3(\psi_3) - \dfrac{1}{R_4}f(q_1) + i_S \\ \dfrac{dq_2}{dt} = -\dfrac{1}{R_5}f(q_2) + f_3(\psi_3) \\ \dfrac{d\psi_3}{dt} = f_1(q_1) - f_2(q_2) \end{cases}$

9-17 $\begin{bmatrix} \dot{u}_C \\ \dot{i}_L \end{bmatrix} = \begin{bmatrix} 0 & 0.75 \\ -4 & -4 \end{bmatrix} \begin{bmatrix} u_C \\ i_L \end{bmatrix} + \begin{bmatrix} 0 \\ 4 \end{bmatrix}$, $\begin{aligned} u_C(t) &= -0.75e^{-t} + 0.25e^{-3t} + 1 \\ i_L(t) &= e^{-t} - e^{-3t} \end{aligned}$

9-18 （a）$\begin{bmatrix} \dot{u}_{C1} \\ \dot{i}_{L4} \end{bmatrix} = \begin{bmatrix} -6 & -3 \\ 2 & -1 \end{bmatrix} \begin{bmatrix} u_{C1} \\ i_{L4} \end{bmatrix}$；（b）$\begin{bmatrix} u_{C1}(t) \\ i_{L4}(t) \end{bmatrix} = \begin{bmatrix} -2e^{-3t} + 3e^{-4t} \text{ V} \\ 2e^{-3t} - 2e^{-4t} \text{ A} \end{bmatrix}$

9-19 （a）$\begin{bmatrix} \dot{u}_C \\ \dot{i}_L \end{bmatrix} = \begin{bmatrix} -2 & 1 \\ -2 & -5 \end{bmatrix} \begin{bmatrix} u_C \\ i_L \end{bmatrix} + \begin{bmatrix} 0 \\ 2 \end{bmatrix}$；（b）$\begin{bmatrix} u_C(t) \\ i_L(t) \end{bmatrix} = \begin{bmatrix} 1/6 - 2e^{-3t}/3 + 0.5e^{-4t} \text{ V} \\ 1/3 + 2e^{-3t}/3 - e^{-4t} \text{ A} \end{bmatrix}$

9-20 （a）$\begin{bmatrix} x_1(t) \\ x_2(t) \end{bmatrix} = \begin{bmatrix} 1/3 + 2e^{-3t}/3 - e^{-4t} \\ 1/6 - 2e^{-3t}/3 + 0.5e^{-4t} \end{bmatrix}$；（b）$\begin{bmatrix} x_1 \\ x_2 \end{bmatrix} = \begin{bmatrix} -2e^{-t}/3 + e^{-4t}/3 \\ e^{-t}/3 - e^{-4t}/3 \end{bmatrix}$

第 10 章

10-1 （1）$F(s) = 20\sqrt{2}\left(\dfrac{314}{s^2 + 314^2} + \dfrac{\sqrt{3}s}{s^2 + 314^2}\right)$；（2）$F(s) = \dfrac{3}{4}\dfrac{s}{s^2 + 1} + \dfrac{1}{4}\dfrac{s}{s^2 + 3^2}$；

（3）$F(s) = \dfrac{1}{(s+2)^2}$

10-2 （a）$F(s) = \dfrac{3}{2s^2}(1 - e^{-2s})$；（b）$F(s) = \dfrac{3}{2s^2}(e^{-s} - e^{-3s})$；

（c）$F(s) = \dfrac{1.5e^{-s} - 3e^{-3s} + 1.5e^{-s}}{s^2}$

10-3 （a）$F(s) = \dfrac{50}{s^2} - \dfrac{10e^{-0.2s}}{s(1 - e^{-0.2s})}$；（b）$F(s) = \dfrac{1}{(1 - e^{-sT})}\left(\dfrac{1}{s} - \dfrac{e^{-as}}{s}\right)$

10-4 （a）1，0.375；（b）0，10

10-5 （1）$f(t)=0.2(1-e^{-5t})\varepsilon(t)$；（2）$f(t)=(-10+5e^{-t}+5e^{t})\varepsilon(t)$；

（3）$f(t)=(22.2e^{-110t}-2.22e^{-20t})\varepsilon(t)$；（4）$f(t)=(e^{-t}+e^{-2t}+e^{-3t})\varepsilon(t)$；

（5）$f(t)=\left(\dfrac{e^{t}}{4}-\dfrac{9e^{-3t}}{4}\right)\varepsilon(t)+\delta(t)$

10-6 （1）$f(t)=(3e^{-2t}+e^{-t}\cos 2t-e^{-t}\sin 2t)\varepsilon(t)$ （2）$f(t)=(5\cos 2t+5e^{-t}\sin 2t)\varepsilon(t)$；

（3）$f(t)=\left(-\dfrac{1}{9}+\dfrac{t}{3}+\dfrac{e^{-3t}}{9}\right)\varepsilon(t)$；

（4）$f(t)=(e^{-t}+2te^{-t}+1.5t^{2}e^{-t})\varepsilon(t)$；（5）$f(t)=e^{-3}e^{-(t-3)}\varepsilon(t-3)$；（6）$f(t)=5e^{-3t}\sin 2t\,\varepsilon(t)$

10-8 （a）$Z_{i}(s)=\dfrac{s+1}{s^{2}+2s+2}$；（b）$Z_{i}(s)=\dfrac{11s+8}{6s}$；（c）$Z_{i}(s)=\dfrac{3s^{3}+2s^{2}+2s+1}{2s^{2}+1}$

10-9 （1）$H_{1}(s)=\dfrac{1}{1+s^{2}L_{2}C_{3}+sL_{2}/R}$；

（2）$H_{2}(s)=\dfrac{1}{(1+s^{2}L_{2}C_{1})/R+sC_{1}+sC_{3}+s^{3}L_{2}C_{1}C_{3}}$

10-10 $H(s)=-\dfrac{s}{s^{3}+3s^{2}+4s+3}$

10-11 $Y(s)=\begin{bmatrix}1/R_{1}+s(C_{1}+C_{3}) & -sC_{3}\\ K-sC_{3} & 1/R_{2}+s(C_{2}+C_{3})\end{bmatrix}$

10-12 $i(t)=(3.6+0.4e^{-5t})\varepsilon(t)$ A

10-13 $u_{C}(t)=(6e^{-2t}-4e^{-3t})\varepsilon(t)$ V

10-14 $u_{C}(t)=(2e^{-2t}-2e^{-3t})\varepsilon(t)$ V

10-15 $i(t)=(50-30e^{-t}-0.006e^{-4999t})\varepsilon(t)$ A

10-16 $i(t)=(0.25-0.276e^{-3.15t}+0.0273e^{-31.9t})\varepsilon(t)$ A

10-17 $i_{1}(t)=0.333+0.667e^{-3t}\varepsilon(t)$ A，$i_{2}(t)=0.667-0.667e^{-3t}\varepsilon(t)$ A

10-18 $u_{C}(t)=-0.5t\,e^{-2t}\varepsilon(t)$ V

10-19 $u_{C}(t)=(0.0626e^{-0.159t}-0.0626e^{-0.868t})\varepsilon(t)$ V

10-20 $i_{1}(t)=-0.143e^{-15t/7}$ A，$i_{2}(t)=0.143e^{-15t/7}$ A，$t>0$；$u=-4.29\delta(t)-0.102e^{-15t/7}\varepsilon(t)$V

10-21 $u_{C3}=4-0.5e^{-0.375t}$ V，$t>0$；$i_{C3}=3\delta(t)+0.375e^{-0.375t}\varepsilon(t)$ A

10-22 $u_{2}(t)=(-0.84+0.6t+e^{-t}-0.16e^{-2.5t})\varepsilon(t)$ V

10-23 $i(t)=(0.175\cos(t+74.7°)+0.0857e^{-3t}-0.132\,e^{-2t/3})\varepsilon(t)$ A

10-24 $u_{C}(t)=(0.02e^{-500t}+10t-0.02)\varepsilon(t)-[0.02e^{-500(t-2)}+10(t-2)-0.02]\varepsilon(t-2)+20(e^{-500(t-2)}-1)\varepsilon(t-2)$V

10-25 （1）$i_{1}(t)=(5-2.5e^{-50t})\varepsilon(t)$A，$i_{2}(t)=-3.535e^{-50t}\varepsilon(t)$ A；

（2）$i_{1}(t)=(5-2.5e^{-55.6t}-2.5e^{-500t})\varepsilon(t)$A，$i_{2}(t)=(-3.53e^{-55.6t}+3.53e^{-500t})\varepsilon(t)$ A

10-26 $R=R_{1}$ 且 $L=R^{2}C$

10-27　(a) $H(s) = \dfrac{-3(s+1)}{s^2 + 6s + 8}$; (b) $H(s) = \dfrac{2}{s^2 + s + 1}$

10-28　(a) $h(t)=-10+20e^{-t}$, $t>0$; (b) $h(t)=10.44e^{-0.3t}\cos(t+16.7°)$, $t>0$

10-29　$R=2\Omega$, $L=1H$, $C=0.2F$

10-30　(1) $H(s) = \dfrac{4s + 16}{s^2 + 8s + 32}$; (2) 零点 $s=-4$，极点 $s=-4\pm j4$;

　　　　(3) $i_2 = 1+e^{-4t}(\sin 4t - \cos 4t)$A

10-31　(1) $H(s) = \dfrac{s}{2(s+2)(3s+2)}$; (2) $i_3 = 0.056\cos(2t-26.6°)$ A

10-32　$u_S = 2.4 - 1.07e^{-5t/3}$ V

10-33　$u_C = (8.15e^{-2t} + 0.3t - 0.15)\varepsilon(t)$ V

10-34　$\dfrac{U_2(s)}{U_1(s)} = \dfrac{(RgC_1+C_1)s}{RC_1C_2 s^2 + C_1 s + Rg^2}$

第 11 章

11-1　(a) $I_m=10$A, $I=7.07$A, $\Psi_i=60°$, $\omega=314$ rad·s^{-1}, $U_m=283$V, $U=200$V, $\Psi_u=-45°$, $\omega=314$ rad·s^{-1}; (b) $u=200\sin(314t+30°)$V, $i=14.14\sin(314t-45°)$A

11-2　(1) $\dot{U} = 220\angle 45°$V, $\dot{I} = 7.07\angle -30°$A; (2) $\varphi=75°$

11-3　$i=6.928\sin 314t$ A

11-4　$u_2 = 89.5\sin(314t+64.7°)$V

11-6　(a) u_1 领先 u_2; (b) 当 i_3 较大时，i_1 领先 u_2，此时 u_1 领先 u_2；当 i_3 较小时，i_1 滞后 u_2，此时 u_1 滞后 u_2；u_1 还可能与 u_2 同相

11-7　(a) $Z_{in}=2.64+j9.08\ \Omega$　(b) $Z_{in}=-j9.5\Omega$　(c) $Z_{in}=11.9-j4.62\ \Omega$

11-8　(b) $Z_{ab}=0.406-j0.0594\ \Omega$　(c) $Z_{ab}=1+j2.4\ \Omega$

11-9　$Z_{11}=3.61\angle -56.3°$ kΩ　$Z_{12}=-j1$ kΩ　$Z_{21}=-j3$kΩ　$Z_{22}=-j1$ kΩ
　　　$Y_{11}=0.5\times 10^{-3}$S　$Y_{12}=-0.5\times 10^{-3}$S　$Y_{21}=-1.5\times 10^{-3}$S　$Y_{22}=1.8\times 10^{-3}\angle 33.7°$S

11-10　$A=0.559\angle 26.6°$　$B=22.36\angle 63.4°\Omega$　$C=0.038\angle 99.5°$S　$D=0.559\angle 26.6°$

11-11　(2) $\omega=2.45/RC$　$U_2/U_1=1/29$

11-12　$I=0.011$A, $I_{DC}=1.1$A

11-13　(1) $i=1.414\omega C\, U\sin(\omega t+90°)$A

　　　　(2) $u_3 = \dfrac{C_1+C_2}{C_1C_2+C_2C_3+C_3C_1}\cdot \sqrt{2}U\sin\omega t$ V

　　　　(3) $i=3.89\sin(314t+90°)$A, $u_3=24745\sin 314t$V, C_1 耐压 ≥ 12.375kV, C_2 耐压 ≥ 12.375kV, C_3 耐压 ≥ 25kV

11-14 $R=6\Omega$，$L=15.9\text{mH}$

11-15 $L_2=0.0855\text{H}$

11-16 $R=3.83\Omega$，$L=14.7\text{mH}$

11-17 $\dot{I}_1=4.4\angle-53.1°\text{A}$，$\dot{I}_2=4.92\angle 26.6°\text{A}$，$\dot{I}=7.16\angle-10.6°\text{A}$

11-18 $i_1(t)=43.2\sqrt{2}\sin(\omega t-20.4°)\text{ A}$，$i_2(t)=21.2\sqrt{2}\sin(\omega t+67.9°)\text{ A}$，
$i(t)=48.7\sqrt{2}\sin(\omega t+5.41°)\text{ A}$

11-19 $|\dot{U}_L+\dot{U}_{R2}|=136.7\text{ V}$，$R_2=9.32\Omega$，$L=0.0318\text{H}$

11-20 $\dot{I}_1=1.68\angle 29.7°\text{A}$

11-21 $\dot{U}_R=115.6\angle 68.3°\text{V}$，$\dot{U}_C=187.1\angle-21.7°\text{V}$

11-22 $U_L=135.6\text{V}$

11-23 $\dot{U}_{ab}$ 的相位变化为 $-41.3°\sim-120.8°$

11-29 $\dot{U}_A=\text{j}0.667\dot{U}$

11-30 $Z_1=15.9-\text{j}4.78\Omega$

11-31 $\dot{I}_1=7.07\angle 45°\text{A}$，$\dot{I}_2=7.07\angle-45°\text{A}$

11-33 $L=R_1R_2C=0.5\text{H}$

11-34 $Z=3.49\pm\text{j}15\Omega$

11-35 $\dot{I}_1=2.082\angle 16.92°\text{A}$，$\dot{I}_2=0.791\angle-50.5°\text{A}$

11-36   电压源、电流源发出的有功功率均为 5W

11-37 $u_C=8-12.12\sin(200t-31°)\text{V}$

11-38   当 ab 端接阻抗 $\text{j}3.61\Omega$ 时，电流最大，$I_{\max}=3.42\text{A}$

11-39 $\dot{I}=14.3\angle-9.1°\text{A}$

11-40 $Z=0.121-\text{j}2.16\Omega$，$P_{\max}=6325.2\text{W}$

11-41   （1）$P=953\text{W}$，$Q=550\text{var}$，$\cos\varphi=0.866$（滞后）

         （2）$P=342\text{W}$，$Q=342\text{var}$，$\cos\varphi=0.707$（滞后）

         （3）$P=1000\text{W}$，$Q=500\text{var}$，$\cos\varphi=0.894$（滞后）

11-42   电流源发出功率 $1269+\text{j}600\text{ V}\cdot\text{A}$

11-43   电流源发出 $-3.18-\text{j}0.781\text{ V}\cdot\text{A}$，电压源发出 $185.8-\text{j}182.6\text{ V}\cdot\text{A}$

11-44 $\dot{U}=300\angle 2.16°\text{V}$

11-45 $\bar{S}=5.39-\text{j}3.07\text{ V}\cdot\text{A}$

11-46 $\dot{I}=10\angle 66.9°\text{A}$，$\bar{S}_1=992.8-\text{j}120.1\text{ V}\cdot\text{A}$，$\bar{S}_2=392.3-\text{j}920.0\text{ V}\cdot\text{A}$

11-47 $\dot{I}=18.7\angle 1.13°\text{A}$，$\cos\varphi=0.64$

11-48 $L=1.67\text{H}$，$\cos\varphi=0.5$，$C=4.56\text{ μF}$，$|Q_C|=69.28\text{ var}$

11-49 $|Q_C|20338\text{ var}$，$C=1338\text{ μF}$，$\cos\varphi=0.867$（滞后）

11-50 $C=1\text{nF}$

习题参考答案   387

11-51　$\dot{I}_1'=2.33\angle-48.4°$ A

11-52　$R_2=3.34\Omega$, $X_2=12.9\Omega$, $P_2=67.6$ W

11-53　$R=4\sqrt{3}=6.93\Omega$, $X_C=-4\Omega$

11-54　$H_{11}=2.77\angle-11°\Omega$, $H_{12}=1.658\angle-15.4°$, $H_{21}=0.358\angle-165.7°$, $H_{22}=0.257\angle31°$ S

11-55　（1）$Z_{11}=5\Omega$, $Z_{12}=5-j10\Omega$, $Z_{21}=5-j10\Omega$, $Z_{22}=5\Omega$
　　　（2）$\dot{I}_1=20$mA, $\dot{U}_2=224\angle-64°$ mV

11-56　$T=\begin{bmatrix} 1-\omega^2 LC & (2-\omega^2 LC)j\omega L \\ j\omega C & 1-\omega^2 LC \end{bmatrix}$, $f_1=1053$Hz, $Z_i=1$kΩ, $f_2=795.8$Hz, $Z_i=4$kΩ

11-57　$\begin{bmatrix} \dfrac{1+j\omega CR_1}{j\omega C(2+j\omega CR_1)}+R_2+j\omega L & \dfrac{1}{j\omega C(2+j\omega CR_1)}+R_2+j\omega L \\ \dfrac{1}{j\omega C(2+j\omega CR_1)}+R_2+j\omega L & \dfrac{1+j\omega CR_1}{j\omega C(2+j\omega CR_1)}+R_2+j\omega L \end{bmatrix}$

11-58　$Z_{in}=j80\Omega$

第 12 章

12-3　220V 时 b 与 d 相联，电压加在 a、c 两端。

12-4　（a）$\begin{cases} u_1=L_1\dfrac{di_1}{dt}+M\dfrac{di_2}{dt} \\ u_2=-L_2\dfrac{di_2}{dt}-M\dfrac{di_1}{dt} \end{cases}$　（b）$\begin{cases} u_1=-L_1\dfrac{di_1}{dt}-M\dfrac{di_2}{dt} \\ u_2=L_2\dfrac{di_2}{dt}+M\dfrac{di_1}{dt} \end{cases}$

12-6　$u_{ab}=-16e^{-4t}$V, $u_{ac}=-24e^{-4t}$V, $u_{bc}=-8e^{-4t}$V

12-7　x-y 短路：$u_a=500\cos 100t$ V；x-y 开路：$u_a=400\cos 100t$ V

12-8　$Z=50+j450\Omega$

12-9　$A=14.2\angle 39.2°$, $B=1145.6\angle-44.3°\Omega$, $C=0.0707\angle 45°$S, $D=5.7\angle-127.9°$

12-10　$H_{11}=0$, $H_{12}=2$, $H_{21}=-2$, $H_{22}=4/3\Omega$

12-14　$\dot{I}_1=10.86\angle-20.3°$A, $\dot{I}_2=7.29\angle 6.3°$A, $P_{发}=2241$W

12-15　$\dot{I}_1=3.187\angle-84.1°$A

12-16　$n=5$, $P_{max}=0.167$W

12-18　$\dot{I}_x=5.81\angle 0°$A

12-19　$\dot{U}_1=90.8\angle 2.6°$V, $\dot{I}_2=10.2\angle-24°$A, $\dot{U}_2=9.08\angle 2.6°$V

12-20　$\dot{U}=10\angle 180°$V, $\dot{I}_S=2.24\angle 153°$A, $\dot{U}_{ac}=7.21\angle-33.7°$V

12-21　$U=266$V

12-22　$i_R=12.74\sin(2000\pi t+45°)$mA

12-23 $T = \begin{bmatrix} 0 & rn \\ 1/rn & 0 \end{bmatrix}$

第 13 章

13-1 $R=10\Omega$,$L=63.6$mH,$C=1.59\mu$F

13-2 $R=5\Omega$,$L=0.1$H,$u_R=14.14\sin1000t$V,$u_L=282.8\sin(1000t+90°)$V,$u_C=282.8\sin(1000t-90°)$V

13-3 $R=50\Omega$,$L=2$mH,$i_R=1.414\sin(5000t+30°)$A,$i_L=7.07\sin(5000t-60°)$A,$i_C=7.07\sin(5000t+120°)$A

13-4 $C=0.722\mu$F,$Z_0=34.6\Omega$

13-5 $R=32\Omega$,$L=76.4$mH,$C=47.7\mu$F

13-6 （a）$\omega_0=1/\sqrt{LC}$,$Z=0$；（b）$\omega_0=1/\sqrt{LC}$,$Z=\infty$,（c）$\omega_0=\omega_0=\sqrt{\dfrac{1}{LC}-\dfrac{R^2}{L^2}}$,$Z=L/RC$（d）$\omega_0=1/\sqrt{LC-R^2C^2}$,$Z=L/RC$

13-7 （a）$\omega_0=1/\sqrt{3LC}$；（b）$\omega_0=2/\sqrt{LC}$

13-8 $\omega_0=\sqrt{\dfrac{L_1+L_2}{L_1L_2C_3}}$,$Z=\infty$

13-9 4.12A

13-11 10.1kHz

13-12 $L=\dfrac{1}{(2\pi f)^2(C_1+C_2)}$

13-13 （1）$C_2=50.7\mu$F,$L_3=25.0$mH

13-14 2Ω 或 8Ω,440μF 或 65μF

第 14 章

14-1 （1）b,d,e 联接在一点,a,c,f 引出线；（2）b,c 相联,d,f 相联,e,a 相联组成△联接,由△三个顶点引出线。

14-2 4,2,6 联接成一点,由 1,5,3 引出线（Y 接）；或 1,5,3 联接成一点,由 4,2,6 引出线

14-3 星形-三角形-三角形

14-4 $\dot{I}_A=4.4\angle-36.9°$A,$\dot{I}_B=4.4\angle-157°$A,$\dot{I}_C=4.4\angle83.1°$A

14-5 $\dot{I}_{AB} = 4.03\angle-58°$ A, $\dot{I}_A = 6.98\angle-88°$ A, $I_{线}$=6.98A

14-6 只有 5 对，其余全错

14-7 $\dot{I}_A = 7.28\angle43°$ A, $\dot{I}_B = 7.28\angle-77°$ A, $\dot{I}_C = 7.28\angle163°$ A

14-8 $\dot{I}_A = 6.68\angle-72.3°$ A, $\dot{I}_B = 6.68\angle-192.3°$ A, $\dot{I}_C = 6.68\angle47.7°$ A

14-9 $L=1.732R/\omega$, $C=1/(1.732R\omega)$

14-10 $\dot{U}_{AB} = 461\angle3.2°$ V

14-11 $\dot{I}_A = 10.2\angle-85.8°$ A, $\dot{I}_B = 8.54\angle-143°$ A, $\dot{I}_C = 16.4\angle68.1°$ A

14-12 （1）$\dot{I}_A = 1.968\angle-63.4°$ A, $\dot{I}_B = 1.968\angle-183.4°$ A, $\dot{I}_C = 1.968\angle56.6°$ A；
（2）$\dot{I}_A = 6.84\angle-27.4°$ A, $\dot{I}_B = 7.3\angle168°$ A, $\dot{I}_C = 1.968\angle56.6°$ A

14-14 （1）$P_{总}$=3.62kW；（2）W_1=766W, W_2=2.86kW

14-15 3.15A，两功率表读数分别为 508W 和 1.19kW

14-16 $\dot{I}_A = 318\angle-66.9°$A, $\dot{U}_{AB} = 8868.5\angle-7.1°$ V, P=4.24×10^{6}W

14-17 $Z=3.54+j6.13\Omega$（星接）

14-18 Q=6.93kvar

14-19 $\dot{I}_A = 10.06\angle-51.4°$A, C=70μF

14-20 （1）$\dot{I}_A = 18\angle-48.3°$ A, $\cos\varphi$=0.665, 5.25A, 9.09A；（2）255μF

14-21 两功率表读数分别为 3952.8W 和 1890.3W，$P_{总}$=5833W

14-22 （1）A_1 65.8A, A_2 28.3A, A_3 46.4A；（2）A_1 65.8A, A_2 0, A_3 71.3A

第 15 章

15-1 （a）奇次正弦；（b）奇次余弦；（c）奇次正、余弦；（d）直流，奇、偶次余弦；（e）直流，偶次余弦；（f）直流，奇、偶次正弦

15-2 $f(t) = \dfrac{4B_m}{\pi\beta}\left(\sin\beta\sin\omega t + \dfrac{1}{9}\sin 3\beta\sin 3\omega t + \dfrac{1}{25}\sin 5\beta\sin 5\omega t + \cdots\right)$

15-3 $u(t) = 100 + 66.7\cos 2\omega t - 13.33\cos 4\omega t + \cdots$

15-4 （1）11.18A；（2）10.05A；（3）14.32 A；（4）15.17A

15-5 U=19.4V

15-6 （a）7.07V；（b）8.66V

15-7 （a）4 W；（b）3 W；（c）3 W

15-8 A_1 7.91A, A_2 7.43A

15-9 u=100+3.53sin(2ωt-85°)+0.171sin(4ωt-87°)V

15-10 u_2=370.4+33.15cos(3ωt-92.9°)-2.85cos(6ωt-121°)V

15-11 u_C=20+24.78sin(ωt-59.9°)-2.079sin(3ωt-112.7°)V, U_C= 26.6V

15-12　204W，4.12A

15-13　$i_1 = 10+6.19\sin(\omega t-68.2°)+1.10\sin(3\omega t-62.4°)$A，
　　　　$i_2=1.85\sin(\omega t+81.5°)+6.25\sin(3\omega t+20°)$A，$I_1$=10.95A，$I_2$=4.61A，$P$=889W

15-14　$u=180+216\sin(\omega t+47.1°)+213\sin(3\omega t+32.9°)$V，$U$=280.2V，$P$=390W

15-15　45.9V

15-16　R=3Ω，L=3.18mH，C=796μF

15-17　C_1=9.39μF，C_2=75.1μF，$i=U_{1m}\sin\omega t/R_2$

15-18　L_1=1H，L_2=0.125H

15-19　$i=2\sin(\omega t-8.62°)+0.499\sin(2\omega t-118°)$A，180W

15-20　（1）$u=50+105\sin(\omega t+89.8°)+162\sin(3\omega t+69.3°)$V；
　　　　（2）$u_C=50+100\sin(\omega t-5.7°)+7.14\sin(3\omega t-177.5°)$V；（3）825W

15-21　$i_1=7+2\sin(1000t-53.1°)+0.404\sin(3000t-76°)$A，
　　　　$i_2=4\sin(1000t-53.1°)+0.808\sin(3000t-76°)$A，$I_1$=7.14A，$I_2$=2.89A

15-22　（1）$U_{相}$=255.7V，$U_{线}$=394.2V；（2）$U_{线}=U_{相}$=227.6V

15-23　i_A=3.79sin(ωt-18.3°)+0.34sin(5ωt-59°)A，
　　　　i_B=3.79sin(ωt-138.3°)+0.34sin(5ωt+61°)A，
　　　　i_C=3.79sin(ωt+101.7°)+0.34sin(5ωt-179°)A，
　　　　i_{ab}=2.19sin(ωt+11.7°)+0.198sin(5ωt-89°)A，
　　　　i_{bc}=2.19sin(ωt-108.3°)+0.198sin(5ωt+31°)A，
　　　　i_{ca}=2.19sin(ωt+131.7°)+0.198sin(5ωt+151°)A，
　　　　I_A=2.69A，I_{ab}=1.56A，P=438W

15-24　V_1 68.2V，V_2 62.2V，V_3=60.6V，A_1 4.41A，A_2 2.54A

15-25　有中线：A_1 18.1A，A_2 7.08A；无中线：A_1 17.9A，A_2 0，V 30V

第16章

16-2　（a）树（1,2,3,8），（3,5,7,8），(2,4,6,5)，(1, 4,7,8)，割集(1,2,3)，(3,5,7)，(2,4,6,5)，(6,7,8)；（b）树(1,5,2,9,4)，(2,3,4,6,10)，(5,6,7,8,10)，(3,4,7,11,9)，割集(1,2,5,9)，(2,3,6,10)，(9,10,11)，(3,4,7,11)

16-3　（1）、（4）是树不是割集，（2）不是树是割集，（3）、（5）不是树也不是割集。

16-4　$A = \begin{array}{c} n_1 \\ n_2 \\ n_3 \\ n_4 \end{array} \begin{bmatrix} 1 & 1 & 0 & 0 & 0 & 1 & 1 \\ -1 & -1 & 1 & 0 & 0 & 0 & 0 \\ 0 & 0 & -1 & 1 & 0 & 0 & 0 \\ 0 & 0 & 0 & -1 & -1 & 0 & -1 \end{bmatrix}$

（列标为 1 2 3 4 5 6 7）

16-5 （1） 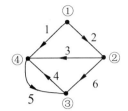 （2）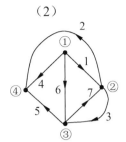

16-6 选 1，3 为树支

$$\boldsymbol{B}_\mathrm{f} = \begin{array}{c} l_2 \\ l_4 \\ l_5 \end{array} \begin{array}{cccccc} 2 & 4 & 5 & 1 & 3 \\ \left[\begin{array}{ccccc} 1 & 0 & 0 & 1 & 0 \\ 0 & 1 & 0 & 0 & -1 \\ 0 & 0 & 1 & -1 & 1 \end{array}\right] \end{array}, \quad \boldsymbol{Q}_\mathrm{f} = \begin{array}{c} q_1 \\ q_3 \end{array} \begin{array}{ccccc} 2 & 4 & 5 & 1 & 3 \\ \left[\begin{array}{ccccc} -1 & 0 & 1 & 1 & 0 \\ 0 & 1 & -1 & 0 & 1 \end{array}\right] \end{array}$$

16-7 选 6,7,8,9,10 为树支

$$\boldsymbol{B}_f = \begin{array}{c} l_1 \\ l_2 \\ l_3 \\ l_4 \\ l_5 \end{array} \begin{array}{cccccccccc} 1 & 2 & 3 & 4 & 5 & 6 & 7 & 8 & 9 & 10 \\ \left[\begin{array}{cccccccccc} 1 & 0 & 0 & 0 & 0 & -1 & 0 & 0 & 0 & 0 \\ 0 & 1 & 0 & 0 & 0 & 1 & -1 & 0 & 0 & 0 \\ 0 & 0 & 1 & 0 & 0 & 0 & 1 & -1 & -1 & 0 \\ 0 & 0 & 0 & 1 & 0 & 0 & 0 & 0 & 1 & -1 \\ 0 & 0 & 0 & 0 & 1 & 0 & 0 & 0 & 0 & 1 \end{array}\right] \end{array}$$

16-8 （1）

$$\boldsymbol{B}_\mathrm{f} = \begin{array}{c} l_1 \\ l_2 \\ l_3 \\ l_4 \end{array} \begin{array}{ccccccc} 1 & 2 & 3 & 4 & 5 & 6 & 7 \\ \left[\begin{array}{ccccccc} 1 & 0 & 0 & 0 & 1 & 0 & 0 \\ 0 & 1 & 0 & 0 & -1 & -1 & -1 \\ 0 & 0 & 1 & 0 & -1 & -1 & 0 \\ 0 & 0 & 0 & 1 & 0 & 1 & 1 \end{array}\right] \end{array}$$

（2）5,6,7 为树支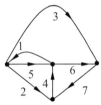

16-9 （2）是一个树

（3） $$\boldsymbol{Q}_\mathrm{f} = \begin{array}{c} q_1 \\ q_3 \\ q_4 \\ q_5 \end{array} \begin{array}{ccccccc} 1 & 3 & 4 & 5 & 2 & 6 & 7 \\ \left[\begin{array}{ccccccc} 1 & 0 & 0 & 0 & 1 & 0 & 1 \\ 0 & 1 & 0 & 0 & 0 & 0 & 1 \\ 0 & 0 & 1 & 0 & 0 & 0 & 1 \\ 0 & 0 & 0 & 1 & 0 & 1 & -1 \end{array}\right] \end{array}, \quad \boldsymbol{B}_\mathrm{f} = \begin{array}{c} l_2 \\ l_6 \\ l_7 \end{array} \begin{array}{ccccccc} 1 & 3 & 4 & 5 & 2 & 6 & 7 \\ \left[\begin{array}{ccccccc} -1 & 0 & 0 & 0 & 1 & 0 & 0 \\ 0 & 0 & 0 & -1 & 0 & 1 & 0 \\ -1 & -1 & -1 & 1 & 0 & 0 & 1 \end{array}\right] \end{array}$$

16-10 （1）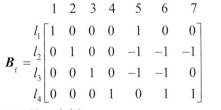

(2) KCL $A\dot{I} = \begin{bmatrix} 1 & 0 & 0 & 0 & -1 & 1 & -1 \\ -1 & 1 & 0 & 1 & 0 & 0 & 0 \\ 0 & -1 & 1 & 0 & 0 & 0 & 1 \end{bmatrix} \begin{bmatrix} \dot{I}_1 \\ \dot{I}_2 \\ \dot{I}_3 \\ \dot{I}_4 \\ \dot{I}_5 \\ \dot{I}_6 \\ \dot{I}_7 \end{bmatrix} = 0$;

KVL $\begin{bmatrix} \dot{U}_1 \\ \dot{U}_2 \\ \dot{U}_3 \\ \dot{U}_4 \\ \dot{U}_5 \\ \dot{U}_6 \\ \dot{U}_7 \end{bmatrix} = \begin{bmatrix} 1 & -1 & 0 \\ 0 & 1 & -1 \\ 0 & 0 & 1 \\ 0 & 1 & 0 \\ -1 & 0 & 0 \\ 1 & 0 & 0 \\ -1 & 0 & 1 \end{bmatrix} \begin{bmatrix} \dot{U}_{n1} \\ \dot{U}_{n2} \\ \dot{U}_{n3} \end{bmatrix}$

16-11

KCL $Qi = \begin{bmatrix} 1 & 0 & 0 & 0 & -1 & -1 \\ 0 & 1 & 0 & -1 & 1 & 0 \\ 0 & 0 & 1 & -1 & 0 & 1 \end{bmatrix} \begin{bmatrix} i_1 \\ i_2 \\ i_3 \\ i_4 \\ i_5 \\ i_6 \end{bmatrix} = 0$; KVL $\begin{bmatrix} u_{14} \\ u_{15} \\ u_{16} \end{bmatrix} = \begin{bmatrix} 0 & -1 & -1 \\ -1 & 1 & 0 \\ -1 & 0 & 1 \end{bmatrix} \begin{bmatrix} u_{t1} \\ u_{t2} \\ u_{t3} \end{bmatrix}$

16-12 $I_1 = -4.4\text{A}$, $I_2 = -4.4\text{A}$, $I_3 = 9\text{A}$, $I_4 = 4.6\text{A}$

16-13

$$\begin{bmatrix} G_1 + \dfrac{1}{j\omega L_4} & -\dfrac{1}{j\omega L_4} & 0 \\ -\dfrac{1}{j\omega L_4} & \dfrac{1}{R_6} + \dfrac{1}{j\omega L_4} + \dfrac{1}{j\omega L_5} & -\dfrac{1}{j\omega L_5} \\ 0 & -\dfrac{1}{j\omega L_5} & \dfrac{1}{R_2} + j\omega C_3 + \dfrac{1}{j\omega L_5} \end{bmatrix} \begin{bmatrix} \dot{U}_{n1} \\ \dot{U}_{n2} \\ \dot{U}_{n3} \end{bmatrix} = \begin{bmatrix} \dot{I}_{S1} \\ 0 \\ \dfrac{\dot{U}_{S2}}{R_2} \end{bmatrix}$$

16-14

$$\begin{bmatrix} \dfrac{L_3}{\Delta}+\dfrac{1}{R_1} & -\dfrac{L_3+M}{\Delta} & \dfrac{M}{\Delta} \\ -\dfrac{M+L_3}{\Delta} & \dfrac{L_2+L_3+2M}{\Delta}+\mathrm{j}\omega C_5 & \dfrac{L_2+M}{\Delta} \\ \dfrac{M}{\Delta} & \dfrac{L_2+M}{\Delta} & \dfrac{L_2}{\Delta}+\dfrac{1}{R_4} \end{bmatrix}\begin{bmatrix} \dot U_{\mathrm{n1}} \\ \dot U_{\mathrm{n2}} \\ \dot U_{\mathrm{n3}} \end{bmatrix}=\begin{bmatrix} \dot I_{\mathrm{S1}} \\ 0 \\ 0 \end{bmatrix}$$

其中，$\Delta=\mathrm{j}\omega(L_1L_2-M^2)$

16-15

$$\begin{bmatrix} \dfrac{L_2}{\Delta}+G_3+\mathrm{j}\omega C_7 & \dfrac{M-L_2}{\Delta} & -\dfrac{M}{\Delta} \\ \dfrac{M-L_2}{\Delta} & \dfrac{-2M+L_1+L_2}{\Delta}+G_4 & \dfrac{M-L_1}{\Delta} \\ -\dfrac{M}{\Delta} & \dfrac{M-L_1}{\Delta} & \dfrac{L_1}{\Delta}+G_5+\mathrm{j}\omega C_6 \end{bmatrix}\begin{bmatrix} \dot U_{\mathrm{n1}} \\ \dot U_{\mathrm{n2}} \\ \dot U_{\mathrm{n3}} \end{bmatrix}=\begin{bmatrix} G_3\dot U_{\mathrm{S}} \\ 0 \\ 0 \end{bmatrix}$$

其中，$\Delta=\mathrm{j}\omega(L_1L_2-M^2)$

16-16　设 $Y_{\mathrm{b4}}=\dfrac{\mathrm{j}\omega C_4}{1-\omega^2 L_4 C_4}$

$$\begin{bmatrix} G_1+\mathrm{j}\omega C_2+\dfrac{1}{\mathrm{j}\omega L_3}+Y_{\mathrm{b4}} & -\dfrac{1}{\mathrm{j}\omega L_3}-Y_{\mathrm{b4}} \\ -g_\mathrm{m}-\dfrac{1}{\mathrm{j}\omega L_3}-Y_{\mathrm{b4}} & \dfrac{1}{\mathrm{j}\omega L_3}+Y_{\mathrm{b4}}+G_5 \end{bmatrix}\begin{bmatrix} \dot U_{\mathrm{n1}} \\ \dot U_{\mathrm{n2}} \end{bmatrix}=\begin{bmatrix} \dot I_{\mathrm{S1}} \\ 0 \end{bmatrix}$$

16-17

$$\begin{bmatrix} \dfrac{L_2}{\Delta}+\dfrac{1}{R_1}+\dfrac{1}{R_2} & \dfrac{-M-L_2}{\Delta} & \dfrac{M}{\Delta}-\dfrac{1}{R_2} \\ \dfrac{-M-L_2}{\Delta} & \dfrac{2M+L_1+L_2}{\Delta}+\mathrm{j}\omega C & \dfrac{-M-L_1}{\Delta} \\ \dfrac{M}{\Delta}-\dfrac{1}{R_2} & \dfrac{-M-L_1}{\Delta}-g_\mathrm{m} & \dfrac{L_1}{\Delta}+\dfrac{1}{R_3}+\dfrac{1}{R_2} \end{bmatrix}\begin{bmatrix} \dot U_{\mathrm{n1}} \\ \dot U_{\mathrm{n2}} \\ \dot U_{\mathrm{n3}} \end{bmatrix}=\begin{bmatrix} \dfrac{\dot U_{\mathrm{S}}}{R_3} \\ 0 \\ 0 \end{bmatrix}$$

其中，$\Delta=\mathrm{j}\omega(L_1L_2-M^2)$

16-18　选定参考方向如题解图 16-18 所示，支路 1,2,3 为树。

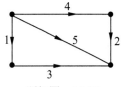

题解图　16-18

$$\begin{bmatrix} R_1 + R_2 + j\omega L_3 + j\omega L_4 & R_1 + j\omega L_3 \\ R_1 + j\omega L_3 & R_1 + j\omega L_3 + \dfrac{1}{j\omega C_5} \end{bmatrix} \begin{bmatrix} \dot{I}_{14} \\ \dot{I}_{15} \end{bmatrix} = \begin{bmatrix} R_1 \dot{I}_S - \dot{U}_{S2} \\ R_1 \dot{I}_S \end{bmatrix}$$

16-19　选定参考方向如题解图 16-18 所示，支路 1,2,3 为树。

$$\begin{bmatrix} \dfrac{1}{R_1} + \dfrac{1}{j\omega L_4} + j\omega C_5 & -\dfrac{1}{j\omega L_4} & \dfrac{1}{j\omega L_4} + j\omega C_5 \\ -\dfrac{1}{j\omega L_4} & \dfrac{1}{R_2} + \dfrac{1}{j\omega L_4} & -\dfrac{1}{j\omega L_4} \\ \dfrac{1}{j\omega L_4} + j\omega C_5 & -\dfrac{1}{j\omega L_4} & \dfrac{1}{j\omega L_3} + \dfrac{1}{j\omega L_4} + j\omega C_5 \end{bmatrix} \begin{bmatrix} \dot{U}_{t1} \\ \dot{U}_{t2} \\ \dot{U}_{t3} \end{bmatrix} = \begin{bmatrix} -\dot{I}_{S1} \\ \dot{I}_{S2} \\ 0 \end{bmatrix}$$

第 17 章

17-1　$Z_C = 407\angle -7.05°\,\Omega$，$\gamma = (0.132 + \mathrm{j}1.074)\times 10^{-3}$，$v_\varphi = 292\,\mathrm{km/s}$，$\lambda = 5847\,\mathrm{m}$

17-2　（1）$Z_C = 84.39\angle -38.9°\,\Omega$，$\alpha = 53.3\times 10^{-3}\,\mathrm{km}^{-1}$，$\beta = 65.99\times 10^{-3}\,\mathrm{rad\cdot km^{-1}}$；
　　　（2）$\dot{U}_2 = 18.8\angle -70.8°\,\mathrm{V}$，$\dot{I}_2 = 0.188\angle -40.8°\,\mathrm{A}$，$\dot{I}_1 = 0.581\angle 40.4°\,\mathrm{A}$

17-3　$\dot{U}_1 = 199\angle 35.3°\,\mathrm{kV}$，$\dot{I}_1 = 721.9\angle -0.83°\,\mathrm{A}$

17-4　$u_1 = 50\sqrt{2}\sin(\omega t + 119.7°)\,\mathrm{V}$，$i_1 = 0.0578\sqrt{2}\sin(\omega t + 119.7°)\,\mathrm{A}$，输入阻抗为 $865\,\Omega$。

17-5　（1）0.638 m；（2）1.433 m

17-6

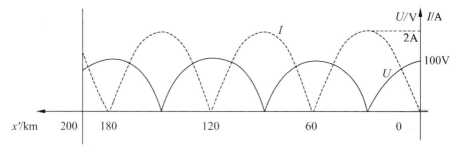

17-7　$Z_{C2} = 212.1\,\Omega$

17-8

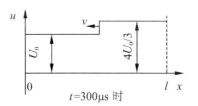
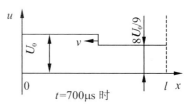

17-9

17-10

17-11

17-12

17-13

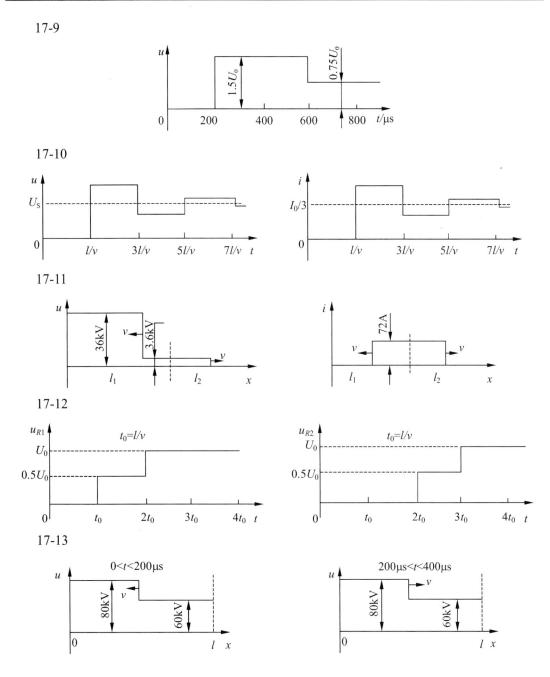

附录

A-1 可利用加流求压法求端口等效电阻。用直流工作点分析或直流扫描分析。

(a) $R_{ab} = 7.5\Omega$；（b) $R_{ab} = 11.62\Omega$。

A-2　R_0 误差应小于 0.2000%。

A-3　运放选用μA741，工作电源取±15V。则当 $\sigma = 0.349$ （$R_1 \approx 59.4\Omega$）时，运放出现饱和。即当 $0 \leqslant \sigma < 0.349$ 时，运放不会饱和。

A-4　瞬态仿真，仿真时间要足够长，以便看到稳态波形。

A-5　直流工作点 U_C=6V。

A-6　开关 S 可用两个压控开关 Sbreak 实现，在 breakout.olb 元件库中。控制电压用脉冲电源实现。

A-7　从开关闭合约 7.6ms 电容电压上升到 50kV。

A-8　从开关打开约 4.93ms 电感电流上升到 12A。

A-12　$i(t) = 1.348\sqrt{2}\sin(314t - 19.08°) + 0.3333\sqrt{2}\sin(628t + 21.38°)$V，$I = 1.389$A。

A-13　$U_1 = 10$V。